BAIE JAMES
une épopée

Avec mes hommages

Roger Lacasse

ROGER LACASSE

BAIE JAMES
une épopée

LIBRE EXPRESSION

Photos intérieures: photographes et rédacteurs de la
SEBJ (sauf indication contraire)

Photos de l'époque de l'exploration et du
début de LG 2: Hydro-Québec

Photo de la couverture:
Jean-Marc Petit, SEBJ

Maquette des pages illustrées:
Élaine Baribeault et Gilles Mallet

Maquette de la couverture:
France Lafond

Dépôt légal:
2e trimestre 1983

ISBN 2-89111-109-5

Table des matières

À tous ceux et celles qui ont pris pays à la Baie James

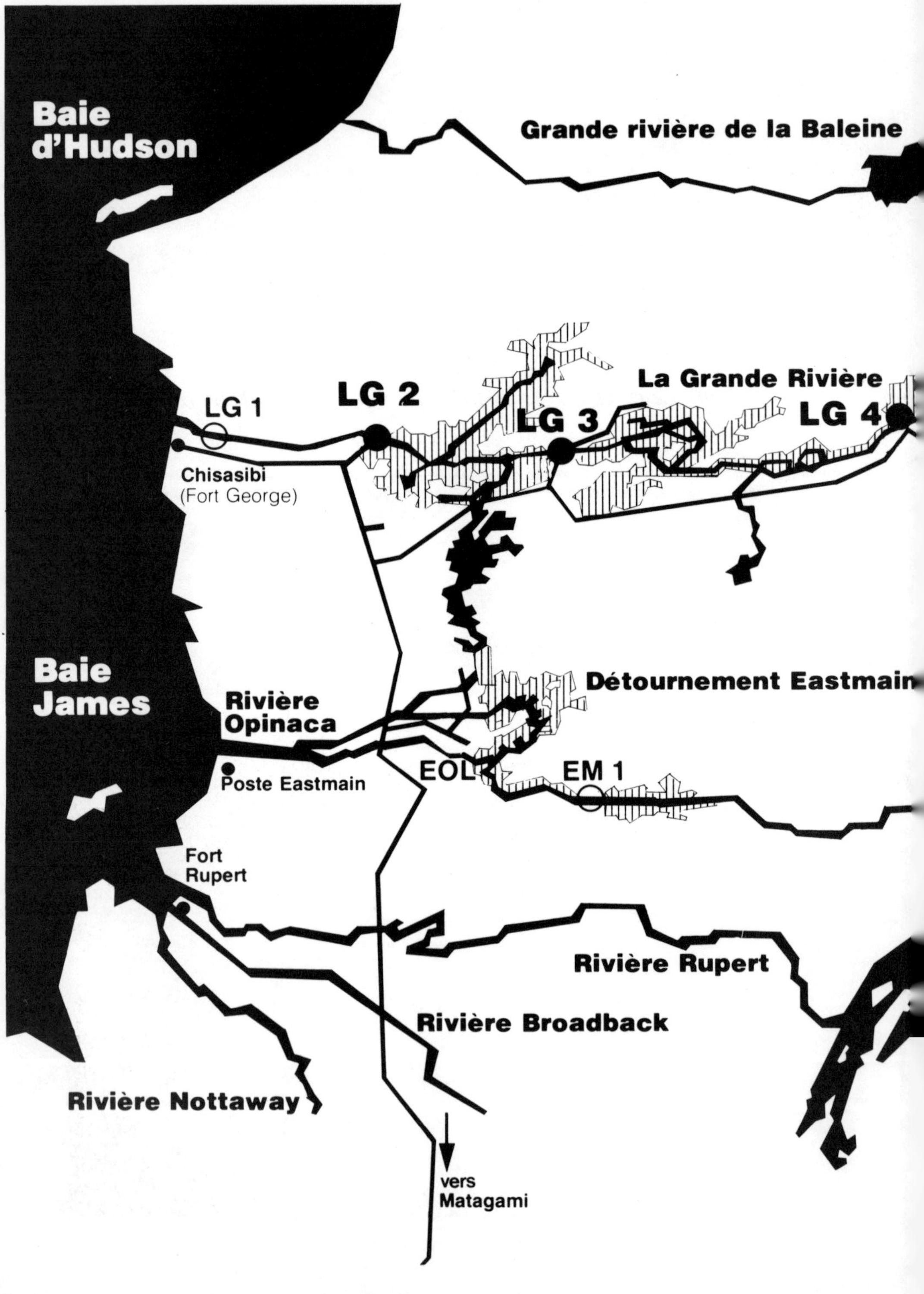
Baie d'Hudson
Grande rivière de la Baleine
La Grande Rivière
LG 1
LG 2
LG 3
LG 4
Chisasibi
(Fort George)
Baie James
Détournement Eastmain
Rivière Opinaca
EOL
EM 1
Poste Eastmain
Fort Rupert
Rivière Rupert
Rivière Broadback
Rivière Nottaway
vers Matagami

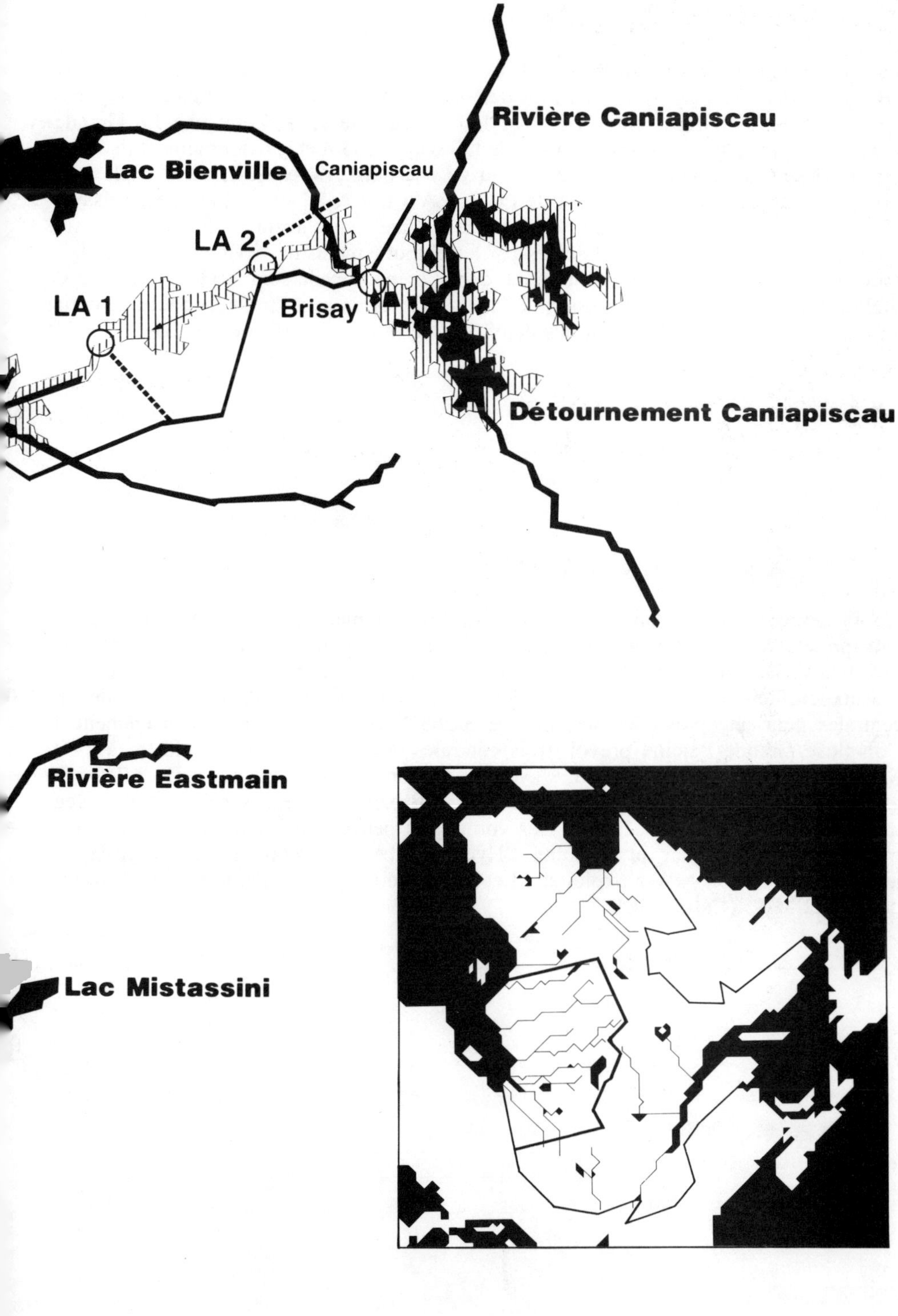
Rivière Caniapiscau
Lac Bienville
Caniapiscau
LA 2
LA 1
Brisay
Détournement Caniapiscau
Rivière Eastmain
Lac Mistassini

Description de la carte, pages 8 et 9 :

Voici la Baie James. Au bas de la carte, le Complexe NBR, groupant les rivières Nottaway, Broadback et de Rupert ; plus haut, les détournements des rivières Eastmain et Opinaca vers La Grande Rivière, entre LG 2 et LG 3 ; au centre, le Complexe La Grande-Phase I comprend les centrales de LG 2, de LG 3 et de LG 4 et le détournement (à droite) de la rivière Caniapiscau qui coule du sud vers le nord. La phase II du Complexe La Grande comprendra l'aménagement de LG 1, LA 1 et LA 2 (rivière Laforge), Brisay et EM 1 (Eastmain). En noir solide, le projet de la Baie James avant les travaux ; en style hachuré, l'étendue des réservoirs créés par les détournements des rivières. En haut de la carte, le futur Complexe Grande-Baleine dont l'épine dorsale sera la Grande rivière de la Baleine. En mortaise, le territoire de la Baie James au sein du Québec tel que défini par la Loi 50 : c'est l'équivalent des deux tiers de la France ! (Carte : SEBJ)

Description de la carte, pages 654 et 655 :

La fin des travaux au Complexe La Grande-Phase I marque aussi la fin de l'ère des mégaprojets. Mais le Moyen Nord québécois recèle encore un potentiel hydro-énergétique très important. Cette carte stylisée montre les rivières et les réservoirs une fois tous les travaux terminés. La phase II du Complexe La Grande comprend la construction de cinq centrales pour une puissance installée de 3 263 MW. Le schéma d'aménagement du Complexe Grande-Baleine prévoit trois centrales dont la puissance se chiffre à 2 891 MW. Le Complexe NBR, au sud, s'avère intéressant avec une puissance de 8 740 MW grâce à l'aménagement de sept centrales sur la Broadback, deux sur la Rupert et deux aux réservoirs Goéland et Evans. Ces complexes peuvent être aménagés en plusieurs phases afin de s'adapter aux besoins d'Hydro-Québec. Au total, il y a une possibilité minimum de 14 894 MW à exploiter ! Le Complexe La Grande-Phase I a une puissance de 10 282 MW. (Carte : SEBJ)

Pourquoi la Baie James?

Cet après-midi-là, il faisait un froid à écorner les bœufs. Un vent cinglant fouettait les visages des 1 000 travailleurs et de la centaine d'invités et de journalistes réunis sur les bords de La Grande Rivière à LG 4. C'était le 20 mars 1983. Chacun avait conscience de vivre un moment historique. L'émotion était intense.

C'était la cérémonie de mise en eau du cinquième et dernier réservoir hydro-électrique du Complexe La Grande-Phase 1. Une cérémonie pourtant toute simple présidée par une jeune fille de 24 ans, Francine Roy, originaire de Cookshire dans les Cantons de l'Est, qui travaille à la Baie James depuis cinq ans.

Couronnée la veille reine du carnaval de LG 4, Francine 1re avait commandé le mécanisme de descente de la dernière vanne d'acier de la galerie qui a servi à dériver la rivière pendant cinq ans, le temps de construire le barrage.

Onze minutes plus tard, la vanne atteignait son but: l'eau glacée de La Grande Rivière commençait à refouler vers l'amont donnant naissance à un réservoir de 765 kilomètres carrés. Pour la troisième fois dans son histoire millénaire, le cours de La Grande Rivière était détourné par la main de l'homme. Après LG 2 en 1978 et LG 3 en 1981, c'était maintenant au tour de LG 4 de «faire le plein» d'eau!

Cette mise en eau constituait la dernière étape de la plus grande épopée énergétique jamais entreprise au Québec, le Complexe La Grande-Phase 1. Le rêve devenait une réalité.

Lancé en 1971, *le projet du siècle* est aujourd'hui l'un des plus grands complexes hydro-électriques du monde. D'un pays de froidure, 100 000 hommes et femmes venus de tous les coins du Québec auront réussi à tirer 10 282 mégawatts (MW) une fois les travaux terminés en 1985.

Depuis l'automne de 1979, les travaux réalisés à la Baie James rapportent des dividendes importants à la collectivité québécoise. Ainsi, le 14 décembre 1982, la production combinée des centrales de LG 2 et de LG 3 se chiffrait à 4740 MW et représentait près de 40 p. cent des besoins d'Hydro-Québec à ce moment-là[1].

Pour en arriver à ces résultats, les hommes-castors ont déployé depuis 10 ans des efforts considérables, presque surhumains, et relevé de nombreux défis. Il fallait d'abord arracher à la taïga 1 500 kilomètres de routes, construire cinq villages, cinq aéroports, 14 campements; puis, ériger 206 digues et barrages nécessitant 160 millions de mètres cubes de remblai, trois gigantesques évacuateurs de crues et trois centrales. Tout cela dans un territoire farouche, éloigné et difficilement accessible.

Un peu de géographie

Situé dans le Moyen Nord québécois, le territoire de la Baie James est immense: 176 000 kilomètres carrés. Il a été délimité en 1971 lorsque le gouvernement du Québec a créé la Société de développement de la Baie James (SDBJ) et ensuite la Société d'énergie de la Baie James (SEBJ).

Le territoire est borné au sud par le 49e parallèle et au nord par le 55e parallèle. Il s'étend de la baie James à l'ouest aux districts électoraux de Roberval, de Dubuc et de Saguenay à l'est[2].

C'est donc une région démesurément vaste et pratiquement inhabitée. Les rares coins peuplés sont dispersés sur la côte de la baie james, le principal était Chisasibi. Récemment créé, ce petit village amérindien où on a relogé Fort-George rassemble 2 000 personnes dont la plupart appartiennent à la culture crie[3]. Bon an mal an, la température moyenne de la région oscille aux environs de -4°C, soit 11° C de moins que celle de la région montréalaise. En juillet, la température moyenne atteint 12°C alors qu'en janvier, la moyenne est de -23°C. Il n'est pas rare en hiver que le mercure tombe à -50°C. Soufflant d'ouest en est, les vents dominants transportent les masses d'air humide de la baie James vers l'intérieur. Plus du tiers des précipitations annuelles tombe sous forme de neige[4].

Il n'est pas surprenant que la forêt, généralement éparse, se compose d'épinettes noires, de pins gris et de mélèzes de petites tailles. On dirait des cure-dents éparpillés ici et là. En effet, les épinettes noires y prennent plus de cent ans pour atteindre un diamètre maximal de 10 à 15 centimètres, ce qui donne une idée de la rigueur du climat et de la pauvreté du sol. Les seules espèces qui prolifèrent sont le lichen et les mousses ainsi que plusieurs centaines d'arbustes et de fleurs sauvages. À quelques reprises, l'auteur a pu cueillir des bleuets, du thé du Labrador et des champignons près de LG 2.

Il y a 2500 millions d'années...

Le territoire de la Baie James fait partie du Bouclier canadien, vaste plate-forme caractérisée par des formations géologiques très complexes qui remontent à la période du Précambrien... il y a quelque 2 500 millions d'années[5]!

Depuis l'ère primaire, les attaques répétées des glaciers ont érodé le socle rocheux. La dernière glaciation, d'une durée approximative de 85 000 ans, a effectué son repli il y a moins de 10 000 ans. Ses traces sont encore évidentes: affleurements rocheux en hautes terres et dépôts de moraine dans les dépressions et sur les flancs de colline[6].

Sous le poids colossal des glaces, dont l'épaisseur a atteint 1 000 mètres, la croûte terrestre a ployé puis s'est affaissée. La fonte des glaces a été suivie d'une avancée marine dans la plaine côtière, puis peu à peu le terrain s'est redressé. Ce processus de rehaussement graduel se poursuit au rythme de 1,5 mètre par 100 ans[7].

Le relief de la région, sculpté par les glaciations, se compose de trois zones: un littoral très dentelé, une plaine côtière large de 160 kilomètres comportant un grand nombre de tourbières et un plateau plus élevé caractérisé par de basses collines et une multitude de lacs pour la plupart sans nom. Les plans d'eau couvrent 15 p. cent de la superficie des terres[8].

Les bassins versants de la baie James et de la baie d'Hudson comptent 8 des 19 plus importantes rivières de la province de Québec. Parmi elles, il y a La Grande Rivière qui porte bien son nom. Elle coule d'est en ouest sur une distance de 800 kilomètres avant de se jeter dans la baie James. Elle se classe au troisième rang parmi les cours d'eau du Québec et elle draine une contrée de 98 000 kilomètres carrés... plus du double de la superficie de la Suisse!

La Grande Rivière profite de l'apport de nombreux tributaires: la Sakami, la Kanaaupscow et la rivière Laforge comptent parmi les plus importants. Bien qu'ils ne soient pas de la même envergure que La Grande Rivière, d'autres cours d'eau dont l'Eastmain et ses tributaires Opinaca et Petite rivière Opinaca, la Grande rivière de la Baleine et la Caniapiscau sillonnent la région[9].

Le débit de ces cours d'eau grossit considérablement deux fois par année. La crue de mai à juin contribue aux apports annuels pour plus de 40 p. cent; celle de l'automne, plus modeste, se traduit par un gonflement dû aux pluies qui caractérisent cette saison.

La Grande Rivière... un fleuve!

Si La Grande Rivière coulait en Europe, elle passerait facilement pour un fleuve. Son énorme débit fait qu'il

Le réservoir de LG 2 contient 61,7 milliards de mètres cubes d'eau et s'étend sur une superficie de 2 835 km^2. L'évacuateur de crues, au centre, une partie du barrage et le réservoir.

Voici l'embryon du barrage qui doit bloquer La Grande Rivière à LG 2. C'est en 1975 et la rivière coule encore librement. Un réseau de routes donne accès aux aires de travail.

La construction du colossal barrage de LG 2 prend trois ans et se termine en novembre 1978. Il est construit avec des matériaux naturels puisés dans les environs immédiats: moraine (d'origine glaciaire), sable, gravier et enrochement de carrière.

En juin 1976, la future salle des machines de la centrale de LG 2 prend forme dans le roc à 137 mètres sous terre. On la compare à une cathédrale.

Le montage des groupes turbine-alternateur de la centrale de LG 2 progresse de façon spectaculaire en 1978 et 1979.

Une fois terminée, la centrale de LG 2 brille comme un sou neuf. Ses 16 groupes turbine-alternateur ont une puissance de 5 328 MW.

LG 2 connaît son heure de gloire le 27 octobre 1979 lors de la mise en service du premier des 16 groupes turbine-alternateur en présence de Lucien Saulnier, président du Conseil d'administration d'Hydro-Québec, Bertrand Guérette, représentant des travailleurs, René Lévesque, Premier ministre, Robert Boyd, PDG d'Hydro-Québec et Claude Laliberté, PDG de la SEBJ.

Robert Bourassa, ex-premier ministre du Québec et «père politique» du projet de la Baie James, est accueilli en véritable héros par les travailleurs le jour de l'inauguration de LG 2. (Photo: Marcel Bourassa, Hydro-Québec)

devient intéressant de l'aménager à des fins hydro-électriques. Mais le débit d'une rivière, si puissant soit-il, ne suffit pas à justifier l'implantation de centrales: si tel était le cas, le fleuve Saint-Laurent en serait jalonné. Le potentiel d'une rivière tient à un autre facteur d'égale importance: sa dénivelée[10].

La Grande Rivière possède les deux: 1 700 mètres cubes de débit par seconde associé à 548 mètres de dénivelée; cette dénivellation s'étire sur quelque 800 kilomètres, soit une moyenne d'un demi-mètre par kilomètre.

C'est au milieu des années 60 que le potentiel de La Grande Rivière fut établi. Mais ce n'est qu'en 1972 qu'on décida de la mettre en valeur. Au tout début, on identifia quatre sites propices à l'implantation de centrales; ce chiffre devrait être ramené à trois, après examen par Hydro-Québec des nouvelles tendances à la demande d'électricité[11].

À chacun de ces trois sites, soit LG 2 (*LG pour La Grande*) LG 3 et LG 4, un barrage rehausse le plan d'eau, immédiatement en amont de la centrale, et permet de constituer un réservoir. Ainsi, le profil de la rivière se transforme-t-il en une gigantesque cascade à trois niveaux. Les réservoirs attenants aux centrales sont retenus par le relief ou, à défaut, par des réseaux de digues[12].

Prises isolément, les rivières adjacentes à La Grande Rivière n'étaient pas toutes économiquement aménageables, principalement à cause d'une dénivellation insuffisante. En détournant leur débit vers La Grande Rivière, il devenait rentable de les mettre à contribution. Les avantages et les inconvénients d'une centaine de variantes, mettant en jeu divers bassins adjacents, furent supputés par la SDBJ et la SEBJ. Le choix s'est finalement porté, en 1974, sur le détournement de 87 p. cent du bassin de l'Eastmain et de 27 p. cent de celui de la Caniapiscau. Une fois réalisés, ces détournements doublent presque le potentiel de La Grande Rivière par l'apport supplémentaire de 1 600 mètres cubes d'eau par seconde[13]. C'est le Complexe la Grande-Phase 1.

Les ouvrages de retenue

Au cours de la phase 1, plus de 200 digues et barrages auront été nécessaires à l'aménagement des cinq grands réservoirs du Complexe La Grande. À l'image du territoire dont ils ont à retenir les eaux, les barrages laissent une forte impression. Le plus long d'entre eux s'étire sur près de 4 kilomètres et le plus haut s'élève à 160 mètres. Les digues, bien qu'elles soient généralement moins hautes que les barrages, demeurent néanmoins des structures imposantes: leur longueur varie de 60 à 6 000 mètres. Bout à bout, les ouvrages de retenue formeraient une bande longue de 125 kilomètres, soit un peu plus de la moitié de la distance séparant Montréal de Québec[14].

Même si les barrages et les digues servent à retenir l'eau, il y a une distinction à établir entre les deux. Un barrage ferme le lit d'une rivière et rehausse le plan d'eau tandis qu'une digue empêche les eaux rehaussées de fuir par une dépression secondaire, généralement une vallée.

Un ouvrage de retenue doit être imperméable et pouvoir résister à la fantastique poussée exercée par l'eau: les fondations doivent par conséquent avoir fait l'objet d'une attention soutenue de manière à éviter que l'eau ne vienne s'infiltrer sous l'ouvrage.

C'est grâce à leur masse que les barrages et digues du Complexe La Grande résistent à la pression de l'eau contenue dans les réservoirs. Les matériaux naturels puisés dans les environs immédiats sont rassemblés afin de composer ces imposants ouvrages de génie civil. La recette: un judicieux mélange de matériaux naturels disponibles sur place, tels que moraine, sable, gravier et enrochement[15].

D'origine glaciaire, la moraine se présente comme un mélange de particules rocheuses, argileuses et sablonneuses de diamètres divers. Lorsqu'elle est mise en place et tassée (compactée, comme on dit à la Baie James) d'une façon contrôlée, elle forme une masse dense et quasi parfaitement imperméable[16].

Vu en coupe transversale, un barrage ou une digue comporte diverses zones ayant chacune une fonction précise. Le noyau en moraine assure l'imperméabilité de l'ouvrage. Les filtres en sable et en gravier servent de drains et retiennent les particules fines de la moraine qui pourraient passer à travers les matériaux grossiers des zones de transition. L'enrochement grossier constitue enfin l'essentiel de la masse du barrage[17].

Les barrages de la Baie James érigés avec des matériaux naturels sont beaucoup moins photogéniques et à première vue moins impressionnants que le célèbre barrage à voûtes multiples Daniel-Johnson à Manic 5. Celui-ci a été construit en béton et d'après une architecture particulière.

On a dit et écrit avec raison que les barrages de la Baie James sont de véritables pyramides modernes. En effet, celui de LG 2 a 2835 mètres en crête, 600 mètres de largeur à sa base et 160 mètres de hauteur. Son volume de 23 millions de mètres cubes de remblai équivaut à 20 fois la grande pyramide de Chéops plus haute qu'un immeuble de 40 étages.

Comme les barrages de LG 3 et de LG 4 lui sont comparables, et si on ajoute les barrages nécessaires aux détournements des rivières Eastmain et Caniapiscau, on a une bonne idée du travail accompli depuis dix ans à la Baie James.

Les «sauts de ski»...

Les évacuateurs de crues font également partie des grands ouvrages du Complexe La Grande. Tous les réservoirs s'accompagnent d'un ouvrage régulateur qui empêche le réservoir de déborder lors de crues exceptionnellement fortes. Il s'agit habituellement d'un seuil déversant pourvu d'un certain nombre de vannes à ouverture réglable. Dans plusieurs cas, le canal de l'évacuateur de crues a servi de canal de dérivation du cours d'eau pendant les travaux d'aménagement.

Bien qu'ils soient destinés à faire couler beaucoup d'eau, les évacuateurs de crues ont déjà fait couler beaucoup d'encre! Ces robinets gigantesques, à la conception bien particulière, sont en effet très imposants et permettent d'obtenir de superbes photos. Celui de LG 2 a la forme d'un escalier de 135 m de largeur comptant 10 marches de 10 m de hauteur chacune. Sa capacité totale d'évacuation est de 15 300 mètres cubes à la seconde.

La configuration de l'évacuateur de crues de LG 3 est aussi gracieuse que complexe. Implanté au sommet de l'île qui divisait La Grande Rivière en deux bras, cet ouvrage comprend une cuiller qu'on appelle familièrement «saut de ski», un bassin de dissipation et un canal de restitution. La topographie particulière de LG 3 ne permettait pas de construire un escalier comme à LG 2.

Le saut de ski bétonné, la fosse de dissipation et le canal de restitution permettent d'évacuer, sans risques d'érosion, 9970 mètres cubes d'eau à la seconde, soit l'équivalent du débit moyen du fleuve Saint-Laurent. Un deuxième saut de ski aussi important a été également érigé à LG 4.

Trois grandes centrales

Tous ces ouvrages qui dépassent l'imagination, barrages, réservoirs et évacuateurs de crues sont là pour alimenter et aider les centrales où l'électricité est produite.

La centrale souterraine de LG 2 est la plus imposante du monde. À 137 mètres sous terre, elle abrite seize groupes générateurs d'une puissance de 5 328 MW, soit plus que les sept centrales du Complexe Manic-Outardes. Encastrée dans le granit, la salle des machines, qu'on a comparée à une cathédrale, a des dimensions impressionnantes: 483 mètres de longueur, 26 mètres de largeur et 47 mètres de hauteur. C'est un espace suffisant pour installer cinq terrains de football réglementaires.

Une galerie en lacet de 12 mètres sur 9 permet d'y accéder après une descente de 996 mètres. Les pièces de machi-

Moment historique à 15 h le 27 octobre 1979: le Premier ministre René Lévesque actionne la manette du premier groupe. «Voilà. La centrale de LG 2 alimente le Québec», annonce en direct Radio-Canada à travers tout le pays.

En juillet 1979, la rivière Eastmain est coupée par un immense barrage et ses eaux empruntent un canal de dérivation, à gauche.

Cette photo, prise en 1978, fait voir l'immense chantier de LG 3. Au premier plan, à gauche, les structures de la prise d'eau et de la centrale; plus haut, l'évacuateur de crues. LG 3, c'est 33 millions d'heures de travaux en cinq ans.

Le barrage le plus long du Québec, près de 4 km, coupe La Grande Rivière à la hauteur de LG 3. Au centre, l'évacuateur de crues. Au pied du barrage, la centrale d'une puissance de 2 304 MW.

L'évacuateur de crues de LG 3, ouvert pour la première fois en 1982, offre tout un spectacle. L'eau est projetée à une dizaine de mètres dans les airs avant de retomber dans le bassin de dissipation.

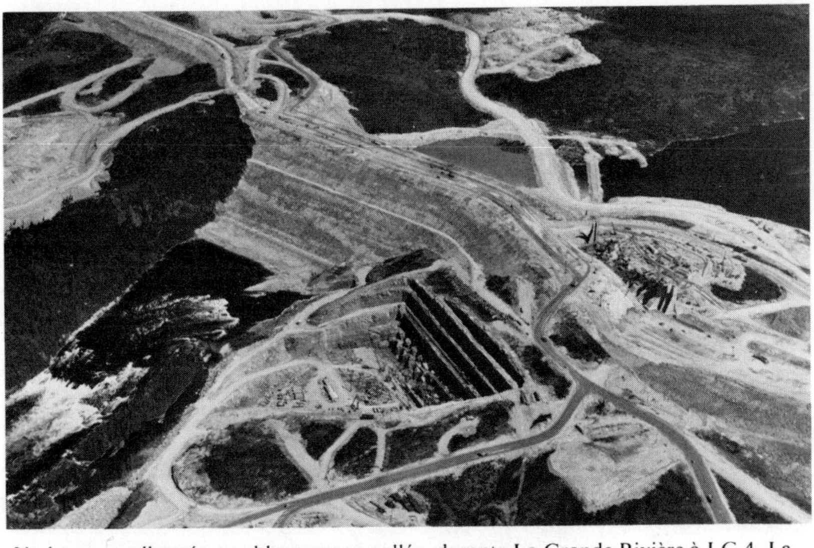

Un barrage, allongé pour bloquer une vallée, dompte La Grande Rivière à LG 4. La centrale de 2 650 MW est assise dans le roc au pied du barrage.

Le détournement de la rivière Caniapiscau nécessite la création d'un chantier s'étendant sur 10 000 kilomètres carrés. La galerie de dérivation est taillée dans le roc en 1977-1978.

Le Réseau de transport de la Baie James (RTBJ) comprend cinq lignes à 735 kV. Sa construction par Hydro-Québec se fait au rythme de 800 km par année, de 1977 à 1984. Coût total: 3 777 000 $.

nerie ont été acheminées par ce passage. Le personnel rejoint la salle de commande par un ascenseur, depuis le poste de transformation situé en surface.

Un mot sur les deux autres grandes centrales de la Baie James. Celle de LG 3 repose dans une tranchée profonde excavée à l'aval du barrage. Ses douze groupes générateurs peuvent produire 12,3 milliards de kilowattheures par année. De son côté, la centrale de LG 4 est aménagée en surface sur la rive gauche de la rivière. Neuf groupes turbine-alternateur produiront annuellement 14,1 milliards de kWh.

La centrale de LG 2 a été inaugurée le 27 octobre 1979. Le premier groupe de la centrale de LG 3 a été mis en service le 20 juin 1982. La centrale de LG 4 produira de l'énergie au début de 1984.

Un incroyable... RTBJ

L'énergie produite dans ces centrales est acheminée vers les centres de consommation grâce au Réseau de transport de la Baie James (RTBJ), le plus long réseau à 735 kV en Amérique du Nord. Trois des cinq lignes se dirigent vers la région montréalaise et les deux autres vers les régions du Saguenay et de Québec. Au total, près de 5 000 kilomètres de lignes!

Les travaux destinés à mettre en place cette gigantesque toile d'araignée métallique ont commencé en 1976. Hydro-Québec et ses différents entrepreneurs ont dû surmonter plusieurs obstacles car entre La Grande Rivière et le 50e parallèle, soit à la latitude de Matagami et de Chibougamau, le territoire est vaste, inhabité, parsemé de lacs, de rivières et de marécages. La tâche est aussi difficile entre le 50e parallèle et le fleuve Saint-Laurent où le terrain est montagneux ou vallonné. Les lacs et les rivières y abondent et le couvert forestier est dense.

En outre, 19 postes principaux et 3 réseaux de télécommunications auront été nécessaires à la mise en place du réseau de transport d'énergie qui, une fois terminé, aura nécessité des investissements de 3,7 milliards de dollars.

Sauf la construction du RTBJ, tous les travaux d'aménagements hydro-électriques de la Baie James sont sous la responsabilité de la Société d'énergie de la Baie James dont l'équipe de gérance supervise globalement les activités depuis l'exploration jusqu'à la livraison des centrales à Hydro-Québec dont elle est une filiale.

Une fois terminées, les installations hydro-électriques du Complexe La Grande deviennent en effet la propriété d'Hydro-Québec qui a la responsabilité de les exploiter. C'est le personnel d'Hydro-Québec de la région administrative Baie James qui assume cette tâche. En 1985, au terme des travaux de la phase 1, environ 700 employés travailleront à l'exploitation.

Une colossale métamorphose

En l'espace d'une décennie, des milliers d'hommes et de femmes ont relevé une suite de défis. Rarement, autant d'efforts ont été réunis sur une période aussi courte et dans des conditions aussi difficiles pour faire surgir du sol des ouvrages qui incarnent un défi lancé à l'imagination la plus débridée[18]. Ces quelques chiffres le prouvent:

18 000 travailleurs à la pointe des travaux;
545 229 tonnes de carburant;
447 343 tonnes de ciment;
127 500 tonnes d'explosifs;
200 000 tonnes de nourriture;
262 400 000 mètres cubes de déblai et de remblai déplacés;
coût total, incluant le RTBJ, 14,6 milliards de dollars.

En dix ans, le Moyen Nord québécois a été conquis et ouvert à la civilisation.

En dix ans, 100 000 Québécois et Québécoises ont vécu et travaillé dans ce nouveau pays[19].

En dix ans, les gigantesques pièces d'un casse-tête qui a nom *Complexe La Grande-Phase 1,* ont été disposées au bon endroit afin de doubler la puissance énergétique du Québec.

En dix ans, le territoire de la Baie James a plus changé que le reste du Québec en quelques siècles!

Ce sont dix années mémorables qui ne reviendront plus.

C'est une grande épopée. La plus grande épopée énergétique jamais entreprise au Québec.

Voici l'histoire de la Baie James.

Première partie

Les explorateurs

Chapitre 1

Profession: pionnier...

Dans la journée du 5 avril 1965, un petit avion vole à basse altitude au-dessus de la partie sud du territoire de la Baie James. Georges Bergeron et trois compagnons de travail ont à peine le temps d'apercevoir à travers les minuscules hublots cet immense pays plat et désertique que déjà l'appareil pique du nez vers un des nombreux lacs encore gelés. C'est le lac du Tast situé à 150 kilomètres de Matagami.

L'avion muni de skis se pose sur la neige. Puis il repart vers sa base, Matagami. Bergeron et ses hommes sont laissés seuls avec leurs bagages dans cinq pieds de neige. Il fait froid. Il n'y a pas une minute à perdre. La seule chose qui importe, c'est de monter une tente, et pour cela abattre et débrancher quelques arbres sur les berges du lac, sinon ils coucheront carrément à la belle étoile. Et les nuits sont encore terriblement froides en ce mois d'avril à la Baie James.

Venus des chantiers hydro-électriques de Manicouagan-Outardes, sur la Côte-Nord du Québec, ils ont apporté le strict minimum. De la nourriture, du feu, des tentes de toile, des haches, quelques outils et de précieuses scies mécaniques. Ces hommes ont une mission: aménager un petit campement qui, dans quelques semaines, accueillera des équipes d'arpenteurs et de géologues. C'est un campement d'exploration à l'usage d'Hydro-Québec qui commence à sonder ce territoire encore mystérieux qui a nom la Baie James.

Pendant plusieurs années, les pionniers de la Baie James vont suivre le même rituel à leur arrivée dans différents endroits du Moyen Nord québécois. Souvent, par des froids de 30, 40 degrés sous zéro, il faudra d'abord faire du feu, puis couper du bois pour le plancher et la structure de la tente... s'installer pour survivre, quoi!

C'est à se demander si Pierre-Esprit Radisson et Médard Chouart des Groseilliers, au cours de leur expédition en 1668, et le Père Charles Albanel, en 1672, n'étaient pas mieux équipés... Chose certaine, trois siècles plus tard, cet immense coin de la planète recèle encore bien des mystères. En effet, jusqu'à la fin des années 1930, la cartographie du territoire de la Baie James fait état de nombreux secteurs inexplorés. Toutefois, avec la fin de la Deuxième Guerre mondiale, la technique de la photo aérienne s'est grandement améliorée et ajoute en quantité et en qualité aux renseignements que l'on possède déjà.

De 1950 à 1959, une équipe dirigée par H. M. Finlayson, de la Shawinigan Water and Power Company, effectue des relevés hydrologiques sur la rivière de Rupert, puis sur les rivières Nottaway et Broadback, dans la partie sud de l'actuel territoire de la Baie James.

Un héritage important

Lors de la nationalisation de l'électricité en 1962, Hydro-Québec prend possession de la compagnie Shawinigan, héritant du même coup de l'équipe Finlayson. Grâce à ses recherches précédentes et grâce à de nouvelles tournées d'exploration à la demande du gouvernement québécois, le portrait hydrographique du territoire se précise.

On est ainsi en mesure de constater le potentiel énergétique impressionnant des cinq rivières du versant est de la baie James et on commence à songer à leur aménagement.

Se basant sur les résultats de ces travaux, Hydro-Québec entreprend à son tour plusieurs études sur les rivières Nottaway, Broadback, de Rupert, Eastmain et La Grande Rivière. De 1965 à 1967, et de façon sporadique jusqu'en 1970, la société d'État poursuit des études géologiques, topographiques et hydrologiques dans divers sites envisagés.

Notons que jusqu'en 1965, à part les rares explorateurs déjà mentionnés, seuls quelques chasseurs et pêcheurs fortunés, seuls aussi quelques prospecteurs audacieux en quête d'un bon filon, ont pu entrevoir ce royaume habité et sillonné depuis des millénaires par les Cris et les Inuit (leur nombre s'établit aujourd'hui à environ 7 000).

Dès le début des campagnes d'exploration, en 1965, l'intérêt d'Hydro-Québec se porte sur les rivières Nottaway, Broadback et de Rupert; leurs premières lettres vont donner son nom au Complexe NBR. Situées plus près des centres de consommation que les rivières Eastmain et La Grande Rivière, au nord, elles paraissent à ce noment-là plus séduisantes...

En 1965 et au fil des années, la Baie James pose ses premiers défis à quelques dizaines, puis à quelques centaines d'hommes modestes mais extraordinaires, les explorateurs.

Sans le courage de ces pionniers, aucune route, aucune piste d'atterrissage, aucun campement, aucun village n'aurait pu voir le jour dans le Moyen Nord québécois. Et sans cette infrastructure vitale, les milliers de bâtisseurs, venus par la suite, auraient été incapables d'ériger ces monuments que l'on admire aujourd'hui: des kilomètres et des kilomètres de digues, des barrages plus hauts que des gratte-ciel, des centrales impressionnantes dont l'une, celle de LG 2, fait immédiatement songer à une cathédrale creusée dans le roc, des évacuateurs de crues gigantesques sculptés dans le granit, des détournements de rivières comme la Eastmain et la Caniapiscau. Bref, sans le dévouement des ouvriers de la première heure, rien de tout cela n'aurait été possible.

Voilà sans doute pourquoi ces gens de la race des découvreurs n'hésitent pas à faire remarquer, avec une certaine fierté dans le regard: «Si tout cela existe aujourd'hui, c'est que nous étions là au tout début pour préparer l'arrivée des bâtisseurs.»

L'homme qui ouvre le Nord

Au milieu de l'été de 1965, une cinquantaine de personnes font des études et des recherches à la Baie James à partir du campement érigé par l'équipe de Georges Bergeron au lac du Tast. Pas grand, un peu voûté, la peau cuite sous de multiples soleils, c'est l'homme de l'arrière-pays. L'homme qui ouvre le Nord[1].

«C'était un bonhomme bien spécial, assez cocasse, qui a vécu dans le bois toute sa vie, explique Paul Caron, l'un des administrateurs d'Hydro-Québec chargés de l'organisation des premiers campements d'exploration. C'était un conteur comme j'en ai rarement vu et un fieffé blagueur. Il avait toujours des histoires de chasse et de pêche incroyables à nous raconter. Il se spécialisait dans l'invraisemblable. Par exemple, il affirmait avoir pratiqué le hockey avec Maurice Richard et refusé un poste avec le Canadien. Il racontait des histoires avec énormément de couleur et tout le monde l'aimait. On l'admirait aussi; malgré ses 64 ans, Georges était en très bonne forme. Il travaillait fort, il n'était pas tuable! Pour son petit déjeuner, il engloutissait quatre ou cinq grosses patates avec des tonnes de lard frais et du pain...»

Marcel Bénard, originaire de Gracefield, sur la Gatineau, est l'un des premiers à transporter ses pénates au lac du Tast. Transféré de Manic à la Baie James en juin 1965, il est chargé de certains travaux d'arpentage.

«Notre travail consistait à effectuer des relevés géodésiques afin de déterminer avec exactitude les différences d'élévation de ce vaste territoire, ce qui permettait de choisir ensuite les sites pour les futurs ouvrages. Du campement du lac du Tast, on se rendait par hélicoptère jusqu'à la rivière Eastmain. Nous utilisions alors des appareils de type Bell G2, pas très puissants, qui pouvaient accueillir le pilote et deux personnes, à la condition que le deuxième passager

Marcel Bénard, arpenteur, l'un des premiers explorateurs de la Baie James: «Un travail dur, fatigant mais passionnant.»

Georges Bergeron, «l'homme qui ouvre le Nord», constructeur du premier campement d'exploration en avril 1965.

Camille Therrien: le cuisinier doit aussi être animateur de loisirs, psychologue et homme à tout faire.

Paul Caron, l'un des trois hommes-orchestres d'Hydro-Québec chargés d'organiser les campements d'exploration il y a 18 ans.

ne soit pas trop corpulent. Parfois, l'été, lorsqu'il faisait chaud et humide, ces appareils ne pouvaient lever avec trois passagers! Dans bien des cas, le pilote était seul avec un peu de bagages...»

Et la journée de travail?

«Nous partions tôt le matin dès que la température permettait aux hélicoptères de décoller. La veille, nous avions planifié notre journée car il n'y avait pas d'autre loisir. Rien. À part jouer aux cartes et on s'en lassait vite. Dans la journée, nous faisions des relevés sur le terrain. Avec nos instruments lourds et encombrants, notre rôle consistait à mesurer les élévations et les distances pour repérer sur le terrain des points précis apparaissant sur nos cartes et sur nos photos aériennes. Un travail dur, fatigant mais passionnant. Ma dernière expédition du genre consistait à relier des points sur une distance ininterrompue de 300 kilomètres.

«J'ai passé tout l'été de 1965 à faire de l'arpentage, poursuit Marcel Bénard. Dans les pires conditions. Les gars du siège social d'Hydro-Québec nous demandaient de tout mesurer, du point le plus haut au point le plus bas. On traçait des lignes d'arpentage qui partaient du fond des tourbières pour aboutir à la crête des montagnes.

«Et puis, en été, les mouches nous dévoraient. L'un des endroits les plus terribles que j'ai trouvé est situé entre les rivières Nottaway et de Rupert. À cet endroit, il y avait toutes sortes de moustiques, des moucherons qui nous arrachaient des morceaux de peau et des petites mouches noires qui s'infiltraient dans nos vêtements et nous grugeaient littéralement. Nous étions couverts d'huile chasse-insecte et, malgré tout, elles nous piquaient. À la longue, on devenait immunisés complètement et les mouches cessaient de nous achaler.

«En hiver, ce n'était pas mieux. C'est le froid qui nous mordait. Alors on endurait jusqu'au bivouac, le midi, autour d'un feu qu'on allumait en plein cœur du bois. Ensuite, on continuait à travailler avec l'espoir de retourner à notre tente le soir.»

Le campement de bois rond

Marcel Bénard se rappelle très bien le premier campement du lac du Tast en 1965. «Ce campement avait été construit entièrement en bois rond. Il regroupait huit ou dix petits dortoirs de 4 par 6 mètres. La cuisine était un peu plus grande... j'ai bien dit un peu (éclat de rires...) Les premiers planchers avaient été fabriqués avec du bois fendu à la scie mécanique. Il avait des fentes larges de même... Nous avions des petits lits de fer avec des matelas bien minces. C'était pas tellement accueillant. Heureusement, les visiteurs étaient très rares. Nous avions le strict minimum, pas plus.»

Cette année-là, les travaux se poursuivent jusqu'au mois de novembre, le temps de laisser l'hiver s'installer. Marcel Bénard et ses compagnons restent néanmoins dans leur coin perdu de la taïga jusqu'au 12 décembre afin de compiler leurs données, de rédiger leurs observations et même de retourner sur le terrain pour les dernières vérifications.

Au moment où il s'embarque à bord d'un avion pour retourner vers sa famille à l'occasion des Fêtes, Marcel Bénard jette un dernier regard sur ce campement de fortune, témoin du commencement des temps modernes au Moyen Nord québécois. Le long hiver ne sera pas terminé qu'il sera de retour «dans le bois». Lui et d'autres qui, désormais, «vont monter dans le Nord, tendus dans une même volonté, gagner leur vie dans le froid et l'isolement. Ils vont se porter au Nord pour bousculer les forêts, trimballant dans leur chant et leur jargon, un relent de leur coin de pays[2].»

Matagami en ébullition

Habituellement, les études préliminaires d'un territoire passent à peu près inaperçues. À cette étape, aucune décision n'est prise, aucune annonce officielle n'est faite. Mais en 1965, les paisibles citoyens de Matagami ne peuvent faire autrement que de remarquer un certain va-et-vient, une certaine agitation.

Car c'est dans cette petite ville minière du Nord-Ouest du Québec, là où la route venant du sud s'arrête, qu'Hydro-Québec s'installe. Elle est située tout juste au sud de l'immense territoire de la Baie James. Les premiers administrateurs d'Hydro-Québec travaillent d'abord dans une chambre de l'hôtel Bell. On compte bientôt 25 employés. La grande société d'État fait donc construire un immeuble, rue Nottaway, sur le Nord de la rivière Bell.

Ses employés circulent forcément dans les rues de la ville. Le soir, ils se retrouvent à l'hôtel Bell. D'ailleurs, Hydro-Québec y a loué d'autres chambres; à un moment donné, on occupe la moitié de l'établissement, le second étage de l'immeuble de la société d'État étant devenu trop petit. La moitié des employés couchent donc à l'hôtel Bell.

«Les gens voulaient savoir ce qui se passait, ce qui allait se produire, raconte Paul Caron. Surtout, ils sollicitaient des emplois, demandaient comment faire pour en avoir, étaient à l'affût d'un tuyau.»

Il faut dire que Matagami est une ville bien particulière. Presque tous les emplois sont reliés à l'industrie minière; il y a trois compagnies et elles sont propriétaires des maisons qu'habitent les travailleurs. Le maire et les conseillers sont nommés après consultation des trois compagnies minières. Matagami n'a pas de station radiophonique, pas de journal local. Donc aucun journaliste pour informer les citoyens. La station radiophonique la plus proche est celle d'Amos, mais on ne peut la capter. L'hebdomadaire de Val-d'Or, pas plus que les quotidiens de Montréal qui arrivent par autobus, ne s'intéresse à cette petite ville de 3 000 habitants.

En quelques mois, ils se prennent à rêver, à échafauder des projets. Ils sentent que Matagami est à la porte de la Baie James. En 1965, leurs rêves et leurs espoirs sont à la veille de se réaliser, pensent-ils.

Paul Caron a gardé de bons souvenirs de cette première année où tout a vraiment commencé à la Baie James. Il se

Les explorateurs assistent à la première messe célébrée dans un campement de bois rond au lac du Tast en 1965. (Photo: Paul Caron)

Les premiers campements d'exploration fabriqués à l'aide de toile et de bois rond. Un peu plus tard, suprême luxe, on se servira aussi de contre-plaqué!

souvient en particulier d'avoir embauché un bien drôle de bonhomme.

«C'était au tout début des embauchages. Frank Lamy, titubant et guilleret, s'amène à mon bureau. Il est mécanicien. Il veut aller travailler à la Baie James. Nous l'avons envoyé au lac du Tast. Après quelques mois, le cuisinier de ce campement est parti. Frank s'est offert pour le remplacer.

«Un jour, le chef du campement m'a demandé d'annuler l'offre d'emploi pour un cuisinier. Il voulait garder son mécanicien-cuisinier. J'étais plutôt sceptique. Trois semaines plus tard, j'ai néanmoins fait le reclassement, ce qui signifiait une baisse considérable de salaire pour Frank, devenu ainsi officiellement cuisinier. Au fil des mois et des ans, il s'est taillé toute une réputation. C'était le cuisinier le plus apprécié, le meilleur qu'aient connu les cuisines de la Baie James avant l'arrivée des traiteurs. Partout, on parlait de ses pizzas, de son ragoût de pattes et de ses oreilles de Christ! Frank a fait tous les campements d'exploration après ses débuts au lac du Tast. Il s'est même rendu au premier campement de LG 2. Tout le monde le connaissait dans le territoire.»

En 1966, c'est pas mal mieux

Petit à petit, les explorateurs s'acclimatent au territoire de la Baie James et leurs conditions de vie s'améliorent. «En 1966, raconte Marcel Bénard, c'était pas mal mieux. On avait fait une meilleure planification durant l'hiver. En 1965, personne n'était sur le terrain pour nous dire quoi faire. Quand on se posait des questions, il fallait trouver les réponses.

«La deuxième année, trois campements principaux étaient ouverts, en plus de celui du lac du Tast: Nottaway, lac Colon et lac Allard. Il y avait aussi des petits campements satellites. Les journaliers avaient un peu plus de matériaux, des madriers et du contre-plaqué pour faire des planchers. Là, on était chez nous en maudit. La nourriture était excellente, car on avait de bons cuisiniers.»

Au cours d'un voyage, en mai 1966, le journaliste André Bastien, du journal *Entre-Nous,* observe tout ce qui se passe à la Baie James. Il devient l'historien de la vie quotidienne. «Je pense aux journaliers et aux bûcherons qui viennent à peu près tous de l'Abitibi, écrit-il. Ils ont depuis longtemps quitté une terre ingrate pour gagner leur vie dans les mines ou les forêts de la C.I.P. Ils viennent pour se ramasser un pécule: 1 000$ ou 2 000$. Après deux mois passés à suer de 7h le matin jusqu'à tard l'après-midi, certains redescendent à Matagami ou à Val-d'Or. Ils remontent après une semaine avec plus un sou en poche.

«D'autres encore accumulent patiemment une petite fortune pour, un jour, s'installer dans le Sud.

«À côté de ces travailleurs, il y a les techniciens, les arpenteurs, les géologues, plus aguerris, qui ont un travail bien précis à faire, qui ont connu Bersimis ou Manic à leur tout début. Ils sont tout aussi rudes que leurs compagnons, conscients toutefois de leur situation. Ils en prennent leur parti.

«L'un d'eux laissait tomber, comme ça, sur le ton de la confidence: *Tout de même... rendu au 52e parallèle, ça commence à être loin.* [3]»

En 1967, les recherches s'intensifient. Après les rivières Nottaway, Broadback et de Rupert, qu'on commence à connaître assez bien, d'autres rivières plus au nord, comme la Eastmain et La Grande Rivière, sont à leur tour l'objet de missions exploratoires. En plein cœur du mois de juillet, une équipe de spécialistes d'Hydro-Québec, Pierre L. Gauvin, Jacques Genest, Robert Sabourin, Bernard Arsenault, Jean-François Capelle, Jacques Côté, Léandre Aubin et Gilles Desjardins, va se familiariser avec le bassin de La Grande Rivière. Pendant quelques jours, ingénieurs, techniciens et journaliers vont préparer l'avenir. Ces visiteurs viennent de Montréal ou de Matagami. Mais 250 hommes œuvrent également dans les 100 000 milles carrés du territoire de la Baie James. La grande majorité d'entre eux sont répartis dans 18 campements au bord des rivières et des lacs. Plusieurs resteront sur place pendant l'hiver pour poursuivre le travail, compiler les données recueillies pendant l'été et préparer la saison suivante.

Sept années d'études

Les premiers travaux d'exploration à la Baie James vont durer sept ans, soit de 1964 à 1970 (avec des périodes plus calmes quand Hydro-Québec doit faire des coupures budgétaires). Au cours des quatre premières années, les relevés géologiques et les études hydrologiques permettent d'établir une cartographie de la Baie James. En 1968, c'est l'accélération des travaux de cartographie, des études des sols et des relevés géologiques dans la région du complexe Nottaway-Broadback-de Rupert. Pas d'études, à ce moment-là, sur les rivières Eastmain et La Grande Rivière. Les années 1969 et 1970 se passent dans des bureaux: révision des chiffres et des estimations, compilation des données recueillies sur le terrain et voyages de reconnaissance des responsables de la direction du Génie d'Hydro-Québec.

Plus rien de spectaculaire ne semblait devoir se produire à la Baie James lorsque subitement, le 16 novembre 1970, le service des Relevés techniques, direction des Projets de centrales, direction générale du Génie (ouf...) d'Hydro-Québec reçoit le feu vert pour de nouvelles études sur le terrain à la Baie James. C'est alors, au dire de Gérard Dubois, chef du service des Relevés techniques, une course contre la montre, c'est-à-dire contre le dégel[4].

Cette précipitation n'a pas d'autres explications que par le fait que le nouveau Premier ministre Robert Bourassa s'intéresse à la Baie James.

«Il fallait, dès novembre 1970, organiser la campagne de l'été 1971: localiser les campements, amener le matériel sur place, embaucher le personnel nécessaire, explique Alain Novel[5].

«En cette saison, on ne pouvait déjà plus utiliser les bateaux pour débarquer des matériaux et surtout le carburant le long de la côte, à Fort-George, par exemple. Restait le transport par avion ou par route. Le transport aérien est toujours possible, mais le coût peut être vertigineux. Quant à la route, il n'y en avait pas encore. Une seule solution: ouvrir un chemin d'hiver qui partirait de Matagami et irait jusqu'aux emplacements des campements le long des rivières Nottaway, Broadback et de Rupert. L'avantage, l'hiver, c'est qu'on peut passer partout et aller tout droit. Lacs, marécages, marais ne posent plus de problèmes puisque la glace permet de les traverser (les véhicules les plus lourds peuvent passer sur des ponts de glace de 150 centimètres d'épaisseur). Seulement, il fallait faire vite, très vite. Un chemin d'hiver n'est utilisable que jusqu'au milieu de mars environ. Après cette date, le dégel peut survenir à tout moment et il ne s'agit pas de se risquer avec une chenillette dans l'eau et la boue. On ne la retrouverait plus!

«Il restait donc quatre mois pour ouvrir le chemin et l'utiliser. Le 24 novembre 1970, Gérard Dubois, chef du service des Relevés techniques, Donald Mongeau, chef de la division des Levés et de la Cartographie, et Louis Dubreuil, chef de la section des Forages et des Sondages partent en hélicoptère de Montréal pour reconnaître le tracé. Il faut aussi très vite embaucher le personnel, et d'abord l'équipe qui va ouvrir le chemin. Rien de facile puisque, depuis deux ans, les études sur le terrain sont au ralenti (tous les campements ont été fermés en 1970) et tous ceux qui ont travaillé pour Hydro-Québec sont partis et travaillent ailleurs. Cependant, le bureau de Matagami ouvre de nouveau ses portes.» On se croirait en pleine fièvre des années 1965, 1966...

«Le programme est mis sur pied: relevés géologiques et géotechniques pour mieux connaître le terrain; relevés techniques pour déterminer le genre d'ouvrages à construire.

«Il y aura trois campements principaux: un au bord de la Nottaway, un près de Rupert, et un autre près du lac Mistassini. De toute urgence, on débloque les crédits nécessaires pour acheter des véhicules adaptés à ce genre de chemin

Chaque matin, l'hélicoptère transporte les explorateurs en forêt et les remène au campement le soir.

L'hydravion est le seul moyen de transporter les hommes, les matériaux et la nourriture de Matagami à la Baie James.

(Go-Track, Flex-Track et autoneige) et on passe commande des matériaux et du carburant.»

Dès le 8 décembre, des hommes embauchés au centre provincial de la main-d'œuvre à Val-d'Or «ouvrent au rythme de quatre kilomètres par jour la route de 230 kilomètres de longueur et de 4,5 mètres de largeur qui reliera Matagami au lac Némiscau. Après les premiers 113 kilomètres, ce rythme est porté à 6,5 km par jour, ce qui veut dire de 12 à 14 heures de travail sept jours par semaine. Au total, 83 hommes sont à l'emploi d'Hydro-Québec dans cette région. L'équipe que dirige J.-Albert Dupuis, chargé des Relevés techniques, est éparpillée entre le bureau de Matagami, la rivière Nottaway où sont construits un pont de glace et un campement permanent, la rivière Broadback, et la caravane qui ouvre la route», écrit la journaliste Louise Lamarre, dans *Hydro-Presse*[6].

Elle ajoute: «Cette route d'hiver qui traverse tantôt la forêt, tantôt la savane, est ouverte, selon le cas, au moyen de tracteurs et de chenillards. La caravane que dirige Lévis Dallaire est précédée d'éclaireurs recrutés parmi les Indiens.»

Les «commandos du désert»

Deux mois après ces travaux, à quoi peut bien ressembler le chemin de la Baie James? Alain Novel, même s'il travaille pour un journal d'entreprise *(Hydro-Presse* publié deux fois par mois), n'a pas perdu ses réflexes de journaliste-enquêteur-témoin. Pas plus que le photographe Alain Rinfret qui l'accompagne. Tous deux partent de Matagami le 18 février[7].

«Pour bien voir le paysage, on a voulu essayer un nouveau véhicule: le Terra-jet. Quatre roues très larges, une coque en fibre de verre et un moteur à l'arrière. En principe trois places, en réalité deux. La vitesse est de 48 à 56 kilomètres à l'heure, suivant les conditions de la route. La seule protection est un petit pare-brise; autant dire que dans les tempêtes, il vaut mieux s'accrocher! Voyager avec ça quand il neige et quand il vente tient autant de la navigation que de la conduite d'une motoneige.

«J.-A. Dupuis, chargé des relevés techniques à Matagami, souhaite bonne chance à tous et nous voilà partis. Deux Terra-jet s'élancent. À l'arrière, «pour ramasser les morceaux», suit une autoneige conduite par Daniel Charest, chef d'équipe.

«Les 16 premiers kilomètres se font à peu près bien, le chemin traverse la forêt et on ne peut pas perdre la trace. Le conducteur doit s'adapter à cette nouvelle conduite qui consiste à éviter les bancs de neige et à rouler dans les traces des chenilles. Mais sur les étendues sans arbres, marécages ou eskers gelés, les traces disparaissent et c'est sur un tapis mouvant que l'on s'engage. Le Terra-jet vogue. Heureusement, des rubans rouges jalonnent la piste et l'on peut s'y retrouver. Le passager est parfois enveloppé par des tourbillons de neige. Quand on traverse la forêt, c'est plus calme. Mais au bout de 48 kilomètres, un des véhicules abandonne, le moteur n'a pas tenu; un Go-Track le redescendra à Matagami. L'autoneige recueille les naufragés. L'autre Terra-jet continue. Gérard Dubois s'est juré de le conduire jusqu'à la Nottaway. Il est presque midi, la neige s'est arrêtée et un soleil glacial se lève sur ces paysages silencieux.

«Pendant tout le trajet, nous n'avons pas vu signe de vie. Pas un animal. C'est un désert blanc, immobile, majestueux, mais aussi angoissant. Enfin, au mille 65, apparaît la rivière Nottaway, reconnaissable seulement par ses rives escarpées, car ici les terres et les eaux se confondent dans une même blancheur. Il est deux heures de l'après-midi. Le campement des Relevés techniques se construit peu à peu. Une partie des matériaux est déjà arrivée. Sur l'autre rive, les tentes qui abritent les travailleurs. On a peine à tenir une tasse tellement on a les mains engourdies par le froid. Le chemin continue encore jusqu'à Rupert, 104 kilomètres au nord. Mais le temps nous manque pour aller plus haut. Le trajet de retour a été plus rapide: l'avion est venu nous chercher!»

L'été des géologues

Si les études relatives à l'aménagement des rivières s'intensifient, c'est que de plus en plus, à Hydro-Québec et au gouvernement provincial, il devient réaliste de penser que l'hydro-électricité demeurera le moyen le plus économique pour répondre à l'accroissement de la demande dans les années à venir. Les centrales des chutes Churchill, au Labrador, et les dernières centrales du Complexe Manic-Outardes doivent permettre de répondre aux besoins des Québécois jusque vers la fin des années 70. Mais il fallait dès lors faire de nouveaux choix. En 1971, Hydro-Québec se voit confier le mandat d'entreprendre l'aménagement des ressources hydro-électriques dans le territoire de la Baie James.

Du même coup, et plus que jamais, cet immense territoire devient l'endroit de prédilection des explorateurs. D'autant plus qu'en novembre de la même année on parle de choix à faire entre le Complexe NBR, soit les trois rivières situées dans la partie sud du territoire de la Baie James et les rivières Eastmain et La Grande Rivière, beaucoup plus au nord. Au cours de «l'été des géologues», celui de 1971, une soixantaine de spécialistes de la géologie et de la géotechnique se dispersent dans ce territoire pour étudier la composition des rives des cinq rivières. Ils travaillent pour le compte d'Hydro-Québec et de deux firmes d'ingénieurs-conseils[8].

Deux possibilités sont à l'étude. La première, aussi appelée «Projet sud», regroupe les rivières Nottaway, Broadback et de Rupert. Ce projet prévoit la construction de sept centrales sur la rivière de Rupert, avec une puissance installée d'environ 5,5 millions de kilowatts. L'étude en est faite par Hydro-Québec, en collaboration avec la firme d'ingénieurs-conseils Asselin, Benoît, Boucher, Ducharme et Lapointe Inc.

La deuxième possibilité, le Complexe La Grande, consiste à construire quatre centrales sur La Grande Rivière et à détourner la Grande rivière de la Baleine et la rivière Caniapiscau. Cet aménagement offre une puissance de 7 300 mégawatts pour une production annuelle de 50 milliards de kilowatts-heures. En outre, le Complexe La Grande comporterait six réservoirs: Bienville, Delorme, Caniapiscau, Puisseaux, Opinaca et Sakami. Pour l'assister dans ses recherches, Hydro-Québec a retenu les services de la firme d'ingénieurs-conseils Rousseau, Sauvé, Warren.

Durant l'hiver 1971-72, Hydro-Québec et la Société d'énergie de la Baie James se penchent sur les études réalisées jusqu'alors. Elles décident finalement de concentrer leurs efforts sur l'aménagement de La Grande Rivière plutôt que sur le Complexe NBR. Même s'il est situé plus au nord, le Complexe La Grande présente des avantages du point de vue technique, économique, social et écologique. De plus, son potentiel énergétique est plus considérable que celui du Complexe NBR. La décision d'Hydro-Québec est débattue en commission parlementaire des Richesses naturelles en mai 1972. Le gouvernement lui donne priorité.

Désormais, tous les efforts de la Société d'énergie de la Baie James vont porter sur la réalisation du Complexe La Grande, alors évalué à 5,8 milliards de dollars.

De 1972 à 1974, plusieurs études complémentaires vont permettre de préciser et d'optimiser cet aménagement qui sera officiellement désigné sous le nom de Complexe La Grande en 1974. On prévoit la construction de quatre centrales sur La Grande Rivière, et le détournement des rivières Easmain, Opinaca et Caniapiscau. Ce nouveau complexe qui représente 10 340 mégawatts fournira annuellement 69,3 milliards de kilowatts-heures.

Pour en arriver à ces résultats puis, ultérieurement, à ces prises de décision, des centaines d'explorateurs ont sillonné, examiné, scruté tout le territoire de la Baie James. L'un d'eux, Camille Therrien, a joué un rôle important dans divers campements d'exploration du début des années 70. Il était cuisinier.

Cuisinier et homme à tout faire

«Je suis arrivé à Matagami en août 1971, se rappelle-t-il. Quelques jours plus tard, je subissais mon baptême de l'air dans un petit avion qui m'a laissé au campement de Broadback 1. Je me souviens... je portais des vêtements sport, veston et pantalon! Je suis débarqué sur un quai de bois rond. Il y avait des épinettes partout. Les gars étaient là depuis deux mois et portaient de longues barbes. J'ai trouvé le responsable du campement. Il m'a montré deux tentes, l'une pour la cuisine et l'autre pour le cuisinier. En fait, la cuisine mesurait 5 mètres de largeur sur 15 mètres de longueur. C'était tout simplement deux tentes pareilles à celles des dortoirs. L'équipement? Une bonne cuisinière au gaz propane et un fanal à gaz pour l'éclairage!»

Camille Therrien commence à entrer ses bagages dans sa tente lorsqu'un homme qui le regarde depuis un bon moment lui demande:

— Vous êtes le nouveau chef?

— Oui, c'est moi.

— Ah! bon... Commencez-vous à travailler cet après-midi?

— Ben, je vais commencer par ranger mes affaires et demain...

— Ah!...

L'homme a l'air un peu triste.

— Pourquoi me demandes-tu cela?

— Parce que les gars sont sans cuisinier depuis une dizaine de jours et qu'ils ne mangent que du jambon!

— Dans ces conditions, je vais aller voir ça...

Camille Therrien inspecte l'équipement mis à sa disposition. Il veut savoir s'il lui est possible de faire une surprise aux mangeurs de jambon. Il demande:

— Où est la nourriture?

Quelqu'un s'empresse de lui indiquer une sorte de remise appelée *meat house.*

«Je n'avais jamais vu ça de ma vie. Les quartiers de bœuf étaient accrochés là-dedans depuis un bon bout de temps... c'était pas tellement appétissant. J'ai tout de même réussi à sauver deux bonnes fesses de bœuf. Il y avait 80 hommes à nourrir. J'ai dépecé une fesse, j'ai rempli un grand plat de steaks. Dans l'après-midi, j'ai fait des pâtisseries, question de faire sentir ma présence.»

À l'heure du souper, le nouveau cuisinier fait cuire ses steaks. Tout le monde est là. Religieusement. Aucun bruit, Ça bouffe. «J'ai remarqué que lorsque c'est bon, les gens ne parlent pas.» (Mais le plat n'est pas vide, loin de là.)

— S'il y a des gars qui en veulent encore, venez vous servir!

«C'est comme si j'avais déclenché une révolution. Tout le monde s'est levé en même temps pour venir se servir une seconde fois. Je pense que ça faisait un bon bout de temps qu'ils n'avaient pas bien mangé...»

L'approvisionnement se faisait de Matagami par avion. Des Otter, des Beaver, des Cessna. «En règle générale, on avait tout ce qu'il fallait pour cuisiner n'importe quoi. Je ne parle pas de homards... Par exemple, nous avions des longes prêtes à être coupées, sans os. La qualité de la viande était supérieure. Même mûrie dans le *meat house,* elle avait plus de saveur. C'est meilleur que dans une chambre froide. Le soleil faisait une croûte pratiquement hermétique sur le quartier de bœuf qui séchait, qui mûrissait. Lorsqu'on enlevait cette couche séchée, on trouvait de la viande extraordinaire.

Le «meat house»: à déconseiller!

«Un *meat house?* C'était un petit abri dont le bas était en contre-plaqué et le haut en moustiquaire. Le toit dépassait largement de chaque côté de façon à faire de l'ombrage. Le soleil n'atteignait pas directement la viande. C'était à l'air libre, il ne s'agissait pas d'une glacière. En été, il faisait parfois 90 degrés et la viande se conservait quand même. C'était moins chaud qu'à l'extérieur. Le bœuf supportait assez bien ce traitement, mais pas le porc, ni les saucisses, ni les charcuteries. Le truc consistait à dépecer rapidement le

Voici l'unique restaurant du coin sur les bords de la rivière Broadback en 1969.

Les pionniers de la Baie James vivent toutes sortes de situations imprévues. Les débarquements des hydravions ne se font pas toujours en petits souliers... comme en témoigne cette photo prise en 1967! (Photo: Hydro-Québec).

porc, le poulet, et à blanchir la viande. Je les faisais cuire à 70 pour cent et la durée de conservation s'en trouvait accrue. La viande pouvait y être ainsi gardée une semaine. Le *meat house,* ce n'était pas merveilleux. Je ne conseille pas ça...

«Dans un campement du genre, poursuit Camille Therrien, le cuisinier devenait souvent un animateur de loisirs. Je proposais donc des activités, le soir. Comme il y avait un manque d'espace, j'organisais des tournois de cartes dans la cuisine. Je faisais du café, j'offrais des pâtisseries. Quand ils n'allaient pas à la pêche ou bien les soirs de pluie, le cribble était très populaire auprès des gars. La cuisine, c'était l'endroit où se rencontrer, flâner, prendre un café.

«Être cuisinier signifiait aussi être ami avec tout le monde. Par mauvais temps, les gens revenaient au campement et s'offraient pour ranger mon stock... Ils avaient même construit un beau balcon en bois rond à la sortie de ma tente. J'avais une tente de luxe. Voilà l'ambiance qui régnait dans ces campements d'exploration. Il fallait beaucoup de solidarité. Quelqu'un qui ne se mêlait pas aux autres ne pouvait survivre. Ces hommes-là appartenaient à une race spéciale, à une sorte de confrérie.»

Chapitre 2

Mille joies, mille misères

Le 29 juin 1972. Il fait une chaleur accablante, exceptionnelle sur les bords de La Grande Rivière. Avec ses 90 employés, le campement de LG 2 bourdonne d'activités. Les hélicoptères exécutent mission sur mission, comme des abeilles autour d'une ruche: travailleurs à reconduire, tas de planches à déplacer, carburant à livrer... Dans leur petite cuisine temporaire, les cuistots étouffent. Dans une autre tente, torse nu, un étudiant emballe soigneusement des échantillons de roche et d'argile pour le laboratoire d'Hydro-Québec à Matagami. Sous un rideau de mousseline, un ouvrier dort[1].

Le bruit des scies circulaires et des perceuses électriques se mêle aux coups de marteaux; des béliers mécaniques rôdent autour. Après les abris temporaires, on va passer aux huttes permanentes. Chaque campement d'Hydro-Québec est électrifié, grâce à des génératrices transportables. Il faut de l'électricité, ne serait-ce que pour les radiocommunications. Puis les menuisiers, même à la Baie James, ne travaillent plus avec l'égoïne. Leurs outils sont électriques. C'est une question d'efficacité[2].

Tout a été transporté par avion; en effet, la route d'hiver n'a pu être complétée avant le dégel[3]. Nous sommes ici au royaume des pilotes de brousse. Les avions et les hélicoptères sillonnent le ciel de la Baie James, avec à leur bord des ouvriers de la construction en route pour un campement de fortune ou un embryon de chantier, des spécialistes en quête de données techniques, des employés de soutien, des hommes à tout faire[4].

Les pilotes de brousse avec leurs machines volantes aux formes souvent inattendues sont de véritables «camionneurs de l'air». Outre les hommes, il faut transporter des tonnes et des tonnes d'équipement: planches murales, congélateurs, victuailles, tentes, instruments scientifiques, appareils de télécommunications, etc. Fort-George, à l'ouest du Complexe La Grande, est l'un des centres d'opération[5].

Matin et soir, les hélicoptères vont déposer et reprendre les hommes dans un rayon de 50 kilomètres, parfois plus. C'est leur seul moyen de se rendre à leurs lieux de travail. Chaque équipe a sa radio pour garder le contact avec le campement. Dans un territoire aussi vaste, c'est une mesure de sécurité non négligeable[6].

C'était toute une aventure

«Au début, c'était toute une aventure que de parcourir le territoire de la Baie James, raconte Claude Pelchat, l'un des pionniers de l'exploration, actuellement directeur de projet du Complexe La Grande-Phase 1. Nous partions dans ce que nous appelions des «cancers», des avions de type Canso, Beaver, Otter. De Matagami à LG 2, on se guidait sur les lacs, les rivières, les tourbières. Même chose pour aller de LG 2 à Caniapiscau.

«Chaque expédition me donnait un peu la frousse. Beaucoup de pilotes, en effet, ne connaissaient rien du territoire. Surtout ceux des hélicoptères, «les hélicos» comme les appellent les travailleurs. Il n'y avait pas beaucoup de pilotes québécois. Ils venaient d'Algérie ou du Vietnam où ils avaient fait la guerre. C'est ainsi que des Américains et des Vietnamiens qui s'étaient mitraillés, là-bas, se réconciliaient en survolant la taïga.

«Je me souviens d'un pilote vietnamien qui frôlait la tête des arbres: il était habitué à voler en rase-mottes à cause de la guerre... Un autre pilote qui avait subi le même conditionnement était tellement nerveux qu'il essayait de pousser sur le bouton de sa mitraillette... et il laissait tomber les marchandises attachées à l'élingue de son appareil. Dans une seule journée, il a perdu deux moteurs de foreuse à bois. On a été obligé de le renvoyer.

«En avion, poursuit Claude Pelchat, j'avais toujours ma propre carte. Je ne faisais confiance à aucun pilote. Surtout s'il manifestait le moindre doute. Je me mettais alors à inscrire l'itinéraire sur ma carte et je devenais copilote. Plusieurs gars de l'exploration ont fait la même chose que moi.

«On a évidemment déploré des accidents et des morts. En 1971, un appareil s'est perdu et on n'a jamais entendu parler de ses trois occupants. Reste qu'avec tout ce qui volait alors dans le ciel de la Baie James, sans aucun contrôle de la circulation aérienne, nous aurions pu connaître des catastrophes. Car en plus des avions qui volaient pour nous, il y avait ceux des prospecteurs, des ingénieurs-conseils, des gars de l'exploration minière...»

À la Robinson Crusoé

Dans la journée du 2 juillet 1973, Jean-Jacques Lamoureux et Jules Champagne, deux employés d'Hydro-Québec, quittent LG 2 en hélicoptère. Ils doivent aller récupérer des échantillons d'alliages déposés un an plus tôt dans certaines stations qui permettent d'étudier les facteurs de corrosion et la résistance des métaux.

Avec eux, le pilote évidemment, Edward Swearingen qu'on appelle «Skip», et un autre passager, Pierre Rivard. «Nous volons à 5 000 pieds, écrit Jean-Jacques Lamoureux, dans son journal. Sous nos pieds, des lacs, tous semblables, entourés d'une même végétation rabougrie, forment un paysage dont l'uniformité nous donne l'impression de flotter, immobiles, dans le ciel[7].

«De temps en temps, nous traversons un nuage qui, pour quelques secondes, nous cache le sol, ce qui ajoute au côté un peu irréel de ce vol et nous plonge dans une douce euphorie... Cette quiétude disparaît lorsque Skip nous dit ne pas trouver le lac Tilly. On se pose quelques instants, puis on remonte encore plus haut. Partout, des lacs de toutes les formes, mais pas de lac Tilly. Nous sommes toujours détendus, persuadés que nous allons le voir bientôt...

«Après avoir tourné en rond quelque temps, Skip pose l'hélicoptère près d'un étang sur un espace vert. Il est 15h. Je me sens soulagé d'être au sol. Skip nous annonce que nous n'avons plus d'essence... Nous sommes à proximité d'un gros rocher au milieu d'une forêt d'arbres morts. Nous décidons de nous mettre au travail. Pour commencer, il faut abattre des arbres pour construire une plate-forme près du rocher et la recouvrir de branches de pin... Nous sentons une certaine exaltation. La plate-forme terminée, nous cherchons des pierres pour faire un foyer. Nous allumons notre premier feu...

«Nous faisons ensuite l'inventaire de nos vivres. Il nous reste un sandwich au saucisson et six au fromage. Jules et Skip, qui n'ont rien mangé de la journée, ont droit à un sandwich. Moi, j'essaie de faire bouillir de l'eau. Le sandwich au saucisson n'étant pas très frais, servira d'appât. La boîte de survie contient différentes enveloppes. À première vue, Pierre affirme qu'elle peut nous suffire pour un mois, mais nous espérons être retrouvés avant... D'après Skip, nous serons retrouvés avant 60 jours. Il nous fallait donc survivre pendant ce temps. La nuit est courte car le soleil se couche vers 22 heures et le ciel reste clair jusque vers 1 heure. Vers 4h30, le soleil se lève...»

Sans le savoir, ces quatre Robinson Crusoé commencent une aventure qui va durer sept longues journées. Durant cet arrêt forcé, ils subsistent grâce à la trousse de dépannage contenant des aliments deshydratés. Mais ils savent qu'à eux tous, la provision ne durera que sept jours! Dès le lendemain, un mardi 3 juillet, le quatuor juge prudent de commencer à se rationner tout de suite. «À 15h, nous mangeons nos sandwiches au fromage, ils sont affreux, c'est un mélange de fromage, de 6-12 (huile contre les moustiques) et d'essence, mais il faut bien manger même si la faim ne s'est pas encore fait sentir[8].»

Outre les aliments déshydratés, il y a aussi quelques bonbons, du sucre, des raisins et du thé. «Il nous faut donc pêcher et chasser, écrit Jean-Jacques Lamoureux dans son journal quotidien. Envisager le pire tout en espérant mieux nous vide, mais nous tranquillise aussi. Pierre et moi allons au lac situé à un demi-mille au sud pour y pêcher. Après deux lancers, il me laisse car il ne peut supporter les moustiques. Je me dirige vers une pointe et après plusieurs lancers infructueux, je perds l'hameçon. Piteux, je reviens à l'hélicoptère où j'apprends qu'il en reste encore. Nous ferons quand même de meilleures pêches. Une fois, Pierre et Jules ramènent un maskinongé[9].»

Les peurs et les raisons de vivre

En plus de tenir son journal quotidien, Jean-Jacques Lamoureux dispose aussi d'un appareil-photo chargé d'une pellicule couleur. Ces photos seront des documents précieux, que les membres de l'équipe survivent ou pas à cette expérience angoissante. Pour passer le temps, ils se font du feu, boivent du thé chaud, se débattent avec les moustiques, calfeutrent l'hélicoptère pour se protéger des moustiques nocturnes, se parlent de leurs peurs et de leurs raisons de vivre, capturent un crapaud qui réussit à s'enfuir, font des appels répétés à la radio dont les piles sont maintenant très faibles. «Nous entendons de LG 3 qu'ils n'ont pas de nouvelles de nous[10].»

Le samedi, 7 juillet, ils croient savoir où ils se trouvent et songent à regagner LG 2 par bateau. «Pierre préconise un retour en bateau par les rivières Sakami et La Grande Rivière. Ce serait un voyage de 200 kilomètres avec 20 rapides à sauter. Notre embarcation serait faite avec les flotteurs de l'hélicoptère et la queue servirait de gouvernail. Je ne suis pas d'accord, écrit Jean-Jacques Lamoureux, car je manque de confiance dans cette opération; mais devant l'enthousiasme de mes compagnons et l'assurance que les secours n'arriveront pas avant un mois, je partage leur emballement. Quant à Skip, il est contre: pas question de quitter l'hélicoptère car c'est notre seule chance d'être repérés et sauvés[11].»

Le dimanche soir, cuisson du maskinongé sur la braise. «C'est un souper très apprécié. On se couche avec l'estomac un peu à l'envers. Après le maigre souper d'hier, ce repas nous assomme. Pas d'avion dans la journée...[12].»

Lundi arrive. Déjà une semaine! La nuit a été particulièrement froide. «La pluie n'a pas cessé de nous tambouriner sur la tête et de nous dégouliner sur les épaules. Vers 14h, nous entendons deux jets se dirigeant vers l'ouest... Vers 18h, les cris de Skip et de Pierre nous font sursauter, Jules et moi. Ils ont aperçu un avion volant très bas et qui, vraisemblablement, nous cherche. Skip court dans tous les sens, jetant de l'essence sur le bois trop humide de nos feux. Nous sommes heureux. Pierre pleure et rit en même temps. Skip est soulagé...

«Un premier parachute jaune touche le sol à quelque trois cents pieds de nous. Il s'agit de rations de l'armée, mais nous n'avons pas encore faim. Skip cherche des cigarettes.

«Avec le parachute, nous dessinons un L sur le sol pour demander de l'essence. Ils nous parachutent ensuite une valise contenant: tente, sacs de couchage, poêle, lampe, linge sec, etc. Un troisième parachute tombe dans l'étang. Pierre s'y jette tout habillé pour le récupérer. C'était de la bière et des cigarettes. Ça valait la peine, mais il aurait pu enlever ses bottes avant de sauter dans la vase...

«Puis, après plusieurs tours au-dessus de nous pour s'assurer que tout va bien, ils s'éloignent. Alors on a tout plié, tout rangé, on a mangé...[13]»

Dans la journée du mardi, c'est un hélicoptère Bell 205 qui vient les chercher. Le pilote leur apprend qu'ils sont à plus de 160 kilomètres de la ligne prévue par leur plan de vol. On fait le plein de l'hélicoptère en panne qui prend ensuite la direction de LG 3. Le gros appareil Bell 205 rentre à Matagami en passant par Chibougamau. Tout est bien qui finit bien. Skip, le pilote, pour qui la guerre au Vietnam était l'aventure de sa vie, avait cru un moment qu'il laisserait sa peau dans la taïga, dans le Nord du Québec.

Les problèmes d'isolement

Comment vit-on dans les campements d'exploration, à des centaines de kilomètres du restaurant le plus proche, du premier magasin? «Les gens de la ville se font souvent une idée fausse de notre vie[14], répond Léonce Racine, un des explorateurs les plus connus à la Baie James. Il faut tout d'abord savoir que les gens qui vivent ici l'ont pratiquement tous voulu, et ceci avant tout pour des raisons financières. N'oubliez pas que nous travaillons 10 heures par jour, 6 jours par semaine. Croyez-moi, le reste du temps, on ne s'inquiète pas trop... et si cela arrive, on pense au salaire qu'on va retirer.

«Il n'en reste pas moins que la vie est dure, et les gars qui passent deux ou trois mois d'affilée à la Baie James, sans redescendre en ville, doivent pouvoir s'évader. Il y a en général trois ou quatre séances de cinéma par semaine, mais c'est à peu près tout ce que nous avons comme loisirs.»

Au moment de cette interview, au début du printemps de 1973, Léonce Racine est chef du campement d'exploration de LG 2. La voix un peu rauque, le visage buriné par les intempéries, l'assurance de celui qui en a vu de toutes les couleurs, Léonce Racine ajoute: «Pour moi, le plus important, dans la vie de camp, c'est la nourriture et l'ambiance. Côté nourriture, il faut que cela soit copieux et bon au goût; c'est très important pour le moral. Quant à l'ambiance, les employés qui travaillent ensemble finissent nécessairement par former des petits groupes, et c'est l'esprit de ces groupes qui permet de garder la forme. C'est une sorte d'entraide, de vie communautaire.

«Bien sûr, les «gens du dehors» se posent toujours des questions quant à l'absence de femmes et à l'interdiction de l'alcool dans le campement. Pour ce qui est de nos compagnes, c'est entendu au départ... quant à l'alcool, prétendre qu'il n'y en a pas une goutte à LG 2 serait un mensonge, mais le règlement permet tout de même d'intervenir au moindre abus; cela fait que la quantité disponible demeure toujours en deçà des «soifs» les plus raisonnables[15]!»

Lorsque le campement de LG 2 commence à être peuplé et qu'il s'agrandit, lorsque les bâtisseurs arrivent en 1973, Léonce Racine plie bagage et va s'installer à LG 3.

Un chantier long de 1 600 kilomètres

Le froid excessif, la chaleur parfois écrasante, l'humidité, des milliards de moustiques, les dures conditions de travail et de vie n'empêchent pas ces hardis explorateurs de découvrir les secrets de la Baie James.

Les explorateurs aiment la vie au grand air, la liberté, la camaraderie, l'argent aussi. Ils retirent beaucoup de satisfaction de leur travail. Ils ont l'impression d'œuvrer à quelque chose d'important. Ceux qui avaient vraiment l'étoffe nécessaire sont restés, sont revenus, sont encore là. Il est d'ailleurs intéressant de remarquer que les vieux de la vieille continuent leur besogne au fil des ans à la Baie James. Car depuis 1965, les défis ne manquent pas.

«En 1974, explique Fiore Dallaserra, nous avons fourni un gros effort en termes d'argent investi pour l'exploration: 50 millions de dollars. L'année suivante, ce chiffre grimpait à 100 millions.

«C'étaient des travaux d'une envergure inégalée. Nous parcourions un axe d'environ 1 600 kilomètres qui allait de Matagami à LG 2 (du sud au nord du territoire) et de Fort-George à Schefferville (de l'ouest à l'est). En 1975, nous comptions 1 800 hommes, 26 campements, 65 hélicoptères, 30 avions de types divers et un avion-cargo de type Hercules baptisé «Énergie».

«C'était vraiment l'époque des pionniers du Complexe La Grande. Il n'y avait aucune route, aucune piste d'atterrissage. Les communications par radio n'étaient possibles qu'une fois par semaine, au mieux une fois tous les deux jours. Le seul moyen de superviser les activités, c'était de parcourir en hélicoptère cet immense territoire. Ce qui m'a surtout épaté, c'est que durant l'hiver de 1975, nos hommes ont réussi à construire six pistes d'atterrissage sur glace. C'était la seule façon d'ouvrir le territoire à la civilisation.»

Les effets de la rougeole

Les premières pistes de glace et la mise en service du Hercules, gros avion à quatre moteurs capable de transporter 25 tonnes de marchandise, vont permettre d'abréger de façon appréciable la période nécessaire à la préparation des travaux de construction et de réaliser des économies substantielles.

Jusqu'au moment de l'acquisition du Hercules par la Société d'énergie de la Baie James, on utilise déjà toutes sortes de petits avions et aussi des DC 3 sur skis. Mais l'autonomie, la vitesse, la puissance et la disponibilité de ces appareils étaient limitées et ne suffisaient pas aux besoins.

«Dès lors, comme l'écrivait Jean-Paul Fontaine dans la revue *en grande...* [16]», la carte du territoire s'est couverte de campements comme si elle avait attrapé la rougeole; ces campements recevaient des marchandises, des matériaux, du carburant à un rythme fou, compte tenu de leur isolement.

«Ainsi, en septembre dernier (1974), on créait un campement au lac Pau en y installant quelques tentes. En mars 1975, d'autres tentes s'étaient ajoutées, des bâtiments en bois avaient surgi, des ateliers de menuiserie et de mécanique bourdonnaient d'activités, des dizaines de réservoirs, la plupart pleins à ras bord, étaient alignés près de la future piste d'atterrissage, des béliers mécaniques, des engins de terrassement et de gros camions tout neufs s'affairaient ou attendaient d'être utilisés... Et tout cela, sans qu'il y ait eu une route d'accès, même l'hiver, à 200 kilomètres de Schefferville.»

Ce résultat étonnant est dû au Hercules qui peut se poser sur l'une ou l'autre des pistes de glace, ce qui le rend particulièrement précieux dans les circonstances. Au début, plusieurs n'étaient pas convaincus que cet avion, avec des cargaisons pouvant atteindre 25 tonnes, pourrait se poser sur de telles pistes de glace. Les promoteurs ont fait preuve de persuasion, notamment auprès des assureurs.

«Le froid et le gel ont été mis à profit pour la construction des pistes d'atterrissage, poursuit Jean-Paul Fontaine. La technique la plus courante est celle des pistes de glace. Il fallait d'abord disposer d'un lac assez long et couvert d'une couche de glace suffisante pour recevoir un DC 3 sur skis, chargé de l'équipement nécessaire: une souffleuse à neige montée sur un petit tracteur de ferme, quelques pompes, un radio-phare et quelques hommes. La souffleuse déneigeait une bande de 5 000 pieds sur 150. Au moyen des pompes, il fallait ensuite augmenter l'épaisseur de la glace du lac jusqu'à 55 pouces pour pouvoir y faire atterrir le Hercules. Après quelques semaines de ce traitement, la piste pouvait accueillir l'énorme avion. Il existe aussi un autre procédé qui consiste à niveler de façon convenable une piste de terre et à attendre que le gel lui donne la résistance voulue.»

LG 4 représentait un cas particulier puisqu'il n'y avait aucun lac à 35 kilomètres à la ronde, qui aurait pu se prêter à l'aménagement d'une piste de glace. «Nous avons transporté en avion deux petits tracteurs Case 450 de LG 3 à LG 4, raconte Fiore Dallaserra. Durant trois mois, ces petites machines ont nivelé un banc de sable et de gravier fin. Et le siège social n'était même pas au courant! À l'époque, nous ne recevions pas beaucoup de directives. Nous devions souvent aller à tâtons dans le développement de l'infrastructure. Le directeur de la Construction au siège social s'est aperçu de ce que nous avions fait une semaine seulement avant que le Hercules n'y atterrisse. Puis la direction de l'Ingénierie s'est plainte qu'on avait utilisé un de leurs bancs d'emprunt pour faire une piste...

«Cette piste de LG 4 constituait une percée importante au cœur du territoire de la Baie James. Elle a même eu de l'influence sur la préparation du budget de la direction de la Construction en 1976. C'était un budget qui nous aurait permis d'accélérer tous les travaux de construction. Malheureusement, il a été refusé à cause des sommes importantes requises pour la construction du stade olympique...»

Cette décision n'empêche pas l'acheminement du matériel en divers points du Complexe. «En 1975, nous avons mis en place un pont aérien tellement considérable que les Forces armées canadiennes ont envoyé des observateurs l'étudier, ajoute Fiore Dallaserra. Une telle entreprise dans le Moyen Nord, avec les moyens réduits que nous avions, ne s'était jamais vue.»

De véritables prouesses

Durant le seul mois de mars 1975, l'avion Hercules a transporté en 214 heures de vol, 1 852 tonnes de cargo, dont 1 171 barils de carburant (52 695 gallons) et 179 056 gallons de carburant en vrac. Durant la même année, il a aussi livré les matériaux les plus hétéroclites: des denrées périssables, des pièces d'équipement (qu'on assemblait sur les lieux), des pièces de rechange, des sections de bâtiments préfabriqués, etc.

Ce sont là de véritables prouesses. Seulement trois ou quatre ans plus tôt, le ravitaillement des chantiers et des campements d'exploration se faisait de peine et de misère. «En 1971, rappelle Claude Pelchat, on mettait trois barils de carburant dans un petit avion. Il partait de Chibougamau pour faire sa livraison à LG 4. Comme ça lui prenait deux barils pour revenir, il ne livrait en réalité qu'un seul baril à LG 4!

«À l'hiver 1971-1972, il a fallu trouver tous les avions disponibles pour une campagne de ravitaillement, ajoute Claude Pelchat. À peu près tous les avions qui pouvaient voler ont été demandés. Les vieux appareils DC 4 ont fait leurs derniers vols à la Baie James... et même le Bristol Frighter qui est sorti quasiment en pièces détachées de Matagami. Il fallait que tout arrive à la Baie James durant l'hiver, car c'était malgré tout plus économique. L'été, les hydravions ne pouvaient transporter suffisamment de marchandises. En période estivale, on ne faisait entrer que les matières périssables, les choses qui manquaient ou les choses de première nécessité.»

Le Complexe La Grande a connu trois années d'intenses explorations de 1974 à 1976. La majeure partie des données techniques ont été recueillies durant cette période. Avec leurs campements éparpillés aux quatre coins du territoire, les défricheurs des temps modernes, foreurs, arpenteurs, hydrologistes, géologues, techniciens, ouvraient une fois de plus la route aux bâtisseurs. Grâce à eux, allaient bientôt s'élever les ouvrages de LG 2, LG 3 et LG 4, et les rivières Eastmain, Opinaca et Caniapiscau seraient détournées.

LG 3 a été le siège d'une activité fébrile en 1975. L'effectif y atteignait alors 170 hommes. Là encore, l'hélicoptère faisait évidemment partie de leur vie de tous les jours; c'était le meilleur moyen de se déplacer. Six appareils y étaient donc basés en permanence.

L'un des plus jeunes explorateurs est Jacques Pilon, géologue venu de la région montréalaise. Il travaille aux ouvrages olympiques à Montréal mais ne s'y sent pas tellement à l'aise. Il demande un transfert à ses patrons qui lui proposent la Baie James!

La vie quotidienne de Jacques Pilon

Au début d'avril, il arrive à LG 2 par avion. Le même jour, il monte dans un hélicoptère pour LG 3. Il est surpris: «Je ne m'attendais pas d'arriver dans un campement aussi boueux. Je croyais qu'il ferait très froid. Mais c'était en pleine fonte des neiges. Il y avait de six à huit pouces de boue. Le campement avait été bâti sur un dépôt de moraine, et avec la moindre goutte d'eau, ça faisait de la soupe», raconte-t-il.

Autre surprise: personne ne l'attend au campement. «On m'a dit qu'il n'y avait plus de place. Où coucher? J'ai finalement eu droit à la tente des visiteurs. L'intérieur avait été peint en gris, le plafond était un peu plus soigné et, luxe suprême, il y avait deux ou trois crochets sur un mur.

Jacques Guida, premier grand patron du chantier d'Exploration. Indépendant de fortune, il choisit de vivre en pleine sauvagerie!

L'explorateur Léonce Racine, l'un des plus connus à la Baie James, un gars de bois jusqu'au fond de lui-même.

Fiore Dallaserra, bras droit de l'intrépide Jacques Guida, affirme que «les travaux d'exploration étaient d'une envergure qu'on ne retrouvera nulle part».

Guy Larocque, alors directeur de l'Ingénierie à la SEBJ, affirme que «les travaux d'exploration se traduisent par des économies importantes».

«Nous étions six à vivre dans cette tente. Puis, comme je devais établir mes quartiers généraux quelque part, j'ai pu avoir toute la tente pour moi. Elle me servait de chambre et de bureau. Mon travail, durant cet été de 1975, était de voir à ce que l'exploration se fasse conformément au programme établi. Par exemple, si on prévoyait trois forages sur une digue de 80 mètres, il fallait que ce soit aux endroits déterminés et qu'on effectue les essais requis. Le premier programme d'exploration, cette année-là, avait été conçu en fonction d'une cote à établir pour le futur réservoir de LG 3, située à l'élévation 825. À cause de problèmes engendrés par le site de LG 1, la cote a été haussée à l'élévation 840. L'exploration a alors pris beaucoup d'importance, car il fallait prévoir la construction de nouvelles digues. Tout le programme d'exploration a été révisé, de sorte qu'à la fin de l'été on avait creusé 750 puits et effectué 75 forages.

«Nous avions une équipe intéressante constituée de gars qui n'avaient pas froid aux yeux. Ils allaient parfois dans les coins perdus. Ils devaient parcourir 18 kilomètres avec une «pépine» (rétrocaveuse) dans le bois pour aller d'un dépôt à l'autre», précise Jacques Pilon.

On a peine à imaginer cette époque quand on peut voir, quelques années plus tard, des ouvrages terminés. Pourtant, Jacques Pilon se souvient de tout dans les moindres détails: les loisirs, les conditions de vie, les confrères de travail.

«C'était la taïga à perte de vue. L'hélicoptère était notre principal outil de travail. D'abord, on s'en servait pour se déplacer, du campement aux divers lieux de travail. Ensuite, il nous permettait de repérer du haut des airs les dépôts de gravier, de sable fin, de moraine, etc. On peut faire un croquis à main levée ou prendre des photos. Ce n'est pas pour rien que tous les programmes d'exploration sont établis à partir de photos aériennes.»

Bien que le travail soit la seule raison de la présence de ces hommes, il faut des loisirs. La semaine de travail est de 60 heures en six jours, mais les hommes travaillent souvent sept jours. «J'ai toujours refusé de travailler le dimanche, dit Jacques Pilon. J'en profitais pour bricoler: un peu de poterie ou du cuir repoussé. J'avais toujours un roman de science-fiction à la main.

«Dans ces campements, il faut cultiver la joie de vivre. Il faut être ouvert. Il ne doit pas y avoir de conflit. Chacun peut donner son opinion et être respecté. Dans un campement fermé, en vase clos, on ne peut pas avoir de rancune. Il faut s'intégrer et fraterniser pour que ça fonctionne bien. C'est une vie en équipe et un travail en équipe. En hiver, nous étions 45 dans un petit campement... c'était comme une grosse famille. Mais tout le monde ne peut s'adapter à ce genre de vie. Le quart des gars repartaient après quelques semaines ou après la «run» de 56 jours.»

Jacques Guida: patron et explorateur

Les chefs des équipes d'exploration sont aussi colorés que leurs hommes et ils partagent le même désir de vivre en pleine forêt. L'un de ceux-là est Jacques Guida, frère du célèbre travesti Guilda (Jean Guida).

Né en France, fils d'un comte de la vieille noblesse italienne, Jacques Guida arrive à la Baie James en 1973 non pas pour y faire de l'argent — il est indépendant de fortune — mais pour relever le défi d'ouvrir un immense territoire à la civilisation et pour connaître ce qu'il considère être le plus grand chantier de construction du monde.

Jacques Guida aurait pu mener une vie beaucoup plus confortable car ses parents possédaient des hôtels particuliers en France. Il ne va pas se laisser avaler par la bourgeoisie. Une fois ingénieur, le jeune Français se porte volontaire en Indochine à titre de conseiller technique. Son expérience dans ce pays en fait un homme de décision qui vise avant tout l'efficacité. La grande firme américaine Bechtel a recours à ses services un peu partout dans le monde.

«De tout ce que j'ai fait dans la vie, c'est l'emploi que j'occupais à la Baie James que j'ai préféré», affirme calmement, mais avec une certaine nostalgie, Jacques Guida. En 1977, après quatre ans d'activités intenses, il quitte la Baie

James pour aller relever un autre défi en Algérie. Il avait dit un an auparavant: «Dès qu'il n'y aura plus de problèmes à l'exploration, je commencerai à m'y ennuyer... [17]»

C'est le moment de partir, car après avoir éprouvé tant de satisfaction à organiser le chantier d'Eastmain-Opinaca-La Grande (EOL) en 1975-76, il ne trouve pas d'autres défis. «L'administration, c'est de la routine. C'est trop tranquille. J'aime la vie de bâtisseur d'empires dans la mesure où je peux faire les choses à ma manière. Ce que je veux, c'est de réaliser un projet avec un budget et un plan de travail. J'ai participé à la construction de tous les campements à travers le territoire de la Baie James, ajoute-t-il. Ça veut dire à peu près 640 kilomètres dans un sens comme dans l'autre. J'ai été responsable de 22 campements éparpillés un peu partout, j'ai dirigé 1 525 hommes à la fin de 1973, nous avions 67 hélicoptères et 30 avions [18].

«J'ai beaucoup voyagé dans des hélicoptères et dans des avions de toutes sortes. En 1974, j'ai passé quatre heures et demie par jour dans les airs selon une moyenne calculée sur 365 jours!»

Parlant ensuite des méthodes de travail et des prises de décisions, Jacques Guida affirme: «On a fait en quatre ans des choses qu'on ne pourrait plus faire aujourd'hui. Une bonne fois, par exemple, j'ai pris la responsabilité d'envoyer de l'alcool à tous les campements à l'occasion du 24 juin. C'était ma responsabilité personnelle. Il n'y a pas eu l'ombre d'un problème. J'ai répété l'expérience avec le même succès le jour de Noël suivant. Ça, c'était la première fois que ça se passait dans l'histoire du Québec...

«On a pris aussi des décisions qui ne peuvent plus se prendre. Ainsi, on pouvait laisser deux gars sur un lac, sans radio. Les hommes n'hésitaient pas à dormir sous la tente, ils n'avaient peur de rien. C'était des vieux de la vieille d'Hydro-Québec. Aujourd'hui, la philosophie est différente. Il y a les syndicats, les patrons, et tout...»

On a dit de Jacques Guida qu'il était un homme dur. Il nuance et précise le jugement de certains travailleurs: «J'ai toujours traité les gars comme des humains, pas comme des numéros. Je n'ai jamais aimé les gars qui travaillaient uniquement pour de l'argent. Notre motivation, c'était l'exploration, c'est-à-dire l'ouverture du territoire de la Baie James. L'argent devait être la seconde motivation. Quand j'avais à congédier un travailleur, c'était pour des raisons sérieuses. C'est là que j'étais dur: une fois congédié, le travailleur devait quitter le territoire dans les deux heures suivantes...

«Quand j'ai commencé, j'avais un double handicap vis-à-vis des Québécois: j'étais un «*maudit Français*» et j'étais leur *boss*. Mais j'ai joué franc jeu avec tout le monde. Mon bureau a toujours été ouvert à tous, du chef de service au simple ouvrier. C'est sans doute pour cela que les gars m'ont offert un trophée superbe lors de mon départ, un trophée fabriqué de leurs mains, pas un simple cadeau acheté au magasin! Les gars ont passé des heures à sculpter ce trophée en limant du bronze[19].»

Le temps de la paye

Le défi et l'aventure ont certes attiré plusieurs Québécois au Moyen Nord. Mais il faudrait être naïf pour croire que tous y étaient pour le plaisir d'en être les pionniers. La plupart avaient tout simplement besoin de gagner leur vie et ne trouvaient pas de bons emplois en Gaspésie, en Abitibi, à Québec ou à Montréal. D'autres, les «anciens» des chantiers des Premières Chutes à Manic-Outardes étaient devenus des professionnels qui «devaient passer par là».

Tous ces hommes étaient évidemment bien payés, mais le travail n'était pas facile. En 1972, Hydro-Québec offre à Jean Lord, qui travaille à Trois-Rivières, d'aller à Matagami pour s'occuper de la paye. Il s'y installe en février.

«Tout était à faire. Il n'y avait aucune communication, sauf par radio. Avant que j'y mette les pieds, les gars indiquaient les heures travaillées par radio. C'était pas mal primitif. Les feuilles de présence arrivaient à Matagami trois semaines ou un mois plus tard, raconte Jean Lord.

«Aujourd'hui encore, l'employé ne reçoit pas de chèque de paye mais seulement le talon. Son chèque est déposé directement dans son compte de banque. Cela évite au travailleur d'avoir à s'en soucier quand il est en plein bois. Tout ça, c'est normal à l'exploration.»

La situation a beaucoup évolué depuis dix ans. Jean Lord, qui est maintenant chef de la section Comptabilité et paie, donne des exemples. En 1972, un premier commis à la paye gagnait annuellement 13 700 dollars; à la fin de l'année 1980, il en gagnait 33 500. En topographie 2, le salaire le plus bas était de 264 dollars par semaine en 1972 et de 529 en 1980. Un foreur pouvait toucher un minimum de 243 dollars et un maximum de 262 en 1972; huit ans plus tard, le minimum était de 642 et le maximum de 692. En 1972, un bûcheron retirait 243 dollars pour une semaine de 60 heures; à la fin de 1980, plus du double, soit 580 dollars. Petit détail intéressant: le bûcheron doit avoir sa propre scie mécanique et les pièces de rechange sont fournies par la SEBJ. De cette façon, les bûcherons font plus attention à leurs scies.

Entraînés dans la spirale de l'inflation, les salaires ont donc augmenté rapidement. Quant aux conditions de travail, elles se sont sensiblement améliorées au fil des ans.

«L'expérience acquise depuis une dizaine d'années dans la construction et l'aménagement des campements, l'évolution de certains fournisseurs, l'avènement des maisons préfabriquées et des modules d'habitation transportables par hélicoptère permettent d'offrir de meilleures conditions de vie. En fait, nos campements actuels, c'est le grand luxe!» affirment en 1981 Georgio d'Ambrosii, chef des chantiers d'Exploration[20] et son adjoint, Gaston Gauthier.

Trois étapes en 15 ans

Trois étapes marquent l'évolution des campements depuis 15 ans. Dans les années 1965-1967, les matériaux sont la toile et le bois rond coupé sur place. Ces cabanes qui mesurent 5 mètres sur 8, ou 4 mètres sur 4,5, ont des plan-

«En avion, j'avais toujours ma propre carte pour savoir où j'allais», raconte Claude Pelchat, l'un des pionniers.

Le jeune géologue Jacques Pilon n'aime pas travailler aux ouvrages olympiques à Montréal en 1975. Son patron lui offre d'aller à LG 3...

Voici LG 3 en septembre 1974. C'est le campement d'exploration sur les bords de La Grande Rivière.

chers de bois équarri à la hache et leurs murs sont faits de billes de bois superposées. Une toile recouvre cette structure. Elles servent été comme hiver; un poêle à bois répand la chaleur... à condition qu'il soit régulièrement alimenté, jour et nuit.

Claude Pelchat peut témoigner de l'efficacité du chauffage des tentes, l'hiver. «J'étais en visite au campement de Mistassini. Les gars ont dit: *c'est un visiteur, faut pas qu'il gèle.* Durant la nuit, un homme passait régulièrement dans chaque tente pour mettre du bois dans le poêle. Il faisait tellement chaud cette nuit-là que je n'ai pas utilisé mon sac de couchage. Mais le lendemain je l'ai fait remarquer au préposé:

— Écoute... je sais que tu es plein de bonne volonté mais je ne suis pas si frileux que ça, même si je suis un gars de la ville...

«La nuit suivante, continue Claude Pelchat, le gars n'a pas chauffé. J'ai gelé toute la nuit!»

Au début des années 1970, le contre-plaqué remplace le bois rond. C'est un changement notable, car on peut transporter ce matériau avec de petits avions. L'intérieur des tentes est fini en carton fort. C'est une grande amélioration mais on est encore loin de la perfection. «En 1971, rappelle Claude Pelchat, les tentes avaient été montées en vitesse. Au printemps, il y en avait plusieurs qui étaient de travers... À un campement sur la rivière de Rupert, le plancher de la cuisine, en contre-plaqué, était tellement glissant qu'il fallait se tenir aux tables. Il avait été construit en hiver et le dégel printanier faisait son œuvre...»

Des études ayant démontré qu'il était plus économique, à cette époque, de chauffer au mazout plutôt qu'au bois, les tentes ont été isolées. Le chauffage au mazout commence en 1972. «Les gars ont expérimenté toutes sortes de carburant, dit Claude Pelchat. Tout ce qu'ils pouvaient trouver passait par la fournaise.»

En 1974 et au cours des années qui suivent, nouvelle amélioration: les W.-C.! Des dortoirs en forme de H, tout en contre-plaqué, peuvent accueillir 50 personnes. Mieux encore, les deux ailes du bâtiment en H sont divisées en chambres de deux lits chacune et on retrouve les toilettes, les douches et les autres services au centre. Désormais, quand l'envie prend, plus besoin de sortir dehors la nuit, à 30 ou 40 degrés sous zéro.

D'autres bâtiments semblables abritent les bureaux, une tour de contrôle et même une cantine pour 300 hommes. «C'était un progrès fantastique», commente Fiore Dallaserra qui assumait alors les responsabilités des chantiers d'Exploration avec Jacques Guida.

Des modules héliportables

Enfin, en 1977, c'est le début des modules d'habitation héliportables. C'est l'époque des éléments préfabriqués, également en vogue partout au Québec. Lorsqu'une route passe près d'un futur campement, des unités y sont remorquées. Autrement, des hélicoptères déposent en pleine brousse des modules qui seront prêts à être habités quelques heures plus tard. On a aussi utilisé, ces dernières années, des modules appelés «Quick Way», fabriqués par la compagnie Hercules. Ils sont facilement montables et servent de cantines, de salles de loisirs, de tavernes, etc.

«Il n'y a plus d'isolement dans le Nord[21]», estime Maurice Hallée, qui a derrière lui 25 ans d'expérience dans les terres boréales et qui, au moment de l'interview, en novembre 1980, est chef du campement de LA 1 (rivière Laforge), un coin perdu entre LG 4 et Caniapiscau.

Pour lui qui a connu de longs mois d'isolement dans l'Arctique des années 50, les liaisons quotidiennes d'un Twin Otter entre LA 1 et Caniapiscau (deux vols) ou LG 4 (un vol) sont le symbole du développement des communications[22].

«Pour l'essentiel, on ne manque de rien. De temps en temps, le thé ou le sel se fait rare, mais il faut s'attendre à ça.» Maurice Hallée dit cela avec l'air serein de ceux qui connaissent les aléas du transport aérien à la Baie James, principalement aux divers chantiers d'Exploration.

Car on imagine bien qu'au cours de toutes ces années il a pu y avoir quelques petits problèmes de ravitaillement. Voici une histoire qui circule à ce sujet: «Quelques travailleurs isolés depuis déjà plusieurs jours par une tempête de neige au campement du lac Gugu, à quelques kilomètres au sud de LG 2, regardent avec inquiétude baisser la réserve de provisions. Impossible d'atteindre le campement par voie terrestre puisqu'il n'existe aucune route, pas davantage par voie aérienne, le mauvais temps interdisant tout envol.

«Enfin, le soleil daigne se montrer et avec lui apparaît la possibilité de retourner au campement par avion. Les travailleurs isolés reçoivent la confirmation par radio qu'un DC-3 est parti avec des vivres. Bientôt le bourdonnement grandissant de ses moteurs perce l'air glacé. Aussitôt l'avion immobilisé sur la piste de neige, les hommes se ruent vers la soute et déchargent en moins de deux près de trois tonnes de vivres. L'avion s'envole déjà vers Matagami, les hommes regagnent leurs frêles abris et se mettent à ouvrir les boîtes. Première boîte: du café, plusieurs pourront ainsi se réchauffer... Deuxième boîte: du café... Troisième boîte: du café... et ainsi de suite... trois tonnes de café[23]!»

Remonter le moral tous les 15 jours...

Durant les premières années, les grands patrons et les cadres devaient se déplacer constamment dans le territoire pour remonter le moral des explorateurs. «Nous faisions la tournée des campements une fois tous les 15 jours, raconte Gaston Gauthier. Notre but? Rencontrer les gars, les encourager, constater l'avancement des travaux car les communications étaient presque inexistantes. Nous devions aller voir les travailleurs: à la longue, ils pouvaient se décourager. Nous nous organisions pour être près des travailleurs, pour communiquer avec eux. Faire construire un campement en plein milieu de la taïga, ça pouvait leur sembler stupide. Alors on leur expliquait pourquoi on le faisait, dans quels buts.

«Nous partions en hélicoptère avec nos sacs de couchage. Nous traversions tout le territoire. Avec des températures de 25 ou 30 degrés sous zéro... Et pas de radio pour communiquer. Une telle tournée des campements pouvait durer du lundi au vendredi», précise Gaston Gauthier.

Camille Therrien se souvient lui aussi de ces tournées, de l'une d'elles en particulier. «Cette fois-là, nous devions visiter les campements d'exploration en hélicoptère. Gaston Gauthier était avec moi. Nous descendions à chacun des campements pour un court séjour... de 15 à 20 minutes! Les gars devaient nous raconter leurs histoires le plus vite possible. Ils étaient d'ailleurs préparés à nous recevoir. Nous prenions alors toutes les commandes et nous repartions vers un autre campement. Parfois, on arrivait sans avoir prévenu personne par la radio. C'était une visite surprise, comme celle de l'inspecteur autrefois, dans les petites écoles du Québec... Il nous arrivait de faire une telle incursion très tôt le matin au campement d'exploration de LG 3. Nous devions alors nous lever à 4h du matin, monter à bord d'un hélicoptère à LG 2 pour finalement arriver à LG 3 vers 5h45, juste à temps pour prendre le petit déjeuner avec les gars...»

Des économies appréciables

Les nombreuses recherches qui se font sont très souvent à l'origine de changements importants qui se traduisent par des économies appréciables. Faut-il élever un barrage ici ou là?

Dans la brève histoire du Complexe La Grande-Phase 1, les exemples sont nombreux. Prenons le cas de LG 4. La firme d'ingénieurs-conseils Rousseau, Sauvé, Warren avait conçu un avant-projet prévoyant une centrale souterraine sur la rive droite de La Grande Rivière. «Lorsque nous avons poursuivi les recherches afin de mieux définir le projet, explique Guy Larocque, maintenant directeur du Développement à la SEBJ, nous nous sommes rendu compte que le massif granitique de la rive droite était finalement de

Les conditions de vie des explorateurs évoluent de façon remarquable en dix ans...

... car on passe des tentes de toiles aux modules préfabriqués et souvent héliportables.

moins bonne qualité que celui de la rive gauche puisqu'il comportait des failles et des fissures. Nous avons également constaté, en approfondissant le dossier d'exploration, qu'il y avait possibilité de construire une centrale de surface plutôt qu'une centrale souterraine. D'un point de vue économique, la centrale extérieure sur la rive gauche devenait la plus avantageuse.

«Lors de la même étape préliminaire, dans le rapport de la même firme RSW, l'évacuateur devait être localisé dans une vallée secondaire, celle de la rivière Stéphane. Nos forages ont révélé qu'il y avait trop de mort-terrain dans cette vallée et que l'action érosive de l'eau entraînerait une très grande sédimentation dans la rivière, ce qui était inacceptable pour les spécialistes de la SEBJ chargés de la protection de l'environnement.

«On a donc choisi de bâtir l'évacuateur de crues à l'extrémité gauche du barrage principal de LG 4, avec un canal qui ramène l'eau à la rivière, poursuit Guy Larocque. Ce canal excavé en partie dans le roc, conduit vers un lac naturel qui joue le rôle d'une deuxième fosse de dissipation et freine l'eau avant qu'elle ne soit restituée à La Grande Rivière. Une fois cette décision prise, en 1977, les plans et devis pouvaient être préparés. Mais pour en arriver là, cela a pris quelque chose comme quatre ou cinq ans d'investigation!

«On constate que les études préliminaires ont beaucoup d'importance. Elles permettent de définir un projet, de préciser l'emplacement des ouvrages. Une erreur commise à cette étape-là peut coûter beaucoup plus cher à la SEBJ qu'une erreur dans un contrat.»

Des hommes et un projet

Depuis 1965, les explorateurs n'ont cessé de mesurer l'espace, d'ausculter les profondeurs de la terre, d'interroger l'horizon, de fouiller le lit des rivières de la Baie James.

Au début, c'était pour eux un projet lointain, vague, incertain. Les explorateurs travaillaient pour l'avenir. Puis le projet s'est précisé peu à peu pour finalement devenir une réalité.

Plus au sud, à Québec et à Montréal, d'autres hommes pensaient aussi à la Baie James à cette époque. Dans les hautes sphères d'Hydro-Québec et du gouvernement, certains dirigeants travaillaient sur cette idée d'exploiter un jour les ressources hydro-électriques de ce vaste territoire.

L'ancien Premier ministre Daniel Johnson aurait bien aimé lancer le projet de la Baie James, mais les études n'étaient pas assez avancées. Et, surtout, Hydro-Québec venait de réussir un coup de maître en s'assurant à un prix très bas et pour de longues années, la majeure partie de l'énergie hydro-électrique des chutes Churchill, au Labrador.

De 1965 à 1973, une autre forme d'énergie fait beaucoup d'adeptes aussi bien dans la population que chez des hommes politiques et des ingénieurs d'Hydro-Québec: l'énergie nucléaire. C'est la meilleure façon, croit-on, de produire de l'électricité à bon compte. Mais les événements vont se précipiter. Daniel Johnson meurt subitement quelques heures avant l'inauguration du barrage de Manic 5. Jean-Jacques Bertrand prend la tête du gouvernement pour une courte période. Le ciel politique du Québec change. Une nouvelle étoile brille. C'est un jeune économiste qui semble avoir des solutions à tous les problèmes. À 36 ans, Robert Bourassa devient le plus jeune Premier ministre du Québec. Un an plus tard, il lance le «projet du siècle»: le développement hydro-électrique de la Baie James.

Mais, en même temps, Robert Bourassa déclenche un véritable raz de marée de débats, de contestations, de protestations. Pendant deux longues années, la scène politique québécoise sera dominée par le projet de la Baie James.

C'est une histoire mouvementée, remplie d'intrigues, pleine de rebondissements. Mais c'est aussi de l'audace, de la ténacité, de l'imagination et beaucoup de défis à relever.

Deuxième partie

Le «projet du siècle»

Chapitre 3

Les vendeurs d'idées

François Rousseau est bien décidé! Après en avoir rêvé pendant une bonne partie de sa carrière, l'ex-ingénieur en chef d'Hydro-Québec n'a plus qu'une idée en tête: faire démarrer le développement des ressources hydro-électriques du territoire de la Baie James en commençant par aménager La Grande Rivière. Mais à qui vendre une telle idée? À Hydro-Québec, naturellement! Les choses ne sont pas aussi simples que ça.

Nous sommes en 1968. François Rousseau a 63 ans. Pendant plus de 20 ans, il a travaillé à Hydro-Québec où il a été l'âme dirigeante des grands travaux de construction[1]: aménagement de Bersimis-Lac Cassé sur la Côte-Nord, Bersimis 2, Carillon sur la rivière Outaouais, Manicouagan 5, Manicouagan 2, Manicouagan 1, Outardes 4, Outardes 3. Le coût de tous ces travaux est évalué à un peu plus d'un milliard de dollars. Cet ingénieur dynamique est maintenant au seuil de la retraite. Il ne veut pas y penser. Il y a tellement à faire encore.

Doué d'une force physique et morale extraordinaire, détestant la paresse au plus haut degré, François Rousseau n'aura pas à réfléchir longtemps lorsque Gray Thomson, le président de la grande firme canadienne d'ingénieurs-conseils Acres Limited, lui offre un poste de vice-président de sa filiale québécoise.

Acres (Québec) Limited fonctionne à pleine capacité. Pas moins de 130 ingénieurs et spécialistes travaillent fébrilement dans ses bureaux de la Sun Life à Montréal, et sur place au Labrador, à l'aménagement des chutes Churchill. Les travaux progessent rapidement. Déjà, il faut prévoir, planifier l'avenir. Chercher autre chose, créer des emplois. Sinon, tout ce beau monde tombera en chômage ou devra s'exiler là où il y a de la construction.

La première turbine de Churchill Falls doit alimenter le réseau d'Hydro-Québec au milieu de 1972 (en fait, la mise en service aura lieu cinq mois avant la date prévue au contrat, soit en décembre 1971). Au surplus, après les travaux de l'Exposition universelle de Montréal en 1967, l'industrie de la construction est pratiquement à plat à travers tout le Québec. Il n'y a que des miettes, aucun grand projet à l'horizon.

«Nous avions bâti une belle équipe», rappelle Guy Saint-Pierre, ingénieur et l'un des vice-présidents d'Acres (Québec) Limited à l'époque. C'est incidemment le même homme qui sera catapulté ministre de l'Éducation en 1970, quelques jours après la prise du pouvoir par Robert Bourassa et son équipe.

«C'était en 1968...»

«Nous nous demandions quel genre de projet nous pourrions mettre de l'avant, poursuit Guy Saint-Pierre. Il y avait certes quelques possibilités du côté industriel, mais nous regardions aussi celles qu'offrait le domaine de l'hydro-électricité. Je me rappelle que lors de ces discussions, François Rousseau, un impétueux, un homme entier mais qui avait une intuition incroyable et un jugement que je respectais, nous avait parlé de la Baie James. De la possibilité surtout d'aller plus au nord... d'aménager La Grande Rivière. C'était la première fois que j'en entendais parler. C'était en 1968.»

François Rousseau vient de marquer un premier point. Désormais, les mots *La Grande Rivière* et *Baie James* vont revenir sur quelques lèvres, commencer à s'incruster dans certains esprits. Certes, depuis trois ans, soit depuis 1965,

Hydro-Québec effectue des travaux d'exploration dans la région des rivières Nottaway, Broadback et de Rupert, dans la partie sud du territoire de la Baie James. Jean-Claude Lessard, le président d'Hydro-Québec, déclare même en août 1967, devant le Comité parlementaire des Régies gouvernementales, que «la Baie James sera le prochain chantier[2]». Il s'agit là d'une intention. Cela ne signifie aucunement qu'Hydro-Québec est prête à se lancer dans l'aménagement des rivières de la Baie James. Les études, malgré leur importance, n'en sont encore qu'à un stade préliminaire.

Il faut préciser qu'à la fin de 1967, le gouvernement de Daniel Johnson retranche 50 millions de dollars sur le budget d'exploitation proposé par Hydro-Québec. Ce qui force cette dernière à renoncer notamment à toute étude sur la Baie James. Cela s'explique car, à l'époque, on croyait pouvoir produire de l'énergie nucléaire à très bon marché. «Le conseiller financier du gouvernement, Jacques Parizeau, qui se révélera plus tard un ardent partisan du nucléaire, joua à ce moment un rôle déterminant dans la coupure des budgets d'Hydro-Québec[3]». Le dossier de la Baie James n'est pas mort, mais on se demande s'il ne vient pas d'être rangé sur les tablettes.

François Rousseau continue

C'est dans ce contexte que les ingénieurs-conseils d'Acres (Québec) Limited et en particulier François Rousseau, qui connaissait évidemment très bien tous les jeux de coulisse d'Hydro-Québec, décident quand même de pousser l'idée de l'aménagement de La Grande Rivière. Plus au nord, plus éloignée, donc représentant des problèmes supplémentaires d'infrastructure, cette rivière est néanmoins techniquement plus facile à aménager que les rivières Nottaway, Broadback et de Rupert. En effet, bien que ces trois rivières soient situées au sud, la présence d'argile dans cette région complique la construction des ouvrages de retenue.

«Le but de nos travaux, raconte Guy Saint-Pierre, c'était d'arriver avec une proposition et de dire à Hydro-Québec que, vu la crise économique qui s'annonçait en Amérique du Nord, l'énergie hydraulique présentait l'avantage d'être une richesse naturelle renouvelable. Comme arguments, nous avancions qu'il devenait évident que les besoins énergétiques croissants seraient difficiles à satisfaire, et que devant la pression inflationniste qu'on sentait déjà, et qui allait devenir de plus en plus forte, il était important de réagir rapidement.»

Fin 1968, début 1969, François Rousseau, aidé de quelques ingénieurs, entreprend des études afin d'inciter Hydro-Québec à commencer le développement de la Baie James par La Grande Rivière. «Personne ne nous payait, c'était simplement une proposition d'affaires», précise Guy Saint-Pierre.

Malgré ses tâches administratives et des travaux quotidiens plus rémunérateurs, François Rousseau trouve le moyen d'en apprendre davantage sur La Grande Rivière et de communiquer son idée, de la propager. Il allonge ses journées de travail au bureau, apporte des dossiers chez lui et consacre souvent ses fins de semaine à défendre ce qui est devenu «son» projet. Ce bourreau de travail n'appartient pas à la catégorie des managers sophistiqués. «Il était beaucoup plus préoccupé par les kilowatts et les grandes constructions que par les questions de gestion du personnel, les salaires, les locaux... C'était un ingénieur de conception et de construction», souligne Roger Warren, l'un des jeunes ingénieurs de son entourage.

Car les sept ou huit ingénieurs qui font des démarches pour assurer du travail à plus d'une centaine de leurs confrères, une fois le projet des chutes Churchill terminé, sont très jeunes. Roger Warren n'a que 32 ans, Guy Saint-Pierre, 34. «François Rousseau agissait comme un sage parmi ces jeunes loups bouillants, bien motivés, qui voulaient faire n'importe quoi. Chacun voulait triompher. Lui, c'était notre sage qui nous apportait son jugement», raconte Guy Saint-Pierre.

C'est aussi un grand débroussailleur. Rien ne lui fait peur. Quand il veut aller quelque part, il prend les moyens. Mais ces moyens sont parfois rudimentaires pour un ingénieur qui a été à la tête des plus importants travaux de construction d'Hydro-Québec durant une vingtaine d'années. Car au moment où il commence à étudier La Grande Rivière, les données sont rares, les études aussi. Seules quelques cartes au 250 millième, c'est-à-dire 16 milles au pouce, lui permettent d'amorcer son travail de recherche. À l'aide de ces cartes, il fait des calculs, des dizaines, des centaines de calculs.

Puis, il établit des contacts avec des gens d'Hydro-Québec. À tous les niveaux, il se heurte à la même réponse: «La mission d'Hydro-Québec en 1968-1969 n'est pas de faire des projets intéressants mais de satisfaire les besoins en électricité du Québec. Avec Churchill Falls, on est amplement comblé», lui dit-on.

À qui «vendre» l'idée?

«Notre approche était différente, plus globale, explique Guy Saint-Pierre. Nous pensions qu'il était possible de sortir l'industrie de la construction du marasme, après l'Expo 1967, en réalisant un projet qui nous donnerait de l'électricité à un prix qui représentait une très bonne aubaine.»

L'idée stagne plusieurs mois. François Rousseau frappe à d'autres portes: chez les commissaires d'Hydro-Québec et chez d'autres personnes bien placées à la société d'État. Peine perdue. On dirait que tout le monde s'est donné le mot: «Ce n'est pas notre affaire.» Toute l'année 1969 sera ainsi faite de nombreuses discussions sur La Grande Rivière, de calculs interminables sur ses possibilités d'aménagement, de démarches et de refus. Hydro dit non. À qui d'autre, diable, peut-on vendre une telle idée?

«Ce refus m'avait marqué, raconte Guy Saint-Pierre. J'étais convaincu qu'il s'agissait là d'un bon projet pour le Québec et qu'il fallait le faire démarrer le plus vite possible.»

Le jeune ingénieur Guy Saint-Pierre rêve en 1969 de développer la Baie James. Un an plus tard, il est catapulté député et ministre de l'Éducation...

Contre vents et marées, atteint d'un cancer, François Rousseau réussit à vendre l'idée d'aménager d'abord La Grande Rivière.

Yvon DeGuise affirme qu'il était le seul membre de la puissante Commission hydro-électrique de Québec «à vouloir faire La Grande Rivière» avant l'arrivée de Robert Bourassa au pouvoir en 1970.

Paul Desrochers, conseiller spécial de Robert Bourassa, déclare: «L'idée du projet de la Baie James est arrivée comme un cheveu dans la soupe!» (Photo: La Presse)

En 1970, François Rousseau convoque à son bureau un jeune ingénieur qui est à l'emploi d'Acres (Québec) Limited depuis deux ans. C'est Claude Laliberté, spécialiste en hydraulique, qui deviendra huit ans plus tard Président-directeur général de la Société d'énergie de la Baie James. «Il m'avait demandé de lui donner un coup de main, raconte Claude Laliberté. Il savait que je travaillais au projet de Gull Island, un autre site sur la rivière Churchill, en aval de Churchill Falls. C'est ça qui rapportait à Acres (Québec) Limited. Il voulait donc que je l'aide le soir et en fin de semaine. Ensemble, on a commencé à s'amuser..., à faire des croquis, à revoir les quelques études qui existaient sur papier. Travailler avec un homme d'expérience comme lui, c'était très créateur.

«C'était un grand bonhomme, très coloré, très dur pour lui-même comme pour ceux qui travaillaient avec lui. Mais il était très respectueux de la compétence des autres, raconte Claude Laliberté. Tous ceux qui ont travaillé pour lui à Hydro-Québec s'en souviennent: il était prêt à les défendre jusqu'à la mort, au besoin. Au cours de l'année 1970, François Rousseau a continué à faire du «lobbying» surtout auprès des commissaires d'Hydro-Québec, un peu par écrit, surtout verbalement, par téléphone.»

Car cet homme d'action déteste écrire. Ses confrères sont unanimes sur ce point. Et un autre: c'est aussi un fumeur de cigares invétéré. Il en a toujours un au bec. C'est une habitude tenace qui le conduira un jour à l'hôpital.

Il fume beaucoup, mais n'écrit presque pas. Dans les projets de Bersimis 1 et de Bersimis 2, les différents responsables ne reçurent qu'une seule lettre de lui et encore, c'était une lettre d'une ligne où il donnait une autorisation importante. «Ça lui prenait des fois deux heures, parfois trois, pour écrire une petite lettre», raconte Clément Forest, qui fut notamment directeur des projets d'aménagement d'Hydro-Québec de 1963 à 1970. «Il existe peu de lettres signées par François Rousseau, ajoute Clément Forest. Il prétendait que lorsqu'on écrit on s'engage davantage. Il lui fallait beaucoup plus de flexibilité. Il aimait communiquer verbalement.» Roger Warren ajoute: «Il appuyait ses énoncés avec des tableaux, des dessins, des agencements, des démonstrations selon que telle chose était bonne ou pas.»

Une première percée

François Rousseau, plus convaincu que jamais, n'en démord pas. La Grande Rivière doit être aménagée. Quand il parle aux gens d'Hydro-Québec, qui ne pensent qu'aux rivières Nottaway, Broadback et de Rupert, il ne rate pas l'occasion de leur dire carrément qu'ils se trompent et que l'aménagement de la Baie James doit commencer plus au nord.

Au bureau, il n'arrête pas de travailler et d'inciter ses confrères à faire de même. «Vers 17 h 30, il me faisait entrer dans son bureau et nous pouvions parler jusqu'à 20 h, raconte Guy Saint-Pierre. Je m'entendais bien avec lui, c'était presque un deuxième père pour moi.» Cette farouche détermination commence à produire des effets minimes, mais très importants dans les circonstances. «Graduellement, on prenait conscience à Hydro-Québec qu'un groupe travaillait à temps perdu à Acres (Québec) Limited sur le projet de La Grande Rivière, explique Claude Laliberté. L'intérêt se créait aussi tant au niveau de la haute direction qu'à celui des gestionnaires.»

François Rousseau va finalement réussir une percée importante au sein même de la puissante Commission hydro-électrique du Québec, les grands patrons d'Hydro-Québec. Le commissaire Yvon DeGuise, le seul ingénieur du groupe avec, dans le temps, Robert A. Boyd, directeur général, s'interroge de plus en plus sur les possibilités d'aménager La Grande Rivière plutôt que les trois autres rivières plus au sud.

«Je pense que j'étais le seul à vouloir faire La Grande Rivière, dit Yvon DeGuise. J'avais rencontré François Rousseau qui m'avait donné pas mal de renseignements. Je ne voudrais pas prendre le crédit de ça aujourd'hui... C'est peut-être François Rousseau qui m'a donné les preuves

En 1970, Claude Laliberté, un jeune hydraulicien, travaille en soirée et en fin de semaine sur le projet de La Grande Rivière. Huit ans plus tard, il est nommé PDG de la SEBJ.

Le ministre des Richesses naturelles, Gilles Massé, devient un an après son élection en 1970, l'un des acteurs du projet de la Baie James.

Farouche partisan de l'énergie nucléaire, Jacques Parizeau, conseiller économique du PQ, déclare en 1971: «Ce n'est pas parce qu'il y a une rivière canadienne-française et catholique qu'il faut absolument mettre un barrage dessus.» (Photo: La Presse)

Après avoir écouté notamment Roland Giroux dans une suite d'un hôtel montréalais en septembre 1970, Robert Bourassa est convaincu que le projet de la Baie James est réalisable.

qu'il y avait avantage à aller à La Grande Rivière plutôt que d'aménager les rivières Nottaway, Broadback et de Rupert. Toute la section Génie d'Hydro-Québec n'avait étudié que le projet NBR... alors, bien entendu, ces ingénieurs recommandaient ce qu'ils avaient étudié! Une seule rencontre avec François Rousseau m'a convaincu.»

D'autres événements se produisent dans les premiers mois de l'année 1970 chez ces premiers «acteurs» du futur Complexe La Grande. En effet, l'expansion d'Acres (Québec) Limited est un peu freinée «parce qu'elle rappelle Niagara Falls et les anglophones», selon l'expression de Guy Saint-Pierre. Les seuls mots «Acres Québec» ne suffisent pas à lui donner une façade québécoise. Les ingénieurs francophones à la tête d'Acres Québec décident de fonder une filiale qui restera attachée à la firme ontarienne mais qui fonctionnera sous une raison sociale bien française: Rousseau, Saint-Pierre et Associés. On fait imprimer du papier à en-tête qui ne servira qu'une semaine!

Mais le 12 mars 1970, Jean-Jacques Bertrand, Premier ministre du Québec et chef de l'Union nationale, déclenche des élections. Un autre futur acteur du projet de la Baie James entre en scène. C'est Robert Bourassa, jeune député de la circonscription montréalaise de Mercier depuis 1966 et chef du Parti libéral depuis le 17 janvier 1970.

La filière politique

Une semaine après le déclenchement des élections, Guy Saint-Pierre reçoit un appel téléphonique. Un groupe d'amis libéraux l'invitent à une réunion. On y parle de beaucoup de choses. Le jeune ingénieur se montre brillant par son approche et ses réponses. Le lendemain, nouvel appel téléphonique. Cette fois, c'est le Parti libéral. On lui demande d'être candidat aux élections. Vlan! En moins de deux heures, tout le plan de carrière de l'ingénieur est modifié, bouleversé.

Il hésite un peu. «Je me suis trouvé devant un choix. Est-ce que je fais de la politique ou non? Je n'y avais jamais songé.» Qui a bien pu penser à lui? Nul autre que Robert Bourassa. Tous deux s'étaient connus au moment de leurs études à Oxford, en Angleterre. François Rousseau, son «deuxième père», lui conseille d'y aller. «Tu es jeune, tu as quelque chose à offrir», fait-il valoir. Le jeune ingénieur fonce. Et Guy Saint-Pierre est élu député de Verchères le 29 avril suivant. Deux semaines plus tard, il est assermenté ministre de l'Éducation. Voilà pourquoi le papier à en-tête «Rousseau, Saint-Pierre et Associés» devint rapidement périmé! La filiale d'Acres portera un nouveau nom, Rousseau, Cayer, Sauvé et Warren. Mais René Cayer accepte un poste à Québec et le groupe s'appelle finalement «Rousseau, Sauvé, Warren».

À Québec, le nouveau ministre de l'Éducation se rend vite compte que tout son temps doit être consacré aux nombreux dossiers du ministère et aux problèmes qui surgissent de tous les côtés. «J'avais bien des chats à fouetter. Je ne pouvais plus travailler à faire avancer le projet de la Baie James. Pendant un mois et demi, je me suis donné corps et âme à mon ministère. J'avais les crédits à défendre, toutes sortes de choses... c'était vraiment un nouveau métier pour moi. Puis, j'ai rencontré François Rousseau à quelques reprises afin qu'il me reconvainque du bien-fondé du projet. Je cherchais quelqu'un qui pourrait pousser ce dossier. Je ne connaissais pas assez les commissaires d'Hydro-Québec pour aller les voir.»

Le nouveau ministre cherche la perle rare au gouvernement, celle qui pourrait les aider, François Rousseau et lui. Une petite lumière s'allume. Guy Saint-Pierre pense que l'idée devrait intéresser les gens du ministère de l'Industrie et du Commerce et ceux du ministère des Richesses naturelles.

«De plus, raconte-t-il, Gilles Massé, le nouveau titulaire du ministère des Richesses naturelles, était le beau-frère de mon frère. Mon frère avait été l'organisateur en chef de la campagne électorale de Gilles Massé et il s'était pas mal démené entre cette élection et le 12 mai pour que Gilles Massé obtienne son ministère... Je n'avais pas une influence folle sur Gilles Massé mais par mon frère... Je me disais que le ministre des Richesses naturelles devrait bien comprendre l'importance de développer la Baie James.»

«Huit... à table!»

Guy Saint-Pierre organise un souper-rencontre au restaurant Le Monseigneur à Québec où il invite huit personnes, dont Gilles Massé, Paul-Émile Auger, son sous-ministre, Robert de Cotret, sous-ministre de l'Industrie et du Commerce. Le but de la rencontre est de leur indiquer comment le projet pourrait démarrer. «Malheureusement, le projet n'a pas enthousiasmé grand monde. Pas même le ministre des Richesses naturelles. J'ai commencé à voir que, dans un gouvernement, c'est bien difficile de faire démarrer des projets, raconte Guy Saint-Pierre. Quant aux sous-ministres, ils n'avaient peut-être pas le pouvoir de faire avancer l'idée.»

Comme ses collègues, comme beaucoup de députés, comme beaucoup de journalistes, Guy Saint-Pierre constate que l'homme fort dans l'entourage du Premier ministre Robert Bourassa, c'est son conseiller spécial, Paul Desrochers.

«Voilà un homme étonnant à bien des égards: effacé, intelligent, habile, expérimenté, Paul Desrochers a dirigé les campagnes électorales de 1970 et de 1973, deux extraordinaires réussites. C'est lui qui a mis Bourassa en orbite lors de l'élection à la chefferie, éliminant Pierre Laporte et Claude Wagner. C'est lui qui a été son principal collaborateur dans nombre de dossiers. Il l'a soutenu, épaulé et, grâce à son influence au sein du parti comme du caucus, a contribué à maintenir ordre et discipline. Politicien astucieux et retors, il a joué un rôle discret et certainement déterminant», écrira plus tard un ancien ministre libéral sous Robert Bourassa, le psychiatre François Cloutier[4].

Paul Desrochers «travaille constamment, le soir et les fins de semaine compris, élabore des projets, a l'esprit toujours en éveil. Modeste, discret, même timide, il fuit les réunions publiques et même le Café du Parlement. Lorsqu'il le traverse par hasard, il y a aussitôt un attroupement autour de lui. Pour plusieurs, députés, entrepreneurs, professionnels, c'est vraiment l'homme à voir au sein du gouvernement pour faire avancer un projet, régler un problème. On a l'impression que le Premier ministre fait des relations publiques et que son conseiller fait les affaires: il n'a pas de temps à perdre à batifoler...[5]», explique le journaliste Gilles Lesage, dans *La Presse*.

Depuis son élection, Guy Saint-Pierre rencontre ou voit Paul Desrochers au bureau du Premier ministre. «Mes relations avec lui avaient toujours été bonnes, explique l'ex-ministre. Je lui ai téléphoné pour lui faire part d'un grand projet qu'il faudrait faire démarrer.» Il l'invite à une réunion à laquelle assisteront quelques ingénieurs. Paul Desrochers accepte. A-t-il flairé immédiatement une bonne affaire?

«Le 12 juin, au cours d'un dîner au Cercle universitaire de Montréal, j'ai rencontré les amis de Guy Saint-Pierre, les ingénieurs François Rousseau, Roger Warren, Paul Dick et Gilles Sauvé. Le but de la rencontre n'était pas de parler de la Baie James... C'était simplement une réunion amicale où Guy Saint-Pierre me présentait ses anciens associés», raconte aujourd'hui Paul Desrochers[6]. «Le Premier ministre Robert Bourassa s'était fait élire en promettant qu'il allait créer des emplois (100 000). Nous nous demandions ce qu'on pouvait bien faire pour créer ces emplois... nous cherchions quelque chose qui, en même temps, pourrait servir à la province. L'idée est arrivée comme un cheveu sur la soupe: *«il y a un projet qui a été mis sur les tablettes à Hydro-Québec à cause des chutes Churchill... c'est la Baie James»,* a lancé François Rousseau.»

Desrochers s'empare de l'idée

Très intéressé par cette révélation, Paul Desrochers invite François Rousseau à une nouvelle rencontre. Il veut en savoir plus, beaucoup plus. Qui sait? Il s'agit peut-être du projet en or qui pourrait répondre exactement aux promesses faites par Robert Bourassa. Paul Desrochers sait parfaitement à qui il a affaire avec François Rousseau. Ce n'est pas l'homme des rêves impossibles à réaliser. «Je l'avais rencontré au projet Manicouagan-Outardes alors qu'il était ingénieur en chef pour Hydro-Québec, explique Paul Desrochers. Il était intéressé par la question du développement hydro-électrique du Québec. Il connaissait son affaire... Et puis, ce n'était pas un gars empêtré dans la bureaucratie...»

La nouvelle rencontre a lieu trois jours plus tard. Tous deux dînent dans un restaurant montréalais et se rendent ensuite à l'appartement de François Rousseau, au Château, rue Sherbrooke. Ils discutent du potentiel des rivières de la Baie James jusqu'au petit matin. Ils étudient des rapports des années 1930 à 1966 sur le rendement des rivières de cette région. Ce n'est qu'à 4 h 30 du matin que Paul Desrochers prend congé de son hôte. Tous deux sont fourbus mais heureux.

Le conseiller spécial de Robert Bourassa a désormais entre les mains les éléments importants d'un grand projet, celui du développement hydro-électrique de la Baie James. De son côté, François Rousseau vient de se trouver un allié solide et puissant. L'idée de la Baie James, qui ne trouvait aucun preneur depuis deux ans, vient de franchir une étape importante. Car si le projet se tient, la filière Paul Desrochers sera certainement la meilleure. Mais la bataille ne fait que commencer. Plus que jamais déterminé, François Rousseau va tout faire pour que le projet commence par La Grande Rivière. Il y a une dure et délicate lutte en perspective... et beaucoup de pain sur la planche.

Homme d'action et de décision, Paul Desrochers, fidèle et loyal serviteur, ne tarde pas à partager son secret avec le Premier ministre du Québec, Robert Bourassa. «Je l'ai mis au courant tout de suite. J'ai dit à Robert: «*Il s'agit de savoir si c'est réalisable du point de vue financier.*» Il m'a engagé à pousser plus loin les recherches et à faire une étude économique».

Robert Bourassa déjà au courant

Robert Bourassa connaissait déjà certains éléments du secret de Paul Desrochers. C'est que le jeune Premier ministre s'intéressait depuis longtemps au développement économique de sa province. «Quand j'enseignais l'économie à l'Université d'Ottawa en 1961-1962, les principaux thèmes de mes cours portaient sur le développement économique du Québec, souligne Robert Bourassa. C'est une idée que j'ai reprise constamment par la suite. Toute ma carrière politique a été faite autour du développement économique et des finances publiques. Dès 1966, comme député Mercier, j'en parlais encore, je parlais des richesses naturelles.»

En décembre 1969, il profite d'une réunion de la Commission parlementaire des Richesses naturelles pour interroger les dirigeants d'Hydro-Québec sur les besoins en énergie hydro-électrique du Québec et les possibilités d'exploitation des ressources de la Baie James. C'est Robert A. Boyd, nouveau commissaire d'Hydro-Québec depuie le 1er avril 1969, qui répond aux questions du jeune député.

Un midi, au Café du Parlement, il s'entretient longuement avec Roland Giroux, alors président d'Hydro-Québec. Ce dernier explique les grandes lignes du dossier de la Baie James. Mais le dossier n'est pas étoffé. «C'était un projet excessivement vague», raconte Roland Giroux. Pourtant, en sortant de table, celui qui depuis le 17 octobre 1969 aspire à devenir chef du Parti libéral du Québec (à la suite de la démission de Jean Lesage le 28 août) «n'a plus de doute sur la valeur théorique du projet. Il a surtout parfaitement compris qu'en matière énergétique les années 80 c'est pour très bientôt et qu'il faudra vite prendre les décisions qui s'imposent[7].»

Dès le lendemain de la dernière séance de la Commission parlementaire, Robert Bourassa passe à l'action. Les bras chargés de documentation et d'information, il se rend à Val-d'Or pour y rencontrer les délégués de la circonscription d'Abitibi-Est au prochain congrès à la chefferie du

Parti libéral. Il n'y a pas meilleur terrain pour parler de la mise en valeur de la Baie James.

«En 1982, il y aura un déficit de la puissance, c'est-à-dire que les besoins en énergie du Québec dépasseront ce que les installations actuelles pourront fournir, explique-t-il. Ceci veut dire que même avec la construction de Manic 3 et même avec la construction d'une centrale thermique, ce qui est une autre hypothèse, il faut songer dès maintenant à de nouvelles sources d'énergie. Manic 3 ne suffira à la demande que jusqu'en 1977 tandis qu'une centrale thermique ne suffirait que jusqu'en 1979.

«Il appert que les coûts de construction d'une centrale thermique seraient trop élevés. Or, si on veut avoir de l'énergie de la Baie James en 1982, le projet, qu'il faudra 10 ans pour réaliser, doit débuter au plus tard en 1972. Le gouvernement n'a donc pas le temps de piétiner ou d'hésiter, il doit immédiatement prendre une décision pour mettre en marche le projet, si les études concluent à sa rentabilité. Et si le gouvernement ne le fait pas, je le ferai quand je serai élu», promet Robert Bourassa.

«Une chose probable et souhaitable»

«J'ai toujours considéré le développement de la Baie James comme une chose possible, mais à la lumière des informations que j'ai obtenues du président d'Hydro-Québec, M. Giroux, cela devient pour moi une chose probable et souhaitable, poursuit Robert Bourassa. Ce développement permettrait non seulement à Hydro-Québec de satisfaire ses besoins éventuels mais permettrait aussi le développement économique de la région qui a été le plus négligée dans le passé. Cependant, la réalisation d'un tel projet suppose tellement de dépenses qu'on ne peut confier à Hydro-Québec la totale responsabilité des coûts du développement. Le gouvernement devra contribuer au financement du projet, étant donné l'impact économique que comporterait sa réalisation[8].»

Les propos du candidat à la direction du Parti libéral sont entendus bien au-delà de la région de Val-d'Or. En effet, le 17 décembre 1969, journaux, bulletins de nouvelles à la radio et à la télévision propagent cette idée aux quatre coins de la province. Même *Le Devoir* y va d'un titre sans équivoque: BOURASSA PRÉCONISE LE DÉVELOPPEMENT DES RESSOURCES HYDRAULIQUES DE LA BAIE JAMES.

Au cours de la campagne à la chefferie libérale puis durant les élections provinciales à la fin de l'hiver 1969-1970, le jeune aspirant de 36 ans en fait l'un de ses thèmes favoris. Ainsi, le 6 janvier, lors d'une conférence de presse nouveau genre, c'est-à-dire par téléphone, avec une vingtaine de journalistes des principaux centres régionaux du Québec, il réaffirme la nécessité de mettre l'accent sur la croissance économique de toutes les régions du Québec. À titre d'exemple, il mentionne la Baie James «où le développement énergétique doit débuter dès 1973 en raison du déficit prévu d'énergie au Québec dans les années 80[9]».

À la première rencontre au Café du Parlement, Robert Bourassa avait dit à Roland Giroux: «Dès que je serai élu, j'entrerai en contact avec vous.» Effectivement, il bat Jean-Jacques Bertrand le 29 avril 1970 et, trois jours après son assermentation, il rencontre une deuxième fois le président d'Hydro-Québec. Cette fois, tous deux se tiennent à l'abri des regards indiscrets dans le petit salon du président de l'Assemblée nationale, Jean-Noël Lavoie.

Le président d'Hydro-Québec, Roland Giroux, fut conseiller spécial de Daniel Johnson en matière financière. Johnson tenait Giroux pour un génie des affaires[10] et ses avis furent sollicités et écoutés par les autres Premiers ministres de l'Union Nationale qui suivirent. Donc le président de la puissante Hydro-Québec n'a plus devant lui, au cours de ce dîner intime, «un jeune député libéral auquel on prédit un brillant avenir mais un Premier ministre[11]». C'est la deuxième d'une série de rencontres où Roland Giroux explique les grands dossiers d'Hydro, en particulier celui de la Baie James.

«Il s'agissait de rencontres personnelles, rappelle Roland Giroux. Monsieur Bourassa me demandait s'il y avait réellement des possibilités de développement à la Baie James... Au début, ce dossier ne lui était pas du tout familier. Ces discussions ont toujours couvert, à ce moment-là, la Baie James dans son entier. Il n'a été au courant de tous les détails que l'automne suivant. Mais il était évident qu'il s'occupait de ce projet et qu'il voulait en faire une priorité.»

De son côté, Robert Bourassa explique: «Le théorème que je suivais, c'est que la force économique du Québec était le développement de ses richesses naturelles; qu'à l'intérieur de ces richesses naturelles, l'atout particulier était les richesses hydrauliques et que, troisièmement, le développement de ces richesses hydrauliques, c'était la conquête du Nord québécois.

«C'est en suivant ce raisonnement que j'ai été amené à promouvoir le développement de la Baie James. Pour moi, la richesse la plus précieuse au Québec était et demeure toujours l'eau. Quand j'ai rencontré Roland Giroux, trois jours après mon assermentation, je voulais mettre ça en marche. C'était la première fois que j'avais accès à toutes les données. Mon premier geste a été de déclencher le processus, de mettre le dossier de la Baie James en route. La décision finale n'a évidemment pas été prise à ce moment-là. Je prenais position, comme chef du gouvernement, afin qu'Hydro-Québec accorde une priorité absolue à cette question», dit aujourd'hui Robert Bourassa.

Septembre 1970: la décision

Ainsi donc, après l'élection d'un gouvernement libéral et durant les mois qui vont suivre, l'idée de la Baie James va être discutée au sein de deux petits groupes. D'abord privément, d'une façon confidentielle, presque secrète, entre Robert Bourassa et Roland Giroux. Puis, en même temps, entre François Rousseau, Guy Saint-Pierre et Paul Desrochers. Débordé par ses tâches de ministre de l'Éducation,

Guy Saint-Pierre songe toujours au projet mais ne peut guère y consacrer temps et énergies.

Dans son bureau de la Sun Life, en plein cœur de Montréal, comme à son appartement, l'ingénieur François Rousseau raffine ses calculs, toujours en fonction de La Grande Rivière. Durant deux mois, soit en juillet et en août, Paul Desrochers survole le territoire de la Baie James, lorsque la température le permet, chaque fin de semaine, pour se faire une meilleure idée des lieux. À la fin de ses voyages éclair, Paul Desrochers demande à Roland Giroux ce qu'il connaît de la Baie James.

Au début de septembre 1970, Robert Bourassa et lui reçoivent une invitation du président d'Hydro-Québec de se rendre dans une suite de l'hôtel Bonaventure à Montréal. «C'était une réunion d'information où toutes les possibilités techniques concernant le potentiel des rivières de la Baie James furent examinées en détail par Robert A. Boyd qui était alors commissaire d'Hydro-Québec, raconte Roland Giroux. Nous avons dit: c'est faisable.»

Après avoir écouté Giroux et Boyd, examiné maquettes et documents, Robert Bourassa en dégage une première conclusion: «C'est techniquement réalisable à des coûts pas exorbitants[12].» Roland Giroux se rappelle toutefois que «monsieur Bourassa, à ce stade-là, avait encore de la prudence face à un projet d'une telle envergure et qui était basé sur des estimations qu'on ne connaissait pas».

À la fin de la réunion, Paul Desrochers s'étonne: «Pourquoi n'avez-vous pas fait cette présentation à Hydro-Québec?»

Un interlocuteur lui répond qu'à «l'Hydro, les murs ont des oreilles...» Cette crainte s'explique car les experts d'Hydro-Québec ne sont pas unanimes sur l'opportunité d'investir autant d'argent dans le développement hydroélectrique. Selon certains, le thermique ou le nucléaire offre de plus grands avantages à long terme. Un certain nombre d'ingénieurs croient prématuré, voire dangereux, de mettre tous les œufs dans le panier de la Baie James.

Cette réunion est suffisamment claire et emballante pour convaincre Robert Bourassa d'aller de l'avant avec le projet de la Baie James. Avec le recul, il déclare aujourd'hui: «Dès septembre 1970, dans mon esprit, la décision était prise à toutes fins utiles. Parce que si les besoins existaient et qu'on ne me prouvait pas que le nucléaire était nettement moins coûteux, il n'y avait aucun problème. Il fallait alors procéder avec l'hydraulique. Et pour ça, il restait la Baie James. Donc, ma décision à moi, c'était de choisir: est-ce qu'on satisfait le besoin d'énergie avec le nucléaire ou avec l'hydraulique? Je me souviens qu'à cette rencontre on m'avait relativement convaincu de l'importance des besoins dans les années 80. Je m'étais dit: deux et deux font quatre. Si on a besoin de 10 000 MW au début des années 80, il faut commencer tout de suite!»

Au lac à l'Épaule...

Robert Bourassa sort de la réunion de l'hôtel Bonaventure plus résolu que jamais à passer à l'action. Quelques jours après, il autorise un nouveau budget de recherche de trente millions de dollars afin qu'Hydro-Québec puisse compléter certaines études.

C'est aussi en septembre que le Conseil des ministres se réunit au lac à l'Épaule, au nord de la Vieille Capitale. Le lac à l'Épaule, voilà bien un endroit qui fait partie de l'histoire d'Hydro-Québec depuis 1962. C'est en effet dans ce lieu de villégiature que, cette année-là, le Premier ministre Jean Lesage, sous les fortes pressions de son ministre des Richesses naturelles, René Lévesque, décida du principe de nationaliser les compagnies privées d'électricité au Québec et de faire approuver ce projet par le peuple en déclenchant des élections sur ce thème précis.

Cette fois, huit ans plus tard, rien n'indique qu'un grand projet sortira des réunions qui se tiennent à l'abri des indiscrets aussi bien que des journalistes. Le but de ce Conseil des ministres en plein air est plutôt d'étudier tous les dossiers dans une atmosphère détendue, avant la reprise de la session d'automne.

«Par pure coïncidence, Raymond Garneau, ministre des Finances, et moi partagions la même cabine, raconte Guy Saint-Pierre. Le soir, en prenant un cognac, je lui avais parlé de mon idée pendant une bonne trentaine de minutes: pourquoi la Baie James, pourquoi il fallait commencer immédiatement, pourquoi le projet était meilleur par rapport au nucléaire... J'avais parlé du projet aussi aux ministres Bernard Pinard et Gérard D. Lévesque, mais je sentais que, chez eux, ça ne cliquait pas. C'était un peu comme aujourd'hui avec l'idée du maire Jean Drapeau qui voudrait établir un train ultra-rapide entre Mirabel et New York...»

Le lendemain, toujours au même endroit, Robert Bourassa dit à Guy Saint-Pierre: «Il y a de grandes choses qu'on pourrait faire à la Baie James et cela serait une façon de relancer l'économie.» Le ministre Saint-Pierre est stupéfait. Est-ce Raymond Garneau qui lui en a parlé? «Je pense que c'était la première fois que Robert Bourassa m'avait parlé de la Baie James!»

De son côté, Paul Desrochers ne chôme pas. Il rencontre d'abord Bill Mulholland, président de la Churchill Falls Development Corporation. «Nous avons discuté longuement du projet, nous l'avons comparé à celui de Churchill Falls, car j'avais toutes les études de rentabilité de ce projet. Bill Mulholland, qui est aujourd'hui président de la Banque de Montréal, m'a encouragé à continuer. Automatiquement, je voyais tout de suite que le projet de la Baie James était rentable.»

Une course folle...

La rentabilité et le financement du projet de la Baie James, voilà deux grandes questions qui préoccupaient Paul Desrochers et le Premier ministre Robert Bourassa, même si ce dernier affirme aujourd'hui «n'avoir jamais eu d'inquiétudes réelles. Ce n'est pas moi qui empruntais, évidemment, donc je prenais l'avis d'experts comme Edmond Lemieux, d'Hydro-Québec... J'ai fait des démarches mais je n'ai jamais fait face à des problèmes. Jamais.»

En septembre, Paul Desrochers entreprend une course folle à travers les États-Unis et l'Europe, une course à laquelle participera occasionnellement le Premier ministre Bourassa lui-même. «En septembre, raconte Paul Desrochers, j'ai d'abord rencontré Fred Whittemore, de la Morgan Stanley, de New York, ainsi que le «Chairman» de la Morgan Trust, pour m'informer de la possibilité de financer un tel projet.

«Le 5 octobre, jour même de l'enlèvement de James Cross, en compagnie de Gérard D. Lévesque j'ai rencontré le président du conseil d'administration de la Bank of America à San Francisco. Dans l'après-midi, j'ai eu d'autres entretiens avec des maisons prêteuses de la Californie, entre autres, le California Teachers Pension Plan qui avait, à ce moment, tout près de cinq millions par jour à placer.»

En pleine crise d'octobre, Robert Bourassa se rend à New York en compagnie de son fidèle conseiller spécial. «C'était un voyage pour prendre contact avec les milieux financiers de New York, pour la Baie James mais aussi pour faire connaître le Québec, affirme Robert Bourassa. J'ai eu des entretiens avec les gens de la Morgan Stanley et d'autres institutions financières. Il n'y avait pas de résistance, au contraire. Pour eux, c'était un projet profitable. Ils ne faisaient pas la Saint-Vincent-de-Paul... ils financaient un projet à des taux d'intérêts intéressants.»

En novembre, Paul Desrochers rend visite aux financiers de Paris, Londres, Amsterdam, Düsseldorf, Francfort, Zurich et Genève. «En décembre, j'ai rencontré les principaux présidents des compagnies de services publics de la Nouvelle-Angleterre et je leur ai suggéré, à la fin de nos discussions, de former un pool. C'est de là qu'a pris naissance le New England Power Pool, avec l'aide d'Yvon De Guise, alors commissaire d'Hydro-Québec. Au cours du même mois, la Consolidated Edison offrit de payer à l'avance une somme de un milliard qui serait remboursée par des ventes d'électricité à partir de 1982», affirme Paul Desrochers.

Hydro-Québec commande des études

Pendant que le commis voyageur Desrochers sillonne les États-Unis et l'Europe, Hydro-Québec invite quelques représentants des firmes d'ingénieurs-conseils Rousseau, Sauvé, Warren (RSW) et ABBDL (Asselin, Benoit, Boucher, Ducharme et Lapointe Inc.) à visiter la Baie James le 21 octobre.

Roger Warren, de RSW, s'en souvient: «Il y avait François Rousseau, Gray Thomson, président d'Acres Québec Limited, Jerry Boissonneault, d'Hydro-Québec, ainsi que des représentants d'ABBDL et moi-même. Ce ne fut pas une visite fructueuse. On est arrivé à Matagami pour ensuite aller dans le territoire à bord d'avions Otter, mais il y avait du brouillard.

«Le troisième jour, nous avons pu prendre l'avion mais sans voir grand-chose du territoire. On a aperçu La Grande Rivière et l'Eastmain. Mais nous n'avons pu nous poser nulle part. Et dire que nous avions attendu trois jours dans un hôtel de Matagami que le brouillard se lève...» Sans peut-être le savoir, les ingénieurs venaient de survoler un territoire farouche, où les conditions atmosphériques sont capricieuses. L'automne, c'est la saison des longs brouillards à la Baie James...

Au retour, les ingénieurs se voient confier par Hydro-Québec deux mandats identiques pour faire une étude préliminaire des rivières de la Baie James. C'est le 2 novembre 1970. Au Québec, et surtout à Montréal, la crise d'octobre est presque à son paroxysme. Pierre Laporte est assassiné et on est toujours sans nouvelle du diplomate britannique James Richard Cross. La Métropole est truffée de policiers et de soldats.

Les firmes RSW et ABBDL étudient parallèlement les possibilités d'aménager les rivières Nottaway, Broadback et de Rupert, ces mêmes rivières que les vaillants et hardis explorateurs d'Hydro-Québec ont analysées de 1965 à 1968. «Il apparaissait sage qu'Hydro pose une même question à deux firmes d'ingénieurs-conseils, explique Roger Warren, compte tenu de l'envergure du potentiel de la Baie James.»

Le bouillant François Rousseau n'est évidemment pas d'accord. Pourquoi étudier le projet NBR? «C'était un gars d'une intransigeance absolue, raconte Claude Laliberté. Il refusait systématiquement de discuter de NBR. Il ne voulait pas en parler.» François Rousseau ne le dit à personne mais, depuis quelque temps, il a mal à la gorge. Lui qui n'a jamais été malade de sa vie trouve ça étrange. Ça se passera», se dit-il en allumant un autre cigare.

À rebrousse-poil

«Après certaines discussions, explique Roger Warren, nous avons convaincu Hydro-Québec d'élargir ce mandat pour y inclure non seulement les rivières Nottaway, Broadback et de Rupert mais aussi les rivières de la Baie James, y compris La Grande Rivière. Il s'agissait de déterminer les grandes lignes du schéma d'aménagement. Je me rappelle que nous avions discuté longuement avec les gens d'Hydro-Québec pour leur faire valoir que tous, eux comme nous, aurions le cœur net si on pouvait regarder tout le territoire. Nous disions qu'il pouvait y avoir des rivières, telle La Grande Rivière, qui étaient peut-être plus attrayantes que celles du Complexe NBR, que même si ces rivières étaient plus au nord, elles semblaient présenter une topographie et une géologie plus favorables, enfin qu'il serait possible d'en tirer de l'énergie à bon prix.

«Notre suggestion d'aller plus au nord allait un peu à rebrousse-poil, nous avions l'air de marcher à l'encontre du bon sens. Jusque-là, le développement hydro-électrique au Québec s'était toujours fait près des centres urbains, le long du fleuve Saint-Laurent: la rivière Saint-Maurice, Beauharnois, les chutes Montmorency, etc... Puis, on s'est éloigné des centres de consommation par étapes. Après Bersimis,

Churchill..., Hydro allait à Manicouagan-Outardes et regardait à la Baie James, mais le plus près possible de Montréal, c'est-à-dire les rivières Nottaway, Broadback et de Rupert. C'est pour cela que le Complexe NBR avait fait l'objet d'études dès 1965.»

Les ingénieurs et spécialistes des firmes RSW et ABBDL ne devaient remettre leurs rapports qu'en septembre 1971. C'est beaucoup trop tard. Robert Bourassa veut être renseigné rapidement. Septembre 1971, c'est trop loin! Il presse Hydro-Québec de faire accélérer les études. Les rapports devront être remis en mars, soit dans cinq mois.

Dix ans plus tard, au cours d'une interview, l'ex-premier ministre Robert Bourassa pèse chacun de ses mots, se montre diplomate, ne veut choquer personne, ne raviver aucune querelle. Il n'aime pas le mot «pousser». Encore moins le verbe «bousculer» que le journaliste Guy Pinard avait utilisé dans *La Presse* (Bourassa bouscule les événements). «Les gens d'Hydro-Québec ont été pressés ou bousculés dans la mesure où nous étions contre le nucléaire et favorable à l'hydraulique, explique Robert Bourassa. J'avais fait de l'option hydraulique l'option prioritaire. C'était la priorité du gouvernement. Et tout ça était relié à ma promesse de trouver 100 000 emplois. J'avais été élu sur un objectif bien concret et bien exigeant. Donc je ne pouvais pas parler pendant des mois de 100 000 emplois sans poser de geste ou ne rien faire pour les réaliser. Est-ce que j'ai poussé Hydro-Québec? J'ai certainement insisté pour qu'elle en fasse à son tour une priorité. Nous lui avons dit: vous avez différentes options; nous avons notre option. Allez-y et vite.»

Robert Bourassa admet finalement que «le gouvernement a *poussé* sur Hydro-Québec parce que le Parti québécois était favorable au nucléaire.»

Si Roland Giroux, le président d'Hydro-Québec, rencontre souvent son «patron» politique Robert Bourassa, il ne néglige pas pour autant d'avoir de bonnes relations avec l'Opposition officielle et les autres partis. «J'ai en effet eu des rencontres avec des membres de l'Opposition. Ils n'étaient pas les seuls à être convaincus des avantages du nucléaire.

«La Consolidated Edison avait refusé la moitié du contrat de Churchill Falls, de l'énergie livré à New York et à 4 mills (un mill égale un millième de dollar, soit un dixième de cent) en disant que l'énergie nucléaire allait leur coûter 2 mills. C'était un peu normal que d'autres personnes pensent comme cette grande compagnie américaine. C'était dans l'atmosphère à ce moment-là. Même à Hydro-Québec, il y avait des gens qui étaient favorables au nucléaire.»

Le contexte des années 70

L'un des commissaires d'Hydro-Québec, l'ingénieur Yvon DeGuise, se rappelle très bien le contexte des années 69-70 et 71. «Avant de nous lancer dans le projet de la Baie James, nous avons étudié deux autres possibilités: le nucléaire et le thermique.»

Rappelons qu'une centrale thermique, pratiquement inconnue au Québec mais très répandue ailleurs dans le monde, est une centrale dans laquelle on produit d'abord de la vapeur pour ensuite obtenir de l'électricité. La chaleur fait bouillir de l'eau qui se transforme en vapeur. Cette dernière fait tourner les pales d'une turbine. La source de chaleur peut être le charbon, le pétrole, le gaz naturel, l'énergie atomique ou l'énergie solaire.

Yvon DeGuise rappelle d'abord que les gens d'Hydro étaient un peu inquiets «de s'embarquer dans une affaire de trois ou quatre milliards de dollars. C'était beaucoup d'argent. Ils hésitaient. Ils voulaient examiner les autres solutions. Ils pensaient qu'avec un an ou deux de plus, ils pourraient obtenir plus d'information, plus d'expérience sur le nucléaire et le thermique.

«Dans le contexte des années 1969-1971, les centrales thermiques avaient les avantages économiques suivants: leur coût de revient se situait à 400 $ ou 500 $ du kW. Leur construction pouvait, de plus, être assez rapide. Pas besoin de travaux d'arpentage d'envergure; on cherche un site, point. Le pétrole se vendait deux dollars le baril, ce qui permettait de produire de l'électricité à bon compte. Les inconvénients? La pollution et le fait qu'une bonne partie du matériel devait être acheté à l'extérieur du Québec (notamment l'équipement).

«L'énergie nucléaire fascinait bien du monde, raconte Yvon DeGuise. C'était nouveau. Sur le plan industriel, il fallait quasiment avoir du nucléaire si on voulait conserver un statut de pays développé. Les premières centrales aux États-Unis fonctionnaient à un coût très bas.

«Un des principaux arguments était le suivant: si on ne faisait pas de nucléaire, l'industrie nucléaire ne se développerait pas au Québec. Il fallait aussi penser à la technologie spéciale, avancée. Et le gouvernement fédéral accordait des subsides pour les centrales nucléaires. Une centrale nucléaire coûtait plus cher à construire qu'une centrale thermique, mais les dépenses d'exploitation étaient moindres par la suite. Tout compte fait, ça s'équivalait pas mal.

«Quant à l'hydro-électricité, poursuit Yvon DeGuise, elle pouvait employer beaucoup plus de monde du Québec, elle faisait vivre les fournisseurs de notre province. C'est une richesse qui se renouvelle. Il n'y a pas beaucoup d'argent qui va à l'extérieur. Techniquement, c'est plus simple, comparé au nucléaire ou au thermique. Les inconvénients: les inondations de terrain, les impacts sur l'environnement, une période de construction plus longue puisqu'elle demande de neuf à dix ans de travail. Enfin, l'hydro-électricité exige des investissements considérables. Les trois options étaient intéressantes. Tout dépendait des points de vue. C'est dans cette perspective-là que nous travaillions à Hydro-Québec.»

Robert Bourassa connaît bien tous ces arguments. Il en a pesé le pour et le contre au moment de prendre sa décision d'opter pour l'hydro-électricité. Plusieurs facteurs l'ont influencé: les retombées économiques, une ressource entièrement québécoise et protégée contre l'inflation, la planification horizontale du développement nordique, les problèmes qui surgissent dans les centrales nucléaires et, surtout, le fait que l'hydraulique ne revient pas plus cher que le nucléaire. «Jamais, dit Robert Bourassa, dans tous les chiffres qui m'ont été montrés, l'hydraulique n'a dépassé le nucléaire, même pas dans le secret de mon bureau[13]». On pouvait se tromper sur les coûts, ajoute-t-il, pour autant que ce n'était pas plus cher que le nucléaire, qu'on avait besoin des kilowatts produits et que c'était faisable.

François Rousseau hospitalisé

L'année 1970 tire à sa fin. François Rousseau n'a pas cessé d'avoir mal à la gorge. Ses collègues de travail s'inquiètent, sa femme encore plus. Sa voix est enrouée. «C'est la climatisation...», répond-il lorsqu'on tente de le convaincre d'aller voir le médecin. Mais l'air conditionné en novembre et en décembre...

Sa femme Yvonne prend un rendez-vous avec un médecin. L'ingénieur qui n'a jamais été malade de sa vie est immédiatement hospitalisé. Au cours de l'opération, les chirurgiens, qui pratiquent une trachéotomie, découvrent qu'il souffre d'un cancer à la gorge. La convalescence sera longue. Il la passera à la maison jusqu'au printemps en se rendant toutefois faire des petits tours au bureau. Il occupe tout ce temps libre à étudier la possibilité d'aménager... La Grande Rivière!

Les ingénieurs de RSW et d'ABBDL n'ont pas vu passer l'hiver 1970-1971. Ils devaient produire des rapports qui, normalement, auraient dû prendre un an. On leur avait donné tout au plus quatre mois et quelques jours. Claude Laliberté s'en souvient. En particulier du 3 mars 1971. C'est le jour de la célèbre tempête du siècle au Québec.

«Il fallait sortir notre rapport. Tout le monde travaillait comme des fous. J'habitais Saint-Bruno, sur la rive sud et, ce jour-là, j'avais pris le dernier autobus qui avait réussi à passer. De sorte que j'avais pu me rendre à mon bureau de la Sun Life. Tout le monde était là, à besogner. À 10 h du matin, on ne voyait plus de l'autre côté de la rue... on ne voyait même pas la Place Ville-Marie. On savait très bien qu'on ne pourrait pas retourner chez nous. Le matin, plusieurs avaient réservé des chambres dans les hôtels. Nous, on était en retard. «Énervez-vous pas,» nous disait-on. On a continué à travailler jusqu'à 22 h. Et puis on est sorti du bureau.

«C'était beau, c'était magnifique sur la rue Sainte-Catherine. On nous avait trouvé des chambres chez des confrères, pas très loin du bureau. En passant, on est allé prendre une bière à l'hôtel Sheraton Mont-Royal. Et qui était là? Les gens d'ABBDL, le grand patron Marc Benoit en tête. Ils avaient réservé leurs chambres à cet endroit. On n'a pas osé trop se parler...»

La remise des rapports des ingénieurs-conseils a lieu en mars. «Notre rapport, explique le président de RSW, Roger Warren, montrait que la Baie James pouvait se faire à partir d'une géométrie de deux grands complexes. On les appelait les Systèmes... de rivières du Sud, soit NBR, ou du Nord, La Grande Rivière. Malgré le fait que nous avions moins d'informations sur le nord, tant topographiques, hydrologiques que géotechniques, nous recommandions l'aménagement de quatre centrales sur La Grande Rivière tandis que sur les rivières du sud, où il y avait beaucoup d'argile, il fallait prévoir de huit à dix centrales.»

D'autre part, le rapport d'ABBDL disait en gros que La Grande Rivière était située trop loin. Il recommandait donc d'aménager d'abord les rivières Nottaway, Broadback et de Rupert, ensuite la rivière Eastmain, puis La Grande Rivière. Les mandats avaient été identiques, les rapports différents. Les promoteurs du projet de la Baie James ont malgré tout quelque chose entre les mains...

Les rapports... à Miami?

Ces rapports ont-ils pris le chemin de Miami? Paul Desrochers raconte en effet que «lors d'une fin de semaine à Miami, soit du 12 au 16 mars, le Premier ministre et six de ses collaborateurs, Guy Langlois, Jean Prieur, Jean-

Claude Rivest, Claude Trudel, Charles Denis et moi-même avons pris connaissance des divers rapports et le Premier ministre a décidé d'aller de l'avant avec le projet de la Baie James.»

Aujourd'hui, quand on lui parle de cette décision historique qu'il aurait prise à Miami, Robert Bourassa n'a pas la même interprétation. «Nous en avions parlé, mais c'était surtout une petite période de repos. Je ne me souviens pas être parti avec des tonnes de dossiers. Nous partions pour quelques jours. C'était après les élections partielles dans Chambly. Paul Desrochers était fatigué, ça n'avait pas marché à son goût. Nous avions gagné avec 65 pour cent des voix, mais ce n'était pas assez pour lui. J'avais dit à Paul: «On va aller parler de nos dossiers là-bas.» Il y avait celui de la Baie James.

«Ma décision? Elle était déjà prise. Miami n'a été qu'une étape où on a parlé des problèmes d'application. Ma décision, pour autant que j'étais concerné comme Premier ministre, je l'avais prise en septembre 1970 à la suite de la rencontre avec Messieurs Boyd et Giroux. Une décision se prend par étapes... Vient un moment où on a tous les éléments, alors on soumet l'idée au Conseil des ministres pour qu'il la ratifie.»

Sur le chemin du retour, Robert Bourassa et Paul Desrochers ne manquent pas de faire escale à New York le 17 mars où ils rencontrent les autorités de la Chase Manhattan et de la Morgan Stanley.

Mais pourquoi toutes ces consultations avec le monde de la haute finance américaine? Paul Dozois, qui a été membre de la Commission hydro-électrique du Québec et ministre des Finances dans le gouvernement de Daniel Johnson, explique que «le domaine financier, c'est assez délicat. Le monde financier est un monde très sensible. On dit parfois qu'il suffit que quelqu'un tousse pour que les financiers se mettent à penser qu'il a une pneumonie!» Dix ans plus tard, Robert Bourassa ne cesse de répéter «qu'il n'a jamais craint que le gouvernement du Québec ne puisse financer des projets aussi rentables. Je me disais: si New York est réticent, on ira au Japon, ou ailleurs».

On est capable!

Toutes ces rencontres permettent à Robert Bourassa et à son conseiller spécial de constater que le projet de la Baie James est de plus en plus réalisable. Encore un peu de temps et le Premier ministre du Québec ne pourra plus garder son secret pour lui et quelques intimes. Mais a-t-il pensé aux autres problèmes, comme celui des autochtones qui vivent dans cet immense territoire? «Je savais qu'il y avait un problème, dit-il aujourd'hui, mais pas au point de retarder tant qu'on n'aurait pas une entente avec eux.»

Le jeune Premier ministre a aussi acquis la certitude que les Québécois sont capables, techniquement, de réaliser des travaux aussi gigantesques. «J'avais eu des garanties là-dessus. Des firmes privées d'ingénieurs-conseils disaient: on est capable. Paul Desrochers et Guy Saint-Pierre m'assuraient que le Québec possédait les moyens techniques, les ouvriers et les ingénieurs pour nous lancer dans un tel projet.» Que faut-il de plus? L'accord d'Hydro-Québec!

Alors que le Premier ministre du Québec se prépare à quitter la province pour un premier voyage officiel en France, lors d'une tournée de 15 jours qui doit le conduire successivement à Londres. Düsseldorf, Milan, Rome et la capitale française, une ultime rencontre a lieu, dès 9h le 26 mars, dans les bureaux d'Hydro-Québec, boulevard Dorchester.

Pour la première fois, plusieurs des acteurs sont présents, face à face; seul le metteur en scène est absent. Robert Bourassa est resté à Québec. On y retrouve Gilles Massé, ministre des Richesses naturelles, Guy Saint-Pierre, ministre de l'Éducation, quelques fonctionnaires et Paul Desrochers.

Hydro-Québec a délégué trois de ses commissaires, Yvon DeGuise, Paul Dozois et Georges Gauvreau. Roland Giroux est absent. Ils sont accompagnés de leurs directeurs généraux et de leurs principaux adjoints. Enfin, il y a les représentants des deux firmes d'ingénieurs-conseils RSW et ABBDL. Le défenseur de l'option La Grande Rivière est là, même s'il est en convalescence. François Rousseau n'aurait jamais raté pareille occasion de faire valoir une fois de plus son idée. Car le but de la réunion est justement de prendre connaissance des rapports des deux firmes d'ingénieurs-conseils. Depuis son opération, François Rousseau doit parler à l'aide d'un appareil. Sa voix n'a plus de sonorité. C'est plutôt une sorte de sifflement, un gros chuchotement. Toute la journée sera faite d'explications, de questions, d'évaluations, de suppositions, parfois d'échanges serrés de points de vue. «Je dois dire que la majorité des gens d'Hydro-Québec semblaient favorables au projet», affirme Paul Desrochers. «À ceux qui se sont montrés réticents j'ai dit: *le projet de la Baie James va se faire AVEC ou SANS Hydro-Québec*. C'est une des rares fois où j'ai élevé la voix.»

Voici la fin du mois d'avril 1971. Robert Bourassa va entreprendre son étourdissant périple en Europe, où il se fera remarquer. Mais même durant ses rencontres avec d'importants hommes politiques européens, des hommes d'affaires, des leaders, même dans les brillantes réceptions, il n'a jamais cessé de penser à son projet, à son «secret».

Au bureau du Premier ministre à Québec, on travaille fort. On s'occupe du retour du patron et surtout du «secret». Car dans une semaine, dix jours tout au plus, il n'y aura plus de secret pour personne au Québec!

Chapitre 4

Le monde commence aujourd'hui

Vendredi soir, 30 avril 1971. C'est aujourd'hui le premier anniversaire du gouvernement Bourassa. Au Petit Colisée de Québec, des milliers de militants libéraux venus de tous les coins de la province sont rassemblés dans une obscurité presque totale. Seule la scène est brillamment éclairée par des projecteurs. Tout le monde attend. Quelques chaises sont encore libres, car une trentaine d'autobus sont retenus dans la circulation très dense de ce début de week-end. Les organisateurs décident de reporter le lever de rideau d'une demi-heure.

Ministres et députés sont disséminés dans tous les coins de la salle, chacun prenant place au sein de la délégation de sa circonscription. Même le Premier ministre Robert Bourassa, dont l'entrée, tardive comme il se doit, provoque une ovation, s'installe au centre du parterre en compagnie des représentants de son comté, Mercier[1]. Personne n'en doute maintenant; cette soirée ne sera pas comme les autres: pas d'hommes politiques en rang d'oignons sur la scène, même pas de journalistes en évidence aux premières loges.

Sur la scène: un drapeau fleurdelysé et un lutrin flanqués de deux écrans géants reliés à un circuit fermé de télévision pour permettre aux spectateurs les plus éloignés de mieux voir les orateurs. Au centre, un autre écran, destiné celui-là à la projection d'un montage audio-visuel[2]. C'est d'ailleurs par la présentation de ce montage que la soirée commencera. Les militants sont maintenant tous arrivés. Selon les journaux du lendemain, ils sont de cinq à sept mille. Paul Desrochers, l'un des organisateurs, n'est pas d'accord. «Il y avait 9 500 personnes qui ont payé chacune cinq dollars. C'est pour ça que je connais les chiffres: nous avons payé la taxe municipale...»

Les spectateurs ont d'abord droit à la présentation des photographies de leur 72 députés libéraux, puis ce sont des images champêtres, des paysages industriels du Québec, les réalisations du gouvernement, et soudain, sur toute la largeur des écrans, la Baie James[3].

La narration, enregistrée, est faite par le comédien Roland Chenail. Elle déverse un flot de chiffres: «Quatorze millions de dollars déjà dépensés pour les recherches préliminaires, 350 personnes déjà au travail à la Baie James, aménagement projeté de cinq rivières, possibilité pour le Québec d'être le plus important pourvoyeur d'électricité en Amérique d'ici 20 ans, 3 500 personnes au travail dès la fin de 1971, construction de deux routes vers la Baie James, à partir de Matagami et Chibougamau, dès 1970, début des forages miniers, de la construction des routes, de la récupération forestière, de l'aménagement de bassins pour la pêche commerciale, construction de campements pour 25 000 travailleurs, construction d'un quai à la Baie James et...

«... dès 1973, début des travaux d'envergure, investissement de 400 millions de dollars en équipement mécanique et électrique, 335 millions de dollars pour le ciment, 320 millions de dollars pour les pylônes, 125 000 emplois éventuels, investissement de 6 milliards de dollars, production éventuelle de 10 millions de kW (deux fois le potentiel des chutes Churchill)... LE MONDE COMMENCE AUJOURD'HUI», conclut la voix grave de Roland Chenail[4].

Les partisans libéraux réagissent bruyamment aux statistiques mirobolantes du projet de la Baie James. À mesure que, sur l'écran, les milliers de dollars font place aux millions et que les millions s'éclipsent devant les milliards, l'enthousiasme gagne la foule. C'est au milieu de cet amoncellement d'images et de chiffres que Robert Bourassa fait son apparition[5].

Les journalistes, réfugiés à gauche de l'estrade, à l'extrémité de la seule partie un peu plus éclairée de la salle, sont estomaqués devant la propagande que comporte cette présentation. L'aspect uniquement positif du bilan gouvernemental les embarrasse. Ils sont furieux aussi de devoir travailler dans la pénombre. Certains s'en prennent assez durement à Charles Denis, l'attaché de presse du Premier ministre.

Une précieuse lettre

Robert Bourassa confirme que le gouvernement va miser sur le développement de la Baie James. Il confirme aussi toutes les informations qui viennent d'être données sur le projet par le montage audio-visuel et la voix de Roland Chenail. C'est l'euphorie chez les partisans libéraux.

Coiffés pour la plupart d'une tuque rouge et noire rappelant la course au leadership de janvier 1970, les partisans scandent «*Bou! Bou! Bourassa!*» La vision est hallucinante. Des faisceaux lumineux font le tour de la salle et balaient la scène. «C'était un moyen spectacle, se rappelle Robert Bourassa. J'avais d'immenses photos... un spectacle de son et lumière... il y avait des gens qui frémissaient!»

Le «secret» de Robert Bourassa est divulgué. Il vient d'enclencher politiquement le processus qui conduira à la réalisation du projet de la Baie James. Mais il reste très prudent au sujet d'une question particulièrement délicate, le financement. Pas un seul mot sur la façon de s'y prendre pour trouver les six milliards nécessaires.

Le chef libéral a d'autres choses à dire à ses partisans et à la population du Québec. Il veut donner des preuves que ce projet est très sérieux. Il sort de sa poche une lettre qu'il montre à l'auditoire. C'est une lettre que lui a remise la veille le président d'Hydro-Québec, Roland Giroux, et dont il lit certains passages:

«Hydro-Québec, se basant sur les études déjà faites et les opinions émises par leurs propres ingénieurs, par les ingénieurs-conseils Asselin, Benoît, Boucher, Ducharme et Lapointe et par les ingénieurs-conseils Rousseau, Sauvé et Warren, recommande au gouvernement du Québec que le projet de développement des ressources hydro-électriques de la Baie James soit entrepris sans délai. Ces études démontrent, en effet, que le harnachement de ces rivières constitue, en regard des connaissances actuelles, la source d'énergie la plus économique si on la compare aux sources alternatives d'énergie, qu'elles soient thermiques ou nucléaires. (...)

«Au cours des réunions nombreuses qui ont eu lieu depuis plusieurs mois avec vous-même et avec vos représentants concernant le projet de la Baie James, l'idée a été avancée qu'il y aurait avantage à ce qu'un nouvel organisme soit créé pour réaliser ce projet. Si celui-ci était exclusivement d'ordre hydro-électrique, il serait normal que notre entreprise demande à être autorisée à l'exécuter seule. Cependant, celui-ci implique aussi le développement d'un immense territoire et l'exploitation d'autres richesses naturelles, telles que les forêts et les minerais. À cause de ces facteurs et aussi de la complexité et de l'ampleur du financement requis, Hydro-Québec reconnaît les avantages que procurerait la création d'un organisme particulier possédant tous les pouvoirs nécessaires et une structure appropriée pour un développement rapide et économique de tout le territoire en cause et des richesses qui s'y trouvent.

«Cet organisme pourrait être une corporation d'État formée de représentants d'Hydro-Québec et du gouvernement ou une corporation d'État formée de représentants d'Hydro-Québec et du gouvernement ou une corporation possédant un capital-actions souscrit par Hydro-Québec, le gouvernement du Québec et le public en général, dans des proportions à déterminer, mais dont la direction devrait, dans l'un ou l'autre cas revenir à Hydro-Québec par le

Robert Bourassa lance le projet de la Baie James dans la soirée du 30 avril 1971 au cours d'un super spectacle au Petit Colisée de Québec. C'est l'euphorie chez les partisans libéraux du Nord-Ouest. (Photo: La Presse)

Dans une salle archicomble, lors des séances de la Commission parlementaire des richesses naturelles les 19 et 20 mai 1971, les dirigeants d'Hydro-Québec appuient le projet de Robert Bourassa.

moyen d'une participation majoritaire. Cette participation majoritaire devant assurer à Hydro-Québec la direction du projet serait obtenue en accordant à Hydro-Québec un nombre majoritaire d'administrateurs et d'actions votantes[6].» (...)

C'est donc sur la foi de cette lettre de Roland Giroux, arrivée à la dernière minute, que le Premier ministre du Québec annonce le projet de la Baie James. «Nous sommes fiers de dire que nous sommes d'accord avec la décision d'Hydro-Québec», lance-t-il.

Le style et le ton du discours, diffusé en direct par un réseau privé de stations radiophoniques, sont évidemment à la mesure de l'importance qu'on attache à la portée politique de l'événement. «Le développement de la Baie James est un projet sans précédent dans l'histoire économique du Québec, c'est un point tournant de notre histoire. La Baie James est la clef du progrès économique et social du Québec, la clef de la stabilité politique au Québec, la clef de l'avenir du Québec.»

Robert Bourassa explique que le gouvernement, avec ce projet qui aura des retombées économiques dans toutes les régions, pourra enfin briser le cercle vicieux du marasme économique, répondre aux angoisses de milliers de jeunes qui arrivent sur le marché du travail et intéresser la collectivité au processus de développement des ressources naturelles du Québec.

Au milieu d'un enthousiasme indescriptible, Robert Bourassa conclut: «Il ne sera pas dit que nous vivrons pauvrement sur une terre aussi riche. Nous sortirons de notre infériorité économique. Le gouvernement, qui a un grand rôle à jouer dans ce projet, l'assumera pleinement.»

Tiédeur et scepticisme

Le projet de la Baie James est officiellement lancé. Robert Bourassa n'a plus de «secret». Il faut dire que, comme n'importe quel secret, il est éventé depuis une semaine. Sous la signature du journaliste Teddy Chevalot, le quotidien *La Presse* dévoile en première page «qu'une régie gouvernementale développera la Baie James, que le projet sera de quatre milliards de dollars, que le financement sera américain et qu'il y aura création de 145 000 nouveaux emplois».

Au lendemain du spectacle à grand déploiement, les dirigeants libéraux sont quelque peu déçus par les réactions tièdes ou sceptiques de la population et des médias à l'annonce de ce projet spectaculaire. En général, les éditorialistes ne sont pas emballés. Ils ont des questions à poser notamment sur le financement, sur les autochtones, voire sur la faisabilité du projet. Ils dénoncent aussi la partisannerie qui a entouré l'annonce.

«On ne saurait trop déplorer le cadre étroitement partisan que M. Robert Bourassa a choisi pour annoncer une décision qui pourrait être l'une des plus importantes de la décennie pour le Québec», écrit Claude Ryan[7]. Il signale que «MM. Lesage, Johnson et Bertrand, quand ils rendaient des décisions aussi graves que celle qui a trait au développement de la Baie James, choisissaient généralement un cadre aussi large que possible. Ils s'adressaient au grand public québécois, soit à travers l'Assemblée nationale, soit par le truchement d'une conférence de presse où des journalistes de toutes tendances pouvaient les interroger à loisir.»

L'éditorialiste du *Devoir* invite le gouvernement à déposer devant l'Assemblée nationale toutes les études qui ont été faites jusqu'alors sur le projet de la Baie James et aussi toute la correspondance échangée à ce sujet avec Hydro-Québec, ainsi qu'avec des clients ou des bailleurs de fonds éventuels.

Dix ans après le lancement du projet de la Baie James, l'ex-premier ministre Robert Bourassa explique que la lettre de Roland Giroux, datée du 29 avril 1971 et remise le même jour, soit la veille du grand show politique, faisait partie d'une stratégie personnelle. «Le problème, c'est qu'on me questionnait tous les jours en Chambre, dit-il. Les membres du PQ et de l'opposition officielle auraient voulu que j'annonce le projet de la Baie James en Chambre... car la nouvelle circulait déjà dans le milieu. Ils voulaient torpiller mon gros meeting. Ils me demandaient: *avez-vous reçu une lettre, un document?* Je répondais négativement. Et c'était la vérité. Car on ne peut mentir en Chambre.

«Si j'avais reçu la lettre ou la recommandation d'Hydro-Québec, j'aurais été obligé de l'admettre et là, ma grande réunion du vendredi soir perdait tout son impact. L'annonce du projet de la Baie James était la raison d'être de cette réunion marquant notre premier anniversaire au pouvoir. Les journaux avaient aussi commencé à en parler. Le matin même du 30 avril, j'étais mal pris... J'ai répondu aux gens de l'Opposition que j'avais reçu un document...»

Par ailleurs, dès le 3 mai 1971, au début de la journée, des ingénieurs, des cadres et deux rédacteurs du service de Rédaction et de la Traduction d'Hydro-Québec s'enferment dans un bureau de la direction du Génie à la Place Victoria, pour y rédiger un rapport de 25 pages, à la demande du gouvernement du Québec.

Ce rapport secret qui sera *daté* du *29 avril 1971,* est écrit laborieusement. Chaque mot est pesé, chaque phrase analysée, chaque paragraphe scruté à la loupe. L'équipe travaille sans arrêt, mangeant même sur place, car le rapport doit être expédié à Québec le plus rapidement possible. Il contient des données et des explications sur le projet NBR et les sept centrales qui pourraient être construites.

Les Indiens ripostent

Trois jours seulement après le grand meeting libéral, les Indiens du Québec annoncent qu'avec l'appui de tous les autochtones du Canada, du gouvernement fédéral et des autres provinces, ils s'opposeront au projet de développement hydro-électrique de la Baie James. C'est ce que déclare le chef huron Max Gros-Louis, secrétaire-trésorier de l'Association des Indiens, devant des étudiants du Cégep de Chicoutimi[8].

Selon Max Gros-Louis, le projet de la Baie James s'inscrit exactement dans l'éternelle violation des droits territoriaux par le gouvernement québécois dont sont victimes les Indiens.

«Le territoire de la Baie James, dit-il, est l'un de ceux où nos droits de propriété sont les plus sûrs, et cette fois, pas question de céder. Nous irons devant les tribunaux s'il le faut.»

Le chef huron, qui est accompagné du chef de Fort-George, Robert Kanatewat, fait un long plaidoyer contre les injustices qui sont faites aux Indiens. Il déclare notamment que le Québec est la seule province à n'avoir jamais respecté le traité renouvelé par Ottawa en 1952 et qui stipule que le consentement des Indiens est essentiel à l'exploitation ou à l'utilisation, de quelque façon que ce soit, d'un territoire leur appartenant.

Faisant une comparaison entre l'attitude du Québec et celle des provinces anglophones, Max Gros-Louis dit que «les Anglais volent les Indiens tout en respectant l'entente fédérale-provinciale tandis que les Français les volent en ignorant cette entente».

Il indique que le Québec est la seule province canadienne où les Indiens paient des taxes sans avoir droit de vote.

Les chiens de garde

Au début de mai, l'ingénieur Charles Boulva, directeur des Travaux publics de la ville de Québec, rentre de vacances. Après cinq semaines, il se sent bien reposé, mais il n'est pas au courant de l'actualité québécoise. Il écoute les nouvelles à la radio, puis à la télévision. On parle du projet de la Baie James, du grand spectacle du Colisée. «Je me suis dit... *tiens, voilà qu'ils parlent de la Baie James. Je pensais que les aménagements hydro-électriques étaient finis.* C'est pour ça que nous avions fermé notre bureau d'ingénieurs-conseils (Cartier, Côté, Piette, Boulva, Vermette, Wermé-ninger et Associés). *C'était le nucléaire maintenant..., plus d'hydro-électrique. C'est passablement politique cette affaire-là.* J'ai dit: *qu'ils s'amusent!*»

Pendant une bonne dizaine d'années, Charles Boulva et ses associés s'étaient occupés d'aménagements hydro-électriques: les rapides de Lachine, Manic 5, etc. Puis il avait décidé de quitter le bureau d'études pour aller s'installer dans la Vieille Capitale. Une semaine après ce retour de vacances, Charles Boulva reçoit un appel téléphonique:

— Charles, j'aimerais ça te voir. Viens donc faire un tour à mon appartement ce soir.

C'est le ministre Guy Saint-Pierre. Il s'occupe du dossier de la Baie James, surtout avec Paul Desrochers, mais il constate qu'il a de moins en moins de temps pour le faire. «Au ministère des Richesses naturelles, je ne voyais pas les ressources humaines nécessaires à l'aménagement hydro-électrique. J'ai conseillé à Paul Desrochers d'engager un ou deux ingénieurs-conseils et de les affecter directement à ce ministère, sous l'autorité du ministre Gilles Massé.

«Il n'était pas facile de trouver ces deux ingénieurs. Je ne pouvais pas offrir grand-chose. J'avais étudié avec André Langlois. Il a déjà été directeur de l'hydraulique chez SNC. Je lui ai offert un poste. Il a accepté. Mais il en fallait un deuxième. Un soir, dans mon appartement à Québec, je pensais à tout cela en essayant de m'endormir. Ma femme qui a un bon sens d'intuition et qui est très près de moi sur le plan professionnel m'a dit: «*Pourquoi pas Charles Boulva? C'est un homme qui a un bon jugement et une longue expérience...*»

Charles Boulva rencontre le ministre Saint-Pierre. Le monde est petit... car tous deux habitent le même édifice! Il accepte de collaborer au projet de la Baie James après avoir obtenu l'accord du maire de Québec, Gilles Lamontagne. Quelques jours après, une rencontre a lieu au bureau de Paul Desrochers. Il y a là les ministres Saint-Pierre et Massé ainsi qu'André Langlois. «Ils nous ont expliqué ce qu'ils attendaient de nous, Langlois et moi», raconte Charle Boulva. Le 1er juin, ils s'installent dans le bureau du ministre des Richesses naturelles, dans l'édifice d'Hydro-Québec à Montréal. À partir de ce jour-là, ils deviennent les deux chiens de garde du projet de la Baie James. Il ont pour patron le ministre Gilles Massé, comme convenu, mais aussi et surtout Paul Desrochers. «Nous avons établi des contacts, fait énormément de rencontres avec les gens d'Hydro-Québec, notamment Yvon DeGuise, Roland Giroux, les commissaires et Robert Boyd», raconte André Langlois.

«La Baie James est nécessaire»

Depuis la fin d'avril, le projet de la Baie James n'a pas cessé de faire couler beaucoup d'encre. Tous les médias d'information en parlent abondamment. Mais les 19 et 20 mai, tout le débat se transporte au sein de l'Assemblée nationale lorsque Hydro-Québec témoigne devant le Comité permanent des Richesses naturelles.

Le gouvernement peut convoquer Hydro-Québec à tout moment devant ce comité parlementaire. La société d'État doit alors exposer son point de vue sur tel ou tel aspect, expliquer ses décisions et les justifier ou encore répondre à toutes les questions posées à ses dirigeants. Outre les parlementaires et les dirigeants d'Hydro-Québec, assistent à ce comité et sont autorisés à y prendre la parole des représentants d'associations, de syndicats ou d'autres groupes intéressés ou concernés par les sujets débattus[9].

Les débats s'ouvrent le mercredi 19 mai, dans une salle archicomble. La chaleur est accablante. Roland Giroux est entouré des autres membres de la Commission hydro-électrique du Québec, des directeurs généraux, des ingénieurs-conseils et des principaux experts de l'entreprise. Face à eux, les membres de la Commission parlementaire où sont représentés les quatre partis de l'Assemblée nationale (Parti libéral, Union nationale, Parti québécois, et Parti créditiste), ainsi que Robert Bourassa et Jean-Jacques Bertrand, chef de l'Opposition. De nombreux journalistes et observateurs sont également présents.

Parmi eux, quelqu'un qui s'intéresse au dossier depuis peu et qui ne veut pas trop se faire connaître ou reconnaître. C'est Charles Boulva. «Guy Saint-Pierre m'avait demandé d'aller m'asseoir à la Commission parlementaire et d'écouter ce qui se disait...»

Roland Giroux consacre l'essentiel de son exposé à la Baie James. Son argumentation est basée, d'une part, sur les besoins énergétiques du Québec pour les dix prochaines années et, d'autre part, sur le choix de l'hydro-électrique plutôt que le thermique ou le nucléaire, pour produire l'énergie nécessaire à la clientèle québécoise.

«L'année 1978 à elle seule exigera la mise en service de nouvelles génératrices pour un total de 1 335 000 kW, prévoit-il. Sait-on vraiment ce que ce chiffre signifie? Un exemple: les sept centrales de la rivière Saint-Maurice ont ensemble une puissance de 1 500 000 kW et elles ont été mises en service de 1903 à 1958, soit une période de 55 ans[10].

«Un autre exemple: la centrale de Beauharnois a une puissance de 1 575 000 kW et ses 36 turbines ont été mises en service de 1932 à 1961, soit une période de 29 ans. Désormais, ce n'est pas à tous les 30, 40 ou 50 ans qu'il nous faut exploiter des sources d'énergie semblables, c'est chaque année!

«En supposant que nous ne mettions aucune centrale nouvelle en service de 1978 à 1984, nous aurions alors un déficit de 12 millions de kW. En effet, nos prévisions indiquent que nous devrons disposer, en 1984, d'une puissance de 30 millions de kW pour alimenter l'industrie, le commerce et la population du Québec. Et les deux années suivantes exigeront environ cinq millions de kW de plus, ce qui porte à 17 millions de kW le déficit dont je vous parlais. Messieurs, lance Roland Giroux, le Québec étant un grand consommateur d'énergie, la Baie James est nécessaire.»

Un projet rentable

Le président Giroux ajoute qu'Hydro-Québec a cru devoir accélérer ses études, depuis le début de l'année 1971, afin d'appuyer le gouvernement du Québec dans ses efforts pour assurer la relance économique et enrayer le chômage. «Comme vous le savez, la conclusion des ingénieurs d'ABBDL et de RSW est affirmative. Le projet d'aménager les cinq principales rivières du versant québécois de la Baie James est rentable.»

Rappelant que le gouvernement du Québec vient d'approuver un budget supplémentaire de 26 millions de dollars, Roland Giroux explique que cette somme va permettre de poursuivre les études et de construire des routes d'accès, des aéroports, des campements, en un mot de mettre en place toute l'infrastructure nécessaire au démarrage des travaux proprement dits.

Et pourquoi ne pas choisir le nucléaire? Roland Giroux ainsi que deux commissaires d'Hydro-Québec, Yvon DeGuise et Robert Boyd, expliquent aux députés que le choix de l'hydraulique est préférable car le nucléaire n'est pas encore suffisamment au point pour tout miser sur cette source d'énergie. La rentabilité des centrales nucléaires, disent-ils, n'est pas encore établie, mais on connaît parfaitement bien les coûts et les méthodes d'exploitation des centrales hydro-électriques.

«Avez-vous fait des études comparées de rentabilité? demande Guy Joron, député péquiste de Gouin. Pouvez-vous citer des chiffres concernant les coûts de l'électricité produite par l'hydraulique et de celle produite par le nucléaire?»

«Chaque fois que nous avons une telle décision à prendre, répondent les dirigeants d'Hydro-Québec, et encore plus cette fois-ci, nous étudions toutes les possibilités. Nous avons des chiffres, nous dressons des tableaux comparatifs des prix de revient, nous faisons faire des rapports techniques, et finalement nous prenons une décision. Dans l'état actuel de nos recherches, le projet de la Baie James est le plus rentable et le moins risqué», conclut Roland Giroux.

Des chiffres? «Il est bien difficile de vous les donner, disent Boyd et Giroux. Un projet comme celui de la Baie James et le projet d'une centrale nucléaire se comparent dif-

«Qui peut me garantir les coûts du nucléaire?» demande Robert Boyd.

«Est-ce qu'une Régie (deuxième Hydro-Québec) est nécessaire?» lance Jean-Jacques Bertrand, chef de l'Opposition.

«La Baie James est rcntable», affirme le président d'Hydro-Québec, Roland Giroux.

Robert Bourassa écoute attentivement les explications des dirigeants d'Hydro-Québec. (Photos, Alain Rinfret, Hydro-Québec)

ficilement. Les frais d'exploitation sont beaucoup plus élevés pour une centrale nucléaire. Enfin, il est difficile de se faire une idée exacte du prix de revient du kW produit par le nucléaire: quand on commence une telle centrale, personne ne peut garantir le prix de revient.»

Les six députés du Parti québécois, partisans de l'énergie nucléaire, ne sont pas satisfaits de ces explications. «Ce qu'on voudrait savoir,c'est quels sont les coûts de la Baie James et ceux du nucléaire», demande le Dr Camille Laurin, leader parlementaire du PQ. «Il ne serait pas dans l'intérêt public de révéler les prix de revient de l'électricité de la Baie James, répond Roland Giroux. Je vais peut-être négocier des contrats de vente et je veux avoir tous les atouts en main[11].»

Quelques jours auparavant, soit le 30 avril 1971, Jacques Parizeau, conseiller économique du PQ, avait déclaré: «Il est trop tard pour entreprendre les travaux de la Baie James... Les retombées industrielles de la Baie James seront marginales et surtout temporaires; alors que l'énergie nucléaire pourrait d'ores et déjà mobiliser une main-d'œuvre technique spécialisée et orientée vers l'avenir.

«Il faut cesser de s'accrocher au maudit mythe des richesses naturelles au Québec. Ce n'est pas parce qu'il y a une rivière canadienne-française et catholique qu'il faut absolument mettre un barrage dessus, là[12].»

Hydro-Québec ne renonce pas au nucléaire. «Nous allons attendre un peu, disent Giroux et Boyd. Mais nous savons très bien qu'un jour, nous devrons aller vers le nucléaire. Nous préférons seulement reculer l'échéance. D'ailleurs, si l'Ontario et les États-Unis construisent des centrales nucléaires, c'est qu'ils ne peuvent faire autrement — ils n'ont plus de ressources hydrauliques.»

Et le financement?

Aux députés qui demandent des éclaircissements quant au financement d'un tel projet, Roland Giroux répond qu'Hydro-Québec peut financer elle-même le projet en puisant à deux sources distinctes: d'abord ses revenus, puis les emprunts qui, malgré tout, ne devraient pas être trop difficiles à trouver. Quand au coût du projet du Complexe NBR (sans les rivières Eastmain et La Grande Rivière, les experts l'estiment à 4,1 milliards de dollars.

Malgré les nombreuses questions, les doutes et les incertitudes, aucun député de l'Assemblée nationale siégeant à la Commission parlementaire des Richesses naturelles ne s'oppose à l'aménagement des rivières de la Baie James. Le gouvernement, les partis de l'opposition et Hydro-Québec indiquent leur accord: il y aura aménagement hydro-électrique, du moins certaines étapes du projet global.

Après quatre séances en deux jours, il y a unanimité. Toutefois, l'idée de créer une Régie pour développer le territoire de la Baie James, comme le veut le gouvernement Bourassa, passe mal. Jean-Jacques Bertrand, chef de l'Union nationale, dit qu'il ne voit pas la nécessité d'une régie qui viendrait s'ajouter à Hydro-Québec, étant donné qu'on entreprendra l'aménagement par étapes. Au nom du PQ, le Dr Camille Laurin dit que son parti est contre la création d'une nouvelle Régie.

C'est Roland Giroux qui apporte le témoignage le plus significatif en déclarant qu'Hydro-Québec est capable de réaliser elle-même les travaux. Rappelant le contenu de sa lettre du 29 avril au Premier ministre, il répète que la société d'État tient à être majoritaire et à diriger le projet. Robert Bourassa, de son côté, compte sur la compétence d'Hydro-Québec. Quant à la création d'une Régie, il dit que le projet est à l'étude et qu'une loi sera déposée.

Notons que c'est au cours de cette commission parlementaire que les pièces maîtresses du dossier de la Baie James sont enfin déposées: ce sont trois rapports intérimaires de RSW, d'ABBDL et de la direction générale du Génie d'Hydro-Québec.

Une visite à la Baie James

En juin, Hydro-Québec décide de poursuivre ses études sur la Baie James. Elle retient les services de trois firmes spécialisées et confie un mandat à ses propres ingénieurs. Les ingénieurs-conseils de RSW doivent concevoir l'agencement général et l'avant-projet définitif, si on peut utiliser l'expression, de La Grande Rivière seule et faire la même chose pour La Grande Rivière augmentée du débit des rivières avoisinantes, bref intégrer La Grande Rivière à un complexe.

À ses ingénieurs, Hydro-Québec demande d'étudier de nouveau les trois rivières Nottaway, Broadback et de Rupert. La rivière Eastmain sera la part d'ABBDL. Enfin, la Société Shawinigan reçoit le mandat d'uniformiser les chiffres que les trois firmes devront utiliser pour déterminer le coût des aménagements: par exemple, la verge cube de béton coûtera tant pour tout le monde, une verge d'excavation vaut tant, les turbines valent tant... Shawinigan a aussi le mandat d'étudier les coûts des projets envisagés et de déterminer le pourcentage d'imprévus pour NBR, La Grande Rivière et Eastmain, selon les connaissances que l'on aura des divers endroits. Les groupes de recherche auront peu de temps pour effectuer une énorme tâche: à peine six mois. Aussi, dès la fin de semaine de la Saint-Jean-Baptiste, un groupe d'ingénieurs-conseils se rend à la Baie James.

Parmi eux, François Rousseau et Claude Laliberté, l'actuel Président-directeur général de la SEBJ. «Nous étions partis le 23 juin, raconte ce dernier, pour atterrir à Val-d'Or où un DC-3 nous attendait. Nous devions nous rendre à Fort-George mais comme il ventait et qu'il faisait mauvais temps à cet endroit, nous avons attendu jusqu'au soir avant de pouvoir décoller. Nous sommes arrivés de peine et de misère à Fort-George... à très grande vitesse parce que le vent était très fort. C'était plein d'Indiens qui savaient que les gens d'Hydro s'en venaient. C'était la première fois que les Cris disaient: *Hydro-Québec s'en vient chez nous*. Ils savaient que c'était du travail à très long terme. Ils disaient: *Hydro arrive à Fort-George!* Ce n'était pas tellement Hydro comme un groupe d'ingénieurs-conseils. Mais comme c'était Hydro qui payait, c'est Hydro qui faisait son apparition pour la première fois.

«Nous attendions deux petits avions de l'Ontario car tous les avions du genre étaient utilisés pour la construction de la route Matagami-Rupert et éventuellement LG 2. Le lendemain, c'était le 24 juin, jour de la Saint-Jean-Baptiste. Quand on s'est réveillé, il faisait une tempête de neige. On ne pouvait pas décoller. Nous avons passé la journée à Fort-George. À nous ennuyer un peu, à dormir. Le soir, comme on s'ennuyait encore plus, on est allé à la Mission pour jouer aux cartes.

«Moi, le Nord, poursuit Claude Laliberté, je ne le connaissais pas tellement. J'étais allé maintes fois à Churchill Falls, mais dans ce contexte-là, un 24 juin, avec un peu de neige à l'extérieur, c'était un contraste assez surprenant. Nous étions en train de jouer aux cartes quand un gars a mis un disque de Nana Mouskouri. C'était *Un Canadien errant*. J'avais envie de pleurer tellement je me sentais loin. Nous avons pu décoller le lendemain. L'un des deux pilotes était un Indien. Il s'appelait Lindberg. Pendant deux jours, nous avons visité les sites possibles des futurs ouvrages: G1, aujourd'hui LG 2, Grande Baleine, LG 4, le réservoir Puisseaux, la rivière Caniapiscau où nous avons amerri près d'une petite grève sablonneuse... c'était une belle journée. Notre voyage s'est finalement terminé le 26 quand les petits avions nous ont laissés à Wabush.»

L'opposition au projet prend forme

Entre-temps, à l'Assemblée nationale, les adversaires ne cessent de harceler le gouvernement Bourassa. Ils veulent en savoir plus sur le projet du siècle. Les médias d'information emboîtent le pas. L'opposition au projet prend forme. Robert Bourassa se montre tenace, habile et surtout avare d'informations précises. Au moment où des ingé-

Charles Boulva et André Langlois deviennent… … les deux «chiens de garde» du projet de la Baie James.

L'idée d'aménager la Baie James a germé dans plusieurs esprits, au sein et à l'extérieur d'Hydro-Québec. Ci-dessus, la galerie de dérivation de la rivière Caniapiscau.

nieurs se rendent à la Baie James, des députés cherchent à savoir quelles seront les rivières qui seront aménagées. Le ministre des Richesses naturelles, Gilles Massé, indique que ce n'est qu'à l'automne qu'on prendra une décision définitive quant au choix de ces rivières. On croyait commencer par les rivières Nottaway, Broadback et de Rupert. C'est maintenant moins certain. Le projet de la Baie James pourrait concerner d'abord La Grande Rivière et la Eastmain. «Les études se poursuivront tout l'été sur les deux variantes, dit le ministre, afin qu'à l'automne, d'une façon définitive, le choix soit arrêté sur l'aménagement des rivières du sud et de celles du nord[13].»

Plus que jamais, en ce chaud début d'été, le projet de la Baie James va être contesté. Le 23 juin, le Premier ministre Robert Bourassa dépose à l'Assemblée nationale le projet de loi 50 créant la Société de développement de la Baie James. «Ce projet de loi, dit-il, est l'un des plus importants de mon administration.» Il le présente d'ailleurs comme une sorte de cadeau à l'occasion de la fête des Canadiens français[14].

La Société de développement de la Baie James, par le projet de loi 50, se voit confier le mandat de mettre en valeur les richesses de ce territoire et d'en assurer l'aménagement.

Elle devra se constituer des filiales dont la plus importante veillera à l'exploitation des ressources hydro-électriques du territoire. Les autres filiales, dont SOQUIP, REXFOR et SOQUEM formant le noyau principal, s'emploieront à l'exploitation des richesses pétrolières, forestières et minières. Enfin, d'autres filiales s'intéresseront aux questions relevant du tourisme, de la chasse et de la pêche.

La société aura son siège social à Montréal où dans la région métropolitaine. Son capital-actions sera de 100 millions de dollars, soit 10 millions d'actions de 10 $. C'est le ministre des Finances qui paiera ces actions à raison de 10 millions par année durant dix ans. Le gouvernement se porte garant des emprunts de la Société et de ses filiales.

Dans les grandes lignes, le projet de loi donne à la Société de développement de la Baie James le pouvoir d'acquérir des propriétés et de détenir des titres, le pouvoir également de procéder à des expropriations, si besoin est, pouvoir qui s'étend à ses filiales et hors de son territoire si les biens ou les terrains à acquérir et à administrer sont nécessaires au transport et à la distribution de l'énergie électrique de la Baie James. Outre l'exercice de tels pouvoirs, la société est responsable des moyens de transport par terre, par air et par mer, de même que des télécommunications. En temps opportun, la société créera la municipalité de la Baie James et en assurera l'administration. Elle devra veiller à la protection du milieu naturel et prévenir la pollution.

Les réserves indiennes ne font pas partie de la municipalité constituée par le projet de loi qui n'affecte en rien, par ailleurs, les droits que possèdent les communautés indiennes de la Baie James.

La présentation de ce projet de loi, comportant 44 articles et une annexe, est accueillie à l'Assemblée nationale par les applaudissements des députés ministériels. Pendant ce temps, les députés de l'opposition restent silencieux. La seule réaction observée est celle de Jean-Guy Cardinal, député de l'Union nationale dans Bagot, dont la tête va de gauche à droite et de droite à gauche[15].

D'où vient cette idée?

Mais d'où vient donc cette idée de créer ce que les journaux ont rapidement appelé «La régie de la Baie James», d'où vient l'idée de créer ni plus ni moins qu'une deuxième Hydro-Québec?

«C'était mon idée», affirme Paul Desrochers. Lorsqu'il était étudiant en administration, en 1945, à l'Université Columbia de New York, il s'était intéressé à la Tennessee Valley Authority, puissant organisme qui s'occupe non seulement de la production d'électricité aux États-Unis, mais aussi du développement du territoire, de l'irrigation et de l'aide à l'agriculture dans sept États américains.

«Une bonne fois, nous avons pris l'avion du gouvernement pour aller étudier les structures de la Tennessee Valley Authority, raconte Guy Saint-Pierre. Il y avait Paul Desrochers et Marc Benoît, le président d'ABBDL. Au retour, cela a commencé à germer: créer une autre société qui serait chargée de la mise en valeur du territoire, avec une participation minoritaire d'Hydro-Québec.»

De son côté, l'ingénieur André Langlois avait eu des discussions avec Guy Saint-Pierre sur la façon de faire le développement de la Baie James. «J'avais préconisé la formule de la Tennessee Valley Authority. Ça nous permettait d'exercer un contrôle sur le plan du développement des ressources hydro-électriques. J'ai donc proposé à Guy Saint-Pierre de former une société d'État qui, avec l'appui du gouvernement, pouvait assurer une société d'État qui, avec l'appui du gouvernement, pouvait assurer le développement des ressources du territoire de la Baie James, et surtout les ressources hydro-électriques.»

Il n'en faut sans soute pas plus pour convaincre Paul Desrochers que c'est la bonne façon de faire. D'autant plus que le conseiller spécial de Robert Bourassa soupçonne Hydro-Québec d'être un nid de séparatistes. Ardent et farouche défenseur de l'entreprise privée, il est sur ses gardes depuis le jour où René Lévesque a réussi la nationalisation de l'électricité.

À Québec, Robert Bourassa informe les membres de l'Assemblée nationale qu'il entend faire adopter le projet de loi n° 50 avant l'ajournement de la session. Cette décision, à la toute veille des vacances parlementaires, soulève un tollé de protestations. Jean-Jacques Bertrand, chef de l'opposition, et Camille Laurin, leader parlementaire du PQ, rétorquent qu'ils lutteront farouchement contre cette mesure. Ils sont disposés à faire remettre à plus tard les vacances des députés, prévues pour la fin de juin. Du côté des journaux, des éditorialistes, comme Paul Sauriol, du *Devoir*, réclament que l'étude du projet de loi sur la Baie James soit reportée à l'automne. «Le seul fait de vouloir faire adopter en vitesse une loi de cette importance soulève dans divers milieux des inquiétudes sur les intentions du gouvernement, écrit Sauriol. Il faudrait qu'un débat approfondi précède l'adoption d'une telle mesure[16].»

Un inquiétant «Québec»

De son côté, René Lévesque ne manque pas d'analyser abondamment toutes les facettes de ce projet de loi qu'il qualifie «d'inquiétant *Québec* de la Baie James», dans ses chroniques quotidiennes publiées à la fois dans le *Journal de Québec* et le *Journal de Montréal.* Battu dans le comté de Laurier aux élections du 29 avril 1970, René Lévesque est redevenu journaliste. C'est toujours un observateur attentif de la scène politique québécoise, encore plus lorsqu'il s'agit d'Hydro-Québec.

«Depuis deux ans, écrit-il, Hydro-Québec a pu se réserver à elle-même le rôle de maître d'œuvre dans ses chantiers, ce qui lui permettait de «rapatrier» au maximum les contrats de génie, de construction et de fourniture qu'exigent toujours ces grands travaux[17].

Il conclut: «Si le cabinet Bourassa devait se buter et pousser mordicus jusqu'au vote à la vapeur, alors MM. les députés, qui viennent de se gratifier en 40 minutes d'une plantureuse augmentation, doivent savoir qu'ils auront plus que jamais l'air de parasites fainéants s'ils ne peuvent trouver le courage de consacrer 40 heures au besoin au blocage d'un tel «Québec».

René Lévesque a vu juste. Ce n'est pas à 40 heures mais à 50 heures de discussions et de débats houleux et même acrimonieux que ministres et députés ministériels comme les membres de l'opposition vont se livrer durant une courte période de huit jours et quelques nuits, soit entre le 23 juin et le 14 juillet 1971.

Après quatre journées harassantes à débattre sur le projet de loi 50 à l'Assemblée nationale, la tension monte chez les députés[18]. Et durant la dernière journée, le gouvernement a pris des décisions stratégiques de façon à épuiser tout le monde, en particulier l'opposition.

«À la façon d'un boxeur qui a déjà entrecoupé son adversaire par une solide droite, le gouvernement a en effet multiplié sa stratégie malgré l'épuisement de tous les députés, autant ministériels que de l'opposition, pour forcer les unionistes, péquistes et créditistes à approuver le projet de loi sur le développement de la Baie James», écrit Claude Masson, correspondant de *La Presse* à Québec[19].

«Mais pour la première fois aussi depuis le début des discussions sur ce projet de loi, le plus important jamais présenté par le gouvernement Bourassa, les écluses se sont ouvertes et les députés ont commencé de se plaindre de la guerre des nerfs, jugée inhumaine, que pratique le gouvernement à leur endroit.»

«Il y a des limites», lance le député Jean-Noël Tremblay. «Vous voulez nous épuiser littéralement, nous imposer un fardeau écrasant», accuse Me Rémi Paul. «Vous êtes tout simplement dégueulasse», crie le jeune député péquiste Claude Charron, vite rappelé à l'ordre par le président de l'Assemblée nationale. En privé, les députés ministériels avouent qu'ils sont eux aussi fourbus et qu'ils préféreraient rentrer chez eux.

La loi du plus fort

Quelle est la stratégie du gouvernement? C'est de faire étudier d'autres projets de loi, même s'il est prévu que le débat porte uniquement sur la Baie James, à la reprise des travaux parlementaires en cette quatrième journée qui comporte aussi des séances de la Commission parlementaire de l'Éducation et celle des bills privés et publics...

À tout moment, les députés se demandaient quand allait reprendre le débat sur la Baie James. Les discussions n'auront finalement pris que 40 minutes. Le gouvernement a joué de ruse.

«À Québec, écrit Claude Masson, la tension est à son comble, le Café du Parlement est souvent plus achalandé que l'Assemblée nationale, les libéraux sont décidés à faire adopter le projet de la Baie James avant les vacances parlementaires, tandis que le Parti québécois en particulier entend poursuivre une lutte farouche contre le projet de loi tel que présenté[20]».

Pendant toute la semaine, l'opposition se manifeste aussi à l'extérieur de l'Assemblée nationale. Louis Laberge, président de la Fédération des travailleurs du Québec, estime «qu'un sixième du Québec vivra sous un régime dictatorial»; pour lui la formule proposée est «inacceptable, dangereuse et incompatible avec les principes de la démocratie». Il réclame la convocation immédiate d'une commission parlementaire afin de permettre à la population de poser les questions pertinentes, propose de différer, jusqu'à la reprise de la session à l'automne, l'étude du projet de loi, et prévient le gouvernement qu'un refus d'écouter maintenant l'opinion publique mènerait inéluctablement à des affrontements.

De son côté, Claude Ryan, directeur du *Devoir,* juge qu'il s'agit d'un projet simpliste et dangereux et dénonce le «climat d'imprécision et d'incertitude dans lequel est en train de naître l'un des projets les plus gigantesques de l'histoire du Québec[21].

«Pourquoi alors adopter la voie tortueuse et contradictoire que propose ce projet de loi? Pourquoi, si le développement de la Baie James doit relever de la compétence d'Hydro, vouloir chapeauter le tout d'une régie dont devra dépendre la filiale dite hydro-électrique? C'est ce qu'on n'arrive pas à comprendre quand on examine le projet de loi 50.

«Hydro-Québec, poursuit Claude Ryan, possède l'expérience, le personnel, l'envergure, l'équipement, le pouvoir d'emprunt et les moyens financiers voulus pour entreprendre elle-même un projet qui se situerait dans le prolongement normal de son activité propre. Le bon sens et le réalisme exigent qu'on lui confie directement la responsabilité et l'autorité en tout ce qui touche au développement hydroélectrique de la Baie James.»

Comme plusieurs autres personnes, le directeur du *Devoir* est d'avis qu'il «serait criminel de faire passer le projet de loi 50 en vitesse» et croit qu'il «serait d'autant plus sage de le laisser mûrir jusqu'à l'automne qu'au dire même des experts aucun travail important ne pourra, de toute façon, se faire à la Baie James avant un an.»

À l'Assemblée nationale, un nouveau chef est à la barre de l'Union nationale depuis le 19 juin. C'est Gabriel Loubier, député de Bellechasse, avocat et homme d'affaires. Il a succédé à Jean-Jacques Bertrand qui, à la suite de la défaite de son parti aux élections d'avril 1970, avait annoncé son intention d'abandonner la direction de l'Union nationale tout en demeurant député du comté de Missisquoi.

Gabriel Loubier profite des débats sur le projet de la Baie James pour prononcer son premier grand discours «dans un style marqué d'une nouvelle agressivité et d'un humour percutant[22]». Il reprend à son compte les arguments du Parti québécois pour qualifier le projet de «mal mûri, incomplet, équivoque, bourré d'incertitudes et de points d'interrogation».

«En somme, dit-il, c'est un chèque en blanc que le gouvernement nous demande de signer. Un chèque en blanc qui l'autorisera à céder, à des conditions que nous ne connaissons pas toutes les richesses naturelles d'un immense territoire, richesses qui ne sont pas cataloguées ni même inventoriées, à une entreprise que nous ne connaissons pas davantage, financée et contrôlée par on ne sait qui, engendrée dans un climat partisan, et qu'on voudrait nous faire légitimer, de telle façon qu'elle puisse se réclamer d'un droit d'aînesse jusqu'ici possédé par notre grande société nationale, Hydro-Québec.»

La Baie James: pourquoi et comment?

Devant cette avalanche d'accusations, de dénonciations et d'interrogations, le parrain du projet de loi, Robert Bourassa, intervient avec vigueur à l'Assemblée nationale. À cette occasion, il déclare qu'il «ne peut être question de créer deux Hydro-Québec».

«Le présent projet de loi s'inscrit en tête de liste des initiatives gouvernementales propres à accélérer le développement économique du Québec, dit-il. Par son ampleur, son originalité, et surtout par ses effets d'entraînement sur la croissance économique et la création d'emplois, il ouvre au talent et à l'esprit inventif des Québécois un nouveau chantier, et un chantier immense: cinq rivières à aménager, la mise en valeur d'un potentiel considérable de ressources minières et forestières, la possibilité de découvertes pétrolières, des établissements portuaires, le développement des pêcheries et du tourisme, et tout cela sans détériorer le milieu dans le respect de l'environnement. En faut-il davantage pour susciter l'enthousiasme et appeler les Québécois à la découverte d'un monde nouveau?

«Voilà le but poursuivi par la Loi du développement de la région de la Baie James.

«Nous avons donc décidé d'agir et nous agissons maintenant. Certains nous demandent d'attendre. Attendre quoi? Que nous arrivions au tournant de la prochaine décennie avec un déficit énergétique considérable? Que nous soyons impuissants à satisfaire à la demande en électricité de notre marché domestique? Que nous subissions pour chaque année de retard des pertes de 250 millions de dollars?

«Gouverner, c'est prévoir, connaître et décider. La connaissance que nous avons du dossier, les avis non équivoques des experts et des spécialistes, les impératifs de la relance économique, tout nous incite à commencer sans délai le développement de la Baie James, pour le progrès du Nord-Ouest québécois et du Québec tout entier.

«Cette décision prise, nous aurions pu emprunter, sans grand effort d'imagination, les voies classiques qui s'offraient à nous: confier simplement aux sociétés existantes des morceaux de développement: les ressources hydrauliques à Hydro-Québec, les ressources forestières à Rexfor, les ressources minières à Soquem, les ressources pétrolières à Soquip, les pêcheries et le tourisme aux ministères concernés, l'aménagement routier au ministère de la Voirie, les communications aux ministères des Transports et des Communications; avant même de commencer les travaux, nous avions donc une dizaine de juridictions autonomes et compartimentées.

«Le risque nous a alors paru trop grand d'une dispersion des énergies, d'une confusion des tâches et d'un manque grave de planification dans l'aménagement d'un territoire aussi vaste que prometteur.

«C'est la nature même du projet, les impératifs du développement global du territoire qui entraînent la création d'une structure de gestion munie de l'autorité nécessaire à la réalisation de cet immense projet.

«Cette structure de gestion, c'est la Société de développement de la Baie james.

«Car le projet de la Baie James est plus qu'un simple projet hydro-électrique, soutient Robert Bourassa devant l'Assemblée nationale. Il rend possible l'exploitation forestière, l'ouverture d'un vaste territoire à la pêche, au tourisme et aux loisirs dans les années 70 et 80 et, ne l'oublions pas, il permet à moyen terme un développement industriel considérable, non seulement pour le Nord-Ouest québécois, mais pour toutes les régions.

«Nous présentons donc à l'Assemblée nationale une loi visant à créer une société investie de pouvoirs étatiques, et qui possède la souplesse de gestion que l'on reconnaît à d'autres agents de la vie économique. On lui confiera la responsabilité de planifier l'exploitation et le développement rationnel des ressources naturelles du bassin de la baie James, pour le progrès économique et social de tout le Nord-Ouest, région jusqu'ici trop souvent négligée par les gouvernants.

Pas deux Hydro-Québec

«Pour ce qui concerne le développement des ressources hydro-électriques de la Baie James, la production, le transport et la distribution de l'électricité, la loi accorde à Hydro-Québec un rôle clé. En effet, Hydro-Québec est actionnaire principal de la filiale et trois des cinq membres de son conseil d'administration seront nommés après recommandation d'Hydro-Québec.

«Non seulement Hydro-Québec continuera d'avoir l'exclusivité de la vente et de la distribution de l'électricité hors du territoire, mais la vente de l'électricité hors du Québec reste toujours sujette à l'approbation de l'Assemblée nationale.

«Il ne peut être question de créer deux Hydro-Québec, il faut au contraire faire participer Hydro-Québec au programme d'aménagement de la région de la Baie James.

«J'ai dit au début de mes remarques que le projet de développement de la Baie James pouvait être le symbole de notre vitalité et de notre dynamisme collectif. Il deviendra aussi un symbole de cohésion et de mobilisation pour cette grande aventure qui appelle tous les Québécois à un meilleur avenir et qui leur donne un monde nouveau à bâtir», conclut Robert Bourassa.

Mais ce plaidoyer, «enveloppé de lyrisme trompeur», écrit Claude Ryan[23], est loin de calmer les esprits, aussi bien à l'Assemblée nationale que chez les journalistes et éditorialistes.

Même à Hydro-Québec, bon nombre d'ingénieurs se sentent insultés par ce qu'ils croient être un manque de confiance envers eux.

La caninule étouffe toujours tout le monde à Québec, la fatigue engourdit les cerveaux, la tension est à son paroxysme, l'Assemblée nationale est devenue un champ de bataille, mais le plus jeune Premier ministre de l'histoire du Québec n'a aucunement l'intention d'abandonner. Au contraire. Le défi de Robert Bourassa commence.

Chapitre 5

Le bill 50: du fil à retordre

L'atmosphère est à l'orage en ce vendredi soir du 8 juillet 1971 à l'Assemblée nationale. Il est presque minuit et plusieurs dizaines de députés sont encore au boulot. Motif: l'étude, à pas de tortue, du projet de loi sur la Baie James. Le débat-marathon continue. La tension est dangereusement élevée. Il suffirait d'une étincelle...

Les épithètes, les injures et même les jurons fusent régulièrement des deux côtés de la Chambre. Le bouillant Louis-Philippe Lacroix, député des Îles-de-la-Madeleine et whip en chef du Parti libéral, visiblement choqué par une remarque du nouveau chef de l'Union nationale, montre le poing à Gabriel Loubier.

Guy Saint-Pierre, ministre de l'Éducation, insulté par les propos du jeune et fougueux député Claude Charron — il n'a que 23 ans — sort précipitamment de la Chambre, contrôlant difficilement sa colère.

Robert Bourassa est attaqué de tous les côtés, de toutes les façons. Les accusations pleuvent à l'endroit du gouvernement. Les membres de l'Opposition prétendent, en effet, que la Société de développement de la Baie James sera le pire nid à patronage qui ait existé au Québec.

Le Premier ministre n'en peut plus. Mettant son poste en jeu, Robert Bourassa, au milieu du tohu-bohu général, se lève et déclare: «J'affirme avec toute l'autorité de mon poste que ce sont les intérêts supérieurs du Québec, et seulement les intérêts supérieurs du Québec, qui m'ont guidé dans la décision que j'ai prise.» Il ajoute, sur un ton ému: «Quelles que soient les vicieuses calomnies qu'on a entendues ce soir à mon endroit, ce ne sont pas ces propos qui peuvent alourdir mon fardeau.»

C'est dans cette atmosphère surchauffée et tendue que se prend le vote en deuxième lecture du projet de loi 50. Le résultat: 61 députés sont en faveur et 20 sont contre le principe de la Loi du développement de la Baie James. Les membres de l'Union nationale et du Parti québécois s'opposent donc officiellement au projet. Les créditistes, faisant volte-face avec les propos tenus quelques jours plus tôt par leur leader Camil Samson, appuient le gouvernement.

Mais immédiatement après le vote, l'animosité atteint son paroxysme. Le député unioniste Jean-Guy Cardinal lance au libéral Gérard Cadieux: «Le Café du Parlement est encore ouvert», laissant entendre qu'il peut aller y picoler. Un échange à mi-voix se poursuit entre les belligérants. Soudain, Cadieux déclare avec force: «Si j'avais une chance, je te casserais la gueule.» Passant des paroles à l'action, il traverse rapidement la Chambre en direction de Jean-Guy Cardinal. Cadieux a juste le temps de prendre les mains de Cardinal, et celui-ci de se placer sur la défensive, que les députés Gabriel Loubier, Robert Burns, René Lavoie et Kevin Drummond s'interposent[1].

Cet incident est à peine terminé que le député libéral de Laurier, André Marchand, veut s'attaquer à Robert Burns, député de Maisonneuve et leader parlementaire du PQ. Mais le libéral Guy Bacon, de Trois-Rivières, intervient pour éviter une autre bataille.

Plus tard, le député Cadieux ira trouver les journalistes pour leur demander d'oublier «l'affaire».

Une «foire aux cancres»

Au grand soulagement de tous, les travaux parlementaires sont enfin ajournés à 3 h du matin pour reprendre le lendemain à 11 h. Cette fois, la Chambre se transforme en comité plénier afin d'étudier un par un tous les articles du projet de loi. Avec la différence que ce deuxième débat peut durer beaucoup plus longtemps, des semaines peut-être, car le projet de loi 50 comporte 44 articles et chacun peut faire l'objet d'une ou de plusieurs motions spéciales[2].

Ainsi, on n'a pas eu assez de la journée du samedi pour adopter le premier article. «Samedi soir, écrit le journaliste Pierre L. O'Neill, les députés libéraux n'en pouvaient plus, surtout ceux d'arrière-banc que le système parlementaire condamne presque exclusivement au silence et à l'estampille des projets de loi. Pendant tout le temps que durent ces jeux procéduriers, ils ne se font pas d'illusions sur leur utilité et ne savent que faire. C'est avec mélancolie qu'ils attendent l'ajournement et les vacances et ne trouvent pas mieux que d'aller noyer leur peine au Café du Parlement.

«L'on dit que l'oisiveté est mauvaise conseillère, surtout arrosée de quelques verres. C'est pourquoi il est arrivé ce qui devait arriver, le Salon de la Race s'est vite transformé en foire aux cancres», note Pierre L. O'Neill[3].

Pour manifester ou applaudir, tous les moyens sont bons. Les uns sont armés de morceaux de bois, les autres rabattent de toute force les couvercles de leur bureau. «On peut imaginer le bruit infernal qu'une vingtaine d'hommes pleins d'énergie (et d'autre chose) peuvent réussir à produire. À travers tout ce brouhaha, on pouvait apercevoir un ministre, une cigarette au bec, la chemise sortie du pantalon, se promener nonchalamment entre les banquettes de l'Assemblée nationale», raconte le journaliste O'Neill.

La fin de semaine sera courte. Déjà, des rumeurs circulent à Québec. On chuchote que Robert Bourassa est prêt à apporter des amendements à son projet de loi en échange de concessions de l'Union nationale et du Parti québécois. Ceux-ci laisseraient tomber «l'obstruction systématique» pour se prêter à un dialogue plus fructueux. Dans la journée de samedi, ces deux partis ont soumis cinq amendements tous jugés irrecevables jusqu'à ce que le président du Comité plénier accepte de changer le nom «Baie James» par «Baie de James»...

Durant la fin de semaine, c'est au tour des trois syndicats des employés d'Hydro-Québec d'affirmer publiquement que le projet d'aménagement de la Baie James est le «plus vaste projet de patronage politique de toute l'histoire du Canada». L'avenir du Québec, c'est une seule Hydro-Québec sur tout le territoire de la province, la Baie James comprise. Le bill 50 n'a que deux visées politiques, affirment les trois syndicats. La première, c'est de renflouer la caisse électorale du Parti libéral et la deuxième, c'est de faire oublier aux Québécois qu'ils peuvent être maîtres chez eux.

À l'appui de leurs accusations, les syndicats signalent qu'un des principaux promoteurs du projet a été Paul Desrochers, conseiller spécial de Robert Bourassa et maître de la caisse électorale[4].

Un déblocage s'amorce

Le repos fait du bien à tous les guerriers. Les travaux reprennent dès le lundi à l'Assemblée nationale. Les débats conservent leur aspect burlesque et acrimonieux mais un véritable déblocage s'amorce. Robert Bourassa dépose à l'intention des partis de l'Opposition les amendements qu'il entend apporter à son projet de loi initial. D'autre part, le PQ et l'UN atténuent leur position irréductible. Comme par miracle, 15 des 44 articles sont adoptés au cours de la journée.

Les amendements proposés par le Premier ministre Bourassa clarifient le rôle d'Hydro-Québec et de l'entreprise privée. Ainsi, Hydro-Québec sera titulaire d'au moins la majorité (51 pour cent et plus) des actions et aura un droit de vote en toute circonstance dans la filiale qui sera constituée par la Société de développement de la Baie James pour l'aménagement des cinq rivières du bassin hydrographique. En ce qui concerne l'entreprise privée, le Premier ministre explique qu'en plus de la SDBJ et des filiales, les autres agents de la vie économique et industrielle du Québec seront appelés à collaborer à la mise en valeur du territoire sur lequel la Société aura juridiction.

Par ailleurs, un autre amendement supprime la suprématie que devait normalement posséder la SDBJ dans la région de la Baie James, selon le projet de loi initial; on lit maintenant: «À moins de dispositions inconciliables contenues dans la présente loi, celle-ci ne doit pas être interprétée comme restreignant l'application des lois concernant les mines, les ressources hydrauliques, les forêts, la chasse, la pêche, l'agriculture, la colonisation et le tourisme.» Par cet amendement, Robert Bourassa veut apaiser les craintes de l'Opposition qui accuse le gouvernement de vouloir créer un «gouvernement parallèle».

Pendant quelques heures, les concessions du chef du gouvernement allègent le climat, mais les positions réciproques vont se durcir à nouveau au moment d'étudier l'article touchant la composition de la Société de développement.

Le débat va durer trois longues heures. L'Union nationale veut que le président de la future société soit nommé par les deux tiers des membres de l'Assemblée nationale, sur recommandation du Conseil des ministres, comme ce fut le cas pour le Protecteur du citoyen ou le Vérificateur de la province. Cette proposition est immédiatement écartée par Robert Bourassa. «Je dis tout de suite aux membres de l'Opposition que le gouvernement, là-dessus, sera inébranlable. Vous pouvez parler jusqu'à la Saint-Glin-Glin, si vous voulez. J'ai pris ma décision.»

La mission de Roland Giroux

Quant au Parti québécois, sa proposition d'amendement vise à faire nommer à la présidence un commissaire d'Hydro et aux quatre autres postes, des actuels représentants des conseils d'administration de la SOQUEM, de la SOQUIP et de REXFOR, l'autre provenant de la Fonction publique. Mais devant les insistances du PQ et de l'UN, Robert Bourassa déclare: «Mais pourquoi faire perdre le temps? Quand je suis décidé, je suis décidé.» Et au sujet du président de la Société de développement de la Baie James, un homme que l'on décrit aussi bien comme «un prince» que comme «un autre Premier ministre», «un chef d'État dans un État», «un homme omnibus», «un homme très puissant», «l'autre homme fort du gouvernement», Robert Bourassa affirme qu'il sera nommé par le Conseil des ministres et non pas par l'Assemblée nationale. Finalement, il précise: «J'ai l'intention de nommer le président actuel d'Hydro-Québec parmi les cinq membres du conseil d'administration.»

Roland Giroux, qui assiste le Premier ministre depuis le début de l'étude du projet de loi en Chambre, ne manifeste aucun étonnement. Et pour cause. L'actuel président d'Hydro-Québec et ancien conseiller du Premier ministre Daniel Johnson, joue un rôle de premier plan dans l'adoption du projet de loi 50. Sa mission est de s'assurer qu'Hydro-Québec obtienne la grosse part du gâteau dans le développement de la Baie James.

Un des collaborateurs de Roland Giroux à cette époque explique que la direction d'Hydro-Québec estimait que le projet de création d'une filiale distincte de la société d'État, mais où les dirigeants et ses cadres auraient une place prépondérante, pourrait comporter des avantages. «M. Giroux pensait que cela pourrait créer une certaine émulation à l'intérieur même d'Hydro-Québec et que la productivité s'en trouverait améliorée[5].»

Le ministre de la Baie James!

Depuis maintenant sept jours, l'Opposition et les médias d'information demandent pourquoi le gouvernement a choisi de créer une société distincte d'Hydro-Québec. Et comment ce projet de six milliards sera financé.

Cette fois, c'est le ministre Guy Saint-Pierre qui va donner une nouvelle dimension aux débats. «Il se comporte devant l'Assemblée nationale comme s'il était ministre de la Baie James. Sa connaissance et sa grande aisance à traiter de la question, sans aucune note, même lorsqu'il a décidé de parler de financement, ont fait impression», écrit Normand Girard dans *Le Soleil*[6].

Selon Guy Saint-Pierre, le projet de la Baie James, vise à:

1- Intégrer et mobiliser toutes les ressources, énergie, forêt, mines, écologie, tourisme, etc. à la réalisation du projet multidisciplinaire;

2- Pouvoir faire appel à toutes les spécialisations dans ces diverses disciplines;

3- Ne pas mobiliser toutes les énergies d'Hydro-Québec de manière à ce que le personnel puisse se recycler, en fonction du développement de l'énergie thermique et de l'énergie nucléaire auxquelles on devra avoir recours après 1982;

4- Assurer la participation financière de chaque Québécois à la réalisation du projet, ce qui ne serait pas possible avec Hydro-Québec;

5- Augmenter la confiance des investisseurs, confiance déjà existante en ce qui concerne Hydro-Québec, en impliquant le gouvernement dans le projet.

Par ailleurs, le ministre explique que les principaux facteurs qui déterminent les possibilités de financement sont «le sérieux des gens qui sont derrière le projet et l'analyse poussée des études qui en ont déterminé la rentabilité, qui ont démontré jusqu'à quel point on peut avoir confiance que, dans un rapport préliminaire, le contrôle des coûts, le contrôle de l'échéancier seront respectés[7]».

Au milieu du mardi après-midi, à 15h50 précises, un autre incident de parcours marque l'étude tumultueuse et mouvementée du projet de loi 50. De plus en plus excédé par la lutte à outrance du Parti québécois et visiblement agacé par la lenteur des débats, Robert Bourassa bondit de son siège et demande l'ajournement de l'étude du bill 50, indiquant qu'il serait peut-être préférable d'y revenir dans la soirée.

L'Opposition tant unioniste que péquiste s'empresse de demander en vertu de quel règlement parmi les 800 que contient le Livre des règlements de la Chambre, le Premier ministre formule sa motion d'ajournement du débat. Celui qui préside les débats, Harry Blank, député libéral de Montréal-Saint-Louis, répond à deux reprises que c'est le règlement 332 qui est en cause. Or, ce règlement précise clairement qu'une motion visant à faire ajourner les débats fait automatiquement disparaître de l'ordre du jour le sujet qui est en cause. En conséquence: le bill 50 ne peut être resoumis à l'Assemblée nationale que dans 48 heures!

Quelques minutes plus tard, l'incident est raconté sur les ondes de plusieurs postes radiophoniques à travers le Québec et provoque une certaine inquiétude dans le public. De nombreux auditeurs appellent au Parlement et aux postes pour savoir si le projet de loi sur la Baie James est remis à l'automne, ou encore si le gouvernement a été défait par un vote en Chambre. Rien de tel ne s'est produit.

Il faut attendre la reprise des travaux en début de soirée pour apprendre que le président de l'Assemblée nationale, Me Jean-Noël Lavoie, «dans une décision jugée très partisane», a décidé que les débats autour du bill 50 pouvaient reprendre normalement. Le président Lavoie dit qu'il faut respecter l'esprit et non la lettre des règlements et croit que le Premier ministre Robert Bourassa n'a pas voulu, dans son esprit, invoquer le règlement 332.

Le journaliste Claude Masson raconte: «Ayant été la cause directe de cet imbroglio invraisemblable qui a fait perdre près de deux heures à la Chambre, M. Bourassa a promis d'étudier davantage les règlements qui régissent les travaux parlementaires[8].»

C'est sa gaffe, c'est son anniversaire!

Quoi qu'il en soit, à minuit, c'est le 14 juillet. C'est la fête nationale des Français, mais c'est aussi l'anniversaire de Robert Bourassa. Il a 38 ans. Députés et journalistes en profitent pour lui offrir des cadeaux... de circonstance. Le leader parlementaire de l'Opposition, Rémi Paul, lui présente un livre sur les règlements de la Législature! C'est l'éclat de rire général. Les courriéristes parlementaires lui font livrer, sur le parquet de la Chambre même, un verre de lait, sa boisson préférée. Ce modeste cadeau est accompagné d'une barre de chocolat. Enfin, on lui présente une gerbe de roses.

Comme cela se fait chaque fois, le chef de l'Opposition officielle, Gabriel Loubier, n'oublie pas de mentionner l'horoscope du jour du Premier ministre, puisé dans un quotidien de Québec: «Bonnes dispositions intellectuelles; faites le point et prenez des résolutions constructives, mais redoublez de prudence face à l'adversité; suivez votre emploi du temps et ne brusquez rien; tenez compte des critiques justifiées[9].»

Le plus beau cadeau que Robert Bourassa souhaite obtenir, c'est l'adoption de «son projet du siècle», le désormais célèbre bill 50. Les députés de l'Opposition ne veulent rien promettre. Comme le dit Camil Samson, il faudra attendre à demain pour savoir si le 14 juillet se traduira «par une prise de la... Baie James».

Le 14 juillet, Robert Bourassa fait la manchette de la plupart des journaux. Pas tellement à cause de son anniversaire mais de sa gaffe. Et aussi de son attitude en Chambre depuis le début des débats sur le projet de la Baie James. «Le Premier ministre du Québec est peut-être exaspéré devant l'opposition que lui font les partis d'opposition (sic), mais il n'est pas le seul, écrit le journaliste Normand Girard[10]. Si le Premier ministre n'a jamais été féru de parlementarisme et de réglementation, il demeure que depuis son intervention de première lecture pour présenter son projet de loi 50, une autre intervention pour l'appuyer en deuxième lecture et le dépôt d'amendements, au moment du comité plénier, il n'a guère élaboré.

«Sa présence en Chambre fut constante, ou presque, et il s'est surtout employé à interrompre les adversaires, à dire qu'ils n'étaient pas, soit sérieux, soit logiques, qu'ils ne comprenaient rien, qu'il s'agissait *«d'une bande d'enfants d'école»*.

Normand Girard, un vieux routier de la Colline parlementaire, se demande enfin pourquoi Robert Bourassa ne prend pas tout son temps pour prononcer des discours d'une durée illimitée comme le Règlement le lui permet, en tant que chef de parti, au lieu de n'intervenir que quelques minutes à la fois.

Même le chef de l'aile parlementaire du Parti québécois, le psychiatre Camille Laurin — un homme que les observateurs de la scène politique jugent «pondéré et toujours poli» — ne peut s'empêcher de s'en prendre au Premier ministre. Visiblement courroucé par «des interventions partisanes et souvent déplacées» de Robert Bourassa et de quelques députés libéraux, le Dr Laurin lance: «En un sens, quand il (M. Bourassa) n'y est pas, c'est un grand avantage parce que l'allure des débats se tient à un niveau beaucoup plus élevé. Malheureusement, quand il y est, il nous répond par des arguments encore une fois pseudo-humoristiques ou superficiels ou encore par des arguments d'autorité qui sont enfantins et niaiseux[11].»

Le miracle se produit!

C'est sur cette toile de fond que s'amorce la huitième journée de débats. Nous sommes au milieu de juillet, pendant les vacances de la construction. Quand donc tout cela prendra-t-il fin, se demandent non seulment les députés de tous les partis mais aussi les journalistes et les rares Québécois qui suivent l'actualité?

La réponse miraculeuse est écrite en gros caractères dans les journaux du lendemain: LE «PROJET DU SIÈCLE» EST ADOPTÉ. En effet, c'est sans histoires et dans un climat de lassitude — à peine réchauffé par l'anniversaire du Premier ministre — que le projet de loi a finalement franchi dans la journée du 14 juillet les dernières étapes sans toutefois que le Parti québécois ne réussisse, malgré d'ultimes tentatives, à y apporter des amendements substantiels[12].

Enfin! Après Manic, les Québécois auront leur Baie James, écrit le journaliste Claude Masson. Les élus du peuple ont dit «OUI»... mais pas tous. Le célèbre projet de loi

50 a été adopté avec emballement par les députés du parti ministériel, avec satisfaction par le Ralliement créditiste, avec réserve par l'Union nationale et il a été rejeté par le Parti québécois[13].

Par 73 voix contre six, les libéraux qui étaient d'accord dès le départ, les créditistes qui ont fait volte-face en seconde lecture et les unionistes qui se sont ralliés à la majorité à la troisième et dernière lecture, ont défait les péquistes qui, à toutes les phases de l'étude du projet de loi, se sont prononcés contre.

«Il n'y a qu'un point commun entre les quatre partis représentés à l'Assemblée nationale du Québec, note Claude Masson: tous veulent le développement, et dans les plus brefs délais, du territoire de la Baie James. Ce sont sur les moyens d'y parvenir qu'ils divergent.

«Le gouvernement, tout au long de cette lutte, a accepté bon nombre des amendements d'importance proposés par l'Union nationale mais il a rejeté la presque totalité des amendements présentés par le Parti québécois à l'exception de ceux qui étaient de nature plutôt technique.

«La stratégie gouvernementale prévoyait cette courtisanerie à l'égard de l'UN, mais elle prévoyait aussi la ligne dure à l'endroit du PQ. En refusant ainsi de combler les souhaits du Parti québécois, forçant du coup les sept députés de ce parti à voter contre le projet de loi, le gouvernement pourra proclamer sur les tribunes que le seul parti qui se dit «québécois» a refusé un développement aussi important que celui de la Baie James, sans évidemment y mettre toutes les nuances voulues», précise Claude Masson.

Selon les explications fournies en troisième lecture par Camille Laurin et Guy Joron, le PQ s'est opposé au bill 50 parce qu'il croit que le gouvernement crée par là «une seconde Hydro-Québec» et que cela n'est pas nécessaire.

«Ce qui aurait pu être un facteur de ralliement national devient un facteur de division nationale», a dit Camille Laurin. De son côté, Guy Joron a déclaré: «Le gouvernement a peut-être d'excellentes raisons de vouloir créer une deuxième société hydro-électrique québécoise, mais il n'en a pas fait la preuve durant le débat qui a duré huit jours.

«En 1962, a-t-il rappelé, le Québec s'est donné un instrument unique, irremplaçable, qui a fait ses preuves et s'est acquis une réputation mondiale. Depuis huit ans, les réalisations d'Hydro justifiaient le gouvernement de continuer dans la même voie et de lui confier en exclusivité le développement des ressources hydrauliques de l'immense territoire qui couvre le sixième du Québec. Il est trop tôt pour assassiner Hydro-Québec.»

Le dernier mot

C'est finalement Robert Bourassa qui a eu le mot de la fin dans ce débat en déclarant tout simplement: «Nous avons été élus pour gouverner, nous gouvernons et nous gouvernerons pour les meilleurs intérêts du Québec.»

Ainsi donc, le plus important projet de loi de nature économique présenté par le gouvernement Bourassa, et celui qui a été discuté le plus longuement — huit jours et quelques nuits pour un total d'environ 50 heures — vient de franchir tous les obstacles. Son «parrain» est doublement heureux en ce 14 juillet. La Société de développement de la Baie James est créée et l'événement historique s'est produit le jour de son 38e anniversaire. Comme il l'avait souhaité, le jeune Premier ministre vient de recevoir un cadeau de taille. Et maintenant, la session peut être ajournée à l'automne! Au 26 octobre.

Dix ans plus tard, l'ex-premier ministre du Québec affirme, au cours d'une interview accordée à sa résidence à Outremont: «Tous ces débats autour du projet de loi 50 ne m'empêchaient pas de dormir... sauf que c'était exigeant comme temps. Il fallait être en Chambre, c'était long. J'ai tenu à présenter personnellement ce projet de loi parce qu'il était relié au progrès économique, qui était la constante de ma carrière politique. Il fallait que ce soit exceptionnel car je n'ai présenté que peu de projets de loi, sauf pour la formation de ministères où c'est obligatoirement le rôle du

Premier ministre. Le projet de la Baie James est un des rare projets dont j'ai assumé la direction.»

Plusieurs points de vue

Quant à la création d'une filiale de la Société de développement de la Baie James, ayant pour unique et principal mandat de voir au développement hydro-électrique du Moyen Nord québécois, en particulier la Baie James, Robert Bourassa confirme l'existence de nombreux points de vue.

Plusieurs disaient que le projet de la Baie James était trop gros pour Hydro-Québec.

«Au sein de mes gens (quelques ministres qui connaissent le dossier et quelques conseillers), il y avait deux thèses. Un groupe voulait la formation d'une compagnie sans contrôle majoritaire d'Hydro-Québec; un autre proposait qu'Hydro-Québec soit le maître d'œuvre. Roland Giroux a présenté son point de vue (au Conseil des ministres, notamment). Mais cela n'a pas été un affrontement dur... sauf peut-être au niveau des petits comités où les gars se parlaient dans la face! Mais au Conseil des ministres, cela n'a pas été comme on l'a prétendu. Il y avait un désaccord sur les modalités.

«Le financement du projet? Ce n'était pas l'argument déterminant. Pour moi, l'argument déterminant était le fonctionnement comme tel. Je me disais: est-ce que la présence d'Hydro-Québec facilite ou entrave le développement de la Baie James? Nous avons pu finalement en arriver à un compromis. Hydro-Québec aurait au moins 51 pour cent des actions de la future filiale de la Société de développement. C'est un compromis qui n'a pas laissé de traces. La formule, dix ans après, s'est révélée efficace...», affirme Robert Bourassa.

En se remémorant ces péripéties, il ne peut s'empêcher d'y aller d'une petite confidence qui lève le voile sur la voltefate du chef créditiste Camil Samson qui, en deuxième lecture du projet de loi 50, s'était subitement rangé du côté ministériel au grand désespoir des péquistes et des unionistes: «Mes organisateurs de Rouyn-Noranda avaient décidé d'inonder d'appels téléphoniques le bureau du député Camil Samson...» qui n'est évidemment pas resté insensible aux vœux de ses... électeurs et de ses électrices!

L'ex-premier ministre admet enfin que l'adoption de la loi 50 est survenue le jour de son anniversaire «parce que le timing avait été prévu». Tout a été savamment orchestré par lui et les membres influents de son entourage. L'un d'eux, Paul Desrochers, son bras droit, n'était pas sous les feux de la rampe mais, selon son habitude, il travaillait efficacement dans l'ombre, rapide, agile, éveillé, intelligent, intrigant, plein d'astuces et entièrement dévoué à son patron et au Parti libéral.

Qui va diriger la SDBJ?

La loi de la Baie James est à peine adoptée que déjà les rumeurs circulent sur le choix des dirigeants de la Société de développement de la Baie James. C'est curieusement le même journaliste de *La Presse*, Teddy Chevalot, qui, après avoir éventré le «secret» de Robert Bourassa une semaine avant la grande réunion du 30 avril 1971 au Petit Colisée de Québec, signe un autre article, cette fois le 15 juillet, annonçant que «Bourassa a déjà choisi les dirigeants de la Baie James[14]».

Chevalot indique que Raymond Primeau, vice-président et directeur général de la Banque Provinciale du Canada, a été choisi par le Premier ministre pour devenir président de la Société de développement. Avec lui, siégeront, à titre de commissaires, Lucien Cliche, avocat et député libéral d'Abitibi-Est de 1960 à 1970; Roland Giroux, 58 ans, président d'Hydro-Québec depuis le 1er juin 1969 et Robert C. Scrivener, 56 ans, président de Bell Canada, un homme que «Robert Bourassa avait approché pour devenir l'un de ses candidats lors de l'élection du 29 avril 1970; un poste important l'attendait advenant une victoire du Parti libéral».

Teddy Chevalot mentionne d'autres noms, dont: Marc Carrière, homme d'affaires montréalais, Roland Désourdy, maire de Cowansville, le ministre Bernard Pinard, de Drummondville.

Autre son de cloche, au lendemain de l'adoption de la loi 50: le projet de la Baie James suscite la crainte en Abitibi où on commence déjà à s'inquiéter sérieusement de l'impact économique qu'il pourrait avoir... ou ne pas avoir! Des dirigeants de groupes de pression de l'Abitibi, dont le président de la Chambre de commerce de Senneterre, Louis-Marie Fortin, ont mis en branle l'Opération bassin de la Baie James. Les objectifs primordiaux sont de voir à ce que ce développement ne se fasse pas au détriment de cette région déjà économiquement défavorisée. Ils craignent que le projet ne se réalise au moyen d'un pont aérien, comme cela a été le cas pour l'ouverture du poste de Grande-Baleine, et préconisent l'ouverture ou le prolongement des voies de communication terrestres de La Sarre vers Matagami et la Baie James[15].

Le projet de six milliards de dollars fait aussi parler de lui au-delà des frontières. À New York, notamment, où les frères milliardaires David et Nelson Rockefeller désirent rencontrer Robert Bourassa. David Rockefeller, qui est président de la Chase Manhattan Bank, signe et expédie une lettre d'invitation au Premier ministre du Québec pour discuter du projet de la Baie James et de diverses autres questions d'ordre financier. Une rencontre est également prévue avec Nelson Rockefeller, gouverneur de l'État de New York. Cette invitation est interprétée comme un geste de confiance à l'endroit du Québec et de sa politique pour l'avenir[16].

Les Indiens: un projet stupide

À la fin de juillet, les Indiens du Québec annoncent qu'ils ne veulent absolument rien savoir d'un quelconque développement hydro-électrique à la Baie James. Réunis à Québec, les membres de l'Association des Indiens du Québec décident d'envoyer des lettres à Robert Bourassa, à Pierre Elliott Trudeau, Premier ministre du Canada et à Jean Chrétien, ministre fédéral des Affaires indiennes, pour leur dire que:

— de 7 000 à 8 000 Indiens se feront littéralement couper les vivres à la suite de ce projet gouvernemental;

— le territoire appartient aux Indiens, selon la loi de 1912;

— le Québec doit demander la permission aux Indiens avant d'entreprendre quoi que ce soit dans le territoire de la Baie James;

— aucun compromis ne sera possible: «quand un Indien dit non, c'est non»;

— il appartient au gouvernement fédéral d'indiquer au gouvernement du Québec de négocier avec les Indiens[17].

«C'est un projet totalement stupide», affirme le chef huron Max Gros-Louis, secrétaire exécutif de l'Association des Indiens du Québec, «car le gouvernement va inonder le territoire le plus riche en minerai du Canada». Selon les représentants des cinq bandes indiennes, des Cris pour la plupart, cette initiative du gouvernement québécois constitue une réelle catastrophe pour les quelque 7 000 Indiens de la région. Ces derniers ne vivent que de chasse et de pêche et ils croient que leurs terrains de chasse seront inondés par les immenses réservoirs qui seront construits; que l'on coupera l'eau douce pour les 10 à 20 ans à venir, ce qui entravera à toutes fins utiles la pêche; qu'enfin les oies ne s'arrêteront plus dans la région à cause du manque d'eau douce.

«La déportation des Acadiens est selon vous un crime des Anglais, mais l'extermination des 7 000 Indiens est vue comme un cadeau de fête à Bourassa, lance le chef Max Gros-Louis au cours d'une conférence de presse. Un Indien et un chien, c'est à peu près pareil au Québec», ajoute-t-il en affirmant que jamais le Québec n'a daigné entrer en pourparlers avec les Indiens de la Baie James, contrairement à ce qui s'est fait dans les autres provinces.

Durant tout l'été de 1971, le projet de la Baie James fera beaucoup parler de lui et fera couler beaucoup d'encre. Robert Bourassa lui-même veille au grain. Profitant d'un congrès régional libéral réunissant 600 militants libéraux à La Sarre, il se rend en Abitibi, aux portes de la Baie James.

Bourassa sème l'espoir

C'est la mi-août. Un samedi soir. Robert Bourassa atterrit à 20 heures à Rouyn après avoir passé une journée exténuante à Rivière-du-Loup où se tiennent les Jeux d'été du Québec. Il veut s'accorder une bonne soirée de repos avant de reprendre le collier le lendemain. Échappant à la vigilance de la presse, il fait la tournée des grands ducs.

Comme les établissements qu'il visite comprennent aussi des salles de réception, il en profite pour aller présenter ses vœux à trois couples de nouveaux mariés, causant des surprises bien compréhensibles. Il reviendra aux choses sérieuses... c'est-à-dire au projet de la Baie James le lendemain, un dimanche!

Après avoir rencontré les dirigeants du Conseil régional de développement de l'Abitibi-Témiscamingue, un groupe extrêmement actif dans la région, le chef libéral s'adresse à ses partisans ainsi qu'aux maires des principales villes du Nord-Ouest. Tous s'intéressent vivement aux retombées économiques du projet du siècle sur la région. «Vous pouvez reprendre espoir, assure Robert Bourassa. Mes récents voyages à New York et à San Francisco m'ont démontré l'intérêt que suscite le potentiel de développement du Québec, de même que l'importance de cette richesse de plus en plus précieuse: les ressources énergétiques. Et c'est dans votre région que se trouvent ces ressources.»

Mais le message d'espoir est accueilli avec scepticisme. «Des conversations avec quelques maires et dirigeants de groupes de pression laissent facilement voir un scepticisme bien propre à une région qui a trop longtemps vécu de chimères et de promesses», note le journaliste Paul Longpré, de la *Presse Canadienne*[18]. Ainsi, un militant libéral formule en assemblée une crainte partagée par une bonne partie de la population: «Ce projet ne passera-t-il pas à trois pieds par-dessus la tête des gens du Nord-Ouest?»

En Abitibi comme partout dans la province, le projet de la Baie James vole bas et ne parvient pas à emballer la population. Comme quoi l'histoire ne se répète pas toujours: il n'y aura probablement pas de seconde Manic dans l'histoire du Québec, pense-t-on[19]. Mais Robert Bourassa et ses proches collaborateurs, surtout Paul Desrochers, sont bien déterminés à aller de l'avant, à franchir les barrages d'opposition, les tempêtes de discussions.

Pierre Nadeau arrive

À la mi-août aussi, précisément le 15, Pierre Nadeau rentre de vacances qu'il a passées à l'Île-du-Prince-Édouard où sa famille a une maison d'été. Il ne s'agit pas de Pierre Nadeau, grande vedette de l'information, mais d'un autre Pierre Nadeau, inconnu celui-là du public. C'est le vice-président de l'Industrial Acceptance Corporation Limited, une compagnie spécialisée dans le prêt à l'industrie et le financement de biens de consommation. Pendant des années, l'IAC a été une compagnie de finance, de «petits prêts». Pierre Nadeau y travaille à divers titres depuis 1950. Dans le milieu des affaires québécois et même canadien, il a la réputation d'être un excellent administrateur.

Le voici de retour de vacances avec, dans l'esprit, des souvenirs impérissables. Par exemple, au cours d'une de ces belles journées, il est parvenu à tirer de l'eau un thon de 731 livres, ce qui ne se produit pas tous les jours. Un message l'attend à son bureau de Montréal. Un certain Michel de Grand-Pré, attaché au bureau du Premier ministre Robert Bourassa, veut lui parler.

«De Grand-Pré m'a demandé de rencontrer Paul Desrochers que je n'avais jamais vu auparavant, raconte Pierre Nadeau. Je ne connaissais pas M. Robert Bourassa non plus. Je n'avais aucune activité politique, aucun lien avec

Choisi par Robert Bourassa et Paul Desrochers, le financier Pierre Nadeau est rapidement propulsé au premier plan de l'actualité. Mais son règne mouvementé à la présidence de la SDBJ ne durera que 365 jours.

Doit-on choisir les rivières du sud ou celles du nord du territoire de la Baie James? Pour obtenir l'avis d'un expert absolument indépendant, on fait venir de France le prestigieux ingénieur Charles Levrat.

Moment historique dans les bureaux de Robert Bourassa à Montréal le 13 septembre 1971: c'est la première rencontre du Conseil d'administration de la Société de développement de la Baie James. De gauche à droite, Fred H. Ernst, Pierre Nadeau, Robert Bourassa, Raymond Primeau, Roland Giroux et Lucien Cliche.

un parti. Mes seules activités politiques se limitaient à déposer mon bulletin de vote quand il y avait des élections.»

— De quoi s'agit-il? demande Nadeau.

— Tu t'en rendras compte quand tu rencontreras Paul Desrochers, répond Michel de Grand-Pré.

— Mais j'arrive de vacances, j'ai beaucoup de travail, mon bureau est couvert de dossiers.

— C'est urgent!

— Bon, alors... à quelle heure et à quel endroit?

«Je suis allé rencontrer Paul Desrochers au siège social d'Hydro-Québec où il avait un bureau. Robert Bourassa aussi a le sien dans cet immeuble. Je suis arrivé là en ne sachant pas de quoi il s'agissait. Paul Desrochers a commencé à me parler du projet de la Baie James. J'avais lu comme tout le monde les journaux, suivi des débats en Chambre, observé le lancement de ce maudit programme au Colisée de Québec... c'était un ballon politique. Mais après deux ou trois mois de discussions, je m'en désintéressais un peu! Alors Paul Desrochers m'a parlé de la Baie James, m'a fait voir des cartes... j'ai trouvé cela bien intéressant.»

— Tout cela est bien beau mais qu'est-ce que vous voulez?

— Je voudrais que tu rencontres Robert Bourassa.

«Moi, raconte Pierre Nadeau, je n'avais jamais rencontré un Premier ministre de ma vie... un Premier ministre face à face.»

— Quand?

— Nous allons t'appeler.

«Je suis retourné à mon bureau. Le lendemain, nouvel appel du bureau du Premier ministre. Je ne sais plus qui. On m'a demandé si je pouvais rencontrer Robert Bourassa à telle heure, tel jour dans une suite du Château Champlain. C'était urgent. Comme convenu, je me suis présenté à 17h15 à l'hôtel le 25 août. J'ai demandé la suite de M. Bourassa. Deux gorilles sont arrivés.»

— Qui êtes-vous?

— Je suis Pierre Nadeau et je veux rencontrer M. Bourassa.

— Pourquoi voulez-vous le rencontrer?

— C'est lui qui veut me voir...

— Asseyez-vous là!

Face à face Nadeau-Bourassa

«Quelques minutes plus tard, ils sont venus me chercher pour me conduire dans une suite luxueuse du dernier étage du Château Champlain où Robert Bourassa m'attendait.

— Bonjour, comment ça va?

— Très bien, merci, monsieur le Premier ministre.

— Comment va la famille?

— Bien, monsieur Bourassa.

— Vous avez parlé à Paul Desrochers pour l'affaire de la Baie James?

— Oui, il m'a parlé du projet. C'est bien beau tout cela.

— On voudrait que vous preniez la présidence de la Société de développement de la Baie James.

— Qu'est-ce que ça signifie exactement?

— Vous êtes un homme fort de l'entreprise privée. Nous voulons que la Baie James soit développée selon le style de l'entreprise privée. Vous aurez carte blanche...

Après avoir religieusement écouté les arguments du Premier ministre, Pierre Nadeau reste songeur. Paul Desrochers lui avait remis une copie du bill 50. Il l'avait lu attentivement. «J'avais décelé une anomalie au sujet de la filiale qui aurait la responsabilité de l'aménagement hydro-électrique. Selon la loi, je constatais que la Société de développement de la Baie James serait minoritaire dans sa future filiale. En fait, ça devenait, à mon sens, une filiale d'Hydro-Québec. Je l'ai dit à Robert Bourassa.»

— Écoutez, monsieur Bourassa, carte blanche, c'est bien beau mais je crois qu'Hydro-Québec sera majoritaire dans la future société.

— Bien...

— Et comme cette filiale répondra à la principale vocation, l'aménagement hydro-électrique de la Baie James...

— Il n'y a pas tellement de problèmes, monsieur Nadeau.

— Ah...?

— Cette modification apportée à la loi, c'était seulement pour faire adopter la loi 50. Vous savez, les membres du Parti québécois étaient opposés à ce qu'Hydro-Québec ait un rôle secondaire dans le développement des ressources énergétiques de la Baie James...

— Bon. Alors...

«Nous avons conversé ainsi durant une heure et demie. En fin de compte, il m'a demandé si j'acceptais la présidence. J'ai répondu que j'aimerais disposer d'un peu de temps pour réfléchir. Et puis, j'étais un peu impressionné par le fait que j'étais avec le Premier ministre. Il me parlait comme s'il me connaissait!»

Robert Bourassa insista, mit encore plus de pression sur sa future recrue.

— Vous pourriez rendre un grand service à votre province. C'est plus qu'un défi, c'est un devoir...

— Donnez-moi au moins quelques heures. Jusqu'à demain matin. Il faudrait que j'en parle à ma femme.

— D'accord.

«J'ai rappelé M. Bourassa le lendemain en disant que nous pouvions poursuivre notre discussion. Le poste m'intéressait. Subitement, comme par magie, j'ai eu accès directement au bureau du Premier ministre. Je téléphonais et j'avais M. Bourassa en un éclair, au bout de la ligne.

— Il faudra rencontrer quelques personnes, dit Robert Bourassa. Vous devez savoir aussi que cette nomination doit être approuvée par le cabinet des ministres.»

L'une de ces personnes a été le ministre Guy Saint-Pierre. «L'entrevue a été très sympathique. D'ailleurs on a développé par la suite une certaine affinité. C'était un homme intègre, honnête. Il faut aussi préciser que je recevais continuellement des appels du bureau de Robert Bourassa me disant que tout s'annonçait bien. Il ne restait plus que l'approbation du Cabinet. C'est arrivé le 2 septembre. Le Premier ministre m'a téléphonné.»

— Ça y est. Vous êtes nommé président, monsieur Nadeau.

— Bon, merci!

«Ils veulent ta photo»

Ce n'est que le lendemain que Pierre Nadeau se rend vraiment compte «dans quel bateau» il vient de s'embarquer. Il avoue candidement qu'il s'attendait à trouver sa photo, sur une colonne, dans la chronique financière de la majorité des journaux montréalais avec, au bas, la légende traditionnelle. Le «huit colonnes à la une» du *Montreal Star* du lendemain lui fait prendre conscience de son engagement... en même temps que la fragilité des secrets bien gardés. Car sa nomination ne devait pas être rendue publique avant quelques jours.

Quelques heures à peine après la conversation au Château Champlain, sa vieille mère de 75 ans l'appelle de Québec pour lui demander: «Qu'as-tu fait encore? Les journalistes téléphonent ici. Ils veulent ta photo[20]»...

Dix ans plus tard, Pierre Nadeau, devenu président et chef de la direction de Pétrofina Canada Inc.[21], se demande encore, de son vaste bureau de la Place Ville-Marie, comment le Premier ministre Robert Bourassa avait pu penser à lui. Il s'en doute un peu mais n'est pas certain. C'est Paul Desrochers qui peut éclaircir ce point car c'était lui le chercheur de têtes. Robert Bourassa avait dressé une liste de bons administrateurs et c'est son conseiller spécial qui était chargé du sondage.

«Un samedi matin, raconte Paul Desrochers, je me suis rendu au chalet de Jean de Grandpré, au nord de Joliette. Il faisait partie de la direction de Bell Canada. Il a été emballé par le projet de la Baie James mais ne pouvait accepter notre offre, devant accéder éventuellement à la présidence de Bell Canada. Il a décliné l'offre avec regret et m'a suggéré Pierre Nadeau.

«Entre-temps, ajoute-t-il, discutant du projet avec W. Earle McLaughlin, alors président du conseil de la Banque Royale du Canada, il m'a recommandé Fred Ernst, un ingénieur métallurgiste.»

Au début de septembre, Robert Bourassa fait connaître son choix définitif. Outre le président Pierre Nadeau, les quatre autres membres du conseil d'administration de la Société de développement de la Baie James sont Lucien Cliche, avocat de Val-d'Or, Fred H. Ernst, 47 ans, originaire de Belgique, gérant général de la Compagnie Miron Limitée de 1960 à 1970, Roland Giroux, président d'Hydro-Québec et Raymond Primeau, vice-président et directeur de la Banque Provinciale du Canada (aujourd'hui fusionnée avec la Banque Nationale du Canada). De ces cinq administateurs, seuls Nadeau et Ernst se consacreront à plein temps au développement de la Baie James.

Robert Bourassa se félicite que le conseil d'administration réunisse des hommes de premier plan. «Ce sont des administrateurs compétents et reconnus, leur formation et leur expérience professionnelle sont riches et variées. Ce sont des hommes qui ont fait leurs preuves. Ce sont surtout des hommes qui ont accepté de servir le Québec. Les Québécois doivent leur apporter leur appui et leur collaboration entière, parce que c'est sur ces hommes que repose en grande partie le succès de l'entreprise colossale de la Baie James, le projet de tous les Québécois[22].»

La nouvelle vedette

Subitement, le nom de Pierre Nadeau défraie l'actualité. Les médias s'intéressent à lui. Interviews, photos, déclarations mesurées, Pierre Nadeau devient la vedette de l'heure. C'est presque une bouffée d'air frais dans le «panier de crabes» de la Baie James. Les commentateurs ne manquent pas de souligner, non plus, la «tâche écrasante» qui attend les administrateurs. «M. Nadeau devra épousseter l'ombre de M. Paul Desrochers dont la compétence particulière ne fait pas de doute mais qui remplit auprès du Premier ministre la fonction bien précise de conseiller politique et électoral[23].»

La première rencontre du conseil d'administration de la SDBJ a lieu le 13 septembre, au bureau même du Premier ministre Bourassa, au siège social d'Hydro-Québec à Montréal. C'est une réunion d'information sur les détails du projet. Robert Bourassa est présent et se fait photographier pour la postérité. Paul Desrochers est là, mais il reste à l'écart. Pierre Nadeau déjeune ensuite avec le Premier ministre avant de reprendre la présidence de la séance du conseil d'administration de la SDBJ, toujours dans les bureaux du premier citoyen de la Belle province.

Le premier président a déjà rencontré le ministre des Richesses naturelles, Gilles Massé; dès le lendemain, il rencontre de nouveau Robert Bourassa puis il s'entretient avec les deux coordonnateurs Charles Boulva et André Langlois, quelques fonctionnaires du gouvernement ainsi que des responsables d'Hydro-Québec. Et tout cela se passe dans le bureau des autres. Pour accorder une entrevue au représentant du journal *Le Soleil*, il emprunte le bureau du président d'Hydro-Québec dans la Vieille Capitale.

Car celui qui, demain, sera à la tête d'une entreprise de plusieurs milliards de dollars n'a, pour le moment, ni local, ni secrétaire, ni papier, ni numéro de téléphone. «On part de zéro[24]», déclare-t-il au reporter du *Soleil*. Pour ses déplacements dans le Parlement de Québec, il doit prendre la carte d'identité imposée aux visiteurs par les services de sécurité.

«Je suis plongé dans le bain», dit Pierre Nadeau qui espère trouver bientôt les locaux de la Société qu'il dirige à Montréal. Après avoir recruté des cadres, il espère mettre sur pied la société hydro-électrique, qui sera la première filiale de la SDBJ. Il veut aussi se rendre à la Baie James. Quelle sortes de relations veut-il entretenir avec Hydro-Québec? Il répond tout court: «De bonnes».

Aux journalistes qui veulent en savoir davantage sur l'homme, Pierre Nadeau n'offre aucune résistance. Il révèle qu'il aime lire les nouvelles condensées, les biographies et les romans policiers parce que cela le détend. C'est aussi un fervent de la pêche. Il aime la nature. Et puis il entend s'imposer un régime de vie sévère, à commencer par des privations au niveau familial. «Mon épouse a compris et accepte les sacrifices qui vont découler de mes nouvelles fonctions. Mes enfants aussi.» Dans quelques semaines, beau temps mauvais temps, les employés de la SDBJ constateront que le capitaine sera toujours le premier arrivé au bureau. Et pas le premier à partir.

Le premier bureau de la SDBJ sera situé dans un immeuble d'Hydro-Québec, à l'angle des rues Université et Dorchester. «On s'est acheté des crayons et du papier et on a commencé à rencontrer les gens, dit-il maintenant. Il fallait tout de même former quelque chose.» On, c'est-à-dire les deux employés de la SDBJ, Fred Ernst et lui... Les deux coordonnateurs Boulva et Langlois font bonne impression. «Ils étaient les bonshommes les plus versés dans le développement des études déjà entreprises. Ils se sont joints à nous et sont devenus avec Fred Ernst, mes hommes de confiance. On a donc débuté comme cela... en engageant quelques secrétaires et les gens qu'il fallait. Le *fun* a commencé. Roland Giroux me poussait dans le dos pour former la Société d'énergie. J'ai répondu que nous devions d'abord nous installer, nous organiser un peu. Les pressions étaient de plus en plus fortes. Finalement, j'ai consenti à travailler à la formation de la future Société d'énergie de la Baie James. Après tout, le développement de la Baie James passait d'abord par celui de l'hydro-électricité. C'était notre principal objectif. Les intrigues politiques ont commencé. Toutes sortes d'intrigues qu'il serait trop long de raconter. Il s'agissait de former le conseil d'administration. Dans un cas, j'ai même mis mon poste en jeu. J'ai dit à Robert Bourassa: *si un tel accède au conseil d'administration, je m'en vais*. Le Premier ministre a cédé. Ça faisait juste quatre mois que j'étais en poste et, politiquement, ce n'était pas acceptable. Il m'a dit, et je m'en souviens très bien: «*Tu es dur.*» J'ai répondu: «*Je suis peut-être dur mais je suis ce que je suis...*»

La France vient au secours...

Entre-temps, les deux coordonnateurs Boulva et Langlois poursuivent l'analyse des rapports des différentes firmes d'ingénieurs-conseils et ceux aussi d'Hydro-Québec. Mais comment obtenir une vision globale, dégagée de toute partisanerie? Par où commencer à la Baie James? Quelles rivières aménager? Celles du sud, disent bon nombre d'ingénieurs, surtout ceux d'Hydro. Pourquoi pas celles du nord? Pourquoi pas La Grande Rivière comme le prétend l'ingénieur François Rousseau? André Langlois trouve une solution. Il fait venir de France un ingénieur prestigieux, Charles Levrat, un des grands spécialistes européens des études de bassins hydrologiques. Langlois l'avait connu à Paris alors qu'il travaillait au bureau d'ingénieurs-conseils Coyne et Bellier. Cette firme parisienne a collaboré étroitement aux études du barrage de Manic 5, avec la firme montréalaise Surveyer, Nenniger et Chênevert (SNC).

«Charles Levrat, originaire de Lyon, avait été ingénieur en chef d'une région d'équipement hydraulique d'Électricité de France (EDF), raconte André Langlois. Il avait réalisé les études préliminaires d'un aménagement de 1800 MW (Grand Maison). Il avait pris sa retraite anticipée en 1965 pour devenir ingénieur à temps partiel au bureau d'études Coyne et Bellier où il fut plus spécialement chargé d'études préliminaires hydro-électriques ou de distribution d'eau en France, à Java, en Jordanie, au Malawie, en Tunisie, en Algérie et au Maroc. Comme ingénieur-conseil, il avait effectué des études analogues pour le Liban, plusieurs pays africains, ainsi que pour la Nouvelle Calédonie.

«C'était un mathématicien avec un sens pratique à peu près inimaginable. Il avait des formules très simples pour calculer le volume d'un barrage, par exemple. Il n'avait pas besoin d'avoir des dessinateurs ou des ingénieurs qui calculent ça pendant six mois... Il arrivait très rapidement à faire le calcul d'un barrage ou de plusieurs digues, calculer des usines, des tunnels.»

Le grand spécialiste français arrive en septembre 1971 à Montréal. Il s'installe d'abord avec les deux coordonnateurs Boulva et Langlois dans le bureau du ministre des Richesses naturelles du Québec, Gilles Massé. Ironie du sort, ce bureau est situé au siège social même d'Hydro-Québec, boulevard Dorchester à Montréal. Et comme le rappelle avec humour Charles Boulva: «Nous étions chez nous dans ce bureau... car le ministre ne venait pas.»

Pour l'aider à évaluer les rapports sur les différentes rivières du territoire de la Baie James, à y voir plus clair et, finalement, en arriver à proposer un choix final avec des arguments valables, Charles Levrat sera appuyé par un géologue et deux autres ingénieurs. Pendant six mois, du matin au soir et souvent la nuit, car il apporte des dossiers à sa chambre d'hôtel, il abat un travail considérable. Il est infatigable. «C'est un type qui avait une capacité de travail incroyable, rappelle André Langlois. Mais aussi un type extrêmement simple et très près de nous.»

La première digue s'effondre!

Dans le territoire même de la Baie James, Hydro-Québec accélère ses études et ses travaux de recherche. Les représentants des firmes d'ingénieurs-conseils ABBDL (Asselin, Benoît, Boucher, Ducharme et Lapointe), RSW (Rousseau, Sauvé, Warren) et de G & L (Gendron et Lefebvre) approfondissent les études sur le potentiel énergétique des rivières de la Baie James en collaboration avec Hydro-Québec. La firme Desjardins et Sauriol est chargée de la conception et des tracés des routes du Complexe NBR (Nottaway-Broadback-de Rupert). Il y a aussi quelques équipes de différents ministères québécois.

Très peu de données topographiques sont disponibles pour effectuer des études. Malgré tout, des plans d'exécution sont préparés à Montréal à l'aide des cartes disponibles et les programmes d'exploration sont effectués par des équipes itinérantes, pourvues d'un équipement facilement transportable. Chaque campement compte, en moyenne, de 25 à 30 hommes et regroupe une équipe de géologues, une autre d'arpenteurs et des journaliers. Ils sont donc 900 hommes répartis dans une vingtaine de petits campements à étudier les emplacements de barrages et d'ouvrages régulateurs. Pour desservir ce territoire de 80 000 milles carrés, il faut 18 hélicoptères et 12 avions[25].

Et puis, comme prévu, la première digue de la Baie James s'effondre, à la grande satisfaction des ingénieurs d'Hydro-Québec! Mais il ne faut pas croire que ces gens sont des maniaques jouant à se fabriquer leur petite catastrophe sur mesure. Ce sont des chercheurs qui viennent de mener à bien une expérience extrêmement importante, tant du point de vue technique que financier[26].

Ils ont fait construire deux digues à Chute Rouge, au nord de Matagami, dans le but de mesurer la résistance exacte du sol de la Baie James, ce qui permettra de calculer la force des digues nécessaires pour retenir une pression d'eau considérable, et le coût de construction de ces digues. Le site a été particulièrement bien choisi: il s'agit d'un sol qui présente une très faible résistance. Dans cette région, ce n'est pas de l'argile ordinaire que l'on trouve mais de l'argile sensible, beaucoup plus molle, qui ne répond pas de la même façon que l'argile ordinaire aux pressions exercées sur elle.

La digue A, qui vient de s'effondrer, avait 90 mètres de largeur sur 175 mètres de longueur, à sa base. D'un côté, la pente avait été fixée à 1 pour 4, et de l'autre, à 1 pour 5. Cette différence avait pour but de déterminer le secteur de rupture, afin d'y placer les instruments de mesure.

Sur cette base, les camions devaient déverser leurs chargements de gravier jusqu'à ce que le point de rupture soit atteint. Il était même prévu que le camion ou le bulldozer pourrait s'enliser et que le conducteur devrait sauter aussi vite que possible pour ne pas se retrouver dans une situation désagréable. Heureusement, cet exercice de voltige n'a pas eu lieu. L'effondrement s'est produit de nuit, et au cours d'une fin de semaine, devançant de quelques heures les pronostics des spécialistes.

«Construire sur de l'argile ordinaire ne présente pas de difficultés énormes», explique Claude Pelchat, ingénieur au département de Géologie et de Mécanique des sols d'Hydro. «Un peu partout, on bâtit sur des terrains argileux, dont il suffit de connaître la résistance. À Matagami, les premières estimations laissaient prévoir que le sol ne céderait sous la digue que lorsque celle-ci atteindrait une hauteur de 26 pieds.

C'est alors qu'est intervenu le super-spécialiste mondial de l'argile, le Dr Laurits Bjerrum. D'origine danoise, il est directeur de l'Institut norvégien de géotechnique. Appelé en consultation à Matagami, il a étudié les prélèvements, analysé les tests effectués en laboratoire. Il a goûté au soussol de la Baie James, geste familier à tous les techniciens en mécanique des sols, car les argiles ne crissent pas toutes sous la dent de la même manière!

«Nous sommes en présence de l'argile la plus sensible que nous ayons jamais vue», devait écrire le Dr Bjerrum dans son rapport. Et en conclusion, il prévoyait que la digue s'effondrerait lorsqu'elle aurait atteint entre 14 et 15 pieds de hauteur. La digue s'est effondrée à 13 pieds et 2 pouces.

Par ailleurs, l'expérience de la digue A doit permettre de déterminer le coût des digues qui devront être construites sur l'ensemble du projet de la Baie James. Dans son rapport qu'elle présentait au printemps de 1971, Hydro-Québec prévoyait que la Baie James comporterait 120 digues d'une longueur globale de 120 milles, ce qui représenterait un volume de remblai de 41 000 000 de verges cubes.

Cette expérience aura coûté 150 000 dollars. Une autre digue, la digue B, construite près de la première mais moins haute par rapport à sa base, va demeurer en place et doit fournir aux ingénieurs de précieux renseignements sur le comportement d'un tel ouvrage sur une longue période de temps. Ainsi, petit à petit, le territoire de la Baie James, la bête noire des ingénieurs, commence à livrer ses secrets.

Mais c'est bien peu à côté de ce qui reste à apprendre, de ce qui reste à faire, à réaliser.

Le recrutement, un cauchemar

À la fin d'octobre, c'est nul autre que Paul Desrochers, le conseiller spécial de Robert Bourassa, qui déclare devant une assemblée de partisans libéraux de Roberval: «Le recrutement de la main-d'œuvre pour le projet de la Baie James s'avère très difficile même si le travailleur peut bénéficier là-bas d'un bon revenu. Le recrutement des 4 000 travailleurs nécessaires constitue presque un cauchemar», dit Paul Desrochers qui intervient publiquement sur la question de la Baie James pour la première fois.

Il annonce en outre le lancement, dans quelques semaines, d'appels d'offres pour la construction de routes dans le territoire de la Baie James, précisant qu'au début de décembre on entreprendra la construction de la route Chibougamau-Chapais, via le lac Albanel, donnant accès à un aéroport[27].

Petit à petit, comme l'oiseau qui fait son nid, «le projet du siècle» prend forme. Du moins sur papier. Depuis son lancement le 30 avril dernier à Québec, il n'a cessé d'alimenter abondamment les colonnes des journaux, les ondes de la radio et les écrans des téléviseurs. Le projet du siècle intéresse aussi les gens de l'Ontario, en particulier les hommes d'affaires de Toronto qui ne peuvent rester insensibles devant une «histoire de six milliards de dollars». On en parle dans tout le Canada mais c'est surtout aux États-Unis qu'il reçoit le plus d'attention.

Il franchit aussi les océans. À Paris, l'influent et prestigieux quotidien *Le Monde* lui consacre un article concis et bien documenté, appuyé par une carte détaillée du territoire de la Baie James. L'article, qui fait le point sur la situation, est intitulé: «Un pari audacieux de M. Bourassa: le projet d'aménagement de la Baie James[28].»

Et malgré tout le bien qu'on semble en dire ou en penser à Paris comme à New York ou à San Francisco, le projet n'a pas encore réussi à accrocher favorablement l'opinion publique québécoise qui reste sceptique. Le peuple se méfie, ne sait qui croire.

Mais déjà, et très rapidement, l'année 1971 tire inexorablement à sa fin. À peine quelques semaines encore, et l'on tournera la page sur cette année sinon historique, du moins spéciale de l'histoire économique et politique du Québec.

Dans le territoire de la Baie James, novembre et décembre signifient le froid intense, l'hiver long, rigoureux. C'est une réalité que les hommes du «Sud» devront apprendre. Mais pour le moment, ils sont bien au chaud dans quelques petits bureaux de l'un des immeubles de la jungle de béton et de verre du centre-ville de Montréal. Ils sont peu nombreux. La SDBJ, c'est pas plus de 25 personnes, y compris son président! «Le projet est énorme, mais c'est à une puce qu'on demande de le mener à terme... 25 personnes, c'est peu de monde comparé aux 12 012 d'Hydro-Québec[29].»

Chapitre 6

Par où commencer?

Décembre, c'est le mois des parties, des courses folles, de la chasse aux cadeaux, des retrouvailles, de la boustifaille, des premières neiges et des premiers froids, de «Guy Lafleur qui lance et compte», des préparatifs de voyages en Floride... mais c'est rarement le mois des déménagements.

Pourtant, le personnel de la Société de développement de la Baie James décide, en décembre 1971, de quitter ses locaux temporaires situés dans l'ancien édifice de la Shawinigan Water and Power, boulevard Dorchester à Montréal, pour emménager dans un petit immeuble neuf, Les Habitations Dupuis, boulevard de Maisonneuve, à une minute du métro Berri-Demontigny. Ce déménagement, qui prend figure de symbole, ne sera pourtant qu'une première étape: en effet, la SDBJ se fixera définitivement dans l'immeuble de la Place Dupuis, juste en face, dès que la construction sera terminée.

Le gros contrat aux Américains

Un autre moment historique pour la SDBJ: le 6 décembre marque la première ouverture de soumissions. Les premiers contrats seront accordés. Les appels d'offres ont été préparés par le personnel d'Hydro-Québec. «Nous nous servions de certains services d'Hydro parce que nous n'avions pas le personnel requis, explique Pierre Nadeau. C'est ainsi que nous avions fait préparer un appel d'offres par Yvan Hardy, un chic type d'Hydro, pour la construction d'un tronçon de route de Matagami vers la Baie James. Cette première ouverture de soumissions nous apparaissait très importante. Il fallait que cet événement figure dans les archives. Le responsable de nos relations publiques, Jacques Gauthier, s'est organisé pour que cela se fasse en présence des médias d'information.

«Cela se passait dans la salle du conseil d'administration de la SDBJ. Je présidais l'assemblée. Les photographes et les journalistes étaient là. Nous avons ouvert les enveloppes cachetées. Il y avait huit soumissionnaires. L'offre la plus basse était celle de Simard-Beaudry. Mais elle n'était pas conforme. Une clause technique n'avait pas été respectée telle que l'exigeait la demande de soumissions. J'ai dit: *si on fait un passe-droit aujourd'hui, on en fera un autre demain et nous perdrons la confiance de tout le monde*. Le deuxième soumissionnaire était «Les entreprises Kiewit Ltée». Le contrat lui fut accordé.

«Le lendemain, raconte encore Pierre Nadeau, ça faisait les manchettes des journaux!» Mais pas exactement comme la direction de la SDBJ l'avait souhaité. Ainsi le journal *Le Soleil* de Québec titrait: «$ 20 millions — le premier gros contrat de la Baie James va à une firme américaine[1].»

Voilà que Pierre Nadeau, dans l'opinion publique, commence déjà à vendre la Baie James aux Américains. C'est un nouveau tollé de protestations. Pendant une quinzaine de jours, juste avant les Fêtes, on parle de cette erreur technique. On se demande qui est Kiewit «dont la filiale québécoise n'a présentement aucun employé au Québec». Et surtout, personne n'accepte le fait qu'une firme canadienne-française, Simard-Beaudry, se fasse damer le pion par des Américains pour une simple technicalité. Le journaliste Claude Tessier, du *Soleil*, mène sa petite enquête pour en savoir plus sur Kiewit. Il téléphone chez Kiewit Ltée à Montréal.

— Mais où sont vos bureaux?

— Nous avons reçu instruction de ne rien dire.

— Peut-on parler à l'un de vos dirigeants?

— Nous ne pouvons rien dire.

Questions, sous-questions, impossible de savoir. On raccroche au nez du journaliste. Celui-ci loge un second appel au même endroit, croyant à une défectuosité technique dans la communication. Il insiste sur le fait qu'un contrat de près de 21 millions de dollars vient d'être accordé et qu'il est normal d'obtenir la réaction de l'entreprise.

— Rappelez-nous dans une demi-heure, dit la voix.

«Une demi-heure plus tard, écrit Claude Tessier, on nous renvoie à la Société de développement de la Baie James qui nous avait envoyé chez Kiewit. La voix féminine nous renvoie alors à Hydro-Québec qui nous dit de rappeler la Société de développement de la Baie James. Au bureau du Premier ministre, on nous renvoie à la Société de développement de la Baie James, à Hydro-Québec et à Kiewit. Nous appelons l'avocat de Kiewit Ltée, à Montréal. Il nous demande de rappeler au numéro où se trouve la gentille voix du début. Finalement, *Le Soleil* réussit à obtenir un numéro de téléphone à Toronto, puis à Welland, en Ontario, où le secrétaire adjoint de l'entreprise, M. René Plourde, répond de bonne grâce à nos questions. Bref, une demi-journée pour faire éclater la vérité que les membres de l'Assemblée nationale ignorent toujours sur un contrat de 21 millions de dollars.»

Claude Tessier apprend que «Les entreprises Kiewit Ltée» est une filiale de Kiewit Peter Sons Co. (Canada), à son tour une filiale de Kiewit Peter Sons Inc. de Omaha, au Nebraska. Le contrat obtenu est d'une valeur de 20 965 530 dollars pour un tronçon de 105 kilomètres de route vers la Baie James. René Plourde assure que la majeure partie de l'équipement sera achetée à Montréal et à Val-d'Or et que le pied-à-terre de l'entreprise durant l'exécution de ces travaux sera établi à Matagami. Il précise que la filiale québécoise a ses bureaux sur le boulevard Laurentien à Montréal mais qu'aucun employé ne travaille au Québec actuellement. Ce contrat assurera du travail à 300 ou 400 hommes[2].

C'est «une erreur technique»

À l'Assemblée nationale, les membres de l'opposition, surtout les députés péquistes, s'emparent rapidement de cette nouvelle affaire sur la Baie James pour harceler Robert Bourassa et son équipe. Le jour même de l'ouverture des soumissions, le ministre des Richesses naturelles, Gilles Massé, répond au député péquiste du comté de Sainte-Marie, Charles Tremblay, qu'il n'est pas au courant des faits. Le lendemain, plus éclairé, le ministre confirme que le contrat a été accordé à une firme américaine plutôt qu'à la firme québécoise par suite d'une «erreur technique» de cette dernière. Il explique que la firme Simard-Beaudry a fait son chèque de dépôt de garantie à l'ordre d'Hydro-Québec, alors qu'elle devait le faire à l'ordre de la Société de développement de la Baie James. C'est cette «erreur technique» qui a décidé la SDBJ à accorder le contrat à l'entreprise américaine[3].

Ces explications soulèvent un tel mécontentement dans les rangs de l'opposition que le ministre a du mal à se faire entendre, parmi les protestations de plusieurs députés.

Le chef parlementaire péquiste, Camille Laurin, demande même à Robert Bourassa, responsable de la SDBJ devant la Chambre, s'il a déjà oublié les promesses qu'il faisait l'été précédent devant cette même assemblée et voulant que le gouvernement agisse de telle sorte que les retombées économiques du projet de la Baie James profitent d'abord aux Québécois.

Bourassa et Massé font valoir qu'il y aurait toutes sortes de problèmes techniques si l'on faisait un rappel des soumissions dans le cas d'une pareille erreur. Robert Bourassa ajoute, pour clore la discussion, que si les travaux parlementaires peuvent le permettre, il est prêt à faire comparaître les responsables de la SDBJ pour que ces derniers justifient leurs décisions administratives.

Une «erreur grossière et stupide»

Mais les députés de l'opposition ont beau poser des questions directes, des questions pièges et même parfois des questions pernicieuses, remplies de sous-entendus, Robert Bourassa et son ministre se retranchent derrière l'explication de «l'erreur technique». Ce qui, évidemment, amène les membres de l'opposition à se demander de nouveau si la Baie James n'est pas en voie de devenir un nid de patronage[4].

De son pupitre d'éditorialiste au journal *Le Devoir*, Claude Ryan juge que cette «erreur est grossière et stupide». Il avance que «cette erreur serait d'autant plus mineure que les formules d'offres auraient été littéralement modelées sur les formules en vigueur à l'Hydro. Se peut-il que le seul jugement d'un fonctionnaire à l'esprit étroit ait suffi à justifier la préférence accordée à la firme américaine?(...) Mieux vaudrait mille fois annuler le consentement donné à la firme américaine que de laisser propager l'impression qu'on s'apprête à faire couler dangereusement les millions au profit d'intérêts autres que ceux des seuls Québécois[5].»

De son côté, l'économiste Jacques Parizeau, critique financier du P.Q. affirme: «En tout cas, une chose est claire: c'est que la même mésaventure ne pourrait pas arriver à Simard-Beaudry si cette entreprise voulait présenter une soumission au gouvernement du Nebraska. Pour la bonne raison qu'elle n'aurait même pas le droit d'en présenter une. Il est en effet très courant pour les gouvernements de favoriser les producteurs nationaux[6].»

Jacques Parizeau rappelle que la compagnie Cegelec, établie à Laprairie, a vu bien longtemps ses soumissions pour les ventes d'isolateurs à Hydro-Ontario lui être retournées sans même avoir été ouvertes. «Lorsque Janin Construction acheta Foundation, le gouvernement de l'Ontario intervint directement pour annuler des contrats de travaux publics obtenus en Ontario par Foundation. Là où il y a de la gêne, il n'y a pas de bonne économie».

Sous le titre «La Baie belle», le journaliste Jacques Guay constate qu'une «belle et bonne couche de neige recouvre l'argile de la Baie James, mais tout ce qui se rattache au grand projet du siècle est marécageux et vaseux[7]».

Malgré tous les cris de l'opposition, ni la Société de développement ni le gouvernement ne font marche arrière. Kiewit a obtenu le contrat, à elle maintenant de se mettre au boulot.

La SEBJ est créée

À peine quelques jours avant Noël, soit le 21 décembre 1972, Robert Bourassa annonce la création de la Société d'énergie de la Baie James. C'est, comme prévu, la première et la plus importante filiale de la Société de développement de la Baie James.

Conformément à la Loi du développement de la région de la Baie James — cette loi si laborieusement adoptée le 14 juillet — cinq administrateurs sont nommés. Trois proviennent d'Hydro-Québec. Ce sont Roland Giroux, président, Yvon DeGuise et Paul Dozois, tous deux commissaires. La toute-puissante Hydro-Québec obtient ainsi, avec trois sièges sur cinq, un bon contrôle de la haute direction de la nouvelle Société d'énergie de la Baie James. Les deux autres sièges sont en effet occupés par Pierre Nadeau, déjà président de la Société de développement, et Charles Boulva, l'un des deux coordonnateurs recrutés par le ministre Guy Saint-Pierre et chargés de suivre le dossier, d'abord pour le compte du gouvernement, ensuite pour celui de la Société de développement.

Au cours des semaines qui suivent, la Société de développement de la Baie James accorde ses premiers contrats importants pour la construction d'un cordon ombilical, la route d'accès de Matagami à la Baie James. Deux contrats d'une valeur de 23 798 000 dollars sont attribués à la firme montréalaise Simard-Beaudry pour l'aménagement de 93 kilomètres de route. Un troisième contrat va à la Compagnie BOT Construction Canada Ltd., de Oakville, en Ontario, pour la somme de 11 727 855 dollars. Toutefois, l'adjudication du contrat de Simard-Beaudry ne se fait pas sans douleur.

«L'offre de cette firme était conforme et elle était le plus bas soumissionnaire, affirme Pierre Nadeau. Mais nous demandions un dépôt de garantie et elle n'en fournissait pas. Nous avons dit aux dirigeants de Simard-Beaudry: *apportez-nous le dépôt de garantie et vous aurez le contrat*».

«Le temps passe. Tout à coup, Paul Desrochers appelle:

— Écoute, Pierre... tu es Québécois, tu es Canadien français...

— Paul, je ne suis pas lié au gouvernement, à la politique, à ces choses-là. Il nous faut une garantie, on va l'avoir, sinon ils n'auront pas le contrat.

— Mais tu ne comprends pas...

— Ta caisse électorale, je m'en fous!

— Il y a des élections qui s'en viennent... Ça ne se fait pas avec des «peanuts»!

— Toi, tu fais des élections, moi je n'en fais pas, O.-K.?

«Simard-Beaudry a cogné aux portes de plusieurs compagnies d'assurance pour obtenir la garantie nécessaire, même aux États-Unis, raconte Pierre Nadeau. Finalement, c'est la Banque Canadienne Nationale qui a déposé l'argent comptant. Le contrat a été accordé à la firme.»

Pierre Nadeau commence à se frotter à certaines réalités politiques. Ce n'est qu'un début. Il confie dix ans plus tard: «Si vous saviez les pressions que j'ai subies.. c'est incroyable! Je recevais à tout bout de champ des lettres de Paul Desrochers ou du ministre Maurice Tessier, de Rimouski, recommandant Monsieur Untel ou Monsieur X. Chaque fois que je recevais de telles lettres, je les envoyais au service du personnel en prenant soin d'y inscrire la mention: *110*, ce qui voulait dire *No, NON*.

Les ingénieurs-conseils

Depuis juin 1971, les spécialistes des firmes d'ingénieurs-conseils de RSW, d'ABBDL, du groupe Shawinigan ainsi que les ingénieurs de la section du Génie d'Hydro-Québec travaillent sans relâche afin de pouvoir soumettre leurs rapports sur les cinq grandes rivières de la Baie James. Ces études sont très importantes car elles doivent éclairer la haute direction d'Hydro-Québec et, par ricochet, le gouvernement du Québec, sur le choix de la ou des rivières qui seront aménagées.

Malgré un cancer à la gorge, l'ingénieur François Rousseau poursuit son travail avec acharnement afin de prouver que le projet de la Baie James doit commencer par La Grande Rivière. Il se fait tout aussi exigeant envers ses collaborateurs immédiats à la firme RSW. Claude Laliberté, aujourd'hui Président-directeur général de la SEBJ, se rappelle très bien ces périodes fiévreuses. «François Rousseau était un gars très dur, dit-il. Il me demandait toujours, quand on était rendu au vendredi, pas mal tard:

— Bon! bien demain nous allons faire ceci.

— Mais demain, c'est samedi, monsieur Rousseau. On pourrait prendre congé.

«Il résistait. Il répondait toujours:

— Les fins de semaine? D'accord pour le dimanche. Pour vos familles. Mais le samedi, théoriquement, on devrait travailler!

«Car François Rousseau travaillait constamment, raconte encore Claude Laliberté. Et moi j'avais toujours la mauvaise habitude de lui faire remarquer:

— Il est midi et demi. Je commence à avoir faim. Il faudrait aller manger.

— Toi, tu penses rien qu'à ça, répondait-il toujours.

Des pépites d'or?

«François Rousseau était un bûcheur de la pire espèce, un gars à qui les défis ne faisaient pas peur... C'en était

Un événement important pour la Société de développement de la Baie James: c'est la première ouverture de soumissions. Le lendemain, les journaux titrent: «$20 millions, le premier gros contrat de la Baie James va à une firme américaine.» Les députés péquistes s'emparent de cette «nouvelle affaire».

Créée le 21 décembre 1971, la Société d'énergie de la Baie James réunit ses administrateurs pour la première fois le 28 décembre. De gauche à droite, Charles Boulva, Jacques Duhamel, secrétaire, Roland Giroux, président du Conseil d'administration, Pierre Nadeau, président de la SDBJ, Yvon DeGuise et Paul Dozois. Hydro-Québec contrôle déjà la SEBJ!

monstrueux. Il s'était fait opérer pour un cancer à la gorge, mais ça ne l'avait pas empêché de travailler. Il restait chez lui, dans un bel appartement au Château, rue Sherbrooke. Nous allions le voir tous les deux ou trois jours pour travailler, parler de nos études sur La Grande Rivière.

«Je me souviens en particulier de l'une de ces visites. Nous devions parler ce jour-là du futur barrage de LG 2. Comme on ne pensait pas avoir de moraine dans cette région, nous avions envisagé de faire un barrage en parement de béton. Cela existe à quelques endroits dans le monde. Ce sont des barrages moins larges que ceux qui sont faits avec de la moraine. Ce qui est onéreux, c'est le placement de ce parement de béton sur la surface amont.

«Nous avions donc été convoqués à 11 heures le matin chez François Rousseau. L'élément principal, c'était le prix unitaire de ce béton en place. L'ingénieur Genest Bordeleau avait la responsabilité de l'échéancier comme des coûts. Nous avions travaillé très fort avant de nous présenter à cette réunion car nous savions que François Rousseau faisait de même de son côté. D'ailleurs, il avait une technique bien particulière. Il passait des heures à écrire sur des bouts de papier, des bouts d'enveloppes. Il imaginait des équipes, il groupait des hommes, prévoyait l'équipement, les salaires.»

À onze heures pile, les ingénieurs de RSW frappent à la porte de François Rousseau. Sa femme répond.

— François m'inquiète, dit-elle. Il a travaillé très tard hier soir. Je ne sais pas ce qui le tracasse.

«Nous nous sommes dirigés vers la salle à manger, raconte Claude Laliberté. Tous ses papiers étaient étendus partout. Pas de bonjour. C'était sérieux. Réellement sérieux. Après une hésitation de dix secondes, François Rousseau se retourne vers Genest Bordeleau et lui demande, avec sa voix rauque:

— Quel est ton prix?

— Ben... c'est 52 $ la verge cube en place.

— Qu'est-ce que tu prends comme agrégats? Des pépites d'or? Le prix, c'est 32 $!

«C'était le type de bonhomme qui pouvait te rabattre comme ça, dit Claude Laliberté. Pas parce qu'il t'en voulait. C'était comme ça, c'était son opinion.»

Une montagne de rapports

Au début de l'année 1972, Hydro-Québec se retrouve avec toute une série de rapports préparés par les ingénieurs et les spécialistes chargés d'étudier les cinq rivières du versant est de la baie James. Tiré à 50 exemplaires, le rapport de la firme Rousseau-Sauvé-Warren compte trois volumes; celui d'ABBDL, sept ou huit volumes; celui du groupe Shawinigan, trois volumes; et celui du service du Génie d'Hydro-Québec, onze volumes.

La direction d'Hydro-Québec a devant elle une montagne de rapports dont la principale caractéristique est que chacun prêche pour sa paroisse. La grande question reste posée: par quel groupe de rivières vont commencer les travaux? Sera-ce par le Complexe Nottaway-Broadback-Rupert ou par les rivières Eastmain et La Grande Rivière, qui sont plus au nord? Certes, ces rapports sont étoffés et permettent, pour la première fois, d'obtenir des renseignements précis sur le potentiel hydro-électrique de ces rivières et, surtout, sur les coûts d'aménagement.

Une fois de plus, on fait appel aux deux spécialistes Charles Boulva et André Langlois pour étudier ces rapports et en faire une évaluation. C'est une lourde tâche car ces rapports devaient, en principe, «éclairer» la direction d'Hydro-Québec. Quelle est donc la meilleure solution? Par où commencer? Épineuses questions...

L'un de ces grands patrons d'Hydro-Québec, le commissaire Yvon DeGuise, rappelle qu'à ce moment Hydro-Québec faisait face à cinq problèmes techniques concernant l'aménagement hydro-électrique de la Baie James:

1) Un choix à faire, NBR ou La Grande Rivière?

2) À quel moment, à quelle date aurons-nous besoin de l'énergie de la Baie James?

3) La future route Matagami-Baie James nous tracassait: va-t-elle être prête à temps?

4) Les lignes de transport: nous n'avions pas encore l'expérience des lignes venant de Churchill Falls, c'est-à-dire des lignes à 735 kV. Nous avons étudié la possibilité de travailler à 1 200 kV; on a aussi étudié les lignes à courant continu.

5) La dimension des groupes turbine-alternateur: nous pouvions installer des turbines plus grosses, mais il y avait des difficultés de transport et il nous fallait tenir compte de l'expérience des manufacturiers.

«Évidemment, nous avons eu de grosses discussions avec les gens d'Hydro-Québec, raconte Charles Boulva. Nous avons étudié tous les rapports des ingénieurs-conseils. Notre conclusion: il fallait commencer par les rivières du nord. Mais les gens d'Hydro-Québec, qui avaient toujours travaillé sur les rivières du sud, voulaient commencer par elles. À force de discuter, nous avons réussi à convaincre Hydro-Québec de faire valider toutes ces études par la firme newyorkaise Ebasco Services Ltd.»

À New York de choisir!

Même Charles Levrat, le grand spécialiste français engagé pour tenter d'y voir un peu plus clair, en vient à la conclusion que les rivières du nord sont plus intéressantes que celles du sud. Il prévoit la possibilité de dériver les rivières Nottaway, Broadback et de Rupert dans la rivière Eastmain, puis ensuite dans La Grande Rivière.

«Devant toutes ces indécisions, rappelle dix ans plus tard l'ex-président d'Hydro-Québec, Roland Giroux, nous avons engagé un consultant très bien connu, Ebasco, qui avait rendu d'énormes services dans plusieurs domaines à Hydro-Québec. C'était un expert totalement indépendant qui devait rendre jugement et quel que soit le jugement, Ebasco savait qu'il n'aurait aucun contrat à la Baie James. La firme devait établir l'endroit où il serait plus économique de débuter. Ebasco devait trancher le problème. Monsieur Bourassa était au courant. Je lui avais dit qu'on ferait trancher la question par Ebasco. Il approuvait cette idée; il était d'accord aussi pour qu'Ebasco n'obtienne aucun contrat à la Baie James de façon à pouvoir rendre un jugement sans subir l'influence de personne. Il ne s'agissait pas de favoriser tel groupe au détriment de tel autre. Le mandat consistait à déterminer objectivement par quelle rivière on devrait commencer.»

Une fois le temps des Fêtes passé, et l'hiver bien installé au Québec, les différentes facettes du projet de la Baie James refont surface et alimentent les médias d'information. Le Parti québécois veut relancer le débat sur le projet de la Baie James qu'il qualifie de douteux et de scandaleux[8].

De son côté, le président de la Société de développement, Pierre Nadeau, s'adressant aux membres de la Chambre de commerce du district de Montréal, explique la philosophie de la Société et va jusqu'à affirmer que la SDBJ «sera la première à envisager le problème écologique à cette échelle à tel point que le bassin de la Baie James pourrait bien devenir un véritable laboratoire de recherches et d'applications écologiques et un exemple de conservation pour le milieu[9].»

Au sujet de la population du territoire, laquelle compte 7 000 Indiens, 250 Blancs et une cinquantaine d'Inuit, Pierre Nadeau déclare que cette présence humaine au sein du territoire de la Baie James constitue peut-être — avec l'écologie — l'un des défis les plus importants et les plus délicats que nous devons relever. Il s'agit de mettre en valeur l'ensemble de la région sans nuire à la structure sociale existante de ces peuples.» Puis, il convie tous les Québécois à participer à cette entreprise qu'est la Baie James. C'est la chance du siècle, dit-il, étant donné les retombées économiques importantes.

Prêts pour la ruée...

D'ailleurs, plusieurs personnes, plusieurs industries, certaines régions du Québec, surtout le Nord-Ouest, attendent ces retombées économiques. Ainsi, les hommes d'affaires de Chibougamau, cette petite ville de 11 000 habitants dont l'existence dépend uniquement de l'exploitation minière, sont convaincus que leur municipalité deviendra l'avant-poste principal sur le chemin de la Baie James. Tout le monde s'affaire donc à remodeler le visage de Chibougamau[10].

Un restaurateur et des associés ont constitué une entreprise de services pouvant fournir «n'importe quoi». Il pourra aussi bien louer de la machinerie lourde que servir des repas aux ouvriers sur les chantiers.

Chibougamau rêve du moment où tout un essaim d'entrepreneurs se mettra à l'œuvre pour construire une route de service et les ouvrages de retenue du lac Mistassini. On se prépare à accueillir les nouveaux arrivants. La municipalité et des particuliers passent à l'action. Des immeubles en copropriété de 50 unités et plus seront bientôt mis en chantier. Un hôtel du centre-ville complète la construction d'une série de motels. Son concurrent, à l'entrée de la ville, agrandit. Le conseil municipal consent à ajouter une cinquantaine de nouveaux espaces au parc des roulottes déjà trop étendu au goût du maire Godefroy De Billy.

Et la ville de Chibougamau offre ses services publics dans des secteurs de son territoire plus éloignés afin de parer à toute éventualité dans le domaine de la construction domiciliaire. Chibougamau a l'assurance que la population permanente s'accroîtra précipitamment pour finalement atteindre 15 000 ou 20 000 habitants. On pense également aux services communautaires. On construira un centre sportif, une école polyvalente pourvue d'une piscine. On veut aussi attirer des avocats et des notaires. Les bureaux de médecins et du dentiste sont regroupés dans un premier centre médical à l'hôpital.

La Grande Rivière se classe au troisième rang parmi les cours d'eau du Québec. Elle draine une contrée de 98 000 kilomètres carrés... plus du double de la superficie de la Suisse!

En mai 1972, la SDBJ et Hydro-Québec optent pour l'aménagement de La Grande Rivière: Georges Gauvreau et Robert A. Boyd, commissaires d'Hydro-Québec, Roland Giroux, président d'Hydro-Québec et du Conseil d'administration de la SEBJ, Yvon DeGuise et Paul Dozois, membres du C.A. de la SEBJ.

C'est un vent de renouveau, chargé de promesses, qui souffle sur Chibougamau, une région dominée par la jeunesse; un renouveau qui éclipse pour le moment la vocation minière de la ville, raison première de sa fondation. La Baie James deviendra-t-elle une solution de rechange pour cette communauté?

Pas de seconds violons

Pendant que les gens du Parti québécois et tous ceux qui s'opposent au projet du siècle se manifestent auprès de l'opinion publique, Hydro-Québec effectue une nouvelle manœuvre qui va lui permettre de ne pas jouer les seconds violons dans l'aménagement hydro-électrique de la Baie James.

Le 21 janvier, la grande société d'État s'engage à souscrire d'ici dix ans sept millions d'actions de la Société d'énergie de la Baie James représentant un investissement total de 700 millions de dollars. Comme le capital-actions autorisé de la SEBJ est de un milliard de dollars, Hydro-Québec devient donc fortement majoritaire. De plus, les lettres patentes instituant la Société d'énergie de la Baie James indiquent qu'Hydro-Québec détient des pouvoirs qui en font pratiquement le grand patron. Elle devra en effet approuver tous les budgets et les grandes décisions de la SEBJ.

Ces changements confirment donc ce que Robert Bourassa avait dit lors de son discours en deuxième lecture sur le projet de loi 50, à savoir qu'il n'y aurait pas deux Hydro-Québec et que cette dernière serait responsable des travaux à la Baie James.

Quelques mois plus tard, sans bruit et sans éclat, Hydro-Québec boucle la boucle. La société d'État se fait émettre par le gouvernement Bourassa des lettres patentes supplémentaires réduisant à 700 000 500 dollars le capital autorisé de la SEBJ. Elle devient ainsi l'unique actionnaire de la Société d'énergie de la Baie James car elle se porte acquéreur aussi de la part de 500 $ détenue par Pierre Nadeau!

Pour amener le gouvernement à agir de la sorte, Hydro-Québec a fait valoir qu'il serait préférable, pour des raisons de taxation, que la SEBJ soit sa filiale à part entière. Le gouvernement a donc fait adopter une loi qui stipule que la taxe de vente ne s'applique pas aux compagnies dont le capital-actions est totalement détenu par une société dont les actions appartiennent au moins à 90 p. cent au Gouvernement du Québec ou dont les biens appartiennent au gouvernement.

Le nucléaire refait surface

La bataille sur le meilleur type d'énergie à choisir, à savoir le nucléaire ou l'hydro-électricité, continue de plus belle. On parle aussi des coûts. L'hebdomadaire *Québec-Presse* y va d'une révélation au début de février. Il titre: *L'énergie nucléaire: deux fois moins cher que la Baie James!*[11]

Le journaliste Jacques Keable écrit: «Si le gouvernement et Hydro-Québec optaient pour l'utilisation de l'énergie nucléaire au lieu du projet de la Baie James, il en coûterait aux contribuables deux fois moins cher pour une production d'électricité identique.

«C'est ce qui ressort d'une étude faite par une firme spécialisée, United Engineers Constructors Inc., de Philadelphie, pour le compte d'Hydro-Québec. L'étude est datée du 27 août dernier et a été tenue rigoureusement secrète jusqu'à aujourd'hui.

«Bourassa, en maintenant son projet de développement de la Baie James, néglige donc, en toute connaissance de cause, de tenir compte de ce document essentiel. L'ordre a d'ailleurs été donné à la Société de développement de la Baie James, à Hydro-Québec, de mettre sous clé, tous les soirs, ce document dont quelques exemplaires seulement existent.»

Québec-Presse rappelle que l'aménagement coûtera «au bas mot dix milliards de dollars ou si vous préférez deux fois et demie le budget actuel du Québec. Par contre, la construction de centrales nucléaires capables de fournir la même quantité d'électricité, coûterait autour de cinq milliards de dollars, soit la moitié du prix de la Baie James.»

La réponse gouvernementale ne se fera pas attendre. Au cours d'une conférence devant le Club Rotary de Québec, puis en réponse aux questions de journalistes, Gilles Massé, ministre des Richesses naturelles, proclame que le gouvernement reste convaincu que l'option hydro-électrique est la meilleure et qu'il est prématuré de prétendre que les travaux coûteront dix milliards de dollars.

Le ministre rappelle les raisons majeures qui ont fait porter le choix du gouvernement sur la mise en valeur des ressources hydro-électriques du territoire québécois[12]:

— Les Québécois ont établi leur compétence dans le domaine hydro-électrique. «L'on ne saurait en dire autant pour l'équipement des autres systèmes de production électrique, soit le thermique ou le nucléaire, pour lesquels les commandes de matériel seraient forcément faites à l'extérieur et qui nous contraindraient à faire appel à des spécialistes étrangers.»

— Les retombées économiques sont nombreuses au Québec, et l'on ne saurait en dire autant pour les deux autres options;

— Le degré de rentabilité et de sécurité d'approvisionnement est plus élevé;

— L'hydro-électricité permet une plus grande stabilité des prix et nécessite des réserves d'énergie beaucoup plus faibles;

— À l'inverse de l'utilisation des hydrocarbures qui aggrave notre dépendance économique vis-à-vis de l'extérieur, l'exploitation des ressources hydrauliques est un facteur d'indépendance économique pour le Québec;

— Il faut tenir compte du fait que l'énergie thermique pose un problème de pollution, alors que l'option hydro-électrique n'a aucune répercussion dommageable en ce sens;

— Finalement, l'électricité «est un facteur entraînant un avantage comparatif pour le Québec sur le plan nord-américain, et même international, alors que les sites aménageables se raréfient de plus en plus.»

La stratégie du PQ

Attablés à La Poudrière, un restaurant pittoresque adossé aux murailles du vieux Québec, près de la Porte Saint-Louis, le psychiatre Camille Laurin et l'avocat syndicaliste Robert Burns lèvent le voile, en ce début du mois de mars, sur la stratégie qui s'élabore au Parti Québécois en vue de la reprise des travaux à l'Assemblée nationale[13].

«Le Premier ministre Bourassa va tomber là-dessus (le dossier de la Baie James) ou alors il va tout faire pour jeter de la poudre aux yeux. Dans les deux cas, il peut compter sur nous pour ne pas le laisser retraiter sans lui donner des coups de harpon», déclarent des deux intellectuels du PQ.

Ils estiment que les chiffres de ce dosssier ont suffisamment évolué depuis quelques mois pour justifier que l'étude en soit reprise en commission parlementaire. Tous leurs efforts durant la prochaine session de l'Assemblée nationale viseront à obtenir la réouverture du dossier. «Même s'il faut revenir tous les jours avec la question, cela finira bien par donner l'impression que le gouvernement a quelque chose à cacher», confie Robert Burns.

Mais ces réponses, ils ne les attendent pas tellement de leurs opposants politiques. Ils les attendent surtout des experts canadiens et américains qui ne peuvent intervenir devant l'Assemblée nationale mais qui, au contraire, pourraient être entendus en commission parlementaire. Ils escomptent passablement de lumière des témoignages que pourraient donner les experts d'Atomic Energy of Canada et ceux de la firme américaine United Engineers.

Les députés péquistes entendent «pousser le gouvernement dans ses derniers retranchements pour le démasquer à la suite d'un chèque en blanc de plusieurs milliards de dollars tiré sur l'avenir technologique du Québec».

Les travaux de l'Assemblée nationale reprennent dès le lendemain de ces déclarations et Robert Bourassa, dans son discours inaugural, répond sèchement à l'attente des péquistes: «Nous convoquerons la Commission parlementaire des Richesses naturelles lorsque nous le jugerons utile[14].» Or, nous sommes au 7 mars et, selon les renseignements qu'obtiennent des journalistes, cette commission ne sera convoquée qu'après les vacances de Pâques des députés et peut-être pas avant le mois de mai.

Robert Bourassa ajoute: «Le gouvernement est parfaitement conscient de l'ampleur du projet de la Baie James, de ses implications financières, économiques et sociales.» Puis, s'adressant visiblement aux députés péquistes et à Jacques Parizeau, il enchaîne: « L'attitude que nous prenons présentement témoigne de la volonté que nous avons de mener à bien ce gigantesque projet. Il a certainement le mérite de faire contraste avec l'agitation verbale et les demi-vérités auxquelles certains se livrent à partir d'informations partielles. Le projet de la Baie James est trop sérieux pour que nous nous laissions émouvoir par des arguments superficiels et intéressés.»

À la sortie de la Chambre, Robert Bourassa tient à réaffirmer que «l'exploitation de la Baie James est décidée de façon irréversible.»

Des libéraux veulent en savoir plus

Sept jours après les affirmations du Premier ministre, le vice-président de la Société de développement de la Baie James, Fred H. Ernst, déclare que la firme Ebasco de New York doit remettre son rapport de synthèse en avril et que la SDBJ fera connaître sa décision en mai, à savoir si le projet débutera par les rivières situées au sud du territoire ou au nord.

Fred Ernst parle devant un groupe d'ingénieurs forestiers de la région de Québec. Curieusement, quelques députés libéraux se sont glissés parmi les auditeurs dans le but évident d'en savoir plus sur le grand projet. L'un d'eux, le député libéral de Saguenay, Henri Coiteux, lance au conférencier: «*Renseignez-nous, on n'a rien à répondre au Parti québécois. Et vous, défendez-vous*[15].»

Durant la période de questions, Henri Coiteux dit à Fred H. Ernst:

— Ça me choque. On n'a rien à répondre au PQ. Nous voudrions en savoir plus sur le projet.

— Nous, nous ne faisons pas de politique, répond Ernst.

— On est dedans, nous. Qu'est-ce que vous allez faire?

— Il faut comprendre que nous n'avons pas un service de relations publiques organisé. Nous avons beaucoup à faire. Nos relations publiques sont dans leur enfance.

— Le public part sur une fausse impression. Parizeau dit que c'est un fiasco et prêche le nucléaire. La Société de développement ne se défend pas comme elle le devrait.

Fin avril-début mai. C'est le temps où la Baie James se libère de sa neige et de sa glace par un court printemps de 40 jours qui la fait passer de l'hiver à l'été. Un peu partout à la grandeur du territoire, des hommes poursuivent des travaux d'exploration, de construction de routes et d'infrastructures.

Dans le «sud», le mois de mai sera aussi celui de la Baie James. Car une commission parlementaire se tiendra à Québec. Toutes les têtes d'affiche de ce dossier y seront. Pour Pierre Nadeau, ce sera ses premières armes avec la politique, un monde dans lequel cet homme au franc parler devra apprendre à manœuvrer. Déjà, il a contre lui quelques ennemis ou, si le mot paraît pour le moment trop fort, des gens qui n'aiment pas «ses façons de faire».

Une journée historique

La Commission permanente des richesses naturelles va siéger d'abord les 16 et 18 mai, puis à la fin du mois et au début de juin. Le but principal: entendre les recommandations d'Hydro-Québec et de la Société de développement de la Baie James sur le bien-fondé de l'exploitation hydroélectrique de la Baie James.

La salle d'audience du Parlement de Québec est bondée, en ce 16 mai, de ministres, de députés, et de hauts fonctionnaires du gouvernement, de l'état-major d'Hydro-Québec accompagné des spécialistes de son service de Relations publiques, les dirigeants de la SDBJ, les grands patrons des firmes d'ingénieurs-conseils qui, depuis un an, ont travaillé d'arrache-pied pour produire toutes ces études conduisant aux recommandations qui seront faites aujourd'hui même.

Parmi eux, un homme, sous des apparences sereines, calmes, attend nerveusement ces recommandations. C'est l'ingénieur François Rousseau. Depuis trois ans, il ne cesse de se battre pour faire débuter les travaux de la Baie James par La Grande Rivière. Pour lui, une décision favorable serait non seulement le couronnement de trois années de travail intense et frénétique, mais aussi le couronnement de toute une carrière.

François Rouseau est là, un invité parmi d'autres. Il est toujours malade car son cancer à la gorge ne cesse de faire son œuvre destructrice. Près de lui, sa femme Yvonne, qui n'a cessé de l'encourager, de l'aider. Elle est peut-être encore plus nerveuse que son mari. Elle connaît bien l'enjeu. Elle craint aussi une décision que son mari ne tolérerait pas, c'est-à-dire commencer les travaux par les rivières Nottaway, Broadback et de Rupert.

Elle est là, grande, digne, se remémorant intérieurement certaines scènes, Un jour, il avait fait un grand dessin sur du papier: c'étaient les cinq rivières de la Baie James. Les ingénieurs avaient appelés ça «Le Picasso». Et cette lettre qu'il lui avait envoyée de son lit d'hôpital et qu'elle conserve encore précieusement. Il avait écrit à larges traits de plume, de façon malhabile, quelques bouts de phrases encourageantes et positives: «C'est intéressant de produire, de créer, de faire quelque chose». Yvonne Rousseau ne peut s'empêcher aussi de penser que son mari ingénieur parle de La Grande Rivière depuis 1950...

C'est le Premier ministre Robert Bourassa qui se lève pour annoncer que... Il ne peut en dire plus. Des membres du Parti québécois et du Ralliement des créditistes exigent que les cartes soient déposées sur la table avant de discuter d'un projet aussi vaste. Robert Bourassa refuse en alléguant que ces études n'ont pas encore été expurgées de certaines données pouvant nuire à des négociations à venir, comme celles portant sur les taux d'intérêt à prévoir, les salaires, etc. Le chef parlementaire du PQ, Camille Laurin, s'indigne. «Nous avons besoin de ces documents pour discuter de façon intelligente en commision. Autrement, on demande aux députés un vote de confiance, un blanc-seing.» Robert Bourassa réplique qu'il n'a rien à cacher. «Mais nous voulons avoir le temps nécessaire aux fins de l'intérêt public, et non pas aux fins de l'intérêt du gouvernement, d'éliminer les parties qui pourraient nuire[16].»

Et le Premier ministre déclare qu'à la suite d'une recommandation commune de la Société de développement de la Baie James et d'Hydro-Québec, c'est par l'aménagement de La Grande Rivière, la plus au nord du bassin, que débuteront les travaux dans la région de la Baie James. Le coût s'élèvera à 5,8 milliards de dollars et, dès 1980, Montréal commencera à recevoir les premiers des 8 300 MW que le Complexe La Grande produira une fois les aménagements terminés, soit l'équivalent de la production de 30 centrales nucléaires semblables à celle qui a été construite à Gentilly[17].

Cette recommandation, que le gouvernement a décidé d'adopter, s'appuie sur des expertises sérieuses, affirme Robert Bourassa. «Les études et les recherches ont démontré qu'il s'agit là du choix le plus avantageux et le plus économique, tenant compte des autres solutions et des multiples aspects que comporte le projet d'aménagement de la Baie James.

«Nous sommes convaincus, assure encore une fois Robert Bourassa, que ce projet de la Baie James apportera des avantages économiques et sociaux considérables pour les citoyens de toutes les régions du Québec.»

Des travaux titanesques

Pour réaliser ce premier projet, il faudra détourner dans La Grande Rivière les eaux d'une partie des bassins des rivières Caniapiscau, Grande Baleine et Opinaca, laquelle est tributaire de la rivière Eastmain. Quatre centrales seront construites, la première à 37 km de Fort-George, la quatrième à 480 km de cette municipalité, les quatre (LG 1, LG 2, LG 3 et LG 4) s'échelonnant sur une distance de 500 km de la baie James[18].

Outre les quatre centrales, l'ensemble comprendra quatre barrages principaux, 18 évacuateurs de crues et ouvrages régulateurs et un total de 80 digues. La puissance et l'énergie seront acheminées vers Montréal sur des lignes à haute tension, pouvant atteindre 1,5 million de volts.

Tous les barrages et digues seront formés de remblais zonés composés de matériaux naturels disponibles sur place: till, sable, gravier et enrochements. Une des raisons qui militent en faveur de ce choix est certainement le prix de revient élevé du ciment une fois transporté au Complexe La Grande.

De son côté, le président de la Société de développement, Pierre Nadeau, dépose le plan initial du projet illustré de 11 cartes. Pourquoi l'option hydro-électrique, lui demande-t-on? «Il est clair, répond-il, que le développement hydro-électrique n'est pas la seule option. Mais il est la seule réponse logique aux exigences tant de la rentabilité que de l'environnement.»

Il ajoute que le Québec possède le savoir-faire, la compétence et l'équipement nécessaires. De plus, l'énergie produite à la Baie James sera, «selon les tendances actuelles, très compétitive par comparaison avec l'énergie des combustibles et avec l'énergie nucléaire en raison des prix qu'atteindront celles-ci d'ici une dizaine d'années[19]».

Les ingénieurs de RSW qui ont mis l'accent sur La Grande Rivière, sont visiblement heureux. En particulier François Rousseau qui voit l'un de ses grands rêves, sinon le grand rêve de sa vie, se concrétiser. Les gens viennent le féliciter, le remercier. Yvan Hardy, d'Hydro-Québec, affirme: «C'est un succès personnel.» Évidemment, son nom ne fera pas les manchettes des journaux le lendemain. Il n'y sera fait aucune allusion. Bien peu de personnes savent, dix ans après, le véritable rôle joué par François Rousseau. Mais comme c'est un homme humble et qui n'a jamais recherché la publicité, ses succès ne sont connus que dans son entourage immédiat.

Une demande non équivoque

Durant la séance de la soirée, c'est Roland Giroux, le président d'Hydro-Québec, qui se fait remarquer par des propos non équivoques. Après avoir fait un exposé détaillé et très étoffé sur les besoins en énergie électrique du Québec, sur les modes de production possibles, sur l'établissement de programmes d'équipement et sur le programme qui a été retenu, Roland Giroux doit faire face à l'impatience des parlementaires qui cherchent à savoir qui dirigera les travaux de La Grande Rivière.

Avant de parler de maître d'œuvre, le président Giroux se dit d'abord assuré qu'on pourra trouver les capitaux nécessaires. «Il ne faut pas oublier qu'une capacité d'emprunter résulte d'une capacité de rembourser et de payer des intérêts. La capacité d'emprunt d'Hydro-Québec existe à cause de sa réputation sur les marchés financiers, de ses revenus et de ses avoirs propres qui lui permettent d'autofinancer en partie ses projets. C'est donc la stabilité et la solvabilité d'Hydro-Québec qui lui assurent une ouverture sur ces marchés financiers.

«Nous pourrons réunir les capitaux requis à la condition expresse que le mandat total d'ingénierie et de gérance du projet d'aménagement hydro-électrique de la Baie James soit confié à Hydro-Québec; afin de respecter les limites budgétaires établies, il faut que la structure de gérance puisse assurer le contrôle des travaux d'ingénierie, d'estimation des coûts d'approvisionnement et l'exécution de contrats adjugés aux différentes entreprises. Devant l'ampleur de ce projet, Hydro-Québec pourra s'adjoindre les services d'une firme reconnue dans le domaine de la gérance de grands projets.»

Comme un doute semble persister, le chef d'Unité-Québec, Gabriel Loubier, demande clairement au président de la SDBJ, Pierre Nadeau, à qui appartiendra le management des travaux de La Grande Rivière. «La décision n'est pas encore prise», répond Pierre Nadeau. «Mais la gérance d'un tel projet peut être confiée par la Société d'énergie de la Baie James à des intérêts québécois[20].»

Interrogé après la séance, Robert Bourassa répond: «Je puis vous dire qu'il n'y aura pas une Hydro-Baie James, qu'il n'y aura pas deux Hydro. D'ailleurs, rappelez-vous ce que j'ai dit il y a un an...[21]»

Le duel Nadeau-Giroux s'amorce

Désormais, la question de la gérance des travaux à la Baie James va alimenter le débat sur le projet du siècle. Dès la seconde journée de la Commission parlementaire des Richesses naturelles, le chef d'Unité-Québec, Gabriel Loubier, et le député péquiste Guy Joron demandent des précisions sur la direction des travaux de la Baie James. Roland Giroux résiste. Ce qu'il avait à dire, il l'a dit au cours de la première séance. Celui qu'on appelle le «fin renard» ne se laissera pas prendre au piège.

«Pourquoi avez-vous parlé de «condition expresse», lui demande Gabriel Loubier. «Au cas où il y aurait des équivoques. C'est pour clarifier cette question», répond Roland Giroux.

Et Pierre Nadeau? Interrogé à son tour, le président de la SDBJ reste sur la défensive et maintient sa première réponse voulant qu'une décision ultérieure soit prise. Mais Gabriel Loubier, qui est avocat de profession, pose des questions précises[22]:

— Comment seront réglées les divergences?

— C'est une décision qui devrait être prise au niveau du conseil d'administration de la Société d'énergie dans un avenir que j'imagine rapproché.

— Mais si Hydro pose comme condition essentielle d'obtenir elle-même ce mandat pour la mener à bonne fin, est-ce que...

— Étant donné qu'Hydro-Québec est majoritaire dans la Société d'énergie, la décision sera prise par Hydro-Québec.

— Oui, mais si la Société d'énergie doit s'adresser à la société mère, cela serait drôlement délayer sa capacité ou son pouvoir.

— Vous entendez par la société mère, la Société de développement de la Baie James?

— Oui.

— Qui est toutefois minoritaire dans la Société d'énergie.

— Alors pourquoi ne pas tenir compte de la Loi 50 et respecter les prescriptions de la charte qui accorde le management, d'une façon claire et précise, à Hydro-Québec?

— C'est ce que nous croyons faire à la Société de développement de la Baie James. Oui.

Mais le débat ne va pas plus loin. Le président de la Commission, Arthur Séguin, met un frein à la discussion en disant que le management fera l'objet d'une séance ultérieure. En soirée, Guy Joron posera des questions semblables au ministre Guy Saint-Pierre, mais Arthur Séguin interviendra encore une fois.

Les journalistes notent que deux thèses différentes commencent à voir le jour, celle de Pierre Nadeau et celle de Roland Giroux. Aucun doute maintenant, écrivent-ils, un froid, une tension certaine existent entre la Société de développement de la Baie James et Hydro-Québec.

En réalité, c'est L'AFFAIRE BECHTEL qui commence!

Chapitre 7

L'affaire Bechtel

Une divergence de vue sur la question de la gérance du projet de la Baie James se déclare, à la fin de mai 1972, entre les clans de Roland Giroux et de Pierre Nadeau.

Tout n'a pas été dit publiquement au cours des séances de la dernière Commission parlementaire. Ainsi, *Le Devoir* révèle que «le président d'Hydro-Québec, Roland Giroux, et le commissaire Robert Boyd, ont eu l'occasion, le mardi 16 mai, d'exposer devant le conseil des ministres leur conception du système de gérance qui devrait être adopté pour l'aménagement hydro-électrique de La Grande Rivière...[1]

«Cette réunion extraordinaire du cabinet a eu lieu entre la première et la deuxième session de la Commission des richesses naturelles. Il semble que plusieurs membres du cabinet Bourassa auraient un préjugé favorable pour l'autre formule de gérance qu'étudie la Société d'énergie de la Baie James, soit la proposition soumise par le groupement de sociétés montréalaises: Surveyer, Nenniger et Chénevert, Montreal Engineering Company et Janin Construction.»

L'autre formule de gérance, c'est celle que Roland Giroux a évoqué en Commission parlementaire, sans donner plus de précisions, surtout sans nommer personne. Or, *Le Devoir*, dans le même article, ajoute: «On croit savoir que le président d'Hydro-Québec a déjà jeté son dévolu sur la Canadian Bechtel, filiale du groupe américain Bechtel International, de San Francisco. C'est Canadian Bechtel qui a obtenu le contrat de gérance du projet d'aménagement des chutes Churchill; dans le cadre de ce projet, conçu pour elle et dont est propriétaire Hydro-Québec».

Le journaliste Claude Lemelin révèle aussi que, «soucieux d'éviter que ce conflit n'éclate au grand jour, le Premier ministre Bourassa a demandé aux deux administrateurs de biffer de leur exposé devant la Commission, à la dernière heure, toutes remarques sur le système de gérance. M. Nadeau s'est plié de bonne grâce à la requête du Premier ministre, mais M. Giroux s'y est refusé, prétextant que son texte était déjà imprimé. En conséquence, M. Nadeau s'est trouvé dans une situation inconfortable devant la commission.»

Une soumission cachée?

Le même journaliste semble posséder plusieurs éléments de ce nouveau dossier qui deviendra, au fil des années, la ténébreuse affaire Bechtel. Il écrit: «La Société d'énergie de la Baie James étudie depuis deux mois une soumission relative à la gérance du projet d'aménagement hydro-électrique du Complexe La Grande, soumission qui lui a été faite par trois des plus grandes firmes d'ingénieurs à Montréal: Surveyer, Nenniger et Chenevert Inc., Montreal Engineering Limited, et Janin Construction Limitée[2].

«Dans le cahier de plus de 150 pages qu'elles ont remis à la SEBJ, le 13 mars 1972, ces trois firmes proposent comme concept de gérance retenu pour l'aménagement hydro-électrique de la région, «une approche globale, appliquée aux projets complexes», qui englobe donc «la planification, l'organisation, la coordination, la surveillance, l'orientation et le contrôle des études, de l'approvisionnement et de la construction.»

Si la SEBJ décidait d'accepter leur proposition, soutiennent les trois firmes, elle disposerait sur le champ «d'une équipe homogène, compétente et capable d'instaurer les méthodes et les systèmes de gérance requis». De plus, poursuivent-elles dans leur lettre de présentation, «les ressources nombreuses et variées du groupe rendraient possible une expansion rapide de l'équipe de gérance pour faire face à toute éventualité».

Une société de gérance serait formée et pilotée par SNC, société à l'intérieur de laquelle il serait souhaitable, précise la soumission, d'intégrer certains membres du personnel d'Hydro-Québec «afin d'utiliser l'expérience déjà acquise et d'assurer un approfondissement des connaissances au sein de cet organisme qui devra non seulement continuer à fournir de l'électricité à la province, mais aussi exécuter les travaux nécessaires pour répondre aux besoins de son marché énergétique.»

Lors de leur comparution devant la Commission permanente des richesse naturelles, ni Pierre Nadeau ni Roland Giroux ne souffle mot de cette soumission, mais ils en ont sûrement pris connaisance.

Appelé à commenter cette nouvelle, Camille Dagenais président de Surveyer, Nenniger, Chenevert, déclare: «Nous croyons que ce qui doit être le projet du siècle, projet qui doit relancer l'économie du Québec, ne doit pas être laissé aux Américains, si compétents soient-ils en la matière[3].

«Nous avons démontré notre propre compétence partout dans le monde pour ce qui est des aménagements hydro-électriques... Par ailleurs, en ce qui concerne la réalisation du projet de la Baie James, il faudra pouvoir parler français aux échelons supérieurs et nous sommes en mesure de le faire».

Après Apollo, la Baie James!

De son côté, l'ingénieur Pierre Fortier, vice-président du Groupe SNC, de Montréal, déclare: «Après le programme Apollo, qui a conduit des astronautes sur la Lune, je ne connais pas de projet aussi important que celui de l'aménagement de la Baie James. C'est pourquoi nous avons formé un consortium pour offrir nos services à la Société d'énergie de la Baie James[4].»

Pierre Fortier signale que le consortium SNC-Monenco-Janin est puissant: Surveyer, Nenniger et Chenevert Inc, de Montréal, fournissent des services de gérance pour des projets totalisant 696 millions de dollars; Montreal Engineering Company Ltd., gère des projets représentant un milliard de dollars à travers le monde; Janin Construction, aussi de Montréal, considéré jusqu'ici comme entrepreneur mais qui veut se lancer dans la gestion de grands projets, emploie 3 000 personnes, et sur 1 000 professionnels, il y a 450 francophones.

Pierre Fortier précise que SNC, comme d'autres firmes d'ingénieurs de Montréal, ne veut pas manquer le bateau. Les ingénieurs du Québec ont très peu tiré profit des aménagements hydro-électriques de Churchill Falls, Bechtel et Acres ayant obtenu la majorité des contrats. Marc Benoit, président de Asselin, Benoit, Boucher, Ducharme et Lapointe, est du même avis. De plus, il affirme que, lors de la construction du métro de Montréal, chaque firme d'ingénieurs de la Métropole a pu décrocher un contrat pour la réalisation d'une station de métro. «Tout le monde a fait sa station du chemin de la croix, dit-il, mais les Français se promènent à travers le monde en proclamant que ce sont eux qui ont réalisé le métro de Montréal[5].»

À la reprise des travaux de la Commission permanente des richesses naturelles, le 25 mai, le président de la Société de développement de la Baie James, Pierre Nadeau, développe sa thèse et recommande «que la gérance du projet soit confiée à l'entreprise privée et que cette entreprise privée soit québécoise.» Robert Bourassa, qui passe plus de deux heures à la table de la Commission, ne fait aucune déclaration sur cette épineuse question. Aux journalistes, étonnés et intrigués par son mutisme, le Premier ministre répond «qu'il s'attendait à des questions sur ce sujet qui ne sont pas venues et qu'il ne pouvait répondre à des questions non soulevées[6]».

Nadeau revient à la charge

Pierre Nadeau, plus convaincu que jamais qu'il a raison, revient à la charge quelques jours plus tard, au cours d'une autre séance de la Commission parlementaire. En ce 1er juin, il n'y va pas par quatre chemins. En vertu de la loi 50, dit-il en substance, la Société d'énergie est responsable du développement des ressources hydro-électriques de la Baie James: elle est par conséquent «maître d'œuvre» du projet et il lui appartient de décider des mandats de conception ou d'exécution à accorder à Hydro-Québec, à d'autres organismes gouvernementaux ou para-gouvernementaux, ou à l'entreprise privée.

«Lorsque Hydro-Québec demande à la Commission, sans passer par la Société d'énergie, qu'un mandat global d'ingénierie et de gérance lui soit confié, cela équivaut à demander que l'article 16 (de la Loi 50) soit invalide[7].» À titre de président de la SEBJ, Pierre Nadeau formule trois recommandations: que le comité de gérance soit directement sous le contrôle de la Société d'énergie de la Baie James, que ce comité soit distinct d'Hydro-Québec, et qu'il soit formé par l'entreprise privée québécoise.

Au nom de Roland Giroux, hospitalisé à Montréal, Paul Dozois, l'un des commissaires d'Hydro-Québec, répond qu'il appartient plutôt à l'actionnaire majoritaire de la SEBJ, lequel est en même temps client et fournisseur d'électricité, de décider comment les travaux seront exécutés et d'en contrôler les coûts. «C'est dans cet esprit qu'Hydro-Québec réclame la gérance. Elle ne voit pas la nécessité de créer de toute pièce une structure autonome en vue de diriger le Complexe La Grande, étant donné qu'elle peut, avec ses cadres et ses employés compétents, constituer l'équipe nécessaire à la réalisation de ce projet[8].»

Le commissaire Robert Boyd annonce que le projet sera réalisé «avec la collaboration du personnel le plus compétent, provenant de diverses entreprises œuvrant au Québec. Hydro-Québec commencera d'abord par recruter chez des entrepreneurs ou des ingénieurs-conseils québécois et donnera au besoin des contrats à des firmes ou entreprises québécoises pour compléter son équipe de gérance. L'important, dit-il, c'est que tous ceux qui s'occuperont de gérance au chantier soient identifiés comme appartenant à Hydro-Québec. C'est la seule façon d'assurer l'unité de pensée et d'action à la gérance du projet.»

Comme détenteur de la majorité des actions de la SEBJ, ajoute le commissaire Boyd, «c'est Hydro-Québec qui va être appelée à financer l'aménagement et à acheter l'énergie. Au strict point de vue comptable, la Société d'énergie est une filiale d'Hydro-Québec... N'oubliez pas que selon la Loi, devant le gouvernement et devant le peuple, Hydro-Québec est responsable du coût de l'électricité: elle est chargée de produire l'électricité au meilleur coût possible, pour la vendre au meilleur coût possible. La Société d'énergie agit peut-être avec le même souci, mais elle n'est pas spécialiste de cette question.»

Une manchette sensationnelle

Une heure avant l'ajournement sine die des travaux de la Commission, les trois parties d'opposition insistent auprès du Premier ministre pour savoir qui, d'Hydro-Québec ou de l'entreprise privée, devrait hériter selon le gouvernement québécois, de la gérance du projet. «Autant que je sache, dit Robert Bourassa, la Société d'énergie n'a pas encore statué sur cette question. Selon l'article 16 de la Loi 50, ses cinq actionnaires ont seuls le pouvoir de prendre cette décision, ce qui devrait normalement se faire au cours d'une prochaine réunion. Je ne vois pas comment je pourrais imposer une décision à la Société d'énergie qui dispose de tous les pouvoirs selon cette loi.»

Devant la possibilité que le conseil d'administration de la SEBJ se réunisse, Roland Giroux fait savoir de son lit d'hôpital qu'il ne lâchera pas et qu'entre deux interventions chirurgicales, il ira voter pour Hydro-Québec évidemment! Au pire, il se fera remplacer[9].

Le lendemain, *Le Soleil* publie cette manchette sensationnelle! «M. NADEAU SABORDE LA SOCIÉTÉ D'ÉNERGIE DE LA BAIE JAMES.» Et le journaliste Claude Tessier écrit: «Tout comme Thomas James a fait, le 29 novembre 1631, pour son navire qu'une tempête menaçait d'emporter, M. Pierre Nadeau a sabordé hier soir la Société d'énergie de la Baie James qu'il préside depuis quelques mois seulement... La bateau va couler au cours des prochains jours...[10]»

Bourassa: un projet fascinant

Plus que jamais, la question de la Baie James fait parler d'elle. On ne peut ouvrir un journal, une revue québécoise, sans qu'on tombe sur un article parlant de la Baie James. Le magazine *MacLean* de mai présente, sous le titre «QUÉBEC NE PRÉVOIT PAS DE PROBLÈME», une interview avec Robert Bourassa qui affirme: «Plus j'examine ce projet, plus je le trouve fascinant. Il peut devenir le plus grand atout économique jamais possédé par le Québec.[11]» Craint-il des problèmes de financement? «Non, répond-il. C'est un produit qui, de toute manière, est sûr d'être vendu. Et c'est de la foutaise de prétendre que le nucléaire coûte moins cher d'aménagement et qu'ayant à emprunter moins nous pourrions investir ailleurs. Il est faux de dire que je pourrais emprunter plus facilement pour des routes ou des ponts. Pour financer la Baie James, j'emprunte à partir d'un actif, d'une denrée très rare et très en demande.»

Jacques Guay, l'auteur de l'article, lui demande:

— Comment réagissez-vous aux critiques de l'opposition?

— Ceux qui s'opposent au projet de la Baie James sont les mêmes qui s'opposaient au projet de Churchill Falls qui a été la transaction la plus avantageuse que le Québec ait jamais conclue.

— Vous voulez parler de M. Jacques Parizeau?

— Je ne mentionne pas de nom parce qu'il était à titre privé dans le dossier de Churchill Falls et qu'il soutient le débat actuel sans excès de partisanerie. Ce n'est d'ailleurs pas mauvais que l'autre thèse soit présentée.

— Revenons donc à l'attitude des oppositions.

— Je donne à Parizeau le bénéfice du doute. Il a toujours été en faveur de l'énergie nucléaire, il s'est toujours opposé au développement de l'hydro-électrique. Le Parti québécois ne s'oppose pas au développement de la Baie James, même s'il s'oppose à la création de la Société de développement. Quant aux autres partis, ce qu'ils veulent, je pense, ce sont tout simplement des renseignements.

De son côté, le Parti québécois continue à faire valoir son point de vue en publiant un dossier de 70 pages intitulé «L'affaire de la Baie James», dossier qui, selon Jacques Parizeau, «démontre la remarquable inconscience d'un gouvernement qui a été pris tout à coup par une fringale de milliards sans avoir vraiment examiné les conséquences de ses gestes[12]».

C'est un document qui n'est évidemment pas tendre à l'endroit du gouvernement Bourassa. Il qualifie le projet hydro-électrique «d'habile camouflage de l'échec des 100 000 emplois», de «paravent économique et publicitaire à un gouvernement en perte de vitesse», du «plus bel exemple de mépris et de manipulation de l'information qui sont le lot quotidien du parti momentanément au pouvoir à Québec».

Le dossier conclut: «Il n'y a que des avantages à retarder la décision d'aménager le bassin de la Baie James. Les estimations seront plus sûres, le financement sera plus facile. On connaîtra mieux les effets sur l'environnement et on pourra préparer graduellement le Québec à l'avènement de l'énergie nucléaire.»

Boyd est responsable de la Baie James

Au début de juin, Robert Boyd se voit confier le dossier de la Baie James, tandis que le commissaire Yvon De

Guise a la responsabilité des travaux d'aménagement d'une centrale nucléaire et de centrales à réserve pompée. Ces deux membres de la Commission hydro-électrique du Québec (haute direction d'Hydro-Québec) se partagent la responsabilité du programme d'équipement pour la période 1978-1985.

Le commissaire Boyd indique que son premier travail sera de préparer une formule de gérance des travaux de la Baie James. Adoptée par la Commission, cette formule qui définira dans quelles conditions Hydro-Québec entend assumer la gérance des travaux, sera alors proposée au conseil d'administration de la Société d'énergie de la Baie James[13].

«Cette première étape franchie, poursuit Robert Boyd, je m'attaquerai alors aux structrues à mettre en place pour réaliser un tel projet. J'envisage une direction générale de la Baie James qui aura la responsabilité globale de la conception, de la construction, de l'approvisionnement, des estimations budgétaires, de l'embauchage, enfin de toutes les opérations et de tous les travaux nécessaires. Nous travaillerons selon le principe de la direction par projets.»

À la question de savoir s'il recrutera du personnel dans les autres directions générales d'Hydro-Québec, Robert Boyd répond: «Nous ferons d'abord l'inventaire du personnel dont dispose Hydro-Québec. Et c'est là que nous puiserons d'abord. Mais pour combler ses besoins, Hydro-Québec fera appel, comme par le passé, à de nombreuses firmes québécoises.»

Dans l'avion de Bechtel à New York

«L'été 1972, c'est la guerre!, raconte Pierre Nadeau. Mais entre-temps, il y avait eu des tractations avec Bechtel. Un jour, je reçois un appel nous convoquant à New York pour y rencontrer des gens de Bechtel. C'était au mois de mars, au moment où les contrôleurs aériens étaient en grève. Nous devions nous rendre à Burlington, dans le Vermont, pour y prendre notre avion en direction de New

York. Les invités de Bechtel étaient les cinq administrateurs de la Société d'énergie de la Baie James: Paul Dozois, Yvon DeGuise, Charles Boulva, Roland Giroux et moi.

«Arrivé à l'aéroport de Burlington, je constate que c'est un avion privé de Bechtel qui nous attend. Je monte dans cet appareil et qu'est-ce que je vois? Paul Desrochers!

— Qu'est-ce que tu fais ici?

— C'est Roland Giroux qui m'a invité...

«Nous nous rendons à New York et nous descendons à l'hôtel Plaza, précise Pierre Nadeau. Le soir arrive. C'est le temps d'aller manger. Alors moi, candidement, je dis: «Nous allons dîner ensemble.»

«Nous sommes six. Roland Giroux me prend à part et me dit:

— Non, moi et Paul Desrochers, on va dîner avec Steve Bechtel.

«Moi, je trouve ça drôle, ajoute Pierre Nadeau. Mais je ne dis pas un mot. Avec les trois autres administrateurs, nous allons manger un roast beef quelque part. Pendant ce temps-là, Roland Giroux, Paul Desrochers et Steve Bechtel dînent dans l'une des suites de l'hôtel Plaza. Je ne sais pas pour quelle raison, pour quel motif. Je ne sais pas ce qui est arrivé durant cette soirée. Je n'y étais pas, j'étais avec Boulva, Dozois et DeGuise.

«Une réunion est prévue pour le lendemain. Cette fois, nous nous réunissons tous les six dans un des salons du même hôtel. Steve Bechtel présente sa compagnie. Il y a là quatre ou cinq gars de la firme Bechtel. L'un parle français car il a travaillé sur un projet en France. On nous «pète de la broue» sur Bechtel. Il n'y a rien d'écrit, aucune présentation sur papier, aucun curriculum vitae, aucun organigramme, rien. Tout est verbal. Ces gens décrivent ce qu'ils peuvent faire, ce qu'ils ont fait.»

Pierre Nadeau se rend compte que la firme Bechtel est de plus en plus présente dans le paysage de la Baie James. À peine revenu de New York, l'une des premières choses qu'il apprend, c'est que des contrats, des projets d'entente avec Bechtel sont déjà préparés. Il s'objecte. «Parce que nous n'avions aucun choix, explique-t-il. J'ai dit; on devrait étudier la proposition de Bechtel et on devrait aussi étudier d'autres propositions de firmes d'ingénieurs du Québec ou du Canada. On devrait avoir un éventail plus large de façon à faire un meilleur choix. Je ne peux pas accepter qu'on aille chercher des Américains pour développer nos propres richesses naturelles quand nous avons chez nous l'expérience, la capacité de le faire.»

Au fur et à mesure qu'on lui présente des projets de contrat avec Bechtel, Pierre Nadeau les rejettent les uns après les autres. «Ça ne passait pas comme ça. L'été 1972, c'est le début d'un long conflit entre moi, Roland Giroux et le gouvernement du Québec. Ce n'était pas nécessairement un conflit entre Hydro-Québec et la Société de développement. Tout le monde était d'accord sur le principe qu'il fallait un consortium quelconque pour gérer le projet de la Baie James, comme les firmes Acres et Bechtel l'ont fait à Churchil Falls. J'avais déposé devant le conseil d'administration de la SEBJ l'offre de trois maisons québécoises, SNC, Montreal Engineering et Janin. Je voulais que cette proposition soit étudiée.

Au bureau du Premier ministre

«J'étais toujours en communication avec le ministre Guy Saint-Pierre et avec le Premier ministre Robert Bourassa, explique encore Pierre Nadeau. Je leur faisais part de mes craintes. Guy Saint-Pierre appuyait cette idée de consortium québécois ou, du moins, canadien. Saint-Pierre était d'avis lui aussi qu'on devrait avoir le choix. Mais il m'était impossible de défendre cette idée parce que je butais toujours sur Giroux et Bechtel. J'ai fait part de mes inquiétudes à Paul Desrochers aussi. Finalement, j'ai dit à Guy Saint-Pierre: il faut que le Premier ministre s'en mêle. Saint-Pierre a fait les démarches. Une réunion a été convoquée.

«Il y avait les cinq administrateurs de la SDBJ et de la SEBJ à cette réunion. Puis Paul Desrochers, Guy Saint-

Pierre, les commissaires d'Hydro-Québec, le ministre Gilles Massé, des Richesses naturelles, peut-être Raymond Garneau. En tout cas, nous étions une quinzaine au bureau du Premier ministre. C'est Guy Saint-Pierre qui a ouvert le débat en disant qu'il serait peut-être plus juste que l'on regarde la possibilité de confier la gérance du projet à une soicété ou à un consortium formé de maisons québécoises ou canadiennes.

«Alors l'engueulade a commencé, raconte toujours Pierre Nadeau, et au bout de dix minutes Robert Bourassa a mis les deux mains sur son bureau et a dit: «Messieurs, je dois aller à Trois-Rivières.»

«L'affaire est dans le sac»

En sortant de cette réunion, Pierre Nadeau est vivement déçu puisqu'aucune décision n'a été prise. *L'affaire est dans le sac*, se répète-t-il. À ceux qui sont là, il dit: «Écoutez, messieurs. Si vous ne m'appuyez pas dans cette affaire, quelque chose va casser.» Mais peine perdue. La situation devient intenable. Il appelle Robert Bourassa quelques jours plus tard et demande à le rencontrer. Le Premier ministre accepte.

Cette fois, la rencontre a lieu au Café d'Europe, restaurant bien coté de la rue Saint-Stanislas à Québec. Y assistent Saint-Pierre, Desrochers, Bourassa et Nadeau. Ce dernier, comme d'habitude, met immédiatement ses cartes sur table: «Je suis devenu un obstacle au développement hydroélectrique de la Baie James. Parce que je m'objecte à cette affaire de Bechtel et que je vais m'y objecter jusqu'à ce qu'il me reste une goutte de sang. Nous devrions avoir le choix. Je suis prêt à donner ma démission comme président de la Société d'énergie de la Baie James, mais à une condition: que je reste administrateur ainsi qu'Yvon DeGuise.»

À la fin de la réunion, Pierre Nadeau a la garantie de Robert Bourassa que Yvon DeGuise va conserver son poste d'administrateur de la SEBJ. «C'était un bonhomme extraordinaire au point de vue génie civil, explique Pierre

Nadeau. C'était un grand ingénieur.» De plus, autre atout important, DeGuise ne cache pas qu'il préférerait une firme d'ingénieurs québécois à Bechtel.

Démission... et vacances!

Pierre Nadeau appelle sa secrétaire et lui dicte sa lettre de démission. Et dès le lendemain matin, il part en vacances à l'Île du Prince-Edouard. «Je ne voulais plus rien savoir», dit-il. C'est tellement vrai que la SEBJ doit envoyer quelqu'un à l'Île du Prince-Edouard pour lui faire signer sa lettre!

Trois jours plus tard, Charles Boulva l'appelle:

— Pierre? Tu vas être désappointé.

— Pourquoi?

— J'ai en face de moi l'arrêté du lieutenant-gouverneur en conseil qui nomme... Robert Boyd administrateur de la SEBJ!

— Quoi?

— Yvon DeGuise a sauté!

— Ben... merci, Charles, et à bientôt.

«Qu'est-ce qui se passe?» demande Mme Nadeau à son mari.

«En rentrant à Montréal, je démissionne, répond-il. Ils viennent de poser le dernier jalon. Ils m'ont donné toutes sortes de coups dans le dos. Là, ils viennent de me donner le dernier coup de cochon. La parole d'un Premier ministre, ça vaut pas grand-chose...»

Pierre Nadeau revient de vacances le 15 août. Il appelle Robert Bourassa et obtient un rendez-vous pour le vendredi suivant. Le tête-à-tête a lieu au bureau du Premier ministre, dans l'édifice d'Hydro-Québec, boulevard Dorchester.

— Je démissionne.

— Tu ne peux pas faire ça.

— J'ai pris une décision et je ne reviens jamais là-dessus.

— Penses-y, Pierre.

— Je suis décidé et je fiche le camp.

— On va se revoir la semaine prochaine...
— On peut bien se revoir, mais ça ne changera rien!
La seconde rencontre doit avoir lieu le lundi à Québec. Mais Robert Bourassa téléphone. Il est à la pêche à Shawinigan et son hélicoptère ne peut voler à cause d'une brume. La recontre est reportée à mardi.

«J'ai fait anti-chambre pendant 15 minutes. J'ai parlé avec Jean Prieur, l'un des adjoints de Paul Desrochers. C'était un gars bien correct.»
— Tu ne peux pas faire ça, dit Jean Prieur.
— J'ai mon voyage. Je ne travaille pas quand je n'ai pas les coudées franches, quand les 52 cartes ne sont pas toutes sur la table, je ne joue pas.

Le ministre Guy Saint-Pierre passe, salue Pierre Nadeau et entre dans le bureau de Robert Bourassa. La secrétaire arrive et invite Nadeau à entrer à son tour.
— J'espère qu'il y a une lueur d'espoir, lance Robert Bourassa!
— La lampe est éteinte, répond Pierre Nadeau.
Guy Saint-Pierre tente d'amorcer une discussion:
— Pourquoi t'en vas-tu?
— J'ai passé deux heures, vendredi, avec le Premier ministre et je lui ai expliqué pourquoi. Je ne vais pas recommencer.

Pierre Nadeau tire de sa poche une enveloppe. C'est sa lettre de démission comme administrateur de la SEBJ et comme président de la Société de développement. Il la dépose sur le bureau du premier ministre. Guy Saint-Pierre se lève et lui serre la main:
— Mon pauvre Pierre... moi, je regrette. C'est pour nous une lourde perte.
— Pas pires amis! Salut!

La démission de Pierre Nadeau survient exactement, jour pour jour, un an après sa nomination comme président du conseil d'administration de la Société de développement de la Baie James.

Un communiqué de presse...

Deux ou trois jours seulement après la démission de Pierre Nadeau, le Premier ministre Robert Bourassa la rend publique, sans fournir aucune raison, par la voie d'un communiqué de presse: «La mise en marche d'un projet de l'envergure de celui de la Baie James est une opération très complexe. Cette phase est maintenant terminée puisque déjà, sous l'impulsion de M. Nadeau, près de 3000 travailleurs sont à la Baie James et que des contrats de plusieurs centaines de millions de dollars auront été adjugés d'ici la fin de l'année. Ces réalisations, qui donnent un aperçu de la portée pour le Québec de la mise en valeur du territoire de la Baie James, sont dues au travail et à la ténacité de M. Nadeau et aux talents d'administrateur qui le caractérisent[14].»

Robert Bourassa annonce en même temps que Charles Boulva, 54 ans, déjà membre du conseil d'administration de la SDBJ et de la SEBJ, est nommé président par intérim du conseil d'administration de la Société de développement.

Ne pouvant rien tirer au clair à partir d'un simple communiqué de presse, les journalistes n'ont guère plus de chance ailleurs puisque les porte-parole de la SDBJ disent que Pierre Nadeau n'a aucun commentaire à faire. Quant à Charles Boulva, il se trouve dans le territoire de la Baie James et ne doit revenir que la semaine suivante.

Homme d'action, énergique et vif, Pierre Nadeau ne restera pas longtemps en chômage. À peine 15 jours après sa démission, le Président-directeur général de Pétrofina Canada Inc., Alfred Campo, fait savoir que Pierre Nadeau assumera un poste de direction «assez important» au sein de cette entreprise. Le 28 septembre, il est en effet nommé vice-président du conseil d'administration et administrateur de cette grande firme canadienne. En quelques années, il gravira rapidement les échelons qui le porteront à la présidence et à la direction générale de Pétrofina Canada Inc., jusqu'en mai 1981 alors que cette firme devient Petro-Canada, société de la Couronne.

Robert Boyd arrive au haut de l'échelle

Dans cette grande pièce de théâtre qu'est le développement du territoire de la Baie James, l'un des principaux acteurs abandonne au premier entracte. Mais un autre protagoniste est propulsé au premier plan de l'actualité. C'est Robert Boyd.

Le projet de la Baie James, c'est désormais à travers un homme qu'il faut le regarder. Après 30 ans de carrière en génie civil, Robert Boyd se trouve chargé du projet d'aménagement de la Baie James. Il est président de la Société d'énergie de la Baie James et président du comité de gérance de la SEBJ; il est aussi administrateur de la Churchill Falls (Labrador) Corporation Limited[15]. Pendant six ans, les années décisives, il va diriger le projet de la Baie James d'une main de maître.

En septembre 1981, quelques semaines après avoir démissionné de son poste de Président-directeur général d'Hydro-Québec, Robert Boyd nous accorde une brève entrevue. Il apporte ainsi un nouvel éclairage sur les événements qui ont entouré sa participation aux débuts du projet de la Baie James. «À l'époque, il avait été question que je sois nommé président de la Société d'énergie de la Baie James. Mais je n'ai pas été choisi et j'ai refusé d'être simplement membre du conseil d'administration.»

Ce refus à une proposition du gouvernement du Québec est pour Robert Boyd la clé de sa stratégie pour prendre les rênes de la Société d'énergie. Car il était déjà commissaire d'Hydro-Québec et responsable du dossier de la Baie James. Mais comme il ne pouvait être au cœur de l'action — «j'allais aux réunions des actionnaires, rien d'autre», dit-il — les choses ont tourné en rond pendant plusieurs mois. Ce n'est qu'au mois d'août 1972, lorsque Yvon De Guise cède sa place et que Pierre Nadeau abandonne la présidence de la SEBJ, que le gouvernement décide de lui accorder la présidence.

Robert Boyd avait tout prévu; à partir du mois d'août 1972, il est bien en selle et tous ceux qui ont à cœur de mener à bien le projet de la Baie James peuvent respirer et avoir confiance. Dès sa nomination, Robert Boyd précise ses intentions: «Nous allons faire le point sur ce qui a été fait et cela va nous permettre de clarifier la situation sur le terrain. Je vais regrouper autour de moi une bonne équipe de gérance en faisant appel à toutes les compétences, aussi bien à Hydro-Québec que dans les entreprises québécoises[16].» Cette équipe fonctionnera depuis Montréal. La gérance directe des travaux se fera sur le terrain même, près des chantiers.

Robert Boyd ne tarde pas à faire connaître les noms de ses principaux collaborateurs. Paul Amyot, qui est directeur des projets de centrales, direction générale du Génie à Hydro-Québec, est nommé directeur de l'Ingénierie à la SEBJ où il avait été affecté, cinq mois plus tôt, à titre de directeur des projets. Fernand Kéroack, qui est chef de l'information à la direction des Relations publiques d'Hydro-Québec, est nommé adjoint au président et directeur des Relations publiques et de l'information interne et externe de la SEBJ. Puis Antoine Rousseau, qui a déjà été gérant général des chantiers Manic-Outardes, est nommé directeur de l'Approvisionnement. Il sera chargé des achats, des appels d'offres, du transport, de la livraison et de l'entreposage de l'équipement nécessaire aux travaux de la Baie James. Un défi de taille!

L'affaire Bechtel

Dans tout le dossier de la Baie James, l'affaire Bechtel est sans doute celle qui a le plus de retentissement. Elle accrédite en outre la croyance que le complexe de la Baie James est fait par et pour les Américains[17].

Cette affaire Bechtel qui agite les milieux politiques, Hydro-Québec et l'opinion publique depuis le début de l'année 1972, et qui est en bonne partie à l'origine de la démission de Pierre Nadeau, va véritablement éclater au mois de septembre de la même année.

Précisément, c'est le 22 septembre, à Montréal, qu'Hydro-Québec décide de faire la lumière sur l'épineuse question de la gérance au cours d'une conférence de presse de près de trois heures. Roland Giroux, le président d'Hydro-Québec, et surtout Robert Boyd, le nouveau président de la Société d'énergie de la Baie James, expliquent longuement la structure et le rôle de la SEBJ dans la réalisation du Complexe La Grande.

C'est une conférence de presse peu ordinaire: outre les dirigeants d'Hydro-Québec et ceux de la SEBJ et de la SDBJ, et évidemment une meute de journalistes, de photographes et de cameramen, les cadres d'Hydro-Québec, aux quatre coins de la province, écoutent ce qui se dit, grâce au réseau micro-ondes de la société d'État.

Dès le début, Roland Giroux met des gants blancs pour expliquer une importante décision que le responsable du dossier de la Baie James, Robert Boyd, va révéler peu après. Pourquoi cette rencontre tant souhaitée par la presse a-t-elle tardé si longtemps? «Ce sont les longues études et les consultations inévitables qui en sont la cause», explique Roland Giroux à des journalistes on ne peut plus attentifs. Faisant allusion à l'exposé que se prépare à faire Robert Boyd, le président d'Hydro-Québec précise: «Vous aurez l'occasion de constater que, fondamentalement, l'attitude d'Hydro-Québec demeure conforme aux principes que j'énonçais en 1971, et de nouveau en mai dernier, devant la Commission des richesses naturelles, en ce qui concerne le développement des ressources hydro-électriques de la Baie James.

«Ces principes découlent des responsabilités d'Hydro-Québec, qui a pour mandat de voir à ce que les besoins accrus du Québec en électricité soient toujours satisfaits, au coût le plus bas possible. Nous ne pouvions pas entreprendre des travaux qui vont coûter environ six milliards de dollars et qui vont durer une douzaine d'années, sans prendre

En septembre 1972, le nouveau président de la SEBJ, Robert Boyd, annonce qu'Hydro-Québec et la Société d'énergie assument la gérance des travaux de la Baie James et qu'on a fait appel aux firmes Bechtel, de San Francisco, et Lavalin, de Montréal. «Il faut aller chercher à l'extérieur ce qui nous manque.»

Dans son offre de service, le consortium SNC-Montreal Engineering-Janin ne retient qu'un SEUL cadre d'Hydro-Québec, Paul Amyot. C'est une erreur qui mécontente Hydro-Québec.

Guy Joron, l'un des députés du PQ qui s'oppose en bloc au projet «prématuré» de la Baie James. Une fois nommé ministre délégué à l'Énergie (1976-1979), il déclare: «Ce fut la *meilleure mauvaise décision* jamais prise.»

toutes les précautions possibles quant à la gérance du projet, afin que les quatre centrales prévues sur La Grande Rivière soient mises en service aux dates prévues et dans les limites budgétaires établies.»

Les journalistes qui ont fidèlement suivi le dossier depuis le début flairent déjà la grande nouvelle, la manchette qui fera le première page le lendemain. «Ils ont choisi Bechtel, c'est certain», chuchote l'un d'eux à un confrère qui en doute encore.

À son tour, Robert Boyd prend soin de bien préparer le terrain. Il cherche à atténuer l'impact d'une décision contre laquelle de nombreux organismes professionnels, syndicaux et autres se sont élevés avant même qu'elle ne soit annoncée.

Il juge important de rappeler que la responsabilité globale du projet incombe au Conseil d'administration de la Société d'énergie, à l'assemblée des actionnaires et à Hydro-Québec «qui a souscrit 70 pour cent du capital-actions de la Société d'énergie et qui détient présentement plus de 99 pour cent des actions émises de ce capital. Ces précisions, ajoute-t-il, montrent clairement que la gérance des travaux de la Baie James n'est pas et ne sera pas non plus cédée à des intérêts privés du Québec ou d'ailleurs, mais qu'elle est entièrement assumée par la Société d'énergie et Hydro-Québec.»

Robert Boyd signale que la SEBJ peut faire appel à des entreprises privées pour des services spécialisés afin de mieux s'acquitter de son mandat. «Il n'y a là rien de nouveau. Lors de la réalisation d'autres complexes hydroélectriques tels Bersimis et Manic-Outardes, Hydro-Québec a toujours fait appel à des experts de l'extérieur, sans pour autant céder la gérance ou le contrôle des travaux.»

Le président de la SEBJ indique aussi que les travaux du Complexe La Grande, par leur ampleur, n'ont jamais eu d'équivalent au Québec ou au Canada; que ces travaux posent un défi à l'ingénierie et à l'imagination humaine; qu'il faudra avoir 12 000 personnes aux chantiers, pendant la période de pointe de 1979; que le français sera la langue de travail; que seul un travail d'équipe, permettant à chacun d'exceller dans le domaine de sa compétence, peut offrir la garantie d'une administration hautement qualifiée.

La grande nouvelle du jour

Les journalistes se montrent impatients. Le directeur des Relations publiques de la SEBJ, Fernand Kéroack, qui en a vu d'autres, garde son calme et fume tranquillement sa pipe. Robert Boyd tourne une autre page. Il lève le regard vers une caméra braquée sur lui, puis revient à son texte.

«La complexité des travaux est telle qu'il serait irréaliste de prétendre que la Société d'énergie peut en assumer la gérance en ne comptant que sur les ressources humaines et techniques d'Hydro-Québec. La Société d'énergie a donc décidé de faire appel à deux firmes d'ingénieurs-conseils dont la compétence est reconnue en cette matière pour réaliser le projet de la Baie James. L'une de ces entreprises est québécoise; il s'agit de la Société Lalonde, Valois, Lamarre, Valois et Associés; l'autre est Bechtel Québec Limitée.

«En agissant ainsi, la Société d'énergie et Hydro-Québec ne cèdent ni ne partagent aucune de leurs prérogatives. Ces firmes d'ingénieurs-conseils apporteront une assistance analogue à celle qui est fournie par d'autres firmes privées qui collaborent à l'ingénierie du projet.»

Pourquoi une seule entreprise québécoise? «D'abord, répond-t-il, parce que les firmes d'ingénieurs-conseils qui participent à la gérance ne peuvent obtenir de contrat d'ingénierie. Cela se conçoit facilement. On ne peut être à la fois juge et partie, préparer les plans et devis et en assurer la supervision et l'exécution. Ensuite, il faut reconnaître que la compétence des grands bureaux québécois d'ingénieurs-conseils s'est développée davantage dans le domaine de l'ingénierie que dans celui de la gérance de projets hydroélectriques. Par conséquent, si la Société d'énergie avait retenu les services de deux ou trois firmes québécoises pour la gérance, elle aurait réduit d'autant le nombre déjà restreint de firmes québécoises dont toutes les ressources seront nécessaires à l'ingénierie du Complexe La Grande et elle se serait privée d'appuis considérables.

Et pourquoi Bechtel?

«Hydro-Québec, qui est sans doute chez-nous l'entreprise qui possède le plus de compétence et d'expérience dans la gérance de projets hydro-électriques, estime qu'elle ne pouvait pas trouver au Québec toutes les ressources administratives et techniques essentielles à la réalisation d'un complexe comme celui de La Grande. Il fallait donc aller à l'extérieur chercher ce qui nous manquait. Rien de plus, mais rien de moins. La participation de Bechtel au projet de la Baie James, une multinationale dont la compétence est reconnue, permettra à Hydro-Québec de s'assurer la meilleure programmation des travaux et le meilleur contrôle des coûts qui soient[18].»

Robert Boyd explique ensuite les raisons qui ont motivé ce choix: Bechtel a construit Churchill Falls en respectant les prévisions budgétaires et dans les délais prévus à l'échéancier; Bechtel est engagé dans cent projets à travers le monde, ce qui représente 12 milliards de dollars; enfin, cette société n'est pas seulement une organisation compétente dans la gérance et l'ingénierie de projets, elle est aussi un constructeur; son apport permettra au personnel d'Hydro-Québec et des firmes québécoises d'ingénieurs-conseils de parfaire leurs connaissances dans la gérance de grands travaux.»

Pour permettre la synthèse des ressources d'Hydro-Québec comme celles des sociétés participantes, un Comité de gérance a été formé. Son rôle principal sera de seconder le président en étudiant les recommandations préparées par les directeurs avant que le président ne les soumette à la Société d'énergie et à Hydro-Québec pour approbation.

Les cinq membres du comité de gérance des travaux de la Baie James sont Robert A. Boyd, Charles Boulva, Paul

Amyot, Martin Loewenthal (qui représente Bechtel dont il est l'un des 52 vice-présidents; au moment de sa nomination, il s'occupe d'un complexe sidérurgique d'un milliard de dollars à Fos, en France) et Armand Couture (qui représente LVLV, de Montréal). Finalement, Robert Boyd explique qu'en plus du conseil d'administration, du président et du comité de gérance, six directions viennent s'intégrer au processus décisionnel et assurent l'exécution des tâches au sein de la Société d'énergie. Bechtel sera présente dans deux directions extrêmement importantes: Programmation et Contrôle des coûts, et Construction.

René Lévesque n'aime pas

La conférence de presse ne se termine pas sans l'habituelle période de questions. Elles sont nombreuses, et Robert Boyd a une réponse prête pour chacune. Le lendemain, un samedi, tous les quotidiens du Québec et plusieurs autres, non seulement au Canada mais aussi aux États-Unis, font état de cette importante nouvelle. Certains soulignent le nom de Bechtel en caractères gras, d'autres insistent sur les «deux associés privés». La semaine suivante, René Lévesque, dans sa chronique hebdomadaire au *Journal de Québec*, traite de ce choix trois jours de suite.

Comme d'autres, il n'aime pas que le choix se soit arrêté sur Bechtel. «Il me paraît surtout déplorable que, durant ces années exigeantes où se réalisait le premier des vrais super-projets, celui de Manicouagan-Outardes, on n'a pas travaillé tout de suite à combler les lacunes les plus flagrantes du côté de la gestion budgétaire et du contrôle des coûts. (...) Manic-Outardes, par ailleurs triomphalement réussi, a en effet connu des dépassements, des «extra» et «imprévus», dont l'ampleur donnait parfois le frisson... [19]

«Chez Bechtel ou ailleurs, que n'a-t-on cherché alors à recruter systématiquement les spécialistes et les grands clercs de ces fonctions déficientes? Le «Know-how», comme toute autre denrée, cela s'importe, dans le monde où nous sommes. Seuls les nationalistes très primaires peuvent encore se prendre pour d'autres au point de prétendre tout inventer, tout connaître, aussi vite qu'il le faut, par la vertu de leur seul génie. En s'y prenant plus tôt, Hydro-Québec aurait sans doute pu aborder le projet de la Baie James avec des dirigeants capables, en nombre suffisant pour sa complexité. Car mieux vaut, quand on en a le loisir, importer des hommes soigneusement choisis et «intégrables», plutôt que de puissantes firmes à la présence gênante. Voilà le reproche fondamental que je ferais à Hydro.»

René Lévesque s'insurge aussi contre le fait qu'une seule firme, Lalonde, Valois, Lamarre, Valois et Associés, et non un consortium, obtienne en exclusivité une tâche aussi considérable. «Voilà qui semble moins normal. L'on doit sans doute flairer là un prix de consolation pour l'entourage vorace du gouvernement Bourassa...»

Le cabinet Bourassa divisé?

Plusieurs semaines après cette conférence de presse, la décision d'Hydro-Québec suscite encore une vive opposition chez certains ministres importants du gouvernement québécois. *La Presse* rapporte: «Lorsque la décision du président de la SEBJ et commissaire d'Hydro-Québec, Robert Boyd, est parvenue à une réunion du Conseil des ministres en septembre, plusieurs ministres, dont Jean Cournoyer, Raymond Garneau et Claude Castonguay, ont «piqué une colère.» Tous les yeux se sont tournés vers le Premier ministre Robert Bourassa qui, à la grande surprise de ses ministres, est demeuré impassible. D'autres savaient déjà que certaines modalités de l'association SEBJ-Hydro-Québec-Canadian Bechtel avait été établies dans le cabinet même de M. Bourassa entre les lobbystes de Canadian Bechtel et les conseillers influents du Premier ministre[20].»

Au moment où la décision était annoncée le 22 septembre, le ministre Guy Saint-Pierre, ingénieur de formation et chaud partisan de l'option québécoise ou canadienne, était en Europe. «À sont retour, selon *La Presse*, M. St-Pierre se serait fait dire par le Premier ministre qu'il ne tolérait aucune attaque de la part des membres de son cabinet contre la participation de Canadian Bechtel au projet de la Baie James. Pour ne pas risquer d'affronter M. Bourassa — celui-ci se sentirait alors attaqué personnellement — le ministre de l'Industrie et du Commerce aurait choisi de taire son désaccord, ou tout au moins de ne l'évoquer que prudemment. Le sujet semblait pourtant lui tenir à cœur.»

Dix ans plus tard, qu'en pensent ces personnes? Guy Saint-Pierre était véritablement en désaccord. «Je disais à Robert Bourassa: «il faut opter pour le consortium québécois. C'est notre meilleure chance.» Mais Robert Bourassa m'avait répondu: «J'ai bien confiance en toi, mais je suis un peu comme à une table d'opération... mon chirurgien en chef Hydro-Québec me dit de prendre tel bistouri...»

De son côté, Yvon DeGuise rappelle: «Je n'ai jamais caché que je n'étais pas tellement favorable à Bechtel. Je ne voyais pas la raison d'aller chercher cette firme. Je trouvais que nous avions assez de bons bureaux d'ingénieurs, surtout en hydro-électricité. Certains disaient que pour aider au financement, ça prenait une compagnie de renommée internationale. C'est peut-être vrai. Au début, Bechtel avait essayé d'avoir un rôle bien plus exclusif que ce qu'elle a fini par avoir. De toute façon, les événements ont montré que Bechtel a joué un rôle pas mal secondaire, quand on regarde la provenance des ingénieurs et des spécialistes.»

Après avoir précisé qu'il avait rencontré les gens de Bechtel à Churchill Falls où il avait étudié leur capacité et leur rendement, Roland Giroux juge qu'il n'y avait pas de firmes québécoises ou canadiennes capables de faire le projet de la Baie James. «Mon idée a été appuyée par Bourassa. Et avec cet appui, tout ce qui s'écrivait, tout se qui se disait, je m'en foutais comme de l'an quarante. J'ai toujours essayé de faire ce que je pensais être dans l'intérêt de la province de Québec, sans m'occuper des autres, sans m'occuper d'aider un tel. Étudiez l'organigramme du consortium SNC-Montreal Engineering-Janin: Hydro-Québec était foutue dehors. Il ne retenait qu'un seul cadre, Paul Amyot. Cet organigramme donne toute l'histoire...»

On a dit que c'était un contrat fabuleux, une mine d'or? «Bien, tout est relatif, répond Roland Giroux. Cela paraît très gros en pourcentage, mais ce n'était pas plus gros et il n'y avait pas plus de profits pour eux que pour tous les ingénieurs engagés pour faire les centrales. Quand on parle d'un montant, il faut regarder ce qu'on demande... Parmi les firmes étrangères, c'était peut-être la seule qui pouvait nous assurer que son personnel parlerait français.»

Les problèmes de Manic-Outardes ont-ils influencé le choix qu'on a fait de Bechtel? Roland Giroux répond: «Ça a pu jouer. On manquait d'expérience dans la gérance. Manic 5, c'était une conception des ingénieurs français Coyne et Bellier. Ils avaient vendu cette idée à Hydro-Québec. Ils sont restés consultants pendant des années. Hydro a travaillé sur cette idée.»

Et le rôle des médias d'information? «Les journalistes allaient du côté le plus facile. La preuve que les journaux n'étaient pas sincères, c'est que les journalistes ne sont jamais venus me voir. Un seul est venu me poser des questions, c'est René Lévesque. Je lui ai montré le contrat de Bechtel.»

La décision de Robert Boyd

«L'engagement de Bechtel, c'était ma décision, affirme aujourd'hui Robert Boyd. J'étais appuyé par le conseil d'administration de la SEBJ et par Hydro-Québec, actionnaire majoritaire de la SEBJ. Mais ça ne faisait pas l'affaire de la Société de développement. Je pense que l'histoire a prouvé le bien-fondé de ce que j'avais dit. J'ai défendu mon point jusqu'au bout et je pense que ça nous a donné une dimension qu'on n'avait pas à Hydro-Québec. C'était surtout au niveau du contrôle des coûts. Et au point de vue construction, Bechtel a apporté une discipline à laquelle on n'était pas habitués. De la discipline et de la rigueur.»

À la question de savoir si, pour obtenir les services de Bechtel comme le voulait Hydro-Québec, il avait fallu payer un gros montant, environ cent millions de dollars, Robert Boyd répond: «C'est absolument faux. Aucune somme n'a été proposée à qui que ce soit. Bechtel a signé un contrat discuté en Commission parlementaire point par point. J'ai répondu à toutes les questions des parlementaires. Aucune somme n'a été versée pour que Bechtel accepte ce contrat-là.»

Et le financement? On a dit qu'il fallait passer par Bechtel pour obtenir du financement? «C'est faux, répond encore Robert Boyd. Le financement a été consenti strictement sur la capacité de payer d'Hydro-Québec face à un projet semblable.»

Robert Bourassa affirme: «J'ai accepté la recommandation formelle de Roland Giroux, recommandation qui a été approuvée par René Lévesque dans une de ses chroniques du *Journal de Québec*, en septembre 1972. Ça me dédouanait. Évidemment, le groupe SNC a été bien malheureux de la décision. J'avais eu l'assurance que Bechtel n'avait pas un rôle déterminant dans la gestion du projet. Elle agissait à titre de groupe.»

Au moment de l'annonce en septembre 1972, Roland Giroux et Robert Boyd ont donné beaucoup d'informations sur la décision de choisir Bechtel. Mais le contrat luimême s'est entouré du secret le plus hermétique. Deux ans après, à la fin de 1974, les députés péquistes tentaient encore d'obtenir des éclaircissements de la part de Robert Bourassa, mais en vain: *Bourassa évite toutes les questions sur Bechtel*, selon *La Presse*[21]. *Le contrat de Bechtel demeure chose secrète*, titre *Le Soleil*[22].

Une véritable «opération-vérité»

Finalement, le 17 décembre 1974, le gouvernement du Québec convoque la Société d'énergie et Hydro-Québec pour exposer devant la Commission parlementaire des Richesses naturelles les engagements signés avec Bechtel.

Prévoyant un long débat, les gens d'Hydro-Québec réservent des chambres pour trois jours dans un grand hôtel près du Parlement du Québec. Une seule journée sera nécessaire pour faire le point à la satisfaction de tous. Ce sera toutefois une véritable «opération-vérité»[23]. Les travaux commencent à 15 heures; ils ne se termineront qu'à minuit. L'ordre du jour précise qu'il s'agit «d'étudier l'organigramme de la Société d'énergie de la Baie James et d'étudier les contrats de gérance et d'ingénierie de la SEBJ».

Tout au long de la présentation de Robert Boyd, la SEBJ distribue une abondante documentation aux membres de la commission et à la presse: l'organigramme de la société, les estimations préliminaires et mises à jour des coûts du Complexe La Grande, les changements aux coûts prévus, les données statistiques sur la provenance du personnel, l'original de la convention initiale signée avec Bechtel ainsi que le texte modifié le 12 décembre précédant, un sommaire des services demandés aux sociétés d'ingénieurs-conseils et leur mode de rémunération, les incidences de l'entente de principe avec les autochtones sur le coût du complexe, etc.

Documents à l'appui, Robert Boyd, dans un exposé très détaillé, s'attache à démontrer que la gérance du projet appartient en propre à la Commission hydro-électrique du Québec et que le rôle de Bechtel, tout comme celui des autres sociétés qui participent à la réalisation du projet de la Baie James, n'était qu'un rôle de soutien. Au chapitre des rémunérations, Bechtel et LVLV recevront respectivement 36 millions de dollars et 15,6 millions de dollars, chiffres renégociés tenant compte de l'escalade des coûts.

En soirée, les députés Fabien Roy et Jacques-Yvan Morin, par un feu nourri de questions[24], tentent de faire admettre à Robert Boyd que le texte de la convention entre Bechtel et la SEBJ donne au représentant de Bechtel, Peter Behr, des fonctions très importantes qui ne se reflètent pas dans l'organigramme. Robert Boyd refuse d'admettre que les fonctions de Peter Behr soient plus importantes que celle «d'un coordonnateur, indispensable certes, mais n'ayant, seul, aucun pouvoir décisionnel[25]».

On apprend aussi que les honoraires de Bechtel ont été réduits de 47 à 36 millions de dollars. Roland Giroux explique que le fameux dîner pris avec le président de Bechtel et Paul Desrochers dans un hôtel de New York, au début de 1972, était nécessaire pour convaincre le conseiller spécial de Robert Bourassa, et par là le Gouvernement du Québec, que la société Bechtel était prête à conseiller Hydro-Québec sur le projet de la Baie James, sans pour autant participer à sa gestion du projet, concession qu'elle n'a jamais faite dans le passé.

À minuit, cette séance très laborieuse de la Commission parlementaire s'achève dans la satisfaction apparemment mutuelle d'un travail bien fait[26].

Depuis 1974, le scepticisme n'est pas complètement disparu, la population québécoise a encore des doutes. Le 10 janvier 1981, le journal *Les Affaires* revient sur cette question. Cette fois, c'est Laurent Hamel, à titre d'ancien chef du chantier de LG 2, et de vice-président des Projets de la SEBJ, qui répond aux questions.

«C'était une très bonne affaire de retenir les services de Bechtel à la Baie James, parce qu'Hydro-Québec et les firmes d'ingénieurs du Québec n'étaient pas vraiment prêtes à entreprendre l'aménagement hydro-électrique de La Grande Rivière. On était en retard...[27]

«Hydro-Québec était équipée pour construire, ajoute-t-il, mais non pour gérer des projets. Pour la Baie James, il fallait être sûr d'avoir une gérance compétente; autrement, cela aurait pu être un gouffre comme les Jeux olympiques où il n'y a pas eu à proprement parler de gestion de projet. C'est comme ça que le choix d'une firme comme Bechtel s'imposait.»

Et dix ans plus tard?

Le projet de la Baie James est né dans une atmosphère de peur et de méfiance. Cette colossale entreprise s'est heur-

Une véritable opération-vérité a lieu en décembre 1974 à la Commission parlementaire des Richesses naturelles. Documents à l'appui, Robert Boyd démontre que la gérance des travaux de la Baie James appartient bel et bien à la SEBJ et à Hydro-Québec et non à Bechtel et LVLV qui jouent un rôle de soutien.

On retrouve, sur cette photo prise en 1981, John Ciaccia, négociateur gouvernemental de la Convention de la Baie James en 1974-1975, Claude Laliberté, PDG de la SEBJ, Pierre Fortier, député libéral d'Outremont, et Joseph Bourbeau, président des Conseils d'administration de la SEBJ et d'Hydro-Québec. Or, en 1972, Pierre Fortier est directeur de projets chez SNC et multiplie les efforts avec Montreal Engineering et Janin pour obtenir le contrat de la gérance des travaux à la Baies James.

tée, durant ses quatre premières années, à une levée de boucliers dans la population. Dix ans plus tard, que pensent de tout cela les principaux acteurs?

Le premier acteur ne peut monter sur la scène. Un cancer de la gorge a finalement eu raison de François Rousseau, décédé au cours de l'automne 1975. Mais il a eu le bonheur et la satisfaction de voir germer et se concrétiser une idée qu'il caressait depuis longtemps, l'aménagement de La Grande Rivière à la Baie James! «Il a supporté cette maladie avec une lucidité exceptionnelle et une qualité d'esprit étonnante. Il a continué d'être optimiste jusqu'à la fin et il est parti dans la sérénité», écrivait un ami, René Paré, au lendemain de sa disparition[28].

«François Rousseau a été le premier à mettre de l'avant le projet d'aménager La Grande Rivière. Il en a semé l'idée. Avec toute la force qu'il pouvait mettre, il a essayé de la vendre à un peu tout le monde, à ses confrères d'Hydro-Québec comme à ses associés chez Acres et RSW, raconte Claude Laliberté, l'un de ses proches collaborateurs à l'époque.

«François Rousseau a été le véritable promoteur du projet. Sans lui, je ne pense pas qu'on en serait là aujourd'hui. Sans lui, le projet de la Baie James aurait probablement commencé par NBR. Certes, le Complexe La Grande aurait été construit, mais pas de la même façon, pas avec la même rapidité», ajoute le Président-directeur général de la SEBJ.

«L'idée de départ est partie du 18e étage de l'édifice Sun Life où travaillait François Rousseau. C'est lui qui a lancé l'idée d'aménager La Grande Rivière, confirme l'ex-ministre Guy Saint-Pierre. Le fait que je devienne ministre, étant déjà convaincu de la valeur de ce projet, a certainement contribué à la faire sortir de la tête de François Rousseau et à la faire partager, à l'amener très près des centres de décision. Par la suite, Paul Desrochers et moi, nous avons poussé dans la même direction. Paul Desrochers, qui était près de Robert Bourassa, l'a amenée plus loin encore. À un moment donné, c'est Robert Bourassa qui a pris cette idée et l'a défendue jusqu'à la fin.»

Quant à Paul Desrochers, il déclare: «François Rousseau est celui qui m'a vendu l'idée de la Baie James. Chiffres à l'appui, je l'ai vendue à Robert Bourassa et, à partir de ce moment, il a dirigé le projet de main de maître. On peut reprocher beaucoup de choses à Robert Bourassa, mais il a su déceler dans ce projet tous les avantages que le Québec pouvait en retirer. Il a eu foi en son projet et il a vu à ce qu'il soit mené à bonne fin.»

Pour Pierre Nadeau, les dés étaient pipés. «J'ai été très naïf de croire Bourassa lorsqu'il m'a dit que j'avais carte blanche. J'ai été très naïf de croire Robert Bourassa quand je lui ai pointé l'article 16 du projet de loi 50 et qu'il m'a dit: *«On va arranger ça.»* J'ai été très naïf quand il s'est agi de souscrire à la Société d'énergie et que je suis allé à Québec recontrer Raymond Garneau (ministre des Finances) et Bourassa. Ils m'ont dit: *«On n'a pas d'argent»*. La Société de développement avait un pour cent et Hydro-Québec 99 pour cent.

«Ils voulaient avoir un nom parce qu'il fallait créer la Société de développement. Ils en ont eu un et l'ont perdu au bout d'un an... Je suis parti. Mais je me suis battu jusqu'à la dernière minute. J'ai toujours défendu quand même le projet de la Baie James. C'était, à mon point de vue — et c'est encore — un projet très valable. J'étais donc en faveur du projet mais contre l'engagement de Bechtel.»

Boyd contre la politisation du projet

«La politisation du projet de la Baie James était probablement la pire chose qui pouvait arriver, car elle a sérieusement compromis un débat qui aurait pu être franc et serein, regrette Robert Boyd[29]. La Baie James s'est retrouvée dans toutes les sauces, politiques, sociales et économiques. Une certaine presse s'est également mise de la partie, puis certains défenseurs de l'environnement, davantage préoccupés par la promotion de quelconques idéologies politico-socio-culturelles, ont jeté l'anathème sur le projet, sans se soucier des données fondamentales de la question.

«Cette politisation a eu deux conséquences désastreuses: elle a masqué l'objectif principal du projet, à savoir satisfaire les besoins énergétiques du Québec, et elle a sérieusement menacé sa crédibilité.

«Cette perte de crédibilité a contribué à faire naître toutes sortes de préjugés et d'opinions mal fondées. Ainsi, le projet de la Baie James était tantôt un ballon politique, tantôt une aliénation gratuite de nos ressources aux Américains, tantôt l'inondation du cinquième de la province, tantôt la destruction systématique de la culture indienne, et j'en passe. Bref, les manchettes truculentes de la presse et les palabres d'une certaine intelligentsia cherchaient à faire croire que le projet de la Baie James était une folie furieuse qui allait engloutir des milliards.

«Le diaglogue avec la population est alors devenu extrêmement pénible, ajoute Robert Boyd. Les journalistes, notamment, manifestaient une méfiance extrême envers toute information ou déclaration qui émanait d'Hydro-Québec ou de la Société d'énergie. Et comme il fallait s'y attendre, la méfiance des uns a engendré la méfiance des autres. Pendant plusieurs mois, les ponts ont été coupés. Les réponses que nous donnions aux questions de la presse étaient toutes suspectes. Heureusement, le temps a fait son œuvre et la passion a cédé tranquillement la place à la raison[30].»

La «meilleure mauvaise décision»

Guy Joron était l'un des membres de la députation du Parti Québécois qui s'opposait en bloc au projet de la Baie James, alors qualifié de prématuré.

«Nous nous opposions, mais pas à l'exploitation éventuelle de ce potentiel, explique-t-il. Notre opposition reposait sur trois réticences qui ont beaucoup plus trait à la forme qu'au fond[31]:

— Le côté partisan de l'annonce du projet. On a toujours considéré qu'une entreprise de service public comme Hydro-Québec, de même que les richesses naturelles du Québec, n'appartiennent pas à un parti politique, mais à l'ensemble des Québécois, à tous les partis politiques, (...) Nous étions offusqués de voir l'appropriation partisane que le Premier ministre en avait fait.

— L'approche que le gouvernement choisissait et la possibilité, sous-entendue alors, de créer une deuxième Hydro-Québec: la Société de développement de la Baie James. La création de cet organisme, qui devait avoir pour filiale la Société d'énergie de la Baie James, nous semblait une façon de passer à côté d'Hydro-Québec pour s'en remettre à une nouvelle entité dont on aurait pu douter de l'objectivité, en raison de la partisanerie ambiante. (...) Nos débats nous ont servi et ont aussi servi les représentants de l'entreprise d'État, dont Robert Boyd et Roland Giroux, qui se ralliaient à notre opposition. (...) Nous défendions le monopole d'Hydro-Québec en matière de production, de transport et de distribution d'électricité.

— La surproduction d'électricité que le projet supposait par rapport aux besoins énergétiques prévus. (...) Cela ne nous semblait pas le meilleur investissement à ce moment-là. En fait, et j'en suis absolument convaincu, nul ne pouvait prédire, en 1971, le revirement des pays exportateurs de prétrole. Nul ne pouvait prévoir qu'il y aurait effectivement crise de l'énergie. Le prix du prétrole a augmenté considérablement en vingt-quatre heures. On a alors vu une conversion s'opérer: la substitution de l'électricité à d'autres formes d'énergie, à cause de la sécurité d'approvisionnement et des prix. Ce phénomène a été déclenché par la crise de l'énergie à la fin de 1973 et au début de 1974. Ce qu'on voyait alors comme d'énormes surplus de production d'électricité a fondu comme neige au soleil (...) Je dirais donc que la décision de 1971 d'aménager à des fins hydroélectriques le territoire de la Baie James a été la «meilleure mauvaise décision» jamais prise. La mauvaise décision, ce n'était pas d'exploiter la Baie James, c'était d'avoir voulu le faire à cette époque, et de la façon dont c'était proposé. D'autant plus qu'en Commission parlementaire on n'arrivait pas à savoir le coût de l'énergie nucléaire par rapport à celui de l'énergie hydro-électrique à produire à la Baie James. On nous laissait entendre que c'était à peu près le même prix, alors que je sais aujourd'hui que, même produite à proximité des grands centres, à Gentilly par exemple, l'énergie nucléaire livrée coûterait de 40 à 50 pour cent plus cher. Ce n'est pas une mince différence!»

«La Baie James, c'est Bourassa»

«Si le Parti québécois avait été élu en 1970, probablement que le projet de la Baie James n'aurait jamais démarré car ce parti était pour l'énergie nucléaire. Je suis certainement responsable dans une certaine mesure de cette réalisation, affirme Robert Bourassa. Le PQ a prôné le nucléaire jusqu'en 1977. Il a accepté la Baie James en 1975 parce que c'était fait. En mars 1977, Guy Joron a dit: *Bourassa a vu juste!*

«Presque tous les jours, les députés péquistes arrivaient avec leurs questions en Chambre. Par exemple, sur les coûts. Et toujours pour démolir le projet, pour le présenter aux Québécois comme une erreur. J'ai été Premier ministre pendant sept ans et toutes les semaines ils picossaient le projet, à l'intérieur et à l'extérieur de l'Assemblée nationale. Ils ont tout fait pour démolir le projet, pour noircir son image chez les Québécois. Ils paient pour, aujourd'hui... dans le sens que le projet m'est attaché de façon tout à fait personnelle. La Baie James, c'est Bourassa. Les deux noms sont associés.»

Robert Bourassa rappelle qu'il était toujours sur la ligne de feu dès qu'il s'agissait de la Baie James. «Je bataillais tout le temps. J'ai été obligé de défendre constamment ce projet jusqu'à la toute dernière minute. Envers et contre tous. Puis, il m'est tombé des tuiles sur la tête: la saccage, le jugement Malouf, les débats en Chambre, l'augmentation des coûts. C'est 50 pour cent de moins que le nucléaire, mais je ne le savais pas à ce moment-là. À l'époque, six ou sept milliards de dollars, ça paraissait énorme. Mais je ne regrette pas d'avoir combattu, jour après jour. J'ai eu des dossiers difficiles, mais celui-là, je l'ai toujours défendu sans efforts.

«Au-delà de l'aspect politique, conclut Robert Bourassa, ce que je trouve formidable, et c'est pour cela que j'en suis tellement fier, c'est que le développement des ressources hydro-électriques est peut-être ce qu'il y a de plus rentable. Ce sont des millions, des milliards de dollars que la Baie James va nous apporter au cours des prochaines générations. Je ne vois rien, d'ici 30 ans, qui puisse être aussi économique.»

Le projet est né, mais...

L'accouchement a été long, difficile, pénible, mais le projet de la Baie James a fini par voir le jour. Après des mois et des mois d'études, de démarches, de déclarations, de réunions, de consultations, de tractations, de conférences de presse, de réunions en commissions parlementaires, il faut maintenant passer à l'action. Pour réaliser ce gigantesque projet, il faut trouver moyen d'accéder à La Grande Rivière autrement que par avion ou par hélicoptère. Quelle est, en effet, la meilleure façon d'acheminer des tonnes de matériaux de toutes sortes pour la construction du premier campement à LG 2?

Troisième partie

Un tour de force unique

Chapitre 8

La route Matagami-LG 2: 450 milles en 450 jours

Comment atteindre le territoire de la Baie James autrement qu'en DC-3, en hélicoptère ou avec de petits avions de brousse? Comment transporter rapidement, efficacement et économiquement, beau temps mauvais temps et douze mois par année, des milliers de tonnes de marchandises et de matériaux allant de la simple brosse à dents aux transformateurs de 300 tonnes chacun?

En 1971, les points d'interrogation valsaient dans la tête des planificateurs. Matagami, la ville «au bout de la route» et aux confins du Nord-Ouest, est éloignée de 260 kilomètres de la rivière de Rupert et de 630 kilomètres de La Grande Rivière, emplacements probables des premiers chantiers de la Baie James. Même si aucune décision finale n'est encore prise, même si on ignore lequel du Complexe NBR ou du Complexe La Grande sera réalisé le premier, les échéanciers provisoires de chaque projet sont déjà connus.

Il s'agit de relier les futurs chantiers à Matagami et on commence alors à analyser, à supputer et à comparer plusieurs hypothèses. Sur papier et dans l'imagination, tout est possible. Le projet de la Baie James est d'une ampleur telle que les idées les plus hardies peuvent être avancées sans risquer la désapprobation générale ou le ridicule.

Une fois lancé par les politiciens, en accord avec la haute direction d'Hydro-Québec, il importe que le «projet du siècle» démarre très rapidement, atteigne un rythme de croisière et file ensuite à toute allure. Mais sans carburant, sans nourriture, sans machinerie, sans matériaux, impossible de faire quoi que ce soit sur les bords des rivières Nottaway, Broadback et de Rupert où, encore plus au nord, à LG 2 sur La Grande Rivière. A-t-on déjà vu, en effet, un DC-3 transporter d'un seul coup une roulotte, une grue ou un camion de 85 tonnes?

C'est ainsi qu'on envisage la possibilité d'aménager un vaste aéroport pour avions géants, une sorte de deuxième Mirabel... Mais le coût élevé du transport aérien, sa vulnérabilité aux mauvaises conditions climatiques du Moyen Nord québécois et son manque de souplesse pour donner accès aux autres parties du territoire de la Baie James sont autant de raisons qui forcent l'abandon de cette solution utopique.

Pourquoi pas le «grand détour»?

Les planificateurs pensent ensuite au transport maritime. Pourquoi ne pas faire le «grand détour» par la baie d'Hudson? Les principales sources d'approvisionnement ne sont-elles pas situées le long du fleuve Saint-Laurent? Mais, là encore, on devrait faire face au rude climat québécois. De plus, la période de navigation, dans des conditions souvent dangereuses, ne durerait tout au plus que trois petits mois, de la mi-juillet au début d'octobre. Cette séduisante idée ne sera toutefois pas complètement écartée puisqu'en 1973 des bateaux parcourront cet énorme trajet dans le but d'approvisionner un entrepreneur de LG 2.

Reste le chemin de fer qui a déjà prouvé son efficacité. N'est-ce pas lui qui, en reliant les provinces de l'Ouest à celles du centre, devait fortifier le Canada et éviter qu'il ne tombe entre les mains des Américains? Puisque des trains relient déjà les villes de Matagami et de Chibougamau aux grands centres du Québec, cette solution paraît très intéressante au premier abord. Pourtant, à bien y penser, la construction d'un chemin de fer à travers des chapelets de tourbières n'est pas une sinécure. Et surtout, les planificateurs constatent que ce mode de transport n'est pas plus flexible que les autres. Pour tout dire, il faudrait le compléter par une route. Une route! Le mot est lâché.

«La route offrait une meilleure solution, explique l'ingénieur J.-C. Therrien, de la firme d'ingénieurs-conseils Desjardins, Sauriol et Associés, de Laval, puisqu'on pouvait greffer à un axe routier principal des embranchements secondaires vers les destinations désirées, que ce soit en vue d'un aménagement hydro-électrique, minier, forestier ou autre, et ce, sans changement de mode de transport. Déjà, sans compter sur la mise en valeur des ressources hydro-électriques, on avait annoncé un projet routier pour les seules fins minières et forestières[1].»

Duplessis y avait pensé

Le Premier ministre Maurice Duplessis y avait lui-même déjà pensé au milieu des années 50. «Il avait commandé à un ingénieur de Montréal, en secret et à la condition qu'il n'en conserve aucune copie pour lui-même, l'élaboration d'un projet de route entre l'Abitibi et la baie James, révèle Éric Gourdeau, ingénieur forestier et économiste, dans une étude réalisée en 1974 pour le Conseil des sciences du Canada[2]. Il est difficile, étant donné le caractère confidentiel de cette initiative, de savoir si les intentions du Premier ministre d'alors concernant la construction d'une route vers la baie James s'inspiraient de la mise en valeur éventuelle des ressources hydro-électriques seulement, ou bien s'il désirait voir s'établir un lien organique entre le Nouveau-Québec et le Québec organisé de façon à en favoriser le développement dans son ensemble. Comme il existait à ce moment certaines explorations minières dans la région, on peut croire que l'exploitation des ressources minières n'était pas étrangère aux préoccupations du temps», ajoute Éric Gourdeau.

La solution est trouvée. Une route! Il reste à la matérialiser. Déjà, on sait que la route ira de Matagami à la rivière de Rupert et si Hydro-Québec et le gouvernement provincial décident d'aller plus au nord, il faudra la prolonger et relier aussi Fort-George et LG 2. Un autre défi vient d'être lancé.

À la fin de mai 1971, Hydro-Québec demande à la firme d'ingénieurs-conseils Desjardins, Sauriol et Associés de Laval, de faire les études et relevés nécessaires et de préparer les plans et devis pour la construction d'une route. L'objectif est d'atteindre la rivière de Rupert par une route carrossable avant la fin de 1972. Les appels d'offres sont lancés dès l'automne de 1971.

Une tâche colossale

Cette tâche colossale déclenche une fièvre intense chez les concepteurs. Les hommes de Desjardins, Sauriol et Associés auront exactement 15 mois pour remplir leur mandat. Puis, les constructeurs ne disposeront plus que de 450 jours ouvrables pour établir une route de 450 milles (ou 725 kilomètres)!

Au mois de juin 1971, deux ingénieurs de cette firme, Marcel Dubois et Yves Monette, arrivent à Matagami. Tous deux sont des hommes d'action et de décision et des bourreaux de travail. Leur défi est extraordinaire: partir de rien, sans bureau, sans personnel et sans moyens de transport, pour déterminer le tracé préliminaire de la route. Tout cela à l'intérieur d'un calendrier très serré.

Et pas n'importe quelle route. La construction du complexe hydro-électrique de la Baie James va exiger, prévoit-on à l'époque, le transport de 16 000 000 de tonnes de carburant, de 750 000 tonnes de ciment, de 200 000 tonnes de nourriture, de 120 000 tonnes d'acier et de 60 000 tonnes d'explosifs.

Le premier bureau de DSA à Matagami est loin de ressembler à ceux que cette firme possède aujourd'hui, boulevard Saint-Martin à Laval. «Nous avions loué une maison privée et nous étions une quinzaine à y travailler, raconte Yves Monette qui portait le matricule 16 001 parce que c'était le contrat numéro 16 000... Au fond de cette maison, il y avait la radio. Le salon servait de salle à dessin et la cuisine, de salle de reproduction. On disposait de deux chambres au second étage et d'un dortoir au sous-sol.

«Dans ce temps-là, nous étions au téléphone 24 heures sur 24. Il fallait avoir au moins 125 gars dans le bois avant le 24 juin pour commencer le travail.»

Pour établir des petits campements de tentes, il faut des hommes débrouillards et des bûcherons. La première douzaine arrive du Lac Saint-Jean. Il faut leur donner un gîte. Il faut aussi accéder aux emplacements des campements d'exploration. «Zoël McGrath, lui aussi de DSA, fait la recherche des hélicoptères. En juin, tour de force exceptionnel à l'époque, ils sont déjà tous réservés. Les organisateurs parviennent aussi à noliser des hydravions», ajoute Yves Monette.

Rapidement, tout s'organise pour que «les taupes», comme on appelle les membres de l'équipe de relevés des sols, ainsi que les arpenteurs puissent commencer leur travail. C'est l'époque de la grande aventure où ingénieurs, géologues, arpenteurs, chaîneurs, bûcherons et cuisiniers envahissent un territoire que l'homme n'a pas encore aménagé et où ils vivent à la manière des coureurs de bois sans en avoir toujours l'expérience.

Pas de chinoiseries

«Les campements, raconte Yves Monette, c'était pas beau en 1971, parce que nous étions loin d'être des experts. Nous étions en plein milieu des marécages. Les tentes étaient disposées en cercle comme dans un campement du Far West... et on essayait de faire atterrir les hélicoptères au milieu! Évidemment, chaque fois qu'un hélicoptère arrivait, les tentes levaient. Après ça, on s'est amélioré. On s'est aperçu qu'il fallait être près des points d'eau parce que transporter de l'eau... c'était toute une corvée! Au début, nos campements étaient dressés sur le tracé de la future route afin de réduire les coûts de transport par hélicoptère.

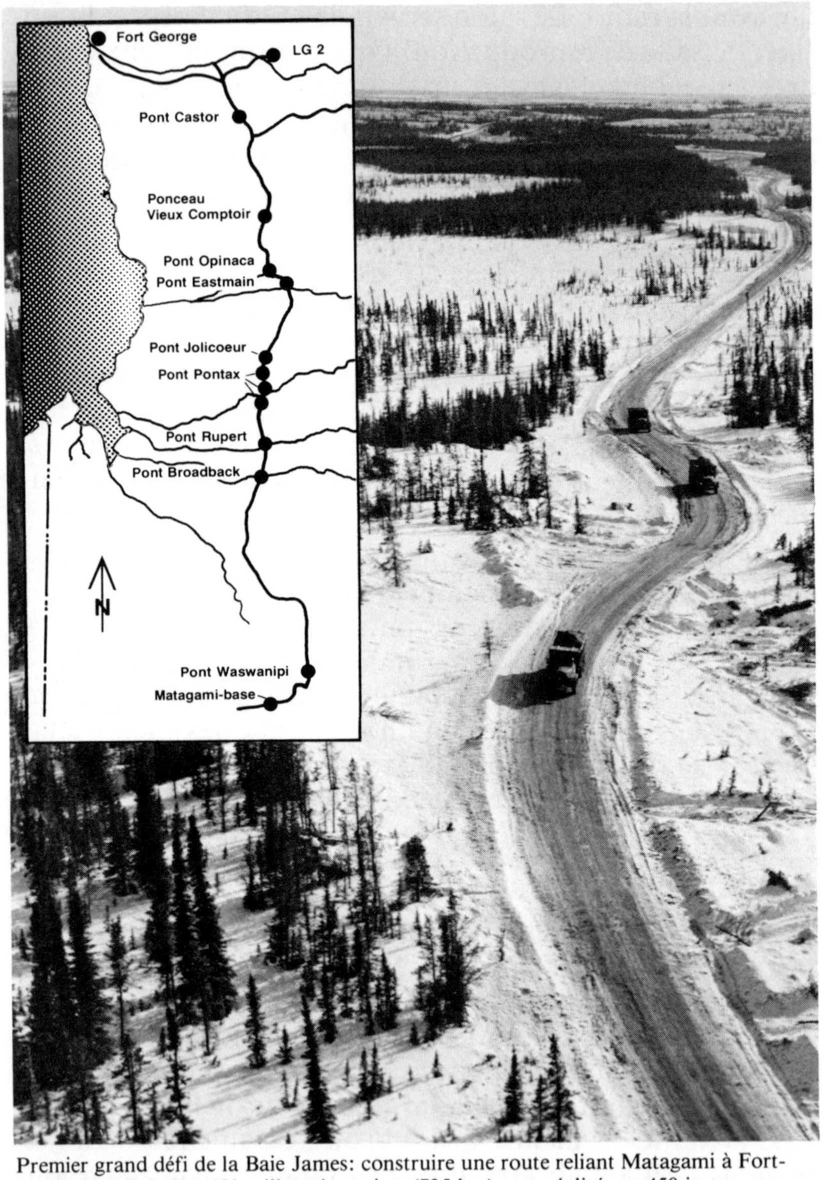

Premier grand défi de la Baie James: construire une route reliant Matagami à Fort-George et LG 2. Les 450 milles nécessaires (725 km) sont réalisés en 450 jours. Maurice Duplessis a déjà pensé à cette voie au milieu des années 50. En mortaise, la carte de la route et le site des 12 ponts. (Carte: Daniel Campeau)

On voulait faire marcher les gars comme en 1920, mais on a bien vu que ça n'avait pas de bon sens. Avant, la position du campement importait peu. Dans le cas de la construction de notre route, tout changeait. Il fallait nous approvisionner en eau potable, permettre aux hydravions de se poser et nous protéger en cas de feu, ce qui explique que nous avons finalement établi ces campements aux bords des lacs.»

Comme il faut faire vite, tout le monde fonce. On n'a que faire des chinoiseries administratives. Tout se règle sur place, directement, avec le moins d'intermédiaires possible et en faisant fi, parfois, des conventions et des formalités habituelles. Un jour, Marcel Dubois et Yves Monette reçoivent un appel de Montréal les informant que des agents de la Sûreté du Québec, munis de mandats, se dirigent vers Matagami pour les arrêter! «L'accès aux quais que nous avions construits pour décharger les hydravions se trouvait sur les terres des ministères des Richesses naturelles et des Terres et Forêts du Québec. Nous n'avions pas trop insisté pour obtenir la permission de construire des rampes d'accès à ces endroits, raconte Yves Monette. Nous n'avions tout simplement pas le temps...» Et sans doute qu'un frustré du coin, un peu trop zélé, avait essayé de leur causer des emmerdements!

Et les pistes? «On mettait douze gars en raquettes qui marchaient pendant toute la journée pour tasser la neige puis, sur les côtés, on disposait des petits sapins pour baliser la piste et faciliter l'orientation des pilotes qui pouvaient ainsi juger à quelle hauteur ils se trouvaient malgré la réverbération», affirme dans un grand éclat de rire Jules Roiseux, responsable notamment des ressources humaines et de la qualité de l'alimentation pour DSA. Jules Roiseux, chef cuisinier réputé, conférencier recherché, auteur d'ouvrages sur la dégustation des vins, a quitté le confort de l'hôtel Estérel, dans les Laurentides, pour vivre les premiers moments héroïques de la Baie James. «L'été, poursuit-il, c'était plus facile. On faisait atterrir les hydravions sur les nombreux lacs.»

Le danger? Connais pas!

Le transport aérien réserve beaucoup d'autres émotions. L'état des appareils, les conditions climatiques, l'absence de contrôle du trafic aérien et l'horaire surchargé des pilotes de brousse transforment chaque vol en une véritable aventure.

«C'est parce qu'on ne connaissait pas le danger qu'on n'avait pas peur. Quand on a commencé à comprendre, on n'aimait plus ça», admet aujourd'hui Marcel Dubois. Il se souvient de trajets effectués pendant des tempêtes et où il fallait suivre les rivières «parce qu'on ne savait plus où on allait». Zoël McGrath raconte qu'il lui est même arrivé de piloter des avions pendant que le pilote, qui travaillait au moins dix heures par jour et sept jours par semaine, dormait à l'arrière de l'appareil. «Il faut être bien fatigué pour laisser n'importe qui piloter!» s'exclame-t-il.

Au cours du seul mois d'août 1971, au moment où le personnel de Desjardins, Sauriol et Associés totalise 65 000 heures de travail, les hélicoptères volent 900 heures et les hydravions, 1 500 heures. Ces appareils de «l'Escadrille de la Baie James», des Cessna, des Beechcraft, un Norseman, des Otter et beaucoup de Beaver, parcourent 250 000 milles (400 000 kilomètres) au-dessus d'un couloir de circulation de moins de 3 000 milles carrés. Ils consomment 248 000 litres de carburant, transportent plus de 27 tonnes d'équipement (camping, nourriture et autres bien divers de consommation), en plus de livrer près de 100 000 litres de carburant[3].

Malgré les nombreuses difficultés de toutes sortes, les travaux débutent dès le 21 juin et les premières équipes d'exploration envahissent le terrain afin de recueillir les données topographiques et géologiques.

De juin à octobre 1971, les travaux progressent rapidement. Les échéanciers sont respectés. Les relevés sur le terrain sont terminés en ce qui concerne le tronçon Matagami-de Rupert. Entre décembre et mars 1972, le tronçon de 125 kilomètres entre Fort-George et LG 2 est délimité. Pour ce qui est de la section comprise entre la rivière de Rupert et La Grande Rivière, soit environ 250 kilomètres, le tracé final sera terminé en 1972, après la décision d'aménager La Grande Rivière.

Les besoins de toutes sortes, les communications techniques, les messages personnels, tout est transmis par radio. À Matagami, le commis aux communications ne dispose que d'une pièce minuscule où le bruit est infernal. L'un de ces commis, car ils sont nombreux à se succéder, Frank Jones, se demande aujourd'hui comment il pouvait déchiffrer les messages qui lui parvenaient. «C'était presque incompréhensible», dit-il. Et ça ne fonctionnait pas toujours! Il pouvait en effet se passer jusqu'à deux semaines sans que ces commis ne puissent capter une communication. Beaucoup de choses viennent brouiller les cartes dans ce grand royaume de la Baie James. Les splendides aurores boréales, ces grands coups de pinceau qui évoluent dans le ciel, s'accordent mal avec la technique des hommes. Elles pertubent la transmission des ondes radio.

Quand la radio reste muette ou fléchit en plein milieu d'un message, il faut se débrouiller avec les moyens du bord et continuer à faire voler les avions et à ravitailler les campements même s'ils sont complètement coupés de la base de Matagami.

Deviner les besoins...

Les pilotes doivent souvent décoller sans connaître les conditions atmosphériques qui les attendent. S'ils ne peuvent parvenir à destination, ou se poser, ils font demi-tour pour repartir un peu plus tard. Pour ce qui est du ravitaillement, on essaie à Matagami de deviner les besoins de chaque campement à partir des commandes des mois précédents. Les travailleurs isolés voient tout à coup apparaître un hélicoptère ou un hydravion chargé des victuailles nécessaires, sans avoir réussi à les demander.

Quand la radio fonctionne, on peut en «entendre» de toutes les couleurs: des commandes de nourriture qui exigent jusqu'à une heure de communication; des messages techniques échangés entre ingénieurs; des messages personnels officieusement transmis aux familles des travailleurs dans le sud et vice versa. Sans avoir demandé la permission, Frank Jones estime qu'en agissant de la sorte, il rend service à tout le monde. C'est, pour lui, un geste humanitaire.

Il y a également les messages codés: «Le taux d'humidité est à la baisse ici, essaie de nous envoyer un peu de pluie.» Message intrigant, surtout s'il est transmis par une belle journée ensoleillée! Les initiés comprennent. Le message signifie que les gars ont une certaine soif et qu'ils désirent une caisse de bière. De Matagami, on peut entendre des messages réconfortants: «Votre huile monte, les gars, la boîte est marquée: PIÈCES D'HÉLICOPTÈRES.» Quand on connaît le code, on sait quel genre d'huile arrive au campement: des bouteilles qu'aucun vendeur de la Société des alcools du Québec ne pourrait renier!

Le commis aux communications peut aussi se transformer en rédacteur et envoyer des lettres aux familles des travailleurs qui ne savent pas écrire. Il y en a quelques-uns. De bons diables. Pour Frank Jones, c'est une époque extraordinaire. «Je devais travailler dur, 12 heures par jour, sept jours par semaine, mais c'était une vie passionnante, plus simple, plus sincère qu'en ville, pleine de camaraderie et où la confiance et la solidarité régnaient.»

Travailler et dormir

La vie quotidienne des explorateurs modernes est rythmée par les périodes de travail et de sommeil. Le travail prend dix, douze heures par jour, parfois plus, et au moins six jours par semaine. Les travailleurs entrent «dans le bois» pour des périodes de 45 à 60 jours pendant lesquelles les contacts avec la «civilisation» sont réduits au courrier et à quelques communications radio exceptionnelles.

Mais le plus difficile, pour la plupart de ces hommes, c'est l'absence de leur famille, de leur femme ou de leur petite amie et de leurs copains; c'est l'impossibilité de voir autre chose que du bois et d'autres personnes que celles avec qui ils travaillent, mangent et dorment tous les jours. Le pourcentage de rotation du personnel est forcément élevé. Nombreux sont ceux qui, en 1971-1972, veulent «aller à la Baie James», attirés par les salaires ou l'aventure. Mais c'est très dur et plusieurs ne retournent plus là-haut après une première «run». Par conséquent, il faut engager en gros 1 500 hommes pour en avoir 500 sur le terrain.

L'été, la présence de milliers de mouches noires et de moustiques qui sortent par myriades dès qu'on foule la mousse de caribou ou le sol spongieux des tourbières, contribue à chasser plusieurs braves qui se sont aventurés dans le territoire. Ces insectes sont souvent voraces: plus résistants et faisant souffrir plus que leurs cousins du sud, ils peuvent «rendre fou». Même munis de gants et de masques spéciaux, certains ne peuvent supporter leurs piqûres.

L'hiver, les insectes ont disparu mais l'homme de la Baie James doit faire face à un autre ennemi, le froid. À -50° ou -60°F, le camping d'hiver pendant un mois et demi ou deux n'est pas une partie de plaisir. Jules Roiseux, responsable à l'époque de la qualité de la cuisine dans l'ensemble des campements de Desjardins, Sauriol et Associés, raconte aujourd'hui en riant qu'il a déjà fait cuire des œufs dans une tente dont le plancher était recouvert de 30 centimètres de neige. Vêtu d'un habit de neige, il avait un peu moins le sens de l'humour cette fois-là...

Des difficultés techniques

En dépit de tous les problèmes humains, les travaux préliminaires progressent assez rapidement pour fournir aux ingénieurs toutes les données nécessaires à la préparation des plans et devis. Dans les bureaux des ingénieurs de DSA à Matagami et à Laval, plus l'exploration progresse et plus les difficultés techniques reliées à la conception et à la construction de la route se multiplient. On constate que les tourbières occupent dix pour cent du corridor. Les sols sont ou friables à cause de leur haute teneur en argile, ou terriblement durs à cause du roc métallique qu'on y trouve. Les matériaux granulaires nécessaires au remblayage sont rares, surtout dans les 50 premiers kilomètres. Autre donnée importante, douze rivières croisent le tracé de la route; il faudra donc construire autant de ponts. Et le climat rigoureux qui ne cesse de compliquer encore plus les choses...

Ce n'est donc pas un défi ordinaire que de construire cette route! D'autant plus que toutes ces caractéristiques topographiques, géotechniques et climatiques révèlent que les trois facteurs les plus dommageables aux structures routières se retrouvent sur le tracé de la route: matériaux gélifs, mauvais drainage et gel intensif. Les concepteurs ont peu de temps pour trouver les meilleurs moyens de surmonter ces difficultés, et les connaissances en structures routières sur sols faibles en milieu nordique ne sont pas au point. L'ingéniosité et la compétence devront combler cette lacune.

Les constructeurs ont un an pour réaliser 50 ou 100 kilomètres de route carrossable entre Matagami et la rivière de Rupert. Plus tard, d'autres contrats seront accordés pour les tronçons de Rupert-La Grande Rivière et Fort-George-LG 2.

Le premier défi posé aux constructeurs de la route est d'accéder à leur chantier respectif. Ils ont besoin de machinerie lourde et de monumentales quantités de carburant pour faire fonctionner le matériel roulant et les génératrices d'électricité, de même que pour chauffer les habitations. Les deux premiers chantiers sont aisément accessibles depuis Matagami, mais les autres...

Tout change rapidement à la Baie James. Les campements de toile sont remplacés par des modules d'habitation, de confortables dortoirs avec cafétéria et salle de jeux intégrées. Le grand luxe, quoi! La nature des travaux n'est évidemment plus la même. Jusqu'ici, les ingénieurs de DSA ont mené une course folle contre la montre pour préparer le terrain aux constructeurs. Voilà que ceux-ci arrivent avec leur méthode, leur expérience, leur façon de voir les choses.

Le mode de transport subit aussi une adaptation importante. Les hélicoptères et les hydravions ne peuvent plus suffire à la tâche au moment de mobiliser les entrepreneurs. Ils ont pourtant été jusqu'ici le seul moyen de pénétrer ce territoire, désormais mieux connu mais toujours farouchement inaccessible.

Le froid, allié de l'homme

Inaccessible? Pas tout à fait. S'il est vrai que l'été, c'est un pays de terre et d'eau confondues, à tel point qu'aucun véhicule roulant ne peut s'y risquer, il se transforme complètement en hiver et il devient alors possible d'y pénétrer par voie terrestre. Le froid, l'un des grands ennemis de l'homme dans le Moyen Nord québécois, se transforme soudain en allié unique et irremplaçable. Grâce à lui, on peut construire des routes d'hiver, traverser les rivières et les lacs par des ponts de glace et acheminer ainsi tout le lourd matériel jusqu'aux chantiers de la route permanente et même, déjà, jusqu'au futur emplacement de la centrale de LG 2.

«Un chemin d'hiver est essentiellement une voie de circulation formée sur le terrain naturel qu'on laisse geler après un minimum de terrassement. Pour réaliser une telle route, il faut toutefois satisfaire à trois exigences: des températures froides sur des périodes assez longues; des terrains meubles qui peuvent geler; et une topographie peu accidentée. Le territoire de la Baie James présente ces caractéristiques. Une seule exception: la présence de nombreuses tourbières dans le corridor de la route laisse présager des difficultés de construction, car une tourbière intacte est un terrain qui gèle difficilement, surtout à cause de sa haute teneur en eau et matières organiques[4],» expliquent Maurice Laliberté et Liguori M. Lefebvre, de la firme DSA.

Si l'accès aux deux premiers chantiers de construction de la route permanente ne pose aucun problème parce qu'ils sont situés près de Matagami, la situation n'est pas la même pour les quatre autres situés plus au nord. Heureusement,

Du 8 décembre 1970 au 22 février 1971, une route d'hiver de 272 km est construite de Matagami à la rivière de Rupert. Un second tronçon de 320 km est ajouté à la fin de 1971 vers La Grande Rivière.

Le froid est à la fois un ennemi et un allié de l'homme. Neuf ponts de glace sont construits durant deux années consécutives. Ici, un fardier chargé d'un tracteur traverse la rivière Eastmain.

au cours de l'hiver 1970-1971, Hydro-Québec a fait construire un chemin d'hiver entre Matagami et la rivière de Rupert sur la rive ouest du lac Matagami. Du mille 95 au mille 155, ce chemin longe la future route à quelques kilomètres de distance.

«En réhabilitant ce chemin d'hiver et en y construisant au cours de l'hiver 1971-1972 les ponts de glace requis, les entrepreneurs ont pu accéder à leur chantier, explique J.-C. Therrien, de DSA. Il leur a cependant fallu mobiliser tout leur équipement, matériel et carburant, pour pouvoir travailler jusqu'en novembre 1972, puisque toute communication terrestre avec Matagami leur serait impossible du dégel jusqu'à cette date[5].»

Au cours de l'hiver 1971-1972, on prolonge ce chemin d'hiver depuis la rivière de Rupert jusqu'à La Grande Rivière de façon à fournir un accès similaire aux six autres entrepreneurs qui devront commencer leurs travaux au cours de l'hiver suivant. Le 11 février 1972, un pont de glace franchit la rivière de Rupert et permet ainsi le passage des bouteurs qui amorcent la construction du tronçon nord du chemin d'hiver.

«Lors de la construction d'un chemin d'hiver, le compactage de la neige constitue une opération primordiale, pour plusieurs raisons. La neige compactée perd une partie de la capacité isolante qu'elle possède à l'état naturel. Des observations indiquent que la pénétration du gel dans les sols est réduite de 61 cm pour chaque 30,5 cm de couverture de neige intacte. Le tassement de la neige facilite sa transformation en glace, favorise la pénétration du gel, et augmente la capacité portante du chemin d'hiver.[6]»

La situation générale est meilleure en 1972 et, à l'automne, l'accès à la rivière de Rupert s'effectue par la route permanente à partir de Matagami. Il s'agit donc de restaurer le chemin d'hiver existant entre les rivières de Rupert et La Grande Rivière pour permettre à huit entrepreneurs de route de mobiliser leur matériel, et à la Société d'énergie de la Bais James d'acheminer certaines pièces d'équipement à LG 2.

Son premier voyage à LG 2

Mais un problème surgit: en plein mois de janvier à la Baie James, le mercure monte et la température s'adoucit! La pénétration du gel dans les sols se fait lentement et la route n'offre plus la capacité portante espérée. Y a-t-il une solution? Mais oui, comme toujours! Cette fois, la méthode de construction de la route de neige est modifiée. La neige est complètement enlevée sur le tracé entre les rivières Eastmain et La Grande Rivière dans le but de favoriser la pénétration du gel. Cette opération, en plus de créer une surface noire, produit une surface très cahoteuse qui réduit la vitesse de circulation. Mais dès la fin de janvier, le chemin d'hiver est ouvert à la circulation[7].

Le 1er février 1973, le chemin d'hiver est ouvert officiellement. Un essai est réalisé entre la Rupert et La Grande Rivière afin de vérifier si le chemin est carrossable: un fardier chargé d'un bouteur de type Caterpillar D-8 se déplace à une vitesse moyenne de 22,6 km/h. L'essai est concluant et la route est ouverte à la circulation lourde le 9 février. Les entrepreneurs de la route permanente comme la Société d'énergie de la Baie James s'empressent de l'utiliser. Cette voie ne sera praticable que jusqu'au début d'avril, si tout va bien...

Entre-temps, la décision d'aménager d'abord le Complexe Le Grande plutôt que le Complexe NBR a été prise, ce qui signifie qu'il faut approvisionner rapidement LG 2 en matériaux divers. Il faut surtout des roulottes pour pouvoir faire venir des travailleurs de tous les coins du Québec. Mais on ne circule pas sur la route d'hiver comme sur la Transcanadienne entre Montréal et Québec. Les lourds et énormes convois y cheminent à une vitesse de 24 km/h (15 milles/h).

Le camionneur Claude Bergeron a vécu cette époque. Il se rappelle son premier voyage à LG 2 en compagnie de cinq autres routiers. C'était durant l'hiver 1972-1973: «Chaque camion était rempli de 40 barils de carburant diesel et une roulotte était attachée derrière chaque remorque. À 10 ou 15 milles à l'heure, ça prenait une semaine pour l'aller-retour. Il fallait de la nourriture pour tout ce temps-là car il n'y avait évidemment pas de restaurant sur le chemin. Quand on était tanné de manger des sandwichs froids, on arrêtait au bord de la route, avec nos haches on coupait des arbres, puis on se faisait des toasts. Cinq heures de sommeil la nuit dans le camion et on repartait le lendemain[8].»

Des sueurs froides...

Au début du mois de mars 1973, les températures s'adoucissent encore brusquement. En plein Moyen Nord québécois, le temps est à la pluie, au verglas et au dégel. C'est le temps des «sueurs froides». L'état du chemin d'hiver se détériore rapidement. Les camionneurs s'épuisent à effectuer un trajet de 325 kilomètres en 48 et même en 72 heures. La situation est dramatique. Que la circulation sur le chemin d'hiver soit paralysée, que la mobilisation des chantiers de construction soit empêchée, et tous les travaux sur la route et à LG 2 sont retardés d'un an. Tous, ingénieurs, administrateurs et entrepreneurs sont conscients de l'importance du maintien de cette route et ils sont bien déterminés à tout faire pour que les convois arrivent à destination.

Guy Lamothe, ingénieur chez DSA, arrive aux chantiers de la route dans ces moments critiques. «J'ai été obligé de fermer le chemin pendant la journée et de laisser circuler les camions seulement la nuit quand il faisait un peu plus froid.»

Le temps presse, on ne peut se permettre de perdre 12 heures de transport par jour. Une solution d'urgence est trouvée: prolonger la vie du chemin d'hiver en le transformant en une sorte de chemin toutes saisons, au moyen de matériaux de remblai.

Gaston Goyette, rattaché à Komo Construction Inc., a vécu la mobilisation et les débuts du premier campement de construction situé au mille 247. Il était opérateur de niveleuse. «On est parti de Matagami en convoi, avec des roulottes. Ça prenait entre quatre et cinq jours pour se rendre au campement. On était une trentaine pour commencer à l'organiser. Les roulottes devaient être transportées par National Trailer. Mais la route n'était pas trop belle. Les roulottes cassaient et les camionneurs les laissaient sur le bord du chemin. J'allais les chercher tout seul avec ma niveleuse, à 50 ou 60 degrés sous zéro.»

Selon Guy Lamothe, «les fabricants de modules n'avaient pas réalisé ce que c'était que de transporter des modules dans de telles conditions. Les fardiers brisaient partout. Les essieux cassaient. Vue de l'hélicoptère, la route était jonchée de roulottes abandonnées. Quelques jeunes gars de Matagami, qui avaient les appareils nécessaires pour faire de la soudure, ont hérité du contrat de les remettre en bon état. Ils travaillaient 24 heures par jour. Malgré tout, des modules ont passé l'été là, quand la route a fondu. Ce qui n'aidait pas, non plus, c'est que la cour de triage de Matagami était mal organisée. Supposons qu'un dortoir avait quatre morceaux. Il pouvait en arriver deux au chantier et en rester deux à Matagami. On manquait d'organisation dans cette cour de triage.»

Le 20 mars 1973, tous les entrepreneurs routiers ont mobilisé l'équipement nécessaire à la construction du deuxième tronçon de la route d'accès permanente. La période des «sueurs froides» est terminée. Au point de contrôle établi à la rivière de Rupert, on enregistre 3 300 passages de véhicules qui totalisent quelque 91 000 tonnes de matériel en direction nord. Le 2 avril, le chemin d'hiver devient impraticable et est définitivement fermé à la circulation lourde. Mais les ponts de glace sont encore en service.

Les ponts de glace

Si les routes d'hiver constituent une habile tactique pour réussir à traverser les terrains marécageux de la Baie James, ce sont les ponts de glace qui permettent de franchir les cours d'eau impétueux avant la mise en place des structures permanentes.

«La construction d'un pont de glace consiste essentiellement à fabriquer de la glace par un arrosage en couches d'environ 1,27 cm (1/2 pouce) d'épaisseur, à l'aide de pompes puisant l'eau à même la rivière, expliquent Maurice Laliberté et Liguori-M. Lefebvre, de Desjardins, Sauriol et Associés. Dans le cas des ponts de glace de la Baie James, l'opération incluait également la pose de billots d'armature à trois niveaux différents[9].»

Le procédé paraît simple — d'une certaine façon, c'est comme faire une patinoire — mais il exige un contrôle extrêmement rigoureux. Sur les huit rivières principales, en trois saisons, on a construit 13 de ces ponts. Leur largeur totale est de 45,7 mètres (150 pieds) dont environ 7 mètres forment la voie de circulation. D'une épaisseur de 155 centimètres (60 pouces), ils peuvent supporter des charges de 70 tonnes.

L'un des éléments les plus dangereux pour les ponts de glace, moins vulnérables aux températures douces que la route d'hiver, est l'accumulation de frasil (cristaux ou fragments de glace flottant à la surface de l'eau; pellicule formée par la glace qui commence à prendre).

Un seul pont cause des inquiétudes, celui de la rivière de Rupert. Il est situé dans une fosse de plus de 24 mètres de profondeur, en aval d'un long rapide qui ne gèle pas en hiver. Vers la fin de décembre 1972, l'équipe de contrôle remarque qu'une grande quantité de frasil se forme sous le pont. Au début de janvier, l'accumulation est telle que le pont s'est soulevé de 3 pieds. Malgré les nombreuses fissures provoquées par ce mouvement, le pont tiendra le coup jusqu'à la fin de la saison. Mais il sera l'objet de contrôles constants et sa capacité portante sera connue en tout temps.

La sécurité est assurée partout par le contrôle strict des charges, des vitesses et de l'état des ponts. La signalisation renseigne les transporteurs sur les limites de vitesse et l'alignement de la voie principale de circulation. «Plus de 3 000 charges ont franchi les ponts sans accident durant les hivers 1971-1972 et 1972-1973, rapporte Marcel Dubois; 30 pour cent de la circulation excédait 40 tonnes et la charge autorisée la plus lourde était de 72 tonnes[10].»

Jean-Marie Élément: un expert

En moyenne, la construction d'un pont de glace demande 35 jours. Et la construction de tels ponts est même devenue un métier, une spécialité pour certains constructeurs de la Baie James. Jean-Marie Élément, un colosse trapu de 53 ans originaire de la Gaspésie, est de ceux-là.

«J'ai construit mes deux premiers ponts de glace en 1970 sur la Nottaway. Cette année-là, je ne savais rien des ponts de glace, sinon que j'avais décidé de me lancer en affaires après cinq ans d'exploration à la Baie James comme bûcheron et constructeur de campements pour Hydro-Québec. Les ingénieurs m'ont expliqué comment on procédait et j'ai bâti deux ponts très robustes qui correspondaient aux normes. Ils devaient être satisfaits de mon travail puisque l'année suivante, Hydro renouvelait mon contrat[11].»

Le néophyte est donc devenu un expert. «Avec le temps, affirme encore Jean-Marie Élément, j'ai mis au point toute une série de nouvelles techniques. Chaque année, j'ai l'impression que je fais un meilleur travail et que c'est plus facile[12].» Tout dépend évidemment de ce qu'on entend par facilité, fait remarquer le rédacteur Richard Doin qui explique: «Pour construire un pont de glace aussi imposant que celui qu'érige cette année M. Élément sur l'Eastmain, il faut étendre plus de 22 millions de litres d'eau, dans une période de deux mois de labeur acharné, sur une surface de 450 mètres sur 16 mètres. Chaque jour, «profitant» des périodes les plus froides, c'est-à-dire l'aube et le crépuscule, Jean-Marie Élément et ses quatre hommes travaillent pendant trois heures consécutives à des températures moyennes de — 40°C. Quand le vent souffle sur l'immense étendue de l'Eastmain, et cela arrive plus souvent qu'autrement, le froid devient rapidement insupportable pour le commun des mortels[13].»

Et les coûts? «L'analyse des coûts des chemins d'hiver, ponts de glace exclus, a donné les résultats suivants, explique Marcel Dubois, de DSA: pour la route d'accès à LG 2, où le déboisement avait déjà été fait les années précédentes, les 590 kilomètres de route d'hiver construits au cours des hivers 1972 et 1973 ont coûté 5 000$ par kilomètre linéaire. Le coût d'un pont de glace n'est généralement pas fonction de sa longueur: il est plutôt relié à la mobilisation d'une équipe. Ainsi, des ponts de 100 mètres et de 300 mètres ont été construits pour des montants similaires de 40 000$ [14].»

«Je me rappelle avoir traversé la rivière Eastmain sur un pont de glace, raconte Yvon Legault, un routier âgé de 31 ans, originaire d'Amos, et qui a déjà derrière lui 14 ans d'expérience dans ce métier. Il devait bien y avoir trois pieds d'eau sur la glace quand je suis passé. Je te jure que ça fait gouzi-gouzi dans l'estomac. Ou encore sur la Rupert. La glace se fendillait en avant du camion. Je ne sais pas si c'est vrai, mais on m'a dit que si la glace cassait, le camion s'enfonçait toujours par l'arrière. T'as au moins le temps de sauter de la cabine... [15].»

Il n'y a jamais eu d'accident du genre. Car «au moment de la fermeture du chemin d'hiver à la fin mars 1972 et le 2 avril 1973, les ponts de glace étaient encore sûrs, affirment Maurice Laliberté et Liguori-M. Lefebvre. Aucun pont de glace n'a été dynamité pour libérer la rivière. La nature s'est chargée elle-même de cette opération. Dans la rivière à courant rapide comme celui de la rivière Bell, des témoins ont vu le pont de glace, tout d'un bloc, descendre la rivière et aller se fracasser dans un rapide, offrant ainsi un spectacle impressionnant [16].»

Et maintenant, la route permanente

Malgré toutes les difficultés, les entrepreneurs réussissent à se mobiliser. Tout est en place pour la construction de la route permanente, une route qui devra être carrossable jusqu'à la rivière de Rupert avant la fin de 1972, et jusqu'à LG 2 avant la fin de 1973.

En mai 1972, les travaux commencent sur le premier tronçon. Il faut tout d'abord enlever les arbres ainsi que la mince couche de terre végétale et aplanir le terrain sur une largeur de 45 mètres. On procède aussi aux excavations nécessaires pour permettre le drainage des eaux sous la route. Puis, les entrepreneurs exploitent les bancs d'emprunt de façon à obtenir les matériaux de remblai nécessaires et concassent le gravier et la pierre qui serviront à la construction des fondations inférieures et supérieures de la route.

La construction de la route permanente pose aussi des défis au niveau technique. Comme celui de faire porter des charges exceptionnellement lourdes sur un sol exceptionnellement faible, à cause de sa haute teneur en argile et des tourbières qui s'y trouvent.

Guy Lamothe raconte comment des constructeurs ont fait face à ce problème: «Si on brise la croûte supérieure des tourbières (une croûte de terre végétale), on «tombe» dans une espèce d'argile gélatineuse comme du Jell-O. Ça, c'est terrible...! On a essayé de vider des tourbières peu profondes mais c'était impossible. La seule manière intelligente qu'on a trouvée — et cela a marché puisque chez l'entrepreneur BOT, on a traversé une maudite tourbière de 18 pieds de profondeur — a été d'étendre une couple de pieds de sable, pour faire une sorte de tampon, sur la couche de terre végétale sans la briser, ce qui veut dire que les camions ne pouvaient reculer. C'est un bouteur qui devait étendre le matériau. Après, il fallait ajouter du gravier. Le procédé était simple, mais il fallait y penser.»

Dans un tel contexte, il ne faut pas hésiter à prendre des responsabilités imprévues de façon à ne pas arrêter ou ralentir les travaux. «Établir le plan d'une route, ce n'était pas un party, raconte Guy Lamothe. Alors, quand on arrivait sur les lieux, on se rendait compte en déboisant qu'on allait dans une mauvaise direction, qu'on tombait dans un marécage infect, par exemple. On modifiait le tracé. Moi, j'ai fait un maudit paquet de changements sur les lieux mêmes des travaux... c'était une question de gros bon sens.»

Le travail et la solitude

La route fait son petit bonhomme de chemin. Peu importent les difficultés, rien ne l'arrête. Elle avance vers le nord et à une vitesse exceptionnelle étant donné les conditions qui règnent à la Baie James. Ce sont quelques centaines d'hommes qui la font progresser. Chaque jour, ils affrontent les pires difficultés: les températures extrêmement rigoureuses de l'hiver et les insectes l'été. Guy Lamothe a déjà vu «un opérateur de bouteur se mettre de la grosse graisse noire sur la figure. C'était pas tellement propre mais c'était efficace!»

En tout temps, ces travailleurs éparpillés entre Matagami et LG 2 font face à l'isolement, à la solitude et à de très longues heures de labeur. Jamais moins de 60 heures par semaine. Souvent jusqu'à 80, 100 heures. De plus, ces hommes vivent les uns sur les autres même si, ironiquement, ils sont parmi les rares habitants de ce territoire sans fin. «On avait toujours affaire aux mêmes gens. On travaillait ensemble sur la route toute la journée, on soupait ensemble et le soir, si on voulait voir quelqu'un, c'était encore les mêmes gars. Ça finit par peser», avoue Guy Lamothe.

Mais c'est là une époque de transition, de changement. Grâce au nouvel accès routier, tout devient possible. Le confort peut désormais atteindre la Baie James. Chez l'entrepreneur Kiewit, par exemple, qui doit construire les premiers tronçons à partir de Matagami, les conditions de vie sont excellentes. C'est le seul endroit où il y a des femmes. Quelques familles s'installent dans des roulottes et on pousse même le raffinement jusqu'à organiser une roulotte-école pour les quelques enfants qui accompagnent leurs parents.

Les premiers campements (été 1971) sont bâtis à partir de l'environnement immédiat: structures des tentes, des lits et du mobilier rustique, tout est en bois rond. Seul luxe: un fanal et une chaudière d'eau.

Les conditions de vie des pionniers de la route s'améliorent avec le temps. Le contreplaqué omniprésent dans cette cafétéria a chassé l'unique bois rond. (Photos: Daniel Étienne Laby)

Douze ponts franchissent la dizaine de rivières, dont plusieurs sont tumultueuses et capricieuses entre Matagami et LG 2. Ici, le pont sur la rivière Eastmain.

Pour mobiliser les entrepreneurs, des cargos empruntent le fleuve Saint-Laurent, passent par le Grand Nord canadien et la baie d'Hudson pour arriver à Fort-George. Un jour de l'été de 1972, cette immense barge s'échoue. Il faudra attendre l'hiver et un pont de glace pour effectuer le déchargement. (Photo: Daniel Étienne Laby)

«Miss Beefeater»

Dans les campements, la population s'élève à 150, parfois 200 travailleurs logés à deux par chambre dans des dortoirs préfabriqués. Une sorte d'avant-goût des futurs chantiers de la Baie James, comme celui de LG 2 dans quelques mois. Pas de famille, pas de femmes, pas d'alcool. Du moins officiellement. Car en ce qui concerne l'alcool, la contrebande existe, elle est même tolérée. Il n'y a pas d'abus. Les travailleurs savent s'imposer une certaine discipline, ils savent quand s'arrêter.

«Il y avait une espèce de discipline assez curieuse, explique Guy Lamothe. Chez un entrepreneur, le contremaître avait le nez rouge... c'était un ivrogne de première classe. Quand il arrivait aux gars de prendre un coup le soir, il les laissait faire jusqu'au moment où il jugeait que c'était assez. Là, il ramassait toutes les bouteilles et les serrait. Je n'ai jamais entendu dire que ce geste ait causé du trouble. Non, car c'était la loi. Quand il ramassait les bouteilles, c'était fini, pas un mot, tout le monde allait se coucher. Ça, ce sont des gars! Ils sont arrivés à la date prévue et ont fini leur travail une journée d'avance. C'est ce qui m'a le plus impressionné chez eux, leur respect des échéances.»

Les nouveaux prennent toujours soin de se munir de quelques provisions avant leur départ et, dès leur arrivée dans les chantiers, ils partagent. Mais comment les travailleurs peuvent-ils bien s'approvisionner en dépit des contrôles exercés à la barrière de Matagami, là où la route privée de la Société de développement de la Baie James commence? Comme au travail, l'ingéniosité et la débrouillardise peuvent faire des miracles!

Guy Lamothe nous parle encore des gars du même entrepreneur. «Eux, ils ont vite compris que le système des petits bonshommes verts qui fouillaient les camions à Matagami, c'était considérablement emmerdant. Il y avait deux grutiers qui buvaient du gin en quantité industrielle. Ils avaient même baptisé une de leurs grues «Miss Beefeater». Une bonne journée, j'ai demandé à l'un d'eux, Dutchie:

— Veux-tu bien me dire comment tu t'arranges pour avoir autant de gin?

«C'était bien simple, ajoute Guy Lamothe. Il m'a raconté ça. Un camion faisait la navette entre Matagami et la rivière de Rupert, pour les besoins du chantier. Dans ce temps-là, les camionnettes avaient toujours un baril de 45 gallons d'essence pour se dépanner, car il n'y avait pas toujours de stations-service. C'était donc bien normal de voir une camionnette se promener avec un ou deux barils. Elles en avaient besoin. Les gars d'un entrepreneur qui travaillaient à la construction de ponts et qui avaient les outils nécessaires, avaient découpé le haut d'un baril. Ils avaient soudé un faux fond et remis la partie supérieure en place. Ça faisait un petit compartiment de trois ou quatre pouces de profondeur qu'ils remplissaient d'essense. Le reste était plein de 40 onces de gin Beefeater!»

Les ponts de la Baie James

Rien n'arrête les constructeurs, pas même les rivières importantes du territoire de la Baie James. Au cours de la période de construction de la route, soit 450 jours, des ponts sont jetés sur ces rivières et d'imenses structures sont érigées. Les experts, Liguori-M. Lefebvre et René Gingras, le premier de DSA et le second de la Société de développement de la Baie James, expliquent le défi: «En dépit d'une stratégie mathématique qui a permis d'éviter les obstacles naturels tels les reliefs prononcés, les zones marécageuses et les lacs, la route d'accès à la Baie James devait franchir une douzaine de rivières qui représentaient une impressionnante variété de difficultés naturelles tant par leur largeur, leur profondeur et leur débit que par les conditions riveraines. Pour chaque pont, l'ingénieur étudiait au moins trois possibilités d'emplacement de même qu'un certain nombre d'arrangements structuraux. De cette façon, il a été possible de construire les ponts de la manière la plus économique. Dans certains cas, le tracé de la route a été modifié pour faciliter la traversée des rivières importantes[17].»

Citons parmi les plus beaux ponts, ceux des rivières Bell, Eastmain et de Rupert. Bien des routiers québécois connaissent maintenant ces douze ponts, peut-être mieux que ceux de Montréal et les deux ponts de Québec. De Matagami à LG 2, ces ponts portent les noms suivants: Bell, Waswanipi, Broadback, Rupert, Pontax 111, Pontax 1, Pontax 11, Jolicœur, Eastmain, Opinaca, Vieux-Comptoir et Castor.

Le plus extraordinaire sans être le plus impressionnant, c'est celui qui traverse la rivière du Vieux-Comptoir. C'est en fait un simple ponceau de tôle ondulée. Mais il s'agit du plus gros du genre à l'échelle mondiale. «La rivière du Vieux-Comptoir n'est pas large, mais elle est très escarpée, explique Guy Lamothe. Sans ce ponceau, il aurait fallu construire un pont d'environ 195 mètres, une structure aussi importante que celle de la rivière de Rupert.»

Les ingénieurs Lefebvre et Gingras précisent que cette solution était d'autant plus audacieuse que de tels ponceaux, beaucoup moins grands, avaient connu certains échecs. «Un certain Smith, qui était à la retraite, s'en est occupé tout le temps, dit Guy Lamothe. Il y a eu de grosses difficultés car les constructeurs sont arrivés dans des sables mouvants. Deux ans plus tard, j'ai asphalté la route au-dessus et ça n'avait pas bougé. C'est un succès ça, technique et économique.»

Au fil des mois ou plutôt au fil des jours, la route prend forme, devient une éclatante réalité dans ce désert québécois. Dès le mois de novembre 1972, le tronçon Matagami-de Rupert, d'une longueur de 260 kilomètres, est ouvert. Au mois de novembre de l'année suivante, il est désormais possible d'effectuer tout le trajet Matagami-LG 2 par la route, même en été. Ce n'est pas une sinécure pour les camionneurs car un passage carrossable, faut-il le préciser, ce n'est parfois «qu'une trace dans le bois», c'est le minimum vital. Mais à partir de là, la «ligne d'oxygène» du chantier de LG 2 est établie. Il est possible dorénavant de le faire respirer en l'alimentant de ce dont il a besoin.

Il faut une très bonne route pour transporter des milliers de tonnes de marchandises...

...et de matériaux comme ces pièces lourdes et souvent de «largeur excessive».

Matagami: la fin d'un espoir

Mais d'un autre point de vue, Matagami vient de prendre son titre de ville «au bout de la route». Ce ne sera pas non plus la ville qui devait être située tout près du «projet du siècle» puisqu'on a préféré aménager La Grande Rivière plutôt que de construire le Complexe NBR. Depuis l'annonce du célèbre projet, les citoyens de Matagami, cette petite ville minière mise en chantier en 1961 à 175 kilomètres au nord d'Amos, ne cessent de rêver, de faire des projets, d'investir, de construire, de croire qu'elle deviendra rapidement le centre nerveux de tout le développement de la Baie James.

Les grands espoirs de prospérité commencent au moment où les équipes d'exploration d'Hydro-Québec arrivent et créent une certaine animation dans cette ville qui, en 1971, compte 3 000 habitants.

Ces perspectives enivrantes se confirment davantage lorsque la Société de développement de la Baie James, la firme des ingénieurs-conseils Desjardins, Sauriol et Associés ainsi que tous les entrepreneurs de la route s'y construisent, louent des bureaux et même des dortoirs. La cour de transbordement d'Hydro-Québec et l'aéroport débordent d'activités. La population grimpe à 4 000, même à 5 000 ou 6 000 habitants, selon les uns et les autres. On ne sait pas combien, exactement. Il y a beaucoup de monde et Matagami prend rapidement l'allure d'une nouvelle «ville champignon» au Nord-Ouest québécois. À l'hôtel de ville, on croit même que la population atteindra 8 000 ou 10 000 personnes de la fin de 1972 à 1975.

Mais la fin de la construction de la route Matagami-LG 2 et la naissance du premier chantier de la Baie James mettent un terme à toutes les activités lucratives. Des centaines de camions passent désormais à Matagami et ne s'y arrêtent que pour les enregistrements d'usage à la barrière de la SEBJ. Aujourd'hui, on fait encore du transbordement dans cette ville, mais ce n'est pas le Pérou. Les avions à destination de la Baie James font de moins en moins escale à Val-d'Or.

La SEBJ (sauf son centre de transbordement), la SDBJ, les ingénieurs et les entrepreneurs n'ont pas tardé à déménager leurs bureaux aux divers chantiers du Complexe La Grande.

Matagami est redevenue une petite ville minière mais elle conserve des cicatrices qui paraissent encore. Il lui reste un titre de gloire. Matagami, c'est désormais la ville au bout des routes. Celle qui vient de Montréal et celle qui va à LG 2. Une ville-maillon où l'or ne coule plus à flots.

Un grand jour

Le 20 octobre 1974 est le grand jour pour tous ces hommes qui ont travaillé à la conception et à la réalisation de la route d'accès à la Baie James, une route privée de plus de 200 millions de dollars. Ce jour-là, la route est officiellement ouverte. Imaginez: une route de gravier de 720 kilomètres qui a entraîné la construction de 310 kilomètres de routes de pénétration, de 600 kilomètres de chemins d'hiver, de 13 ponts permanents et d'un million de pieds linéaires de canalisation. L'ensemble des travaux coûte 348 millions de dollars.

«Certains diront que le programme de construction de la route et les méthodes employées ne sont pas des plus économiques, explique J.-C. Therrien, de la firme DSA. Cela, nous le savions dès le début et le propriétaire aussi. Cependant, l'infrastructure routière n'est qu'un préalable aux autres travaux qui suivront et qui seront, de loin, les plus importants[18].

«On avait prévu que si les travaux hydro-électriques pouvaient être amorcés un an plus tôt grâce à une route de première qualité donnant un accès rapide aux divers chantiers, le résultat net se solderait par un gain. D'autres arguments, comme l'effet d'entraînement et le sous-emploi, peuvent aussi justifier une telle décision, ajoute J.-C. Therrien. Ainsi, à eux seuls, les travaux d'ingénierie et de construction de la route de la Baie James ont donné directement de l'emploi à plus de 1 600 personnes, sans compter les emplois indirects.»

En ce lundi de fin d'octobre 1974, les entrepreneurs balaient leur bout de chemin et commencent à plier bagage depuis que la machinerie d'entretien remplace celle de la construction. «On le voit même dans la gaieté des ouvriers de la dernière heure qui fignolent les derniers détails pour que cette voie moderne de pénétration dans le territoire soit parfaite[19].»

En vérité, il reste encore quelque chose à faire pour que cette route soit parfaite. La dernière étape, la touche finale d'une belle route, n'est-ce pas la pose d'asphalte? En deux saisons, au cours des années 1975-1976, cette route du nord est entièrement asphaltée. Des wagons chauffés transportent l'asphalte liquide de Montréal à Matagami d'où, 24 heures sur 24 et sept jours sur sept, on l'achemine jusqu'aux divers points voulus. Des centres de voirie et des relais sont aménagés en même temps sur le parcours.

Les camionneurs qui ont sacré, pesté, détesté et pleuré à cause d'un soupçon de route trois ans auparavant, trouvent maintenant devant eux une voie moderne. Dans l'un ou l'autre des deux relais, ils peuvent se restaurer, louer une chambre pour un prix modique, faire le plein d'essence; des mécaniciens peuvent faire des réparations mineures.

La tâche est accomplie. La route de la Baie James a une emprise totale de 45 mètres, deux pistes de roulement de 3,6 mètres de largeur et des accotements non asphaltés de 3 mètres. Elle peut supporter des charges de 500 tonnes que le transport des transformateurs et des pièces des turbines exige. Et elle permet de rouler à une vitesse de croisière de 90 kilomètres à l'heure.

L'ingénieur Yves Monette, qui est arrivé à Matagami le 1er juin 1971 pour n'en repartir que le 15 septembre 1976, a le dernier mot: «Des travaux comme ça, on n'en voit pas souvent. Aujourd'hui, on se prépare pour le Complexe

NBR ou le Complexe Grande-Baleine. On en parle huit ans d'avance. Nous autres, c'était huit heures d'avance. On ne retrouvera plus jamais des conditions semblables. On avait l'impression d'être des pionniers, de faire démarrer une épopée.»

Quatrième partie

La naissance d'un grand chantier

Chapitre 9

Le miracle de LG 2

La naissance de LG 2 tient du miracle. Ce pénible accouchement est marqué de difficultés presque insurmontables: la chaleur accablante d'un bel été, d'inquiétants feux de forêt, un approvisionnement difficile, une campagne de presse démoralisante, une opposition déconcertante au projet de la Baie James et, enfin, l'arrêt des travaux ordonné le 15 novembre 1973 par le juge Albert Malouf, à la suite d'une demande d'injonction présentée par les Cris et les Inuit du Québec.

Toutefois, ces problèmes n'empêchent pas quelques centaines de bâtisseurs de construire le premier campement permanent et d'amorcer ainsi les travaux de la Baie James. Caractérisée par une activité intense, l'année 1973 sera fertile en émotions de toutes sortes.

Pour mettre sur pied ce premier grand chantier dans un territoire vaste, farouche, inconnu et éloigné, il faut d'abord que la Société d'énergie de la Baie James trouve un chef. Ce sera Laurent Hamel.

«Vers la fin de l'automne 1972, raconte Laurent Hamel, maintenant vice-président exécutif Équipement d'Hydro-Québec, Robert A. Boyd, le président de la Société, était en visite à Manic 3. J'y étais ingénieur des travaux. Il m'a demandé si j'étais intéressé au projet de la Baie James. J'ai répondu par l'affirmative, tout en précisant que cela dépendrait du travail. Les choses en sont restées là.»

Quelques semaines plus tard, Laurent Hamel est demandé au siège social de la SEBJ à Montréal. La direction lui fait savoir qu'elle songe sérieusement à lui confier l'organisation du chantier de LG 2.

«La Baie James m'attirait. Je voulais toutefois terminer mon mandat à Manic 3. Depuis un an, j'y travaillais fort. Nous étions en retard. C'était très serré. Nous avions pris des décisions importantes. Je voulais qu'on réussisse. Il nous fallait une autre année pour rattraper le programme original. Ma première réaction fut donc de refuser d'aller immédiatement à la Baie James.»

La Floride: oui, mais...

À la fin de l'année 1972, Laurent Hamel se prépare à partir pour la Floride. C'est la première fois en dix ans que cet ingénieur, qui a toujours travaillé dans des chantiers éloignés, prend de vraies vacances. «C'est tout juste si, en se mariant, on a pris trois jours de voyage de noces à Niagara...»[1] Tout est organisé. Avec sa famille, il se rend de Manic 3 à Montréal où il fait escale pour la nuit. Le lendemain, la famille Hamel doit s'envoler vers la Floride. Mais, dans la soirée, coup de fil de Robert A. Boyd à l'hôtel de Laurent Hamel: le président de la SEBJ désire «régler le problème» une fois pour toutes.

«Je me suis rendu à son bureau. Il m'a dit qu'il fallait prendre une décision avant de partir en vacances. Je lui ai rappelé mon intention de demeurer à Manic 3. Mais monsieur Boyd a fait valoir des arguments difficiles à réfuter. Je ne pouvais plus refuser...»

Dans l'esprit de Robert Boyd, il est encore plus urgent de commencer immédiatement les travaux au chantier de LG 2, même si le temps presse à Manic 3. «J'ai par la suite constaté que c'était vrai, dit Laurent Hamel, car il a fallu mettre les bouchées doubles pour y arriver.»

Laurent Hamel est nommé chef du chantier de LG 2 en janvier 1973. Ce constructeur de barrages, qui n'a pratique-

Une fois nommé chef du chantier de LG 2 en 1973, la première préoccupation de Laurent Hamel est de former une équipe. Une véritable chasse à l'homme commence.

Quelques rangées de tentes de toile et des bâtiments près de la piste temporaire située à… 45 kilomètres de LG 2.

ment jamais vécu en ville, accepte aussi de déménager ses pénates à la Baie James. Ce sera la 18e fois en 18 ans!

«La seule chose qui existait à LG 2 à ce moment-là, c'était le campement d'exploration d'Hydro-Québec, un campement de toile dressé sur le bord de La Grande Rivière. Il y avait deux bâtiments en contre-plaqué, l'un abritant la cuisine, l'autre le lavoir... et une série de petites tentes pouvant loger six travailleurs chacune, raconte Laurent Hamel. Ces tentes étaient montées sur des carrés de bois. À l'intérieur, une simple fournaise à l'huile au centre et des lits disposés alentour. À l'extérieur de chaque tente, un précieux baril de mazout. Pour les services sanitaires, les travailleurs devaient sortir et aller au lavoir.»

Contrairement à ce qu'on serait porté à penser, la première chose à faire pour un chef de chantier n'est pas de se rendre immédiatement sur les lieux. Il doit d'abord prévoir toute son organisation. Laurent Hamel consacre donc les premiers mois qui suivent sa nomination à travailler au siège social de la Société d'énergie de la Baie James, situé à l'époque au 600 ouest, boulevard Dorchester. Quelques dizaines de personnes seulement y travaillent.

«Ma première préoccupation était de former mon équipe, dit Laurent Hamel. Habituellement, Hydro-Québec bâtissait elle-même ses barrages. Dans le cas de la Baie James, et pour la première fois au Québec, on avait décidé de confier les travaux à l'entreprise privée et la gérance à la SEBJ. Je devais donc mettre sur pied une organisation capable de gérer tous les contrats au chantier. Dès les premières journées, j'ai préparé un organigramme pour gérer et administrer LG 2. Cet organigramme a d'ailleurs servi de modèle plus tard aux autres chantiers du Complexe La Grande-Phase 1.»

Mais cet organigramme n'est qu'une structure couchée sur papier. Il faut mettre des noms, donc engager des hommes pour les premiers travaux de LG 2. À cet endroit, les priorités se résument à ceci: améliorer et agrandir le petit campement d'Hydro-Québec, faire des routes et construire enfin un campement permanent qui puisse loger et nourrir convenablement les premiers travailleurs de la construction.

Un recrutement très difficile

La chassse commence. Laurent Hamel se souvient des hommes qu'il a rencontrés dans les autres chantiers. Il lance des appels à ceux qu'il juge aptes et susceptibles d'être intéressés par la Baie James. Gérald (Jerry) Morneau, proposé par la firme Bechtel, est embauché et devient le premier cadre. Il est nommé chef de service du Soutien. De Churchill Falls, au Labrador, Marcel Audet répond oui. De Matagami, Fernand Morin fait de même. Ils deviennent les adjoints de Gérald Morneau et doivent relever l'important défi de construire un campement provisoire, puis un campement permanent sans parler d'une kyrielle d'autres travaux.

Petit à petit, lentement, péniblement, le noyau se forme, grossit. Pourtant, le recrutement n'est pas facile. «En 1973, et même en 1974-1975, c'était difficile de trouver des hommes compétents acceptant d'aller à la Baie James, dit Laurent Hamel. Il y avait beaucoup de travail dans la province. Plusieurs personnes ayant une occupation intéressante à Montréal ou ailleurs hésitaient ou refusaient d'aller vivre dans de petites tentes, sur le bord de La Grande Rivière, sans leur famille et sans aucun moyen de communication: pas de téléphone, pas de radio, pas de journaux et évidemment pas de télévision. Absolument rien. LG 2 était coupé de tout. Et tout était à faire...»

Le recrutement est d'autant plus difficile que le projet de la Baie James fait l'objet de déclarations politiques, de reportages et de comptes rendus défavorables. «L'attitude négative de la pressse nous a fait un tort immense, affirme Laurent Hamel. Les gens avaient peur d'aller à la Baie James. D'ailleurs, ce sont justement les informations négatives véhiculées par les médias d'information qui ont été les plus difficiles à supporter durant les premières années de LG 2.

«Elles avaient un effet démoralisant, démotivant non seulement chez moi, mais aussi sur bon nombre de mes gars. C'est le premier projet où j'ai eu à faire face à une campagne de dénigrement aussi systématique. Cela a duré plusieurs années... à un point tel que j'étais quasiment gêné de dire que je travaillais à la Baie James. J'avais l'impression de travailler contre mon pays. Et je n'étais pas le seul à avoir cette impression.»

Des relations tendues

Quand les gens de la Société d'énergie de la Baie James arrivent à LG 2, ils font face à un problème humain de taille: les employés d'Hydro-Québec, occupés aux travaux d'exploration, ne veulent rien savoir d'eux.

Avec les employés du bureau de Matagami, ils espèrent encore que la SEBJ se verra retirer le mandat de gérer les travaux au profit de la grande société d'État. Des tiraillements chez le personnel d'Hydro-Québec ont commencé à se faire sentir dès l'annonce du projet de la Baie James.

«D'une part, explique Laurent Hamel, on a dit à la SEBJ: allez-y, c'est le temps, commencez les travaux. Mais d'autre part, les gens d'Hydro-Québec à Matagami comme à LG 2 n'étaient pas informés de la nature et du rôle exact de la SEBJ.»

Or, durant les premiers mois de 1973, les employés de la SEBJ à LG 2 dépendent entièrement de ceux d'Hydro-Québec. Ils entrent dans leur campement d'exploration, mangent la nourriture de leurs cuisiniers et utilisent leurs hélicoptères. «On se fiait à 100 p. cent à eux, dit Laurent Hamel. Mais on a eu des problèmes. Certains employés comprenaient mal la situation. Il n'y avait aucune place au campement pour les gens de la SEBJ. Nous avons marchandé longtemps avec les gars d'Hydro pour obtenir une tente afin de travailler à l'intérieur...»

D'autres difficultés surgissent au moment où les travailleurs de la construction commencent à arriver à LG 2. Comme les employés chargés des travaux d'exploration doivent assurer la boustifaille à ces nouveaux résidents, la situation s'aggrave de jour en jour. «Les gars d'Hydro bourrassaient un peu, dit Laurent Hamel. Les cuisiniers faisaient de petites grèves. Je suis intervenu à quelques reprises pour négocier avec eux car ils ne voulaient plus servir de repas. La SEBJ n'avait aucun contrôle sur eux. Ils voulaient s'en aller car ils n'acceptaient pas de travailler dans de telles conditions.

«Les gens d'Hydro-Québec à Matagami ne collaboraient pas tellement non plus. On a connu plusieurs pépins dont certains très embêtants. Par exemple, un avion rempli de nourriture quittait Matagami. Après une heure trente de vol, il atterrissait à LG 2 avec du pain moisi, du lait imbuvable et des légumes avariés. On jetait tout ça dans le dépotoir...

«Il faut préciser qu'Hydro-Québec n'était pas tellement organisée pour entreposer à Matagami toute cette nourriture périssable. Elle était laissée sous des toiles exposée au froid ou au soleil. Si les gens avaient été le moindrement consciencieux, ils n'auraient pas fait monter à LG 2 des marchandises déjà avariées. On a passé des journées sans pain ni lait...»

Laurent Hamel décrit la situation froidement. Lui-même employé d'Hydro-Québec, il ne porte aucune accusation. Il ne fait que relater des faits. D'ailleurs, il admet que la SEBJ aurait dû, dès le départ, faire le point avec les 200 personnes en poste à LG 2 et à Matagami. Ces personnes s'inquiétaient pour leur avenir. «C'est seulement un an plus tard qu'on est allé à Matagami leur fournir toutes les explications.»

D'autre part, il y a aussi des frictions entre les gens dont l'entreprise d'origine est Bechtel ou Lalonde, Valois, Lamarre, Valois et Associés ou encore ceux des autres chantiers, comme Manic, Churchill Falls. «Au début, admet Fernand Morin, l'esprit de collaboration n'était pas idéal. Mais, ajoute-t-il, en dépit de tout, le chantier a assez bien fonctionné et c'est surtout grâce à un homme qui pouvait contrôler tous ces gars-là. Il s'appelait Laurent Hamel. Il a certainement été le modérateur capable à la fois de contrôler et de déléguer.»

Le gros lot: l'avion!

Sortir de LG 2 pour assister à une réunion au siège social à Montréal représentait une véritable aventure. «J'ai déjà dû attendre une semaine pour descendre à Montréal», confie Laurent Hamel.

L'avion, basé à Matagami, ne peut en effet communiquer avec LG 2. Le pilote ignore donc tout des conditions atmosphériques à cet endroit. Il tente sa chance en volant en direction de LG 2, puis en survolant la piste temporaire une, deux ou trois fois. S'il ne peut se poser à cause d'un plafond trop bas, il retourne à Matagami. Et le lendemain, le même scénario se répète.

La situation est tout aussi pénible pour les gens qui attendent dans le petit aéroport de LG 2. Le déroulement d'un voyage LG 2-Matagami-Montréal est souvent le suivant: le premier jour, de bonne heure le matin, le travailleur Ygrec Zed quitte, valises en main, le campement provisoire à bord d'une chenillette afin de franchir les 45 kilomètres qui le séparent de l'aéroport. S'il est chanceux, et il faut insister sur cette épithète, il fera le trajet en hélicoptère.

À l'aéroport, un campement de toile déjà bien rempli loge cent travailleurs pour les travaux d'exploration. Il sert aussi d'hôtel... ce qui est beaucoup dire! C'est là que le travailleur Ygrec Zed attend patiemment le résultat des prouesses de l'avion, un DC-3 ou un C-46, sorte de DC-3 agrandi. Ygrec Zed peut attendre ainsi des heures car ce n'est pas l'époque des horaires bien planifiés. Enfin, si l'avion ne peut se poser, Ygrec Zed retourne au campement provisoire de LG 2 par chenillette, ou par hélicoptère s'il est chanceux! Le lendemain, le même jeu recommence. Et les jours suivants, jusqu'à ce qu'un avion daigne se poser à LG 2.

Mais l'aventure ne fait que commencer. Car une fois arrivé à Matagami, le travailleur Ygrec Zed doit trouver le

Le premier campement de tentes de toile sur les bords de La Grande Rivière à LG 2 en 1972-1973. (Alain Rinfret, Hydro-Québec)

Stupéfaction des travailleurs en arrivant à la Baie James en 1972: voici l'aérogare de LG 2 en novembre. (Photo: La Presse)

moyen de se rendre à Val-d'Or puisque les deux villes ne sont pas reliées par transport aérien. Ygrec Zed loue donc une auto et se tape un trajet de 250 kilomètres. Val-d'Or réserve aussi des surprises aux voyageurs en provenance de LG 2. Comme ceux-ci n'ont pu faire des réservations, faute de communications adéquates, ils se retrouvent toujours sur la liste d'attente. «Parfois, nous devions prendre l'autobus pour Montréal: sept heures pour faire 530 kilomètres, de sorte que lorsque nous arrivions au siège social à Montréal, nous n'étions pas toujours en pleine forme», dit Laurent Hamel.

Le chef du chantier de LG 2 a particulièrement goûté de cette sauce puisqu'il s'est rendu à Montréal en moyenne une fois toutes les trois semaines. C'est sans doute depuis cette époque qu'il voyage toujours avec une liasse de documents sous le bras!

Finalement, Laurent Hamel trouve un truc pour perdre moins de temps à voyager, un truc qu'il ne pourra malheureusement pas refiler aux travailleurs. Un avion de type Electra, de Nordair, effectue en effet un vol direct Poste-de-la-Baleine-Montréal trois fois par semaine. Il n'a qu'à s'y rendre par hélicoptère. Environ 238 kilomètres de LG 2 à vol d'oiseau. «J'arrivais dix ou quinze minutes avant le départ. Au total, ça prenait trois heures pour me rendre à Montréal. Mais il y avait le risque de voyager en hélicoptère entre LG 2 et Poste-de-la-Baleine.»

Les difficultés de transport, le manque de communications et l'éloignement ont parfois débouché sur des situations tragiques. Plusieurs travailleurs ont perdu des proches parents, mais le temps de l'apprendre et de descendre vers le «sud», et l'inhumation avait déjà eu lieu. «Je savais que ma femme devait être opérée dans la banlieue de Montréal, se rappelle Laurent Hamel. Quand j'ai reçu le message qu'elle était entrée à l'hôpital, je suis descendu... mais elle était déjà prête à en sortir!» Le voyage avait pris trop de temps. Les messages aussi.

Les soins: «Fix it yourself!»

Le manque de services de santé est un autre grave problème en cette année 1973 à LG 2. Il n'existe qu'une petite clinique qui donne les premiers soins avec les moyens du bord. Un préposé sans diplôme a été embauché. Aucun infirmier diplômé ne veut, en effet, aller travailler à la Baie James.

«Nous avions demandé la permission d'avoir des médicaments pour atténuer la douleur d'un blessé lors de son évacuation par hélicoptère de LG 2 à Matagami, raconte Laurent Hamel. La permission fut refusée par le ministère des Affaires sociales. Nous disposions seulement de pansements, d'aspirine ainsi que de trousses de premiers soins... Et débrouillez-vous! J'ai vu des travailleurs gravement blessés. On les dirigeait d'abord vers l'hôpital de Fort-George, un village autochtone situé à l'embouchure de La Grande Rivière à quelque cent kilomètres de LG 2. Mais la collaboration n'était pas bien bonne.

«Je me souviens d'un cas précis. C'était un foreur qui s'était amputé un pouce. Il est d'abord transporté par hélicoptère à Fort-George. Là, on ferme la plaie et on le sort dehors sans se préoccuper de son sort. Il n'a pas d'argent sur lui et ne sait pas comment sortir de cette île qu'est Fort-George. Heureusement, un employé de la SEBJ qui passe par là le voit et le ramène à LG 2. Le lendemain, je l'ai rencontré. Il se tordait de douleur. Il voulait descendre à Montréal. Rapidement, nous l'avons mis à bord d'un hélicoptère à destination de Matagami.»

Le préposé aux soins infirmiers, Fernand Savard, amicalement surnommé Tintin, se souvient lui aussi de la situation tendue qui existait entre l'hôpital de Fort-George et la SEBJ. «Cet établissement ne voulait fournir aucun médicament. La direction affirmait que l'hôpital était au service exclusif des autochtones. Cet hôpital n'acceptait que quelques cas très urgents. Un médecin canadien-français, assez dur, nous avait d'ailleurs recommandé dans une lettre au ton très explicite, de ne pas compter sur la collaboration de l'hôpital. J'avais demandé des pilules 222 pour calmer un peu la douleur. Ils n'ont jamais voulu nous en donner. Une résolution avait été adoptée par le conseil municipal de Fort-George dans le but de réserver les soins hospitaliers aux citoyens de ce village exclusivement. Chacun devait s'arranger avec ses troubles...»

«Il arrivait aussi que des bûcherons se blessent avec leurs tronçonneuses, dit Laurent Hamel. On fermait la blessure au mieux de nos connaissances, on administrait des aspirines et, encore là, c'était l'hélicoptère pour Matagami. Pour ceux qui souffraient, les voyages étaient très longs.»

Fernand Savard ajoute: «Quand un travailleur était gravement blessé, je prenais un DC-3 d'Air Brazeau et je le conduisais à l'hôpital Notre-Dame à Montréal. Mais ce genre d'avion n'était pas chauffé. On y gelait littéralement. Je couchais alors le patient sur le plancher. Je l'enveloppais avec six ou sept couvertures. À Montréal, l'avion m'attendait pour me ramener à LG 2.»

La petite clinique va devoir déménager trois fois au fur et à mesure des agrandissements du campement permanent. Dès l'année suivante, les soins allaient être meilleurs grâce à l'arrivée d'un premier médecin.

Bourassa découvre les travailleurs

Étrange coïncidence, le Premier ministre du Québec, Robert Bourassa, arrive à LG 2 le 14 juillet 1973, jour de son anniversaire et du deuxième anniversaire de l'adoption de la Loi 50, la Loi du développement de la région de la Baie James.

Il arrive de Matagami à bord d'un DC-3. C'est sa première visite officielle au chantier de LG 2. Il est accompagné de Robert A. Boyd, président de la Société d'énergie de la Baie James et commissaire d'Hydro-Québec, et de Charles Boulva, président de la Société de développement de la Baie James. Une horde de journalistes les suit pas à pas.

Le groupe a d'abord fait une escale d'une heure à Matagami afin de faire le point sur le projet de la Baie

James dans son ensemble, sur son infrastructure et les conséquences sur l'environnement[2]. Un arrêt à l'un des campements de construction près du tracé de la future route Matagami-LG 2 a aussi été prévu, mais les intempéries empêchent le groupe d'effectuer cette visite.

Collation, visite du chantier de LG 2, brève conférence sur les travaux en cours, vols en hélicoptère, toutes les activités se déroulent à un rythme soutenu, les aléas du voyage ne laissant même pas trois heures aux visiteurs pour tout faire, pour tout voir. Mais l'ambiance de ce voyage sans protocole est très détendue. Robert Bourassa en profite pour prendre contact avec les ouvriers. À la station de recherches écologiques située en bordure du lac Attila, il se voit offrir quelques truites sous l'œil amusé de Pierre Dumas, chef du service de l'Environnement à la SEBJ. À l'heure du repas du soir, le premier ministre, les cheveux légèrement en broussaille, prend place parmi les travailleurs pour discuter de différents sujets avec eux, au grand plaisir des photographes[3].

Durant le vol de retour, et alors que tous dégustent le gâteau d'anniversaire, Robert Bourassa affirme vouloir faire de cette expédition dans le Moyen Nord québécois une tradition annuelle. Et dans son livre intitulé *La Baie James*, publié en septembre 1973, il écrit notamment ce qui suit au sujet de cette visite:

«La chaleur de l'accueil est exceptionnelle. Beaucoup de jeunes, attirés par le défi d'un pays à découvrir, à bâtir. Je ne peux m'empêcher de voir à travers eux la copie presque conforme des premiers défricheurs du pays. Aujourd'hui, ils sont quelques centaines. Bientôt, ils seront cinq mille, dix mille, quinze mille à grouper leurs efforts dans un but commun: mettre les richesses du Québec au service de tous les Québécois[4].

«J'ai dit qu'ils étaient jeunes; je ne pensais pas tellement à leur âge, mais plutôt à une sorte d'énergie, de volonté intérieure, de santé qui marquent et imprègnent leur physionomie. Ils viennent de toutes les régions du Québec; ils sont de tous les métiers et de toutes les professions, mais ils affrontent ensemble, solidairement, les mêmes défis.

«À LG 2, il y a des hommes qui étaient à Manic, à Outardes, à Churchill Falls. Ils sont endurcis, habiles, extrêmement compétents et imaginatifs. Dans ce territoire, en effet, les meilleures techniques côtoient souvent l'imagination créatrice. Les problèmes sont presque toujours inédits, les solutions également et l'expérience devient un atout irremplaçable.»

Encerclé par le feu

L'été de 1973 est exceptionnel et surprend la plupart des nouveaux travailleurs. Le temps est beaucoup plus chaud que prévu. Durant 32 jours consécutifs, le thermomètre grimpe souvent à 28 ou 30 degrés Celsius sans jamais redescendre en bas de 22 degrés. C'est presque le paradis!

C'est trop beau et surtout trop sec. Dangereusement sec. Il n'y a plus aucune trace d'eau nulle part dans la forêt. La mousse à caribou, complètement deshydratée et aussi sèche que du papier, est prête à s'enflammer en un clin d'œil. La situation devient critique.

«J'effectuais une tournée d'inspection en hélicoptère avec le chef du service du Campement de Montréal, Mike Bishop, raconte Marcel Audet. Nous avons vu tout à coup de la fumée se dégager. Nous sommes allés au-dessus. C'était un feu de forêt.»

Fin de juillet, début d'août, trois foyers d'incendie éclatent et encerclent aux trois quarts le campement provisoire de LG 2. «C'étaient des feux immenses, rappelle Laurent Hamel. Il y avait un nuage de fumée de 100 mètres d'épaisseur dans le ciel. Il s'étendait de LG 2 jusqu'à Fort-George, une distance de 96 kilomètres.»

Les trois foyers se situent en face de LG 2, de l'autre côté de La Grande Rivière, à l'embouchure de la rivière Kanaaupscow et à l'ouest du lac Sakami.

Gérald Morneau, le chef du service du Soutien, forme des équipes de combat en collaboration avec les responsables de la Société de conservation du Nord-Ouest. «Je leur ai demandé d'essayer de maîtriser l'incendie en face du campement, de l'autre côté de la rivière. Nous pouvions compter sur notre équipement ainsi que sur celui de la SCNO. Malheureusement, les boyaux de nos pompes à incendie ne se rendaient pas assez loin. J'ai envoyé des béliers mécaniques par une barge de l'autre côté de la rivière afin de creuser de grandes tranchées.»

L'évacuation est nécessaire

Au campement, plusieurs des 500 travailleurs sont nerveux. Dans ces moments critiques, il faut redouter autant la panique de l'homme que ce qui lui fait peur. Une fumée très dense et des étincelles se dirigent vers les tentes et les bâtiments de toile et de bois. La respiration devient difficile.

«Quelques gars ont piqué des crises de nerfs, dit Marcel Audet. Des policiers les ont aidés à quitter le campement.» L'évacuation devient nécessaire.

Dans la journée du 6 août, tout le personnel qui n'est pas indispensable est évacué. Pour la première fois dans la petite histoire de LG 2, un avion Bœing 737 de Nordair se pose à l'aéroport permanent de LG 2 dont la piste vient tout juste d'être terminée. La situation d'urgence a fait devancer l'ouverture de l'aéroport. Un groupe de 120 travailleurs retourne dans le «sud» lors d'un premier voyage. Un second vol dans l'après-midi du même jour et un troisième le lendemain matin complètent l'évacuation de 250 personnes. Il en reste toutefois autant sur place.

Entre-temps, la lutte contre les flammes se poursuit jour et nuit. «Du 6 au 12 août, c'est un combat de tous les instants. Les hommes sont tenaillés par la peur de se faire avoir, par la crainte que le campement soit rasé, par la trouille que tout le monde soit encerclé par les trois foyers. Tous les jours, on priait quasiment pour avoir de la pluie», raconte Gérald Morneau.

Par mesure de précaution, il fait nettoyer une bande de terrain autour du campement de sorte qu'il ne reste plus aucun arbuste pouvant alimenter le feu. Les bords de la rivière sont copieusement arrosés. On fait même sauter de la dynamite dans l'espoir de faire reculer l'élément destructeur. La nuit, pendant que les travailleurs tentent de dormir, les tentes et les bâtiments sont aussi arrosés.

Un soir, la situation devient critique. Le gros nuage de fumée est au-dessus du campement. Par mesure de sécurité, 125 travailleurs sont évacués vers l'aéroport et vers l'ancien campement de l'entrepreneur Francon sur la route menant à Fort-George. À l'aéroport, les gars doivent coucher à la belle étoile ou regarder des films projetés à l'extérieur.

Ce n'est que durant le week-end, à la faveur d'une légère pluie, la première après trente jours de sécheresse, que l'on peut reprendre le contrôle sur les incendies et commencer à mieux respirer. Le dimanche 12 août, les combattants peuvent profiter, pour la première fois depuis huit jours, d'une vraie nuit de sommeil. Le lundi 13, la direction commence à rappeler les employés évacués une semaine plus tôt. Tout danger est désormais écarté. Toutefois, tous les travaux de LG 2 ont été bloqués durant dix jours.

Bâtir... pour pouvoir bâtir

«En arrivant dans un nouveau chantier, c'est toujours pareil, il y une espèce de cercle vicieux, raconte Laurent Hamel. Le petit campement est déjà plein. Il faut l'agrandir, donc il faut plus de monde. Mais pour avoir plus de monde, il faut pouvoir les loger... C'est assez pénible un début de chantier.» La situation est d'autant plus pénible et le cercle plus vicieux, selon Marcel Audet, que les employés régis par le Décret de la construction du Québec ne peuvent coucher dans les tentes!

Dans ces conditions, la construction d'un campement permanent pouvant accueillir jusqu'à 6 000 travailleurs, devient un véritable tour de force. Trois hommes sont chargés de relever ce défi: Gérald Morneau, à titre de chef du service du Campement; Marcel Audet, chef de division; et

Gérald Morneau, l'un des trois bâtisseurs chargés en 1973...

... de construire les phases du campement nécessaire... (ci-haut, Marcel Audet)

... à l'accueil de milliers de travailleurs au chantier de LG 2. Ci-dessus, Fernand Morin.

Une petite clinique dispense les premiers soins avec les moyens du bord et surtout le dévouement de Fernand Savard que des milliers de travailleurs surnommeront Tintin.

Fernand Morin, chef de la section de l'inspection. Trois bâtisseurs.

Gérald Morneau arrive de Sept-Iles. Il y a construit pour l'Iron Ore une usine de boulettage et un concentrateur, en plus de nombreuses autres usines à travers le Québec et même en Ontario. De son côté, Marcel Audet a été responsable de l'entretien, pendant 5 ans et 8 mois, du chantier de Churchill Falls. Fernand Morin, un vieux routier des chantiers, a travaillé à Manic 2 et à Manic 5, à Outardes 3 et à Outardes 4 et à Gentilly II avant d'arriver à Matagami le 1er novembre 1971. C'est lui qui a dirigé pour Hydro-Québec la construction des campements d'exploration (50 à 100 hommes) à travers tout le territoire de la Baie James.

«Notre mandat, précise Gérald Morneau, consistait à réaliser la première phase du campement permanent le plus rapidement possible avant la fin de 1973. Dans l'esprit de la direction de la SEBJ, le campement devait ouvrir ses portes le 1er septembre et avoir une capacité de logement de 1 000 à 1 200 hommes. Le mandat de ce premier contingent de travailleurs se résumait comme suit: poursuivre les autres phases de construction du campement et commencer les gigantesques travaux nécessaires à l'aménagement de la puissante centrale de LG 2.»

Les travaux de la première phase consistent à construire 50 dortoirs de 20 lits chacun, une cuisine d'une capacité de 1 000 hommes, un centre récréatif, une buanderie, un bureau administratif fort modeste (il mesure 13 mètres sur 17 mètres), un module pour monsieur le curé, un autre pour les premiers soins, un atelier et un garage aménagés dans des bâtiments métalliques de type «Fold-A-Way» de 32 mètres sur 13 mètres chacun.

Il faut... de l'électricité!

Il faut aussi, dans ce pays constellé de lacs et de rivières, une usine de traitement de l'eau ayant une réserve de 180 000 gallons. Et curieusement, il est d'une importance capitale d'avoir d'abord et avant tout... de l'électricité! Pas question de s'abonner à Hydro-Québec. Une centrale diesel formée de trois groupes électrogènes de 800 kW est prévue pour satisfaire les besoins énergétiques du chantier naissant.

«Mon gros travail, rapporte de son côté Fernand Morin, c'était de voir à l'installation des services: eau, égout, réseau de distribution de mazout, électricité. Dès la première année, il fallait mettre en place tous les services requis pour la durée totale de tout le campement de LG 2. Une fois ces services installés, l'agrandissement du campement pouvait ensuite se faire rapidement.»

L'emplacement du campement permanent de LG 2 est situé au fond d'une dépression contenue entre trois falaises et une colline de rocs et d'épinettes. Quelques piquets témoignent du travail des arpenteurs. Il n'y a rien d'autre. Il est difficile d'imaginer qu'un jour cet endroit désert accueillera plus de 6 000 travailleurs et qu'il deviendra le plus important campement de construction du Québec.

«Il n'y avait aucun emplacement idéal à LG 2 pour construire un campement de cette envergure, affirme Gérald Morneau. Quel que soit le chantier, l'emplacement idéal se situe toujours sur des dépôts de sable ou de gravier. S'ils sont près des travaux, il faut les préserver pour la construction des ouvrages. Au centre de l'emplacement retenu pour le campement de LG 2, il y avait des argiles sensibles recouvertes de moraine. Et plus on se rapprochait de ce centre, près d'un ruisseau, et plus l'argile effleurait. La capacité de portance était très faible. Les modules d'habitation déposés dans cette partie avaient donc tendance à bouger.»

Pour pouvoir construire le campement permanent et se sortir tant bien que mal du cercle vicieux dont parle Laurent Hamel, on décide d'agrandir le campement des gens d'Exploration. Il est appelé «campement provisoire» et va servir de tremplin. Gérald Morneau a d'ailleurs demandé à ses patrons de la SEBJ de commencer le campement provisoire encore plus tôt que prévu. «Je ne voulais pas avoir de difficultés à garder les ouvriers. Aux alentours du 6 mars, on a commencé le terrassement et monté des sections modulaires. Je suis resté une semaine pour m'assurer que les choses fonctionnaient bien. De retour au chantier le 4 avril, j'ai constaté avec satisfaction que les travailleurs couchaient dans les premiers dortoirs depuis déjà une semaine.»

Des modules spéciaux et des panneaux préfabriqués ont été employés pour ériger cinq dortoirs de 50 hommes chacun, une cantine de 250 hommes et des bureaux administratifs.

Devant l'urgence des travaux et la nécessité de rattraper certains retards, le campement provisoire est agrandi une seconde fois quelques mois plus tard à l'aide de dortoirs prévus... pour le campement permanent! Dix dortoirs de 20 hommes chacun sont installés en toute vitesse car les travailleurs ne cessent d'arriver. Au milieu de l'été, ils sont 800. Un petit village, quoi.

«Tout a été fait tellement vite, rappelle Laurent Hamel, que nous avons manqué de plusieurs matériaux élémentaires, comme du bois. Les dortoirs ont été montés sur des barils d'essence vides. Nous utilisions des tuyaux de plastique. La cuisine d'une capacité de 250 hommes (car il n'y avait aucune femme à l'époque...) ne pouvait accueillir les 800 travailleurs. Nous avons donc bâti une salle à manger supplémentaire afin que les gens ne mangent pas dehors. Mais les lave-vaisselle ne fournissaient pas. Durant une bonne partie de l'été, les résidents ont dû se servir d'ustensiles de plastique et d'assiettes de carton. Et ils couchaient sur des taies d'oreillers et des draps de papier...»

Un véritable casse-tête

Toutefois, les problèmes les plus importants sont causés au printemps par le dégel imprévu de la route d'hiver Matagami-LG 2. Des sections de modules servant à l'assemblage des précieux dortoirs doivent rester sur le bord de la route jusque tard l'automne suivant, au moment où la route d'hiver sera à nouveau exploitée. Pour ce qui est des modules qui ont réussi, de peine et de misère, à atteindre

LG 2, ils sont passablement endommagés. Certains n'ont plus de plancher ou de portes, d'autres ont même perdu leurs murs. Beaucoup de temps et d'efforts sont consacrés à leur réparation. La section 17 (Gérald Morneau se souvient encore du numéro sept ans plus tard...) contenant tout le système de réfrigération de la cuisine d'une capacité de 1 000 hommes s'est enlisée dans la boue et les tourbières et a passé tout l'été et l'automne le long de la route. Il faut fabriquer un module de rechange avec les matériaux disponibles sur place à LG 2. Quant aux bons modules, ce n'est qu'un an plus tard qu'ils arriveront à destination.

Pour faire un dortoir, en 1973, il faut trois sections modulaires. Les lits sont dans les sections du bout et les services (douches, lavabos, toilettes) au centre. Les fournisseurs ont toutefois des difficultés de production. Ils livrent les bouts mais pas les centres. Pour cette raison, la SEBJ achète trois dortoirs en forme de H pouvant loger 104 personnes chacun.

«Le manufacturier a vendu ces dortoirs à la Société d'énergie de la Baie James comme étant des installations miracles, dit Marcel Audet. Ils devaient être faciles à monter. Ces trois gros dortoirs ont été transportés au complet en pièces détachées dans des avions de type DC-3. Mais l'assemblage de toutes ces pièces s'est révélé beaucoup plus difficile que prévu. Les trois campements miracles devaient ouvrir en décembre... ils ne furent prêts qu'en mars 1974.»

On compte sur le lac Jacques, situé à quelques centaines de mètres du campement permanent, pour s'approvisionner en eau potable. Mais le lac Jacques semble rebelle à une telle idée. Un jour, on tente de construire une jetée en transportant 37 voyages de pierre. On fait de même le lendemain. Et le surlendemain. Le brave lac Jacques engloutit tout; il est trop profond et trop vaseux. La solution au problème: une station de pompage flottante. À l'automne, le lac Jacques a un sursaut de mauvaise humeur. Il commence à se tarir et il faut absolument constituer une réserve d'eau pour les mois suivants. Si bien qu'on doit maintenir son niveau en pompant de l'eau d'un autre lac situé à quelque

De la grande visite! Le 14 juillet 1973, le Premier ministre Robert Bourassa s'amène à LG 2 en compagnie de Robert Boyd, président de la SEBJ, et de Charles Boulva, président de la SDBJ. La capacité des travailleurs l'impressionne fortement.

Les ouvriers de la première heure par un beau jour d'été au campement temporaire de LG 2 en 1972.

1 200 mètres... En 1974, des digues seront construites autour du lac de façon à en rehausser le niveau de cinq mètres. C'est la fin de bien des maux de tête!

Un noyau d'hommes efficaces

Au beau milieu de l'été 1973, Gérald Morneau loge un appel téléphonique au siège social de la SEBJ à Montréal:

— Malheureusement, de la manière dont les choses se présentent, je ne pense pas qu'on puisse habiter le campement permanent cette année.

— On n'est pas surpris. Ça fait longtemps qu'on a oublié ça..., lui répond-on à Montréal.

Les ingénieurs et les membres de la direction de la SEBJ en sont tellement convaincus qu'ils ordonnent que le campement provisoire soit aménagé pour affronter les rigueurs de l'hiver. La directive est suivie. L'équipe de Fernand Morin isole notamment toute la tuyauterie du campement provisoire. Puis tout le monde met la main à la pâte, si bien que des travailleurs commencent à emménager dans le campement permanent le 26 septembre. Une dizaine de dortoirs, à la surprise générale du siège social de Montréal, peuvent alors recevoir 200 personnes! Ce tour de force permet de déménager les modules installés au campement provisoire et de les ajouter au campement permanent. Un succès en attire un autre. Ce n'est peut-être pas l'euphorie, mais les bâtisseurs de LG 2 sont très heureux. D'autant plus que le 6 octobre le premier repas est servi à tout le monde dans la première cuisine pouvant accueillir 1 000 hommes.

Le campement provisoire, qui a joué un rôle crucial depuis 1971 dans la petite histoire de LG 2, ferme ses portes à la mi-décembre et sera démonté au début de 1974. Les tentes de toile, les sacs de couchage, les douches de fortune en plein air l'été et les poêles surchauffés en hiver, tout cela n'est déjà plus qu'un souvenir. Désormais, tout le monde peut vivre dans le confort du campement permanent.

«Il paraît que les gars du siège social ne le croyaient pas, raconte Fernand Morin. Ils seraient même venus sur place pour constater ça de visu. » Le défi a été brillamment relevé grâce à un inlassable travail d'équipe. Et à un noyau d'hommes efficaces. «Toute la tuyauterie a été installée uniquement par trois plombiers, explique Fernand Morin. J'ai rarement vu des gars aussi forts, aussi travailleurs. C'est un peu grâce à eux si le campement a pu ouvrir ses portes. Eux et la belle température qui nous a choyés durant tout l'automne. »

Malgré cette réussite exceptionnelle dont il est très fier, Marcel Audet constate aujourd'hui que les structures de la SEBJ, aussi bien au siège social qu'au chantier, n'étaient pas suffisamment prêtes pour entreprendre un tel projet. « J'ai toujours dit qu'on était un an avant le temps. Certains faisaient des farces avec le sigle SEBJ: Société Encore Bien Jeune. C'était pratiquement un fait, nous n'étions pas prêts, notamment en ce qui concerne les méthodes comptables. »

Marcel Audet cite un exemple. Les contrats de transport de gravier ou autres matériaux du genre étaient accordés selon la méthode des «relevés de balance».

Or, il n'y avait aucune balance. Le relevé se faisait en comptant le nombre de voyages. De cette façon, il était difficile de contrôler la charge de chaque camion. Les gars pouvaient remplir leurs camions aux trois quarts... et, de cette manière, ils accéléraient la cadence.

Premiers travaux à la centrale

Pendant que les ouvriers s'affairent à la construction du campement permanent et des infrastructures essentielles, d'autres travailleurs engagés par des entrepreneurs québécois s'attaquent aux premiers travaux visant à faire de LG 2, sept années plus tard, la plus puissante centrale hydro-électrique souterraine du monde.

Vers la mi-février 1973, la SEBJ confie à la firme Massé-Gauthier, de Val-d'Or, la mission de pousser plus loin les travaux d'exploration à l'emplacement de la centrale. L'entrepreneur doit d'abord creuser un puits qui per-

Le campement permanent de LG 2 ressemble à un petit village en 1974...

... et à une petite ville en 1977 alors que plus de 6 000 travailleurs peuvent y trouver gîte en période de pointe.

mettra de descendre à 120 mètres, soit au niveau de la voûte de la future centrale, il percera ensuite une galerie horizontale de 540 mètres de longueur, un puits de 45 mètres de profondeur et quelques fenêtres d'exploration.

Ces galeries d'exploration vont permettre de déterminer avec précision la nature et les caractéristiques du rocher qui doit abriter la centrale. Les employés de la compagnie Roctest se livrent donc à de nombreux essais dont l'un consiste à vérifier la résistance du roc aux différentes pressions. Pour ce faire, on installe un puissant vérin hydraulique sur les parois du tunnel et on applique latéralement, puis verticalement, des pressions allant jusqu'à 500 kilos au centimètre carré. D'autres essais consistent à extraire, à l'aide d'une foreuse à diamant, des carottes tirées du roc afin de les soumettre à différentes analyses. Ces fouilles font d'ailleurs découvrir une faille (une étroite bande de roc de nature différente) dans l'axe prévu pour la centrale, ce qui oblige le déplacement des groupes turbine-alternateur avant même que l'excavation ne débute[5].

À Montréal, durant ce temps, la firme d'ingénieurs-conseils Rousseau, Sauvé, Warren (RSW) s'occupe de l'ingénierie de la centrale. On pense aussi à l'étape capitale qui précède la construction d'un barrage: c'est-à-dire la dérivation de La Grande Rivière. Il faut assécher l'emplacement du futur barrage pour permettre les travaux à sec. La recette: aménager d'abord une voie d'évitement. En avril, les travailleurs commencent à creuser dans le roc de la rive gauche deux galeries de dérivation d'une longueur de 790 mètres. Chaque galerie mesure 15 mètres de largeur sur 18 mètres de hauteur. C'est par ces galeries construites par Spino Construction Ltée que, dès le 29 juin 1975, et pour la première fois dans leur histoire millénaire, les eaux de La Grande Rivière seront détournées au lieu de couler naturellement et librement vers la baie James.

De plus en plus, le goût des grands travaux flotte dans l'atmosphère de LG 2. On pense à l'énorme barrage à construire, à la centrale à tailler dans le roc à 137 mètres sous terre, à la trentaine de digues qui vont un jour fermer le réservoir, à l'immense et spectaculaire évacuateur de crues, bref aux travaux herculéens.

Les entrepreneurs visitent les lieux

En septembre 1973, la Société d'énergie de la Baie James invite à une visite des lieux les entrepreneurs intéressés à soumissionner pour la construction du barrage. C'est la première fois qu'on organise une telle visite dans un chantier du genre, avant même que les appels d'offres ne soient officiellement lancés. Le but de cette démarche, selon Roger Normandin, chef du service des contrats à la SEBJ, est de permettre aux entrepreneurs de voir les lieux avant que la région ne soit recouverte de neige. Une visite effectuée l'hiver, sous un climat rigoureux, aurait donné une piètre idée de l'emprise du futur barrage ainsi que la nature des divers bancs d'emprunt[6].

Une deuxième raison motive cette démarche. C'est l'ampleur des travaux de construction de l'énorme barrage. Roger Normandin croit que plusieurs entrepreneurs voudront former des consortiums pour soumissionner. En organisant des rencontres sur place et en fournissant aux entrepreneurs un document d'information, on espère favoriser la formation de consortiums et permettre ainsi à plus d'entrepreneurs de présenter une soumission.

Les visites s'effectuent par petits groupes à quatre dates différentes. À leur arrivée, les entrepreneurs sont conduits au campement pour une brève réunion d'information. Puis ils visitent l'emplacement du futur barrage en passant notamment par l'endroit où sera construit l'évacuateur des crues. Ils marchent le long de la ligne de centre du futur barrage, sur la rive nord de la rivière. Un hélicoptère les amène à un dépôt de moraine devant servir à la partie centrale du barrage. Puis, ils survolent l'emplacement des digues 1, 2 et 3. En soirée, ils peuvent inspecter les carottes de forage, assister à une seconde réunion d'information et poser des questions. Le lendemain matin, on leur offre la possibilité de revoir encore une fois les différents endroits où s'effectueront les travaux avant de quitter LG 2 après le dîner.

Une vingtaine d'entreprises québécoises délèguent des représentants et dix firmes de l'extérieur acceptent l'invitation de sorte que LG 2 recevra en tout la visite de 75 personnes.

Dans quelques semaines, plus précisément à compter du 31 janvier 1974, ces entrepreneurs pourront préparer leurs soumissions pour la construction du barrage en se procurant au siège social de la SEBJ une imposante documentation. En effet, l'appel d'offres pour le barrage se présente sous la forme d'un document en trois tomes totalisant 643 pages, neuf volumes de renseignements comprenant 1 721 pages, soit un total de 2 364 pages! À cela s'ajoute un jeu de 65 dessins techniques, le tout pour la modique somme de 75 dollars. Et si, malgré tout cela, les entrepreneurs désirent encore plus d'information, la SEBJ les invite à consulter sur place 22 autres documents et à visionner un film de 30 minutes...[7].

La Cour ordonne l'arrêt des travaux

En cette fin d'année 1973, tout marche raisonnablement bien et à la satisfaction de tous quand, subitement et à l'étonnement général, le 15 novembre, le juge Albert Malouf, de la Cour supérieure, ordonne l'arrêt immédiat des travaux à la Baie James. Il accède ainsi à une demande d'injonction interlocutoire présentée un an plus tôt par les Cris et les Inuit du Québec[8].

Les sociétés concernées, la SDBJ, la SEBJ et Hydro-Québec, portent aussitôt ce jugement en Cour d'appel, puis obtiennent, le 22 novembre, la suspension de l'injonction et, par le fait même, la reprise des travaux.

Il ne s'agit là que d'un épisode dans la longue bataille juridique qui oppose les autochtones de la Baie James et du Nord québécois aux autorités gouvernementales relativement à leurs droits territoriaux. Cette question est en suspens depuis 1912[9].

Un dégel précoce en février 1973 transforme la route d'hiver Matagami-LG 2 en un long bourbier. Les camions lourdement chargés sont immobilisés et des modules d'habitation se renversent. C'est l'époque des sueurs froides pour les bâtisseurs de LG 2.

Pendant que des ouvriers s'affairent à l'érection du campement, d'autres hommes creusent une galerie dans le roc à 105 mètres sous la terre. C'est l'emplacement de la centrale de LG 2.

Pourtant, les événements vont se précipiter à compter du 20 novembre 1973. Le gouvernement du Québec décide en effet d'entamer des négociations avec les Cris et les Inuit et ces négociations aboutissent dans un premier temps à la signature d'une entente de principe le 15 novembre 1974. Moins d'un an plus tard, les sept parties aux négociations en arrivent à un accord final: la Convention de la Baie James et du Nord québécois[10].

Les premiers règlements

Au fur et à mesure que la vie commence à prendre racine dans un nouveau chantier de construction, la création d'un système de gestion et de contrôle s'impose de plus en plus. « J'écrivais moi-même les premiers règlements de LG 2 le soir dans ma chambre, raconte Laurent Hamel. Ces règlements ont été inspirés par les connaissances acquises et l'expérience tirée des autres grands chantiers comme Churchill Falls, Manic 3, etc.

« Nous avons aussi établi des méthodes de contrôle pour toutes les activités et nous avons instauré la carte d'identité. Nous avons conçu des formules à mesure que les besoins se faisaient sentir. »

Dans un nouveau chantier, il importe de savoir qui est responsable de quoi et qui fait quoi. Il faut donc avoir recours aux autorisations qui permettent l'exercice d'un meilleur contrôle. « Prenons un exemple, explique Laurent Hamel. Quand je suis arrivé à LG 2, les hélicoptères volaient à gauche et à droite sans trop de contrôle, sans trop de sécurité. J'ai commencé à mettre de l'ordre avec un système d'autorisation de vol et de vérification des heures de vol. »

Dès le début du chantier, et longtemps par la suite, on a dit de Laurent Hamel qu'il était un homme dur, que ses règlements étaient inhumains, qu'il se prenait pour Dieu le Père. « Non, répond-il. Les règlements de LG 2 ne touchaient aucune personne normale qui respectait son prochain. Il y a un règlement qui exige de ne pas faire de bruit dans les chambres des dortoirs après 10h le soir... n'est-ce pas la même chose pour les chambres d'hôtel (11h)? Si on ne fait pas de règlement dans un chantier, un gars peut toujours faire l'innocent et dire: « *Je ne le savais pas.. Avoir su, je ne l'aurais pas fait...* » Les règlements de LG 2 étaient normaux et ont encore du sens. »

Le miracle s'est produit

Après des mois de labeur dur et incessant, les premiers bâtisseurs de la Baie James peuvent être heureux. Les dirigeants de la SEBJ aussi. Car dans le Moyen Nord québécois, en cette fin d'année 1973, il y a maintenant toute une infrastructure permettant à des centaines de travailleurs de vivre dans un certain confort. L'impossible s'est réalisé, le miracle s'est produit. LG 2 est né à 1 500 kilomètres de route de Montréal!

Chapitre 10

La vie s'organise

Un beau jour de 1973, le docteur Guy Langevin et son frère Hubert, qui a longtemps travaillé pour Hydro-Québec, taquinent la truite dans la région de Baie-Comeau. Médecin dans une clinique de la rive-sud de Montréal et attaché à la clinique d'urgence de l'hôpital Charles-Lemoyne, le docteur Langevin oublie un peu ses problèmes et ceux de ses clients en pratiquant son sport favori. Assis dans une chaloupe au milieu d'un lac, les frères Langevin tendent donc leurs lignes en discutant de choses et d'autres.

— Sais-tu qu'il n'y a pas encore de médecin à la Baie James?...

— Ah... non?

— Ben non... Personne ne veut y aller. C'est trop loin. Et puis imagine... le gars qui irait là serait probablement pris pour y rester longtemps. Il serait seul. La SEBJ cherche, mais personne n'a encore posé sa candidature.

— Ouais!

Cette remarque suffit pour déclencher chez le docteur Langevin le désir de relever le défi et d'organiser le système médical à la Baie James. Immédiatement, une idée germe dans sa tête: celle de former un groupe de médecins qui se relaieraient tous les mois à la Baie James.

«Il était pratiquement impensable, explique-t-il, d'envisager qu'un seul médecin puisse couvrir un territoire aussi grand, 24 heures par jour et sept jours par semaine. Aucun médecin n'accepterait de travailler à longueur d'année dans de telles conditions. Il fallait une relève. Le système de rotation mensuelle auquel j'avais pensé me semblait idéal. Ainsi, le médecin en poste assumerait toutes les responsabilités pendant un mois complet et pourrait ensuite récupérer.»

La SEBJ se montre intéressée. La proposition du docteur Langevin est étudiée par le médecin en titre de la Société, le docteur Georges-A Rouleau, également responsable des soins médicaux à la Baie James. Après de longs mois de négociations, une entente de services est conclue. Le docteur Langevin a le feu vert. Pour lui, c'est le début d'une période de recrutement assez difficile.

Tous les médecins refusaient

«J'en ai parlé à certains confrères qui disaient: *Ah... j'ai ma pratique ici. Si je m'en vais pour un mois, qu'adviendra-t-il de mes clients? Seront-ils encore avec moi à mon retour?* Tous refusaient, ajoute le docteur Langevin. C'était la même difficulté que pour tous les postes à combler dans le Grand Nord. Ils refusaient parce que c'était éloigné et les gens, par nature, détestent s'isoler.»

Ce dernier n'est heureusement pas à court de ressources. Il a l'idée de faire du recrutement dans les hôpitaux universitaires de Montréal. Il courtise donc les médecins résidents diplômés en médecine générale, qui font des études de spécialisation. Il prépare un feuillet publicitaire qu'il fait afficher sur les babillards des hôpitaux francophones et anglophones. Ce feuillet propose aux médecins résidents rien de moins que des vacances d'un mois à la Baie James!

L'auteur y souligne en effet que les médecins pourraient passer leur mois de vacances annuelles à la Baie James tout en préparant leurs examens. «Il y avait beaucoup de temps libre; l'endroit paisible et tranquille était idéal pour lire et étudier. Pas de télévision, même pas de femmes, à cette époque. Et la population comprenait moins de 1000 travailleurs.»

Le docteur Langevin commence dès lors à recevoir des appels. La plupart des candidats sont des résidents en chirurgie ayant l'habitude des cliniques d'urgence. «C'était doublement valable pour un endroit éloigné comme la Baie James.» Il forme un groupe de médecins: Joseph Moisan, Clément Leclerc, Dannis Lowe et même une femme, Louise Brossard. Ils seront les cinq premiers médecins à travailler à LG 2. Des pionniers.

À tout seigneur, tout honneur: en janvier 1974, le docteur Langevin se rend le premier à LG 2 pour amorcer l'organisation des services médicaux. «Après six mois, nous étions mieux équipés que l'hôpital de Fort-George. Nous avions, par exemple, un électrocardiographe avec interprétation simultanée des électrocardiogrammes à l'hôpital Sacré-Cœur à Montréal», dit le docteur Langevin.

Certes, tout ne se fait pas par magie, loin de là. «J'ai rencontré de la résistance partout pour obtenir ce qu'il fallait, raconte le docteur Langevin. J'ai vite découvert qu'il s'agissait de savoir à qui demander. Ainsi, quand des dirigeants, souvent des cadres supérieurs de la SEBJ, venaient à LG 2, ils visitaient toujours notre clinique. J'en profitais donc pour leur signaler telle ou telle déficience importante. Cette ruse devait s'avérer rentable!»

La clinique médicale de LG 2 recueille dès 1974 tous les cas urgents, en permanence. Ceux qui ne sont pas gravement malades doivent prendre rendez-vous. La clinique ouvre ses portes de 8h à 10h pour les travailleurs de nuit et de 20h à 22h pour l'équipe de jour. Entre-temps, le médecin peut faire autre chose, préparer ses examens, lire des revues scientifiques, se reposer. Il doit cependant être toujours disponible. «Le travail n'était pas ardu et le programme plaisait à tous les médecins participant à cette expérience inusitée.» Ce qui ne veut pas dire que tout a été rose. À l'occasion d'accidents graves, ces médecins ont sauvé des vies dans des conditions dignes des meilleurs films de suspense. Le docteur Langevin raconte ainsi l'une de ses expériences.

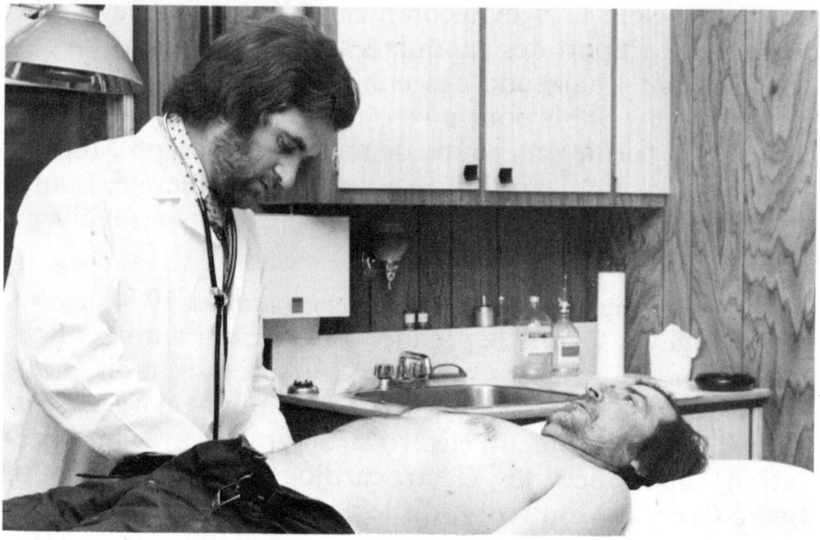

En janvier 1974, le Dr Guy Langevin arrive à LG 2 où il devient le premier médecin permanent, en service 24 heures par jour, et sept jours sur sept.

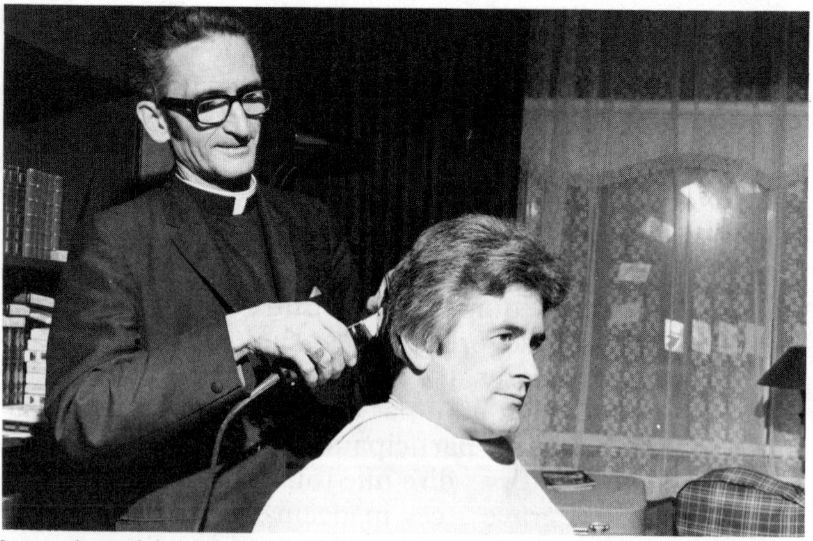

Le premier curé de LG 2, Mgr. Paul Bernard, est non seulement un confesseur mais aussi un excellent barbier!

Le précieux canif-bistouri

À 125 kilomètres au sud de LG 2, la route, alors en construction, était difficilement carrossable. Parfois, les véhicules légers s'embourbaient ou prenaient le fossé et on devait les remorquer avec des béliers mécaniques. Un jour, un camion glisse dans un fossé. Alors qu'on s'efforçait de le remonter, le câble d'acier cède et frappe un des travailleurs au visage. Il perd immédiatement connaissance. «J'étais à la clinique quand on m'a appelé, raconte le docteur Langevin. J'ai rapidement mobilisé un hélicoptère pour aller sur les lieux et ramener le blessé à la clinique. Il souffrait d'une fracture du crâne et perdait du sang. Il était également blessé au cou. Sa respiration était difficile. Il fallait absolument le transporter à l'extérieur du territoire, dans un centre hospitalier, afin de lui faire subir une trachéotomie (ouverture dans le bas du cou en vue d'assurer la respiration).

«C'était jour de grosse tempête. La visibilité était pratiquement nulle. Le seul avion disponible, un DC-3 propriété d'une petite compagnie d'aviation, stationnait à 100 kilomètres de LG 2. Personne ne voulait venir chercher le patient.»

À force de discussions, le docteur Langevin persuade le propriétaire du DC-3. Il se fait alors reconduire en ambulance avec son patient à l'aéroport où, peu de temps après, le DC-3 arrive à se poser de peine et de misère. «J'ai entendu le bourdonnement de l'avion, puis le choc de son train d'atterrissage, mais je ne l'ai pas vu tout de suite. J'ai aperçu le nez de l'appareil tout à coup à cinq ou six mètres de moi.»

L'embarquement se fait en catastrophe et l'avion décolle vers Val-d'Or. Le DC-3 vole très bas en suivant la route tortueuse. «C'était la meilleure façon de s'orienter dans la tempête. Un bon pilote de brousse était aux commandes, un vieux bonhomme portant jeans et casquette de baseball et qui mâchouillait une pipe éteinte. Il n'avait pas l'air trop soucieux, mais mon patient, lui, allait de mal en pis. Il semblait incapable de respirer.»

Par précaution, le docteur Langevin avait apporté sa trousse d'instruments chirurgicaux au cas où il aurait à pratiquer une trachéotomie en plein vol. Heureuse précaution car il faut bientôt passer à l'action: «J'ai donc fait une anesthésie dans le cou pour procéder à la trachéotomie. J'avais tous les instruments sauf le bistouri que l'infirmière avait oublié d'inclure dans la trousse. J'ai demandé au pilote: *«As-tu quelque chose de bien tranchant?»* Il a sorti le vieux couteau qu'il utilisait pour curer sa pipe... C'était dégueulasse, mais tranchant comme une lame de rasoir. Je l'ai stérilisé comme il faut et j'ai pratiqué l'incision. C'est ce geste qui a sauvé le patient. Et grâce à ce petit canif, une vie a été épargnée. Quand on a atterri à Val-d'Or, le blessé ne saignait qu'un petit peu. Il est entré à l'hôpital. Il y a été opéré le soir même.»

Monseigneur, curé et barbier

«J'osais pas le dire, mais quand j'ai entendu parler du projet d'aménagement de la Baie James et que j'ai su qu'ils cherchaient un prêtre, j'avais des fourmis dans les jambes. J'avais peur d'être trop vieux, peur aussi de ne pas être autorisé à quitter ma charge d'administrateur financier à l'évêché d'Amos», confiait, en 1974, Monseigneur Paul Bernard à Jean-Louis Fleury, journaliste à *Hydro-Presse*[1].

Son rêve va se réaliser en deux étapes au cours de 1973. De janvier à septembre, Mgr Bernard œuvre principalement dans les chantiers de construction de la route Matagami-LG 2, plus particulièrement au sud de la rivière Eastmain. Sa présence régulière dans les différents chantiers isolés surprend bien des travailleurs. Il constate que la plupart des ouvriers n'ont pas évolué avec l'Église contemporaine. «Par ailleurs, ajoute-t-il, un grand nombre de marginaux ne recevant plus, à cause de leur situation, les sacrements, n'en demeurent pas moins attachés à la religion et nous font part de l'importance qu'ils accordent à la présence du prêtre[2].»

La deuxième étape de cette première année de pastorale à la Baie James débute le 29 septembre 1973 avec l'arrivée de Mgr Bernard comme résident du chantier de LG 2. Après un bref séjour dans un dortoir avec les ouvriers du campement, le nouveau curé s'installe dans une roulotte qui lui sert aussi de chapelle et de presbytère. Son bureau devient alors très fréquenté car c'est un endroit discret. Dans une salle qui sert aussi de cinéma, il célèbre la messe dominicale à 7h30 et à 19h30, soit une demi-heure avant les projections.

Mgr Bernard adapte d'ailleurs la célébration du culte à cette paroisse exclusivement masculine. C'est ainsi qu'il ne fait pas de confession, préférant un examen de conscience suivi de la célébration pénitentielle avec absolution collective. «C'est comme ça que ça plaît aux hommes. Pour beaucoup, c'est un déblocage psychologique, ils repartent à neuf. Tenez, l'autre jour, un employé vient me voir et me dit: *Est-ce vrai que vous donnez l'absolution collective? Savez-vous où j'en ai entendu parler? Dans une taverne de Montréal*[3]*!*»

Cet homme au débit rapide et nerveux, aux longues mains agitées et au visage fin et énergique, a aussi une autre passion: il est barbier. Si on dit que les barbiers, comme les coiffeurs de ces dames, sont toujours un peu des confesseurs, le contraire se produit très rarement. Pourtant, Mgr Bernard est un vrai barbier. Un professionnel. Il a toujours su couper les cheveux. Il s'est fait la main au collège mais aussi au séminaire, durant quatre ans.

Ils sont deux au printemps de 1974, à couper les cheveux à LG 2. Mais oubliant sa modestie un instant, Mgr Bernard n'hésite pas à prétendre devant le rédacteur Jean-Louis Fleury qu'il est certainement le meilleur des deux. Et pourquoi donc? «Tout simplement, dit-il, parce que mes coupes sont beaucoup plus à la mode et que je sais couper les cheveux en laissant les nuques basses, comme le souhaitent les jeunes gens d'aujourd'hui[4].»

Mgr Paul Bernard va continuer d'exercer son ministère à LG 2 jusqu'à la fin de l'année 1975. Malheureusement, après quelques mois de repos à Preissac, près d'Amos, il devait connaître une mort tragique le vendredi 14 mai 1976, au cours d'une promenade sur le lac, son embarcation ayant chaviré sous un violent coup de vent.

Un cadeau de Noël: la taverne

À 19h, le soir du 15 décembre 1973, une taverne temporaire ouvre ses portes aux travailleurs de LG 2. Un beau cadeau de Noël! Ce sera une soirée mémorable. Il y a de la place pour 186 hommes. Cinq minutes après l'ouverture, toutes les places sont prises. «Ça a été un vrai *free for all*», se rappelle Paul-Émile Giroux, conseiller technique de la Société de tourisme de la Baie James (SOTOUR, une filiale de la SDBJ) et responsable de l'exploitation des débits de boissons à la Baie James.

«L'inauguration coïncidait avec le départ de nombreux travailleurs à l'occasion du congé des Fêtes, raconte Paul-Émile Giroux. Ils avaient soif, intensément soif. Ils voulaient s'amuser aussi, faire la foire. Avec ma permission, deux gars ont apporté un gros orgue électrique, un violonneux s'est présenté, puis un gigueux. Durant la soirée, les gars s'organisaient pour se constituer une provision de bière, même si elle était servie dans des verres. Ils les cachaient dans leurs casques, dans leurs bottes et même dans des sacs de polythène. À onze heures, tous les gars étaient bien paquetés. À minuit, toutes les tables étaient encore couvertes de verres remplis de bière. Les derniers départs ont eu lieu à 1h30 du matin...»

La vente de la bière en fût dans la première taverne de LG 2 et sur tout le territoire de la Baie James présentait un autre défi. Il fallait d'abord choisir les marques de bière. Les brasseries exerçaient des... pressions! Comme il était humainement impossible de servir des bières de marques différentes en même temps à 150 travailleurs qui se présentaient presque d'un coup, il a été décidé que Molson, O'Keefe et Labatt fourniraient la bière chacun leur tour et à part égale. Les travailleurs en ignoreraient la marque.

D'autre part, la route reliant Matagami à LG 2 n'était pas terminée. La bière en fût devait prendre la voie des airs et être transportée à bord du Hercules de la SEBJ ou d'un avion de Nordair.

Mais le plus incroyable, c'est qu'on a dû s'organiser pour chauffer la chambre de réfrigération afin de conserver à la bière en fût toutes ses qualités. Ce type de bière doit en effet être entreposé à une température variant de 38 à 42°F. Mais les hivers sont froids à la Baie James. On l'a réalisé au cours de l'hiver 1973-1974. Certains jours, le mercure oscillait autour de −50°F de sorte que le système de réfrigération... était trop froid. Il a donc fallu installer des plaques chauffantes au bas des murs de façon à maintenir la température au-dessus de 38°F.

Le «coup de l'hélicoptère»

En bon journaliste qui veut tout savoir, Jean-Louis Fleury ne manque pas d'y faire un tour et de ramener pour ses lecteurs d'*Hydro-Presse*, ses impressions: «Sur les bords de La Grande Rivière, la taverne ressemble à toutes les tavernes du monde. Seules différences, à 22h on n'y sert plus un seul verre et puis, à LG 2, aucune trace de violence. Ici, la moindre escarmouche reviendrait, pour les belligérants, à retenir leurs places sur le premier avion en partance vers Montréal et on ne tient pas à perdre aussi bêtement son travail[5].

«Gros rires, visages rubiconds, claques dans le dos, bruit et fumée, les travailleurs de la Baie James, la journée de travail finie, se détendent un peu. Il y a là des pièces d'hommes aux gueules d'aventuriers qui toisent avec hauteur votre teint pâlot de bureaucrate, de grands barbus hirsutes, des costauds impassibles, mais aussi de bonnes têtes, des pères de famille à la taille empâtée et beaucoup de jeunes gens à la barbe naissante et aux jeans trop serrés pour qu'il n'y ait pas là recherche d'élégance. La clientèle de toutes les tavernes du monde.

«À la taverne de LG 2, nombreuses sont les victimes du «coup de l'hélicoptère». Quelqu'un vous demande: «*Dans quel sens tournent les pales du rotor d'un hélicoptère?*» Gros malin, explique Jean-Louis Fleury, vous allez réfléchir un peu puis, l'air inspiré, vous allez lever la main et de votre index favori décrire au-dessus de votre tête un cercle vigoureux... Ne vous étonnez pas alors de l'air réjoui de vos compagnons de table... attendez-vous plutôt à voir surgir un homme en chemise blanche portant à bout de bras un plateau garni de verres de bière: vous venez de commander une tournée générale! [6]»

Un repas chaud en moins

L'ouverture de la taverne est évidemment bien accueillie par les travailleurs. La direction de la SEBJ profite de cette bonne nouvelle, de ce moment propice, pour faire adopter aux travailleurs une décision délicate. Jusqu'alors, tout le monde a eu droit à trois repas chauds par jour. Mais à compter du 15 décembre 1973, le repas du midi n'est plus servi. Dorénavant, les gens mangeront chaud le matin et le soir tandis que le repas du midi sera constitué de sandwiches, de conserves, de gâteaux et de fruits.

Le principe des trois repas chauds a été introduit par le service de l'Exploration d'Hydro-Québec. Toutefois, avec l'arrivée d'un traiteur, Crawley McCraken, et le départ des anciens responsables et des anciens cuistots vers d'autres campements, le repas chaud du midi devient un problème aux yeux de la direction de la SEBJ. «Nous avons fait une étude qui démontrait que les repas chauds du midi représentaient une dépense additionnelle minimale de 350 millions de dollars pour le Complexe La Grande-Phase 1, affirme Laurent Hamel. Sans tenir compte du temps que les travailleurs auraient perdu le midi à faire l'aller-retour entre la cantine et le lieu de leur travail.»

La suppression de troisième repas chaud ne crée pas trop de mécontentement chez les travailleurs. Ce sont surtout les syndicats qui réagissent. Marcel Pépin, président de

L'histoire de la cafétéria de LG 2 est à l'image du développement impressionnant et rapide de l'infrastructure. En 1974, 1000 personnes peuvent y manger...

... tandis que deux années plus tard, 6 000 personnes envahissent les nouvelles grandes salles!

la CSN et Louis Laberge, président de la FTQ, font des appels de protestations auprès du Premier ministre Robert Bourassa. À son tour, ce dernier téléphone à Robert A. Boyd, Président-directeur général de la SEBJ. Les raisons économiques invoquées par la SEBJ apaisent les esprits.

Des appétits à faire frémir!

Le rédacteur François Aubin, responsable du journal *en grande...*, va fouiner dans les cuisines de LG 2 dès le début de l'année 1974 pour se rendre compte que les crevettes panées, le rôti de bœuf, le filet mignon, la lasagne, le rôti de veau, le poulet à la broche, le bifteck de côte et le rôti de porc sont «quelques-uns des mets au menu non seulement à la cuisine du chantier de LG 2, mais aussi dans les campements satellites répartis dans le territoire de la Baie James[7].

«À lui seul le campement de LG 2 compte présentement 800 travailleurs dont l'appétit, après une longue journée de travail, ferait frémir bien des ménagères. Selon Guy Vattelli, responsable de la compagnie Crawley McCraken, chargée de la cuisine dans les chantiers, chaque personne consomme en moyenne six livres de nourriture par jour.

«Les travailleurs de la Baie James sont considérés comme de bonnes fourchettes. Ils aiment bien manger et le menu doit varier constamment pour les satisfaire. Aussi, à chaque repas, il y a trois plats principaux, en plus de la soupe du jour, d'une vingtaine de desserts différents et d'un grand choix de viandes froides et de salades. Selon Guy Vattelli, les menus offerts à la Baie James diffèrent considérablement de ceux qu'on retrouve dans les chantiers d'autres provinces, notamment à cause des habitudes alimentaires des Québécois. Par exemple, les mets italiens et chinois sont très populaires à LG 2 alors qu'ils étaient très peu en demande dans les chantiers de Churchill Falls.»

La bouffe dans un chantier de construction, c'est sans doute ce qu'il y a de plus important avec le chèque de paie. Mais il y a une foule d'autres petites choses qui sont également nécessaires ou qui peuvent agrémenter la vie.

Même dans ses débuts, le chantier de LG 2 n'est pas en reste avec le «sud». Son économat, une sorte de magasin général nouvelle mode, ne manque de rien. Des chauds vêtements d'hiver aux revues exhibant de jeunes beautés dévêtues, et dont les pages centrales en couleur vont orner les murs des chambres des travailleurs (et plus tard ceux des femmes, eh oui!), de la pâte dentifrice aux magnétophones à cassettes, du sirop pour la toux aux jeux de société, tout y est[8].

Les prix se rapprochent beaucoup de ceux des grands centres comme Montréal et Québec. Et s'il en est ainsi, ce n'est pas l'effet du hasard. La Société d'énergie de la Baie James assume en effet tous les frais de transport de la marchandise destinée à l'économat afin de s'assurer que les travailleurs ne soient pas pénalisés à cause de leur éloignement.

Un enchaînement de premières

La vie s'organise rapidement à LG 2. Il ne se passe pas un mois, parfois une semaine, sans qu'un événement important ou significatif ne se produise. On assiste à un véritable enchaînement de premières.

À deux jours d'intervalle, soit les 17 et 19 janvier 1974, le Bureau de poste de la Grande — c'est son nom officiel — et une succursale de la Banque Royale ouvrent leurs portes dans le Centre récréatif. Invitée avec d'autres entreprises bancaires par la SEBJ, celle-ci est la seule à présenter une offre de services, forte de son expérience au Mont-Wright en Gaspésie.

Le 23 juin, c'est au tour de la télévision française de Radio-Canada de faire son entrée. Les émissions sont captées en direct et en couleur. Dans la soirée du 8 juillet, comme partout à travers le Canada, personne ne manque celle consacrée aux élections générales. Pierre Elliott Trudeau triomphe de Robert Stanfield. Plus tard, le 24 avril 1975, il devient possible d'écouter les émissions radiophonique de Radio-Canada, appréciées par les uns, jugées un peu trop intellectuelles par les autres!

Mais bien avant que la radio et la télévision arrivent à LG 2, bien avant que les premiers bâtisseurs puissent acheter les quotidiens du «sud», un petit journal paraît régulièrement tous les mois, puis deux fois par mois, aux chantiers de la Baie James. C'est *en grande...*, publié par la SEBJ. «À court terme, le premier objectif de ce journal dégagé de toute publicité commerciale était de créer un *esprit SEBJ*[9],» explique le journaliste-fondateur François Aubin, aujourd'hui directeur des Relations publiques de cette société. Par ailleurs, le journal avait et a toujours comme autres objectifs de privilégier les communications à l'intérieur de l'entreprise et de procurer à tous une information sur l'ensemble des travaux et sur le rôle que chacun est appelé à y jouer.

Allô? Faut se parler!

Pendant des mois, les télécommunications à la Baie James ne tiennent qu'à un fil. Il est difficile de communiquer avec le «sud» pour mille et une raisons, la principale étant que le réseau «prétemporaire» est très vulnérable et qu'il suffit d'un rien pour entraîner des interruptions de service. Les frustrations des ouvriers de la première heure ne se comptent plus.

«En 1972, les services téléphoniques au nord du 50e parallèle rejoignaient seulement cinq agglomérations autochtones, soit Fort-George, Fort-Rupert, Nouveau-Comptoir, Eastmain et Baie-du-Poste, explique Ian Lemco, chef du service de l'Ingénierie de Sotel Inc., une filiale de la SDBJ. Située à Fort-George, la plus importante installation téléphonique était dotée d'un centre de commutation de 400 lignes. Toutefois, le seul lien avec le monde extérieur consistait en un émetteur-récepteur à hautes fréquences dont Bell Canada était propriétaire et qu'elle exploitait avec un personnel ayant une grande expérience des territoires nordiques.

«Ainsi, pour remplir son mandat de doter le territoire de la Baie James d'un système public de télécommunications modernes, la SDBJ conclut avec Bell Canada un con-

Cette douche... froide fait bien des heureux au cours des chaudes journées de l'été 1972 à LG 2.

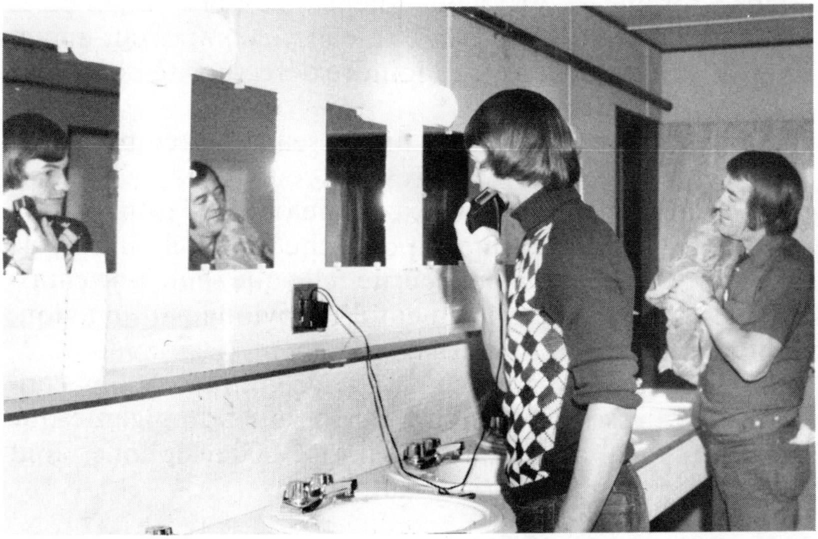

Mais il ne fait pas chaud tous les jours à la Baie James et les travailleurs bénéficient de meilleures conditions dès l'automne de 1973.

trat en vertu duquel cette dernière doit combler un certain nombre de postes clés de la nouvelle société, jusqu'à ce que cette dernière soit en mesure de fonctionner seule[10].»

Par ailleurs, un premier réseau de télécommunications avait déjà été conçu par Hydro-Québec en fonction du projet d'aménagement des rivières Nottaway, Broadback et de Rupert. Mais contre toute attente, Hydro-Québec choisit La Grande Rivière comme première base de l'exploitation du potentiel hydro-électrique de la Baie James. Il faut donc prolonger le réseau jusqu'à LG 2. Ce nouveau réseau est appelé «prétemporaire». C'est une solution d'urgence.

«Ayant été construit rapidement, ce réseau était rudimentaire, raconte Roger Cloutier. Je me souviens que les 17 premiers téléphones verts (ceux d'Hydro-Québec) ont été installés dans des tentes du campement temporaire de LG 2. Au début, tout allait bien, il n'y avait jamais de pannes, si bien que tout le monde, dans le chantier, a vite pris l'habitude d'utiliser le téléphone comme s'il était relié à un réseau normal. Alors, évidemment, il n'a pas fallu beaucoup de temps pour que les 30 circuits soient encombrés le soir et les fins de semaine. Et comme le réseau ne comportait aucun dispositif de protection, la moindre défectuosité pouvait le paralyser complètement[11].

Pendant que l'on construit le réseau «prétemporaire», la conception d'un nouveau réseau, cette fois appelé «temporaire», est entreprise avec, comme objectif principal, la possibilité d'en augmenter la capacité à 300 circuits et de s'assurer d'une marge de sécurité telle que seule une catastrophe, comme le renversement d'un pylône par un avion, puisse en interrompre le fonctionnement.

À partir de ce moment, les télécommunications connaissent un essor à la mesure des besoins du gigantesque Complexe La Grande. En 1980, il y a 7 000 téléphones dont 700 dans les agglomérations autochtones.

Une soirée extraordinaire

Par ailleurs, l'organisation des loisirs se développe à un bon rythme.

Ainsi l'idée faisait son chemin depuis deux mois: organiser un premier grand spectacle vers la fin d'octobre 1974. «Avec Roger Leduc, président-fondateur du comité des Loisirs de LG 2, Colette Boudrias et une foule de bénévoles, nous avons procédé au recrutement des artistes par la voie du petit journal rédigé et distribué par le comité», raconte Gérald Bergevin, arrivé à LG 2 comme régisseur des loisirs quelques semaines auparavant en compagnie de sa femme Hélène, une infirmière.

«Je me souviens d'un soir d'audition. Sur les 20 gars qui se présentent, 16 sont homosexuels. L'un d'eux arrive sur la scène et déclare: *mon corps n'a pas de pudeur!* Il se déshabille complètement et commence à faire du yoga. Puis le gars se rhabille et demande:

— M'acceptez-vous?

— Oui... mais tu devras mettre des collants ou un maillot de bain, répond Roger Leduc. Autrement, tu vas recevoir ton billet d'avion le lendemain matin, après le spectacle!

— O.K... c'est parfait.»

Durant deux mois, l'ambiance est fébrile à LG 2: formation des comités, recherche et recrutement des artistes, mise sur pied d'une équipe de soutien, auditions, répétitions des numéros, etc. Même le médecin en poste, le docteur Michel Laurier, «un grand six pieds, avec une grosse tête frisée, sympatique *au boutte*» est de la partie, s'occupant des tâches les plus humbles.

Le 26 octobre arrive. C'est le grand soir. Le hangar de tôle servant de salle de spectacle est plein à craquer. Derrière le rideau, les artistes sont nerveux. Les organisateurs aussi. Le pianiste est «ben chaud». Pour chasser le trac, il a vidé un 26 onces de gin.

Le programme se divise en deux parties: un concours d'amateurs et un spectacle donné par des professionnels. Douze artistes locaux font valoir leurs talents et donnent du fil à retordre aux juges. Chanteurs, chanteuses (car les femmes commencent à se manifester à LG 2), musiciens, yogi, comédiens parodiant divers aspects cocasses de la vie à

LG 2, tout y passe, même l'homosexuel qui a consenti à mettre un collant... pas tellement épais. «L'atmosphère était extraordinaire, se rappelle Gérald Bergevin. Le pianiste n'arrêtait pas. On présentait un gars pour une chanson, il avait le goût de continuer et il continuait... Et le public applaudissait frénétiquement.»

Mais c'est Réal Pascal, un artiste ayant côtoyé le monde du spectacle pendant une douzaine d'années à Québec et à Montréal, et travaillant à LG 2 depuis quelques mois comme cuisinier, qui constitue le plat de résistance de la deuxième partie. Pendant une bonne heure, accompagné d'un orchestre endiablé, il soulève son public qu'il séduit par ses chansons et son humour.

La soirée est électrisante. Même le chef du chantier, Laurent Hamel, assis dans la troisième rangée, s'amuse ferme. Avant la fin des numéros, les idées pour un prochain spectacle germent déjà un peu partout.

Une année qui passera à l'histoire

«Le jour où l'on écrira l'histoire de l'aménagement hydro-électrique du territoire de la Baie James... je devrais peut-être dire: le jour où l'on écrira l'Histoire avec un H majuscule, il est certain que l'on consacrera une page, à tout le moins, à l'année 1974», déclare Robert A. Boyd, Président-directeur général de la SEBJ, dans son message de fin d'année[12].

Ces douze mois sont en effet chargés d'événements qui retiennent l'attention. Le 21 mars 1974, au cours d'un arrêt de travail provoqué par un affrontement syndical, le campement de LG 2 est saccagé et rendu inhabitable. Des génératrices sont renversées et mises hors d'usage, des conduites d'eau coupées et plusieurs dortoirs incendiés. Les travailleurs doivent évacuer le chantier le même jour. Les travaux seront paralysés pendant 51 jours.

Ces tragiques événements sont à l'origine d'une commission d'enquête sur l'exercice de la liberté syndicale dans l'industrie de la construction. Elle est présidée par le coloré juge Robert Cliche, un Beauceron pure laine. Autre événement digne de mention dans l'histoire de la Baie James: le 15 novembre 1974, une entente de principe est signée entre le gouvernement du Québec et les représentants des Cris et des Inuit. Cette entente, qui survient après un an de négociations, conduira l'année suivante à un accord final, la Convention de la Baie James et du Nord québécois.

Le saccage de LG 2, que de nombreuses personnes appellent «les événements de mars», va non seulement secouer le premier campement de la Baie James mais aussi tout le Québec.

Chapitre 11

Le saccage

Les rumeurs à l'effet qu'il pourrait y avoir du grabuge au chantier de LG 2 commencent à circuler vers la fin de 1973. Les dirigeants de la Société d'énergie de la Baie James apprennent en effet que des fiers-à-bras veulent s'infiltrer parmi les travailleurs du chantier avec une mission spéciale: prendre en main les relations du travail au nom de la partie syndicale.

«Depuis le début de l'année 1973, et malgré des conditions très difficiles, les travaux de construction s'étaient bien déroulés et nous n'avions connu aucun problème important au niveau des relations du travail, raconte Laurent Hamel, alors chef du chantier de LG 2. On avait la paix. Mais les rumeurs nous ont fait ouvrir l'œil et tendre l'oreille. Il se passait toutes sortes de choses dans les grands chantiers de construction du Québec, notamment au Mont-Wright et au Stade olympique. Un jour, ça pourrait être le tour de la Baie James!»

De semaine en semaine, les rumeurs se précisent, des noms circulent. «Nous avons fait sortir les dossiers de ces gens-là; des dossiers criminels. On nous a aussi informés que le principal entrepreneur au chantier, Spino Construction, pourrait subir des pressions, des demandes pour embaucher certains individus. Nous étions évidemment contre de tels procédés et nous l'avons dit au représentant de l'entrepreneur: *soyez prudent, soyez sur vos gardes!*» ajoute Laurent Hamel.

Déjà, un certain Yvon Duhamel est sur place comme représentant de la FTQ-Construction. De son côté, le gérant de l'Association des employeurs de la Baie James, Gilles Gauvin, a obtenu que chaque centrale n'ait qu'un seul représentant.

Rappelons que selon le Décret des métiers de la construction, «le délégué de chantier a comme fonction de veiller à l'application du décret et des conditions de travail des salariés qu'il représente et il peut, durant les heures de travail, sans encourir de perte de salaire ni aucune mesure discriminatoire, enquêter sur les conditions de travail à son chantier et discuter avec l'employeur ou son représentant des litiges qu'il a mandat de régler. Le délégué de chantier n'est pas autorisé à établir des normes de production pour les salariés[1].»

La remobilisation a lieu vers la mi-janvier 1974. Pas moins de huit cents travailleurs reprennent le collier. Ils sont certains d'une chose: le travail ne manquera pas. Mais parmi eux se trouvent des fiers-à-bras engagés comme simples travailleurs par certains entrepreneurs. Spino Construction n'a pu suivre les conseils de la SEBJ.

Spino accepte d'engager le délégué Maurice Dupuis à 1 000 $ par semaine et avec traitement particulier, malgré l'avis contraire d'André Guitard, responsable des relations du travail à LG 2[2].

«C'est un arrangement qui a été conclu à Montréal parce que la compagnie craignait pour les travaux qu'elle effectuait alors sur le chantier du métro de Montréal», explique le gérant de projet de Spino, Claude Verville[3].

Yvon Duhamel et Maurice Dupuis ne sont pas les seuls délégués. Le *goonsquad* est composé d'une douzaine de délégués et d'agents d'affaires de la FTQ dont la moitié ont des dossiers judiciaires relativement chargés. Aux chantiers, on les appelle communément les «bras»[4].

La plupart des délégués de la FTQ reçoivent entre 800 $ et 1 000 $ par semaine, ne travaillent pas et bénéficient d'un véhicule fourni par l'entreprise pour se déplacer d'un chantier à un autre[5]. Toutefois, les quatre délégués de la CSN au chantier de LG 2 n'ont jamais bénéficié d'un traitement. Un des quatre délégués a un dossier judiciaire[6].

Un malaise profond

Depuis la mi-janvier, le chef de chantier, Laurent Hamel, remarque que les relations entre les employeurs et les représentants syndicaux deviennent de plus en plus tendues. En plus d'un véhicule, les délégués exigent un minimum garanti d'heures supplémentaires tous les jours, sept jours par semaine. Ils arrêtent les travaux en cours sans autorisation du contremaître, etc.[7].

«D'autre part, je constatais également que des nouveaux employés ne répondaient pas aux exigences et qu'ils étaient imposés aux entrepreneurs, explique Laurent Hamel. Finalement, je constatais qu'un syndicat, la FTQ, s'imposait de plus en plus sur tout le chantier, et ce, par la force. Les règlements du chantier n'étaient plus observés par ce syndicat. Je sentais que le malaise était profond[8].»

La douzaine de délégués de la FTQ obtiennent des employeurs, par diverses méthodes, volontairement ou autrement, le monopole syndical et imposent ensuite leur loi aux travailleurs et aux employeurs[9].

À plusieurs reprises, André Guitard se plaint à Spino Construction du comportement de Maurice Dupuis qui surveille l'allégeance syndicale des nouveaux arrivants à l'aéroport, intimide les travailleurs, se moque des cadres et des contremaîtres. Il cite l'exemple d'un dirigeant de cette entreprise, M. Sidaros, qui doit attendre à plusieurs reprises le délégué Dupuis pour rentrer à son bureau[10].

Maurice Dupuis se charge, en effet, du transport des cadres au chantier, particulièrement entre la cantine et les bureaux. M. Sidaros sera obligé d'attendre Maurice Dupuis à quelques reprises parce que celui-ci est en train de discuter avec ses comparses, à la cantine ou ailleurs...[11]

«Ça brassait pas mal, raconte Laurent Hamel. On commençait à recevoir des plaintes. Des gars se faisaient malmener. J'avais des rapports verbaux ainsi que les noms de certains délégués. Mais je ne pouvais rien faire. C'était du ouï-dire. Il me fallait des faits précis, des choses concrètes. J'ai demandé aux employés de la SEBJ et aux entrepreneurs de m'apporter des dépositions écrites. Ça n'a pas tardé. En février, on commençait à faire un peu de nettoyage...

«J'avais enfin plus de précisions. Nous avons avisé certains individus que s'ils récidivaient, ils seraient expulsés du chantier.»

Par ailleurs, le chef du chantier de LG 2 apprend qu'Yvon Duhamel ne représente par la FTQ-Construction mais seulement l'Union des opérateurs de machinerie lourde, Local 791. «Là, on a vu que quelque chose se passait, que ça ne tournait pas rond du côté syndical et que le chantier de LG 2 était l'objet d'un conflit ouvert entre la CSN et la FTQ, ajoute Laurent Hamel. Mais il y avait plus encore. Il y avait un conflit interne à la FTQ entre le local 791 et les autres syndicats, comme ceux des plombiers, des électriciens, des journaliers. Yvon Duhamel, du Local 791, voulait prendre le contrôle de tout, y compris la CSN et les autres syndicats de la FTQ.»

C'est ainsi que les dirigeants de la section 791, Yvon Duhamel en tête, font un maraudage continuel auprès des travailleurs de la section 62 de l'Union des journaliers (FTQ) et prétendent représenter la FTQ à la Baie James. Les délégués de toutes les autres sections de la FTQ au chantier doivent se rapporter à Yvon Duhamel, agent d'affaires de la section 791[12].

Pour attirer les travailleurs à la section 791, Yvon Duhamel négocie des ententes en vertu desquelles, par exemple, les foreurs gagnent 5,15 $ l'heure s'ils sont membres du 791 et seulement 4,89 $ s'ils restent membres de la section 62[13].

Avec ce type de maraudage, le Local 791 en arrive à représenter environ 60 pour cent des travailleurs de LG 2; les autres sections de la FTQ se partagent le restent. Le 791 devient ainsi le mandataire de la FTQ au chantier et c'est l'agent d'affaires Yvon Duhamel qui en est l'autorité syndicale suprême à LG 2[14].

Un solide coup de poing!

Les événements commencent à se précipiter le 12 mars 1974. Ce jour-là, quelques travailleurs discutent paisiblement dans une petite salle. Subitement, les délégués William Saint-Onge et Maurice Dupuis arrivent «comme deux dictateurs, les yeux en dessous, les épaules gonflées[15]». «Un ouvrier, Wilfrid Marquis, croit que ce sont deux contremaîtres puisqu'ils portent des casques blancs. Il demande s'il y a un représentant de la CSN dans la salle.

— Comment, t'es-tu CSN, toi? lance William Saint-Onge en lui arrachant des mains son enveloppe de présentation. Puis, l'ouvrant et sortant les papiers:

— T'es un hostie de Christ de CSN toi aussi! Il est là ton h... de mangeux de bouillie, ajoute-t-il en désignant l'agent d'affaires de la CSN-Construction, Edmond Savoie.

— Énerve-toi pas, là, répond Wilfrid Marquis. Quand bien même que tu serais gros, grand, maigre, sec, tu me feras pas peur. Mon union vaut la tienne[16].

La riposte ne se fait pas attendre. Saint-Onge lui assène un coup de poing sur le menton, Wilfrid Marquis lève d'à peu près deux pieds, et tombe par terre, assommé bien raide. Saint-Onge jette l'enveloppe sur l'homme étendu puis se tourne vers le délégué de la CSN:

— Y en a-t-y un autre (avalanche de jurons...) de la CSN qui veut m'essayer icitte?

— Aïe, Saint-Onge, énerve-toi pas, calme-toi, puis va-t-en dans ton coin, reste tranquille, répond Edmond Savoie, le délégué de la CSN, qui ramasse ensuite Wilfrid Marquis et l'aide à s'asseoir sur une chaise[17].»

La réaction patronale ne se fait pas attendre non plus. «Nous avons décidé d'appliquer les règlements du campement en exigeant de l'employeur B.G. Checo, le renvoi immédiat de son employé William Saint-Onge, raconte

Laurent Hamel. Avant de quitter le chantier, Saint-Onge est venu me voir. Il a essayé de mettre un peu de pression, mais j'ai maintenu ma décision:

— Tu sors. Si t'es pas content, fais des griefs... on verra à ce moment-là!»

Cette expulsion porte ombrage «à la haute idée qu'Yvon Duhamel se fait de son autorité[18]», car «sa prétention s'est enflée au point d'interdire à tout employeur de congédier un délégué de chantier, pour quelque raison que ce soit. Ce droit lui est réservé[19].»

Au moment où Saint-Onge, «un colosse diplômé en karaté qui sort directement du pénitencier[20]», quitte LG 2, un second incident vient troubler la quiétude d'Yvon Duhamel. L'action se déroule cette fois chez l'entrepreneur Lamothe qui, le 18 mars, a engagé deux syndiqués de la CSN, Gilbert Lemieux et Louis Dion.

Duhamel commence par alléguer que leurs dossiers ne sont pas en règle et somme Lamothe Construction de les congédier. Saisi de l'affaire, André Guitard constate que la seule «irrégularité» était leur allégeance à la CSN. Au cours d'une réunion tenue à son bureau le 19 mars, il informe Yvon Duhamel et les représentants de l'employeur que les deux journaliers d'ailleurs présents à la réunion, sont en regle et demeurent sur le chantier[21].

Duhamel est alors au paroxysme de la colère. Il prévient l'un des deux hommes, qui s'adresse pourtant à lui sur le ton qui convient, c'est-à-dire sur un ton craintif, «qu'il descendrait dans les égouts». Les deux syndiqués de la CSN réintègrent le chantier de Lamothe Construction[22].

Mais, l'avant-midi même, un groupe de fiers-à-bras de la FTQ, sous les ordres de Duhamel, arrête de force les travaux de Lamothe Construction. Quelques heures plus tard, l'agent d'affaires tient sans préavis une réunion à la salle de cinéma LG 2 et harangue les hommes pour se plaindre des agissements de Lamothe Construction. Il reproche à ce dernier de garder à son emploi un contremaître non syndiqué, Yoland Royer. L'auditoire est constitué d'employés de différents entrepreneurs de LG 2 et des environs[23].

Une fois de plus, Yvon Duhamel a tenu une réunion dans une salle communautaire, sans obtenir au préalable la permission du chef du service de l'Administration de la SEBJ, Dave Alexander.

«Yvon Duhamel se foutait complètement des règlements du chantier, raconte Laurent Hamel. Il se foutait un peu des travailleurs aussi. Il s'emparait des salles sans autorisation. C'est arrivé souvent... les gars regardaient un film, Duhamel arrivait, arrêtait la projection, mettait tout le monde dehors et tenait sa réunion. Quand j'ai eu suffisamment de preuves, j'ai préparé une lettre avisant Yvon Duhamel de se conformer, sous peine d'expulsion, aux règlements du chantier. Cette lettre a été signée par Dave Alexander et remise à Yvon Duhamel. C'était le 19 mars.»

Duhamel convoque une autre réunion

Le soir même, vers 17h30, Yvon Duhamel se rend au bureau de Laurent Hamel pour lui faire savoir qu'il considère la lettre de Dave Alexander comme une provocation. Le chef du chantier répond que ce n'est pas une provocation mais un avertissement qui l'enjoint de se conformer aux règlements du chantier comme tout le monde.

— Bon, je vais en parler à la réunion de ce soir, dit Yvon Duhamel.

— Où tenez-vous cette réunion, lui demande Laurent Hamel?

— À la cafétéria.

— Avez-vous l'autorisation de prendre ce local?

— Non.

— Bon... vous voyez, vous êtes encore en défaut. Vous avez encore le temps. Allez demander l'autorisation à Dave Alexander. Il est à la cafétéria. Je suis certain qu'il ne refusera pas. Faites vos réunions mais demandez-nous la permission avant. Nous n'aurons pas d'objections.

— Ça restera pas là!

Duhamel part en claquant la porte. Laurent Hamel se rend à la cafétéria pour prendre son dîner. Il est 18h30. Il aperçoit Dave Alexander en train de terminer le sien. Il s'assoit près de lui et demande si Duhamel est venu le voir pour obtenir l'autorisation d'utiliser la salle. La réponse est négative.

Au même moment, Yvon Duhamel arrive et se dirige vers Hamel et Alexander. Il exhibe la lettre, crie qu'il n'est pas d'accord, qu'il va régler ça et qu'il fera une réunion le soir même. Et devant tout le monde, il en profite pour répéter que cette lettre est une provocation et qu'il n'accepte pas de telles menaces. Il demande finalement la permission d'utiliser la salle.

— Pas d'objections, répond Dave Alexander. Vous pouvez prendre la salle.

L'atmosphère est à l'orage. Hamel et Alexander quittent la cafétéria pour regagner leurs chambres. La réunion a lieu à la cafétéria comme prévu, mais on ne laisse pas entrer les membres de la CSN[24].

«On a sorti tous les gars de la CSN qu'on voyait et Yvon Duhamel s'est personnellement chargé de sortir un travailleur qui posait trop de questions[25]», racontera plus tard, devant la commission Cliche, Ronald Lavergne.

Vers 21h30, Laurent Hamel reçoit la visite d'un de ses chefs de service, Hugh O'Beirne, qui l'informe qu'il a été décidé à la réunion de faire sortir de force Dave Alexander, André Guitard et Yoland Royer, ce dernier de Lamothe Construction, et qu'il y aurait grève générale le lendemain matin.

Immédiatement, Laurent Hamel demande à Guitard et Alexander de libérer leur chambre et d'aller coucher ailleurs, soit dans une résidence du service de la Sécurité publique à l'aéroport situé à quelque 30 kilomètres du chantier. Mais il ne peut en faire autant pour Royer qu'il ne connaît pas. Laurent Hamel retourne à sa chambre et se couche tout habillé. Il ne se passera rien cette nuit-là.

Le lendemain matin, le 20 mars, la situation se corse. À la cafétéria, les dirigeants syndicaux contrôlent les entrées. La salle est bondée, personne ne bouge. Laurent Hamel, qui prévoit une dure journée, se présente pour y prendre son petit déjeuner vers 6 heures. Ce n'est pas facile mais on le laisse entrer.

La situation se corse

«Après le petit déjeuner, dit-il, je me suis rendu à mon bureau en pensant que les représentants syndicaux allaient me contacter. Il n'y avait aucune raison de faire la grève. Je n'en connaissais pas les motifs. Personne ne m'en avait prévenu officiellement. J'ai téléphoné à Joe Anderson, le directeur de la Construction de la SEBJ à Montréal.»

Vers 8h15, Laurent Hamel apprend qu'une délégation se dirige vers son bureau. Il est toujours au téléphone en train d'expliquer la situation à son supérieur. Cet appel téléphonique, c'est un vrai coup de chance, car le réseau est plutôt défaillant. Laurent Hamel ferme la porte de son petit bureau pour mieux expliquer ce qui se passe au chantier pendant que la délégation fait irruption dans le bâtiment modulaire. Tout à coup, la ligne téléphonique tombe en panne. Laurent Hamel apprendra plus tard que ce sont des membres du groupe qui ont coupé les fils. Deux délégués, Michel Mantha et Maurice Dupuis, entrent dans le bureau, toujours sans autorisation. Ce sont les émissaires d'Yvon Duhamel.

Michel Mantha demande, au nom des travailleurs de la Baie James, le renvoi immédiat et permanent — par hélicoptère — de Dave Alexander et Yoland Royer, ce dernier contremaître chez Lamothe Construction.

— Qu'est-ce qui motive votre geste? demande Laurent Hamel.

— Pas de discussion! Il faut que ces gens-là sortent immédiatement du chantier, répond Mantha.

Laurent Hamel refuse. Dupuis sort du bureau pour faire entrer une trentaine de travailleurs qui prennent place autour du chef de chantier. Le petit bureau de 3 mètres sur 6 est rempli à pleine capacité. Des travailleurs sont même assis sur les classeurs. Mantha réitère la demande syndicale en précisant qu'en cas de refus il y aurait de la casse.

Le feu rase complètement plusieurs dortoirs du campement permanent de LG 2 dans la journée du 21 mars 1974.

L'un des énormes réservoirs d'essence et d'huile diesel éventrés à coups de bélier mécanique au cours du saccage de LG 2.

— Pourquoi voulez-vous expulser monsieur Alexander? demande Hamel.

— À cause de ce qu'il a dit dans les journaux... «*You Canadians know fuck all*»...

— Ce n'est pas M. Alexander qui a écrit cela... ce sont des paroles qui lui ont été attribuées.

Un hebdomadaire de La Sarre, *L'Écho d'Abitibi-ouest,* a en effet publié cette phrase, et en manchette, dans son édition du 6 mars. Le journal prétendait que cet Américain se fichait pas mal du Nord-Ouest québécois.

Hamel est intransigeant

Après avoir réfléchi à la demande pendant quelques secondes?

Laurent Hamel déclare:

— Je ne suis pas capable de poser un tel geste. Votre demande est sérieuse et vous n'avez aucun motif. Ça me prend quelque chose de plus sérieux pour bouger! Aujourd'hui, c'est Dave Alexander, demain ce sera Laurent Hamel.

— Non, non, c'est pas pareil. Vous, vous êtes un Canadien français, lui, c'est un Américain.

— Que faites-vous de monsieur Royer, c'est également un Canadien français?

Laurent Hamel se rend compte que ça ne sert à rien de discuter. Étant donné la situation, il jette un peu de lest:

— Je pourrais faire sortir M. Alexander, mais il me faudrait une demande écrite, dit-il en tendant une feuille à Mantha.

Celui-ci s'exécute: «*La direction demande l'eexpulsion (sic) immédiate de M. Dave C. Alexander en cette date du 20 mars 1974 par touts (sic) les travailleurs de la Baie James. Vos touts (sic) dévoués, Toutes (sic) les Salariés. Mandatés par les Salariés, Michel Mantha.*»

Pendant que Mantha libelle ainsi sa demande, Laurent Hamel explique qu'il ne peut expulser Yoland Royer parce que Lamothe Québec Ltée n'a pas de contrat avec la SEBJ.

Une quinzaine de travailleurs décident de se rendre chez cet entrepreneur. Parmi ceux qui restent dans le bureau, quelqu'un lance:

— On veut le retour de notre chum, Bill Saint-Onge!

— Bravo! Bravo! C'est une bonne suggestion! opinent les autres syndiqués.

Alors Mantha ajoute à sa première demande: «*On demande le retour de Mr William Saint-Onge d'ici le délai au plus d'une semaine* (**sic**).»

Puis des travailleurs formulent une autre exigence:

— On est écœurés de demander la permission pour des salles... de se traîner à genoux... on veut prendre les salles quand on veut...»

Mantha écrit: «*Avoir l'acès (**sic**) d'un locaux (**sic**) approprié pour nos assemblées mensuelles ou hebdomadaires et en cas d'urgence.*

Merci de votre collaboration.»

Mantha présente la feuille à Hamel:

— Approuvez ça!

Laurent Hamel prend son temps. Mais dans sa tête, tout se déroule rapidement. Il ne peut accéder à ces trois demandes. D'un autre côté, il faut éviter toute provocation. Et puis, ces gros hommes peuvent se fâcher... Il en vient à la conclusion qu'il n'est pas en danger pour le moment.

— Je ne suis pas capable de signer une chose comme ça. Ça n'a pas de bon sens, dit-il pour gagner du temps.

— Vous devez signer ce document sans faute! répondent les syndiqués.

Laurent Hamel ne va pas plus loin. Il signe la feuille, mais en prenant bien soin d'ajouter: *Reçu demande aujourd'hui le 20 mars 1974 — 8h40.*

Il a à peine le temps de photocopier la feuille qu'on la lui arrache des mains. Des gars chantent victoire mais d'autres découvrent le subterfuge du chef de chantier. Ils le forcent alors à écrire une note de service demandant à Dave Alexander de quitter le chantier immédiatement. Laurent Hamel obéit, les syndiqués prennent le document et quittent le bureau. Il est 8h50. «J'ai rédigé cette note car je ne voulais pas qu'il arrive quelque chose à Alexander.»

On se prépare au pire

Le chef de chantier se prépare au pire. Il fait fermer la taverne jusqu'à nouvel ordre. Il ordonne de ne pas servir le repas du midi à la cafétéria et de servir le repas froid au casse-croûte. Il demande ensuite de faire venir une provision de films, de placer des agents de sécurité à proximité des génératrices qui alimentent le chantier en énergie électrique. À ses chefs de service, il demande de préparer un rapport écrit sur les événements et d'organiser les services essentiels.

À 12h40, la même délégation revient à son bureau. Comme la première fois, Yvon Duhamel est invisible. Il dirige tout de son bureau. Les syndiqués présentent une lettre à Laurent Hamel qui reconnaît tout de suite l'écriture d'Yvon Duhamel. Comme il a peine à lire, il prend tout son temps. C'est une longue lettre en sept points qui reprend de façon plus explicite les demandes formulées plus tôt dans l'avant-midi.

Laurent Hamel veut en faire une photocopie; les délégués refusent et forcent le commis Gérard Saint-Jean à la dactylographier sur du papier à l'en-tête de la SEBJ.

— Vous allez approuver ça! ordonnent les délégués.

— Impossible. Je ne suis pas autorisé à approuver de telles demandes. Sortez-moi du chantier si vous voulez, mettez-moi à la porte... mais je refuse de signer. Ça n'est pas ma responsabilité. La seule chose que je peux faire est de transmettre le plus tôt possible vos demandes aux autorités du siège social. Monsieur Alexander quitte le chantier, il va les transmettre à mes supérieurs aujourd'hui même. Ce sont eux qui décideront. Ce sont eux qui peuvent m'autoriser à signer.

— Tant que cette lettre ne sera pas signée, on ne travaille pas, menacent les délégués.

Le refus de Laurent Hamel est ferme. «J'étais prêt, raconte-t-il. La veille, j'avais placé un véhicule dans un petit chemin, dans le bois, à un peu plus de trois kilomètres du chantier. Si les gars m'avaient sorti à coups de pieds au derrière, je n'aurais pas eu à marcher 30 kilomètres pour me rendre à l'aéroport. D'autant plus qu'il faisait froid...»

Les délégués n'insistent pas. Ils retournent voir leur patron, Yvon Duhamel. Trois ou quatre d'entre eux font une ultime tentative auprès du chef du chantier pendant l'après-midi. Ils lui suggèrent de changer quelques mots, ici et là, et de signer la lettre. Nouveau refus.

— Je ne changerai absolument rien. Vous avez fait votre demande, je l'ai transmise, et j'attends, je ne bouge pas.

Sabotage aux génératrices

Les délégués retournent au bureaux d'Yvon Duhamel. Peu après, Laurent Hamel est informé de sabotage aux génératrices de 800 kW. On a essayé d'introduire des rondelles métalliques dans la cuve à huile. Il donne ordre de cadenasser les portes des enclos des génératrices et de poster des agents de sécurité pour éviter d'autres actes de vandalisme.

À 17 heures, il convoque une réunion d'information regroupant les chefs de service de la SEBJ, les gérants de projet des entrepreneurs et les représentants de la Sûreté municipale de la Baie James. Laurent Hamel explique la situation. Puis, les gérants de projet demandent ce qui a été fait pour protéger leurs équipements. Le capitaine Morin, de la SMBJ, répond qu'il y a une quinzaine d'agents dans la région, qu'il n'y a pas de renforts pour assurer une meilleure protection au chantier.

«Les gérants m'ont alors demandé de prendre un avion pour descendre à Montréal ou à Québec et d'exiger du gouvernement une intervention immédiate afin de corriger la situation, raconte Laurent Hamel. Ils ont ajouté qu'ils ne reviendraient pas tant que la situation ne serait pas corrigée.

Je leur ai dit que, bien que sympathique à leur cause en tant que chef du chantier, je ne pouvais pas laisser le chantier dans les circonstances.»

Gérald Morneau, le chef de service qui a supervisé jusqu'ici tous les travaux d'infrastructure de LG 2, quitte le chantier à bord d'une camionnette avec quelques gérants de projet. Direction Matagami. De son côté, Laurent Hamel constate que certains grévistes ont défoncé la porte de la chambre de Dave Alexander. Question de voir s'il avait bien quitté le chantier!

Gérald Morneau s'en va parce qu'il sait quelle sorte de violence peut éclater dans un chantier de construction. Il a vécu ou suivi de près des événements semblables à Mont-Wright et à Sept-Îles. Il se rappelle certains faits: une tentative de meurtre, un travailleur qu'on a brûlé avec de l'huile à chauffage, des fiers-à-bras armés de fusils, etc.

«J'avais vécu des moments assez durs avec les syndicats, raconte-t-il. Et voilà que le climat s'envenimait à LG 2. J'ai dit à Laurent Hamel que je ne pouvais pas travailler dans de telles conditions, je ne voulais pas mettre ma vie en danger. D'ailleurs, c'est moi qui avais demandé l'expulsion de William Saint-Onge, un gars qui était trois fois plus gros que moi. Je savais aussi que c'était le bras droit de Duhamel et un adepte du karaté...

«Deux ou trois jours avant le saccage, 200 syndiqués s'étaient présentés à mon bureau, certains ayant en main une copie de ma lettre au sujet de l'expulsion de Saint-Onge. Ils avaient fait pas moins de 500 copies de cette lettre, de sorte que mon nom circulait... Heureusement, ça n'a pas mal tourné ce jour-là. Juste avant de partir, William Saint-Onge est venu me donner la main en disant: *j'espère qu'on va se revoir!* Le climat s'envenimait rapidement. On ne pouvait pas rester comme ça. Quelque chose se préparait. J'ai décidé de quitter le chantier et de rouler jusqu'à Matagami avec des gérants de projet comme Chagnon, de Désourdy Construction, et Mondoux, de Francon.»

Un calme étrange

Dans la soirée, tout est étrangement calme au campement de LG 2. Pas de réunion, pas d'attroupement, personne à l'extérieur. Les travailleurs se terrent dans leurs chambres et attendent. Ils ne peuvent pas faire grand-chose: il n'y a pas de radio, pas de télévision, pas de journaux. La taverne est fermée. C'est le calme avant la tempête.

Le 21 mars, à l'heure du petit déjeuner, l'atmosphère est déjà tendue à la cafétéria. Pas moins de 500 travailleurs sont là à ne rien faire, à attendre. Laurent Hamel s'y rend casser la croûte.

Il doit se frayer un chemin parmi les délégués syndicaux qui surveillent les allées et venues avec une attention toute spéciale pour le personnel de la SEBJ.

Une fois rendu à son bureau, il donne instruction aux agents de sécurité de suivre les déplacements de groupes dans le campement. Il demande aussi à ses chefs de service et tout le personnel de la SEBJ de ne pas quitter le bureau sans l'aviser de l'endroit où ils vont. «J'ai fait deux tournées du campement dans l'avant-midi, et je constatais que c'était bien calme, même trop calme, raconte Laurent Hamel. Les travailleurs étaient dans leurs chambres. J'étais à peu près le seul à circuler dans le campement.»

À son retour, un deuxième chef de service, Richard Johnson, l'avise qu'il quitte le chantier à cause de l'atmosphère qui y règne. À 11h, les communications téléphoniques sont rétablies et Laurent Hamel en profite pour parler avec son supérieur à Montréal, Joe Anderson. *C'est impossible d'administrer un chantier dans de telles conditions,* lui dit-il. Joe Anderson lui demande de ne pas exposer inutilement le personnel de la SEBJ. Il ajoute qu'un avion est en direction de LG 2 avec une cinquantaine de policiers à bord et que l'appareil devrait atterrir vers 12h30. Crac! la communication est interrompue encore une fois, mais Laurent Hamel est satisfait: de part et d'autre, l'essentiel a été dit!

Il est 11h20. Des groupes se déplacent vers les bureaux de la SEBJ. Ils veulent, semble-t-il, sortir Gérald Morneau pour venger l'expulsion de William Saint-Onge. Ils ignorent que Morneau a déjà quitté le chantier. Laurent Hamel rassemble immédiatement à son bureau tous ses chefs de service et leur demande de quitter les lieux et de se rendre à l'aéroport avec tous les employés de la SEBJ et toutes les autres personnes qui veulent s'en aller. Les grévistes se hâtent maintenant vers les bureaux de la SEBJ où les employés se dépêchent de sortir.

Voyant tous ces déplacements, les grévistes bifurquent en direction du bureau de la FTQ. Certains vont fouiller les dortoirs pour s'assurer que les employés de la SEBJ ont quitté les lieux. À 12h30, au dernier moment, tel un capitaine de navire, Laurent Hamel saute dans sa camionnette et se place dans le campement de façon à surveiller les déplacements. Simultanément, derrière lui, des grévistes placent des camions en travers de la route tandis qu'un fardier se dirige à toute vitesse dans sa direction. Il doit quitter le campement en direction de l'aéroport.

La stratégie que le chef de chantier a établie semble être la bonne: faire évacuer tout le personnel de la SEBJ pour éviter toute confrontation, se rendre à l'aéroport où les cinquante policiers devaient arriver et ensuite discuter calmement si possible.

Durant ce temps, dans son bureau, Yvon Duhamel tire les ficelles. Il ne s'est pas encore montré le bout du nez à l'extérieur.

Un avion survole le chantier

En arrivant à l'aéroport, à 12h50, Laurent Hamel apprend qu'un petit avion de la firme Matagami Ready Mix survole la région et on demande au pilote de survoler le campement afin de rapporter les déplacements des grévistes. Par un coup de chance, les communications sont rétablies avec Montréal et Laurent Hamel peut transmettre à Peter Behr, adjoint au président de la SEBJ, les informa-

Les précieuses conduites d'eau dans les «utilidors» sont massacrées, détruites.

Aux commandes d'un bélier mécanique, Yvon Duhamel renverse une à une les trois indispensables génératrices. LG 2 n'a plus d'électricité.

tions communiquées par le pilote de l'avion, J.-M. Arsenault. Le vol commercial de Nordair, un Boing 737, est arrivé et les agents de la SQ quittent l'aéroport en direction du campement.

Dans le campement, un peu après, vers midi, pendant que les employés de la SEBJ se dirigent vers l'aéroport, les grévistes se réunissent en face du bureau de la FTQ. Yvon Duhamel sort et déclare notamment: «*Personne ne fera de désordre, s'il y en a, je le ferai seul et personne d'autre ne sera accusé*[26].» Quelques minutes plus tard, Yvon Duhamel se met aux commandes d'un bélier mécanique lourd, tasse un petit camion, endommage une roulotte et un dortoir, puis se dirige vers les génératrices qui assurent l'électricité au campement. «*Je m'en vais en haut*», crie-t-il à ses compagnons, c'est-à-dire sur la colline où sont installés les groupes électrogènes.

Sous les yeux d'une soixantaine de grévistes, Yvon Duhamel coupe les conduites d'eau qui alimentent le campement et renverse une à une les trois génératrices. Au même moment, un des grévistes sort un petit appareil photo, et à une trentaine de mètres de Duhamel, capte la scène sur son film en couleurs! À Montréal, Peter Behr apprend presque simultanément ce qui se passe à LG 2, grâce à Laurent Hamel qui relaie les informations obtenues du pilote du petit avion. Behr et Hamel ont à peine le temps de convenir de noliser les avions nécessaires pour évacuer le chantier, que la communication est coupée une fois de plus. Cependant, encore une fois, l'essentiel a été dit!

Yvon Duhamel est revenu de la colline qui surplombe le campement de LG 2. Il descend du tracteur et regagne une camionnette dans laquelle l'attendent deux délégués, Michel Mantha et André Ouimet. Le trio retourne au bureau du Local 791. En présence de 400 travailleurs, Duhamel déclare que c'est lui qui a renversé les génératrices, et ce, en toute connaissance de cause[27]. Ouimet prend la parole à son tour pour dire: «*Personne ne connaît celui qui conduisait le tracteur.*» Ce n'est pas un conseil mais un ordre.

De son côté, le photographe amateur quitte un moment la scène pour aller au casse-croûte afin d'y acheter un film pour recharger son appareil. Malheureusement, il n'y en a plus à vendre. Les dommages causés aux génératrices ont provoqué l'interruption du courant électrique. La majorité des travailleurs ont quitté leurs dortoirs.

Yvon Duhamel se dirige ensuite vers un chargeur Caterpillar 988 qu'il conduit vers les deux réservoirs de carburant à proximité de son bureau d'affaires, l'un contenant 30 000 gallons d'essence, l'autre 30 000 gallons d'huile diesel. À force de heurter ces énormes réservoirs, Duhamel. Réussit à les éventrer. Le liquide dévale la pente jusqu'à de qu'il atteigne les dortoirs et les garages. Trois ou quatre minutes plus tard, un incendie prend naissance dans le dortoir qui abrite le bureau de Duhamel. Le feu se propage rapidement à d'autres dortoirs. Duhamel, revêtu de son coupe-vent bleu et coiffé de son casque de sécurité blanc, monte sur un autobus et déclare: «*Quand j'ai fait le coup, j'étais sain de corps et d'esprit et je savais ce que je faisais. Si c'était à refaire, j'en ferais davantage. La SEBJ doit comprendre que nous sommes les boss*[28].»

À l'aéroport, Laurent Hamel se demande si les agents de la Sûreté du Québec sont encore en route ou sur le point d'arriver au chantier. Il tente d'obtenir un hélicoptère pour le survoler mais les pilotes refusent, craignant des sabotages. «J'ai pu trouver un appareil qui était assez loin du chantier et je l'ai emprunté pour aller constater l'étendue des dégâts en compagnie d'André Guitard.»

Il est 15 heures. De l'hélicoptère, les observateurs remarquent que les représentants syndicaux quittent le campement et qu'ils se dirigent vers l'aéroport dans la jeep de Duhamel. Moins chanceux, des travailleurs doivent se rendre à l'aéroport à pied.

Où sont les policiers?

Laurent Hamel cherche les cinquante agents de la Sûreté du Québec, il ne les voit ni sur la route ni au campement dont une bonne partie est la proie des flammes. Il apprendra par la suite que les policiers s'étaient rendus aux locaux de Francon dans un campement voisin pour se changer et manger. Il semble qu'ils n'aient pas reçu l'ordre d'aller au campement mais seulement d'assurer la paix et la protection à l'aéroport.

Le chef du chantier revient à l'aéroport et prend trois décisions: premièrement, retourner avec des volontaires et sauver ce qui reste du campement de LG 2; deuxièmement, remettre le campement en état au plus tôt; troisièmement, aller au siège social faire rapport à ses supérieurs et les aviser qu'il n'est plus intéressé à diriger un chantier dans de telles conditions. Il est 15h45. Certains des travaux qui ont été faits de peine et de misère depuis quelques mois sont à refaire, et le calendrier général des travaux est compromis.

Il faut presque rebâtir LG 2! Deux heures plus tard, un pont aérien est organisé entre la Baie James et les aéroports du Nord-Ouest de la province et de Montréal. Pendant qu'on nolise une partie des appareils de Nordair, trois DC 3 de la compagnie Fecteau Air Services et un Beechcraft entreprennent l'évacuation des premiers groupes de travailleurs. Les appareils de Nordair arrivent à LG 2 en début de soirée. Un Fairchild F-27 qui a évacué 42 passagers vers Matagami est immobilisé à cet endroit car un homme s'est fait tuer par l'une des hélices de l'appareil.

Dans la nuit, un appareil de type Electra évacue 112 travailleurs, les déposant à Val-d'Or et à Montréal, pendant qu'un Bœing 737 évacue successivement 112 et 94 personnes vers Montréal. Il en sera ainsi durant toute la journée de vendredi. De plus, environ 125 personnes ont quitté le campement en franchissant les 560 kilomètres de route qui séparent le chantier de Matagami[29].

Des volontaires sauvent le campement

Vers 17 heures, Laurent Hamel et une poignée de volontaires, dont cinq cadres de la SEBJ, Marcel Audet, Fernand Morin, Selwin Delahaie, Hugh Auburn et Kriss

Hudson, retournent au campement pour y combattre les incendies, vidanger les conduites d'eau pour éviter qu'elles gèlent et empêcher le pillage des dortoirs et bureaux par les retardataires qui ont quitté le campement.

À 20 heures, les incendies sont maîtrisés, les conduites d'eau vidées, grâce au travail acharné des quelques cadres de la SEBJ et d'une quarantaine de volontaires. Il ne reste plus qu'à s'organiser pour passer la nuit tant bien que mal, et refaire ses forces, car la journée du lendemain ne sera pas facile. Marcel Audet, Laurent Hamel, Fernand Morin et Selwin Delahaye installent une petite génératrice près d'une maison mobile en bordure de la route et se glissent dans des sacs de couchage et s'endorment morts de fatigue. Dans la nuit, la petite génératrice fait défaut, de sorte qu'au lever il fait -25°C dans la maison mobile et -30°C à l'extérieur!

Matagami, un point de mire

Pendant une journée ou deux, la petite ville de Matagami devient un point de mire. La nouvelle du saccage de LG 2 s'est répandue comme une traînée de poudre au Québec, au Canada, et même à l'étranger. Journalistes, photographes et cameramen affluent de partout, tandis que des douzaines et des douzaines de travailleurs évacués de LG 2 y arrivent à leur tour. Hôtel et motels sont bondés.

Il y a deux catégories parmi ces 300 travailleurs évacués de LG 2: ceux qui sont contents et ceux qui ne le sont pas. Mais que l'on soit content ou pas, on ne manque pas de trinquer au champagne, celui des pauvres (une bière à cinquante cents) et aussi celui à 20 $ la bouteille[30].

Ceux qui se réjouissent, ce sont ceux qui, sans souci du lendemain, ne semblent nullement bouleversés par les événements qu'ils viennent de vivre. Ils sont enfin libres. Ils ne cachent pas leur joie d'être revenus à la civilisation. Certains étaient là-haut depuis trois, six semaines, voire trois ou quatre mois, «en pleine jungle»[31], comme ils disent aux journalistes.

Les mécontents, ce sont ceux qui ont conscience d'avoir perdu leurs jobs pour un bon bout de temps et d'avoir une famille à faire vivre. Ce sont aussi ceux qui en veulent aux fauteurs de troubles, une vingtaine de types qu'ils disent pouvoir identifier et à qui ils promettent de casser les jambes[32].

Les mécontents, ce sont également les entrepreneurs. Exemple: ces cinq entrepreneurs installés à une table à l'hôtel et qui commandent bouteilles de champagne sur bouteilles de champagne, cognacs sur cognacs, mêlant les blagues grivoises aux insultes. Ils essaient en outre d'évaluer ce qu'ils vont perdre à cause des «maudits syndicats». «En une heure, ces Christ-là ont démoli ce qu'on avait construit en un an[33].»

Il y a tout de même une préoccupation commune pour ceux qui sont contents comme pour les autres: les femmes. Une femme qui s'aventure près d'eux ne manque pas de subir leurs avances. C'est ce qui arrive à Huguette Laprise, journaliste à *La Presse: «Fais attention... Des belles pitounes comme toi, ça fait longtemps qu'on n'en a pas vues.»* Au motel Matagami, ils choisissent des disques qu'ils font jouer à tue-tête sur le juke-box. *«Viens danser cette toune-là avec moi, ma belle»*, se fait demander la même journaliste[34].

Yvon Duhamel est arrêté

Dans la nuit de jeudi à vendredi, Yvon Duhamel est appréhendé dès sa descente d'un petit avion F-27 à l'aéroport de Matagami, par l'agent Rénald Moreau, le directeur Marcel Vigneault, de la Sûreté municipale de la Baie James et par l'agent Roland Caron, de la police de Matagami. Duhamel est immédiatement écroué dans une cellule de la Sûreté provinciale à Amos, d'où il sera ensuite transféré à Montréal dans les jours qui suivent.

Au campement de LG 2, c'est le lendemain de la veille. Laurent Hamel fait le compte des gens disponibles, environ soixante-dix volontaires, et organise des équipes. La tâche principale est de remettre les génératrices en place, en réparer une et essayer de la mettre en marche le plus tôt possible. Aussitôt ce travail accompli, les équipes vont réparer les canalisations, rétablir le chauffage dans les dortoirs et bureaux, mettre aussi de l'eau dans les conduites pour être en mesure de combattre les incendies.

Une fois tout le monde au travail, Laurent Hamel se rend à Fort-George pour essayer de communiquer avec les patrons du siège social. Mais à cet endroit, les communications sont également hors d'usage. De retour au campement, un message l'attend: prendre l'avion le jour même pour aller donner sa description des événements à Montréal.

Aux journalistes invités par la SEBJ et qui visitent les lieux, Laurent Hamel déclare qu'il a bon espoir que le campement soit remis en bon état dans un mois, mais il ignore si les retards occasionnés au calendrier général des travaux par cet incident pourront être comblés.

En effet, chaque journée d'arrêt de travail diminue les chances de pouvoir dériver tel que prévu les eaux de La Grande Rivière dans deux immenses galeries souterraines taillées dans le roc. Une dérivation s'effectue normalement lorsque le débit de la rivière est suffisamment faible. S'il est impossible de rattraper le temps perdu depuis le 21 mars, jour du saccage, et de compléter les galeries de dérivation à temps, il faudra attendre au moins six mois avant de détourner la rivière et d'entreprendre le début de la construction du barrage[35]. C'est une question capitale, un autre défi que la SEBJ et ses hommes auront à relever.

Au campement de LG 2, les petites équipes travaillent d'arrache-pied. Elles sont formées en majorité de cadres. «C'est tout ce qui nous restait, des cadres et des pousseux de crayons, raconte Marcel Audet. On n'avait pas le choix: geler ou travailler. Ainsi, pour redresser les génératrices, un contremaître est devenu opérateur de grue.»

Comme c'est la troisième génératrice qui a le moins souffert du saccage, c'est elle qui aura l'honneur de fournir de l'électricité. Mais évidemment pas avant qu'elle ne soit relevée, qu'elle n'ait subi toute une série de vérifications et qu'on n'ait réussi à la faire démarrer. Ce n'est qu'à minuit le 22 mars que l'éclairage électrique revient à LG 2.

Peu à peu, dans les jours et les semaines qui suivent, le campement sera remis en état. Cela demandera beaucoup de travail, beaucoup d'énergie et de détermination de la part de tous ces hommes restés sur place.

La CSN réclame une enquête

Mais entre-temps, le saccage mobilise l'opinion publique. Profondément troublés par le soulèvement de la Baie James, les délégués à la réunion du Conseil confédéral de la CSN réclament l'institution d'une commission d'enquête pour faire la lumière sur cette affaire; ils demandent en outre que Jean Cournoyer soit démis de son poste de ministre du Travail.

Le président Marcel Pépin accuse formellement la FTQ-Construction «d'avoir tenté, par l'intimidation, de priver les travailleurs de la CSN de leur emploi au chantier de LG 2, et d'avoir déclenché la flambée de violence des derniers jours en guise de représailles contre les employeurs, dont la SEBJ, qui auraient refusé d'endosser les veilléités de monopole de certaines unions internationales[36]».

De son côté, Louis Laberge, président de la FTQ, soutient que le soulèvement des ouvriers n'a rien à voir avec la rivalité entre la CSN et la FTQ. Cette thèse est également partagée par le président du Conseil des métiers de la construction, André Desjardins[37].

«C'est vrai que la FTQ vise l'établissement d'un monopole syndical dans la construction, précise Louis Laberge, mais les incidents de la Baie James n'ont rien à voir avec cet objectif pour la bonne raison qu'il n'y a pas de travailleurs de la construction affiliés à la CSN au chantier de LG 2[38].»

Pour André Desjardins, c'est le gouvermenent Bourassa lui-même par l'intermédiaire de la SEBJ qui est le véritable responsable des événements. «Depuis plusieurs mois, les travailleurs accumulent des griefs fondés touchant la mauvaise nourriture, le manque de loisirs, le logement, les frais de transport. Chaque fois que nous essayons de régler ces griefs, nos interlocuteurs disent qu'ils n'ont pas de mandat. J'ai averti le gouvernement qu'il se préparait des jours sombres et j'ai invité nos membres à chercher des réponses à leurs questions au chantier même, puisqu'il était impossible de résoudre les difficultés en présentant des griefs[39].»

Non au désordre organisé

Deux jours après le saccage, le samedi 23 mars, Laurent Hamel rencontre son supérieur immédiat, Joe Anderson, et les dirigeants de la SEBJ au siège social. Après avoir décrit exactement tout ce qui s'est passé à LG 2 et après avoir indiqué les dispositions prises depuis, il avise ses supérieurs qu'il ne peut pas retourner au chantier, tant et aussi longtemps que la situation ne sera pas définitivement réglée. Il se fait en même temps le porte-parole des chefs de service et des gérants de projet.

«Le chef de chantier et les gérants de projet ont des responsabilités énormes, telles que la sécurité au travail, le bien-être et le bon ordre au campement et ce, même après les heures de travail, fait-il valoir. Le seul moyen de garder le contrôle dans un chantier isolé est d'établir des règlements et de les faire respecter par tout le monde. Si ce principe n'est pas accepté ni respecté par les syndicats, on ne peut diriger les chantiers. C'est pourquoi les chefs de service et les gérants de projet m'ont déjà avisé qu'ils n'étaient plus intéressés à continuer à LG 2 dans le contexte actuel.

«Ce phénomène est grave, ajoute Laurent Hamel, car pour réaliser un tel projet, il faut absolument des hommes d'expérience, des hommes sérieux, prêts à s'établir au chantier avec leurs familles pendant plusieurs années. Ce que nous venons de vivre en a découragé plusieurs et va sûrement éloigner de bons candidats.

«Personnellement, avant d'aller plus loin et de consacrer plus de temps avec ma famille au projet de la Baie James, je veux avoir certaines assurances que je pourrai

Reconnaissant sa culpabilité à six accusations relatives au saccage de LG 2, Yvon Duhamel est condamné le 23 août 1974 à un emprisonnement maximum de 10 ans. (Photo: La Presse)

Le juge Robert Cliche refuse, hésite et, cinq minutes plus tard, accepte de présider une commission d'enquête sur «une industrie malade». (Photo: La Presse).

Une fois formée, la commission d'enquête Cliche se rend à la Baie James. De gauche à droite, les trois commissaires, Brian Mulroney, Guy Chevrette et feu le juge Robert Cliche. (Photo: Madeleine Ferron).

administrer le chantier de LG 2 avec des normes strictes de sécurité et avec l'autorité nécessaire pour faire observer les règlements établis afin que cessent les menaces de grève, les émeutes, le désordre organisé.»

Deux jours plus tard, un lundi, Laurent Hamel a de nouveau l'occasion de présenter un récit circonstancié des événements et de faire valoir son point de vue, cette fois, devant le Premier ministre Robert Bourassa qui le reçoit à son bureau d'Hydro-Québec, en compagnie de Robert Boyd et Gilles Gauvin, gérant de l'Association des employeurs de la Baie James. Paul Desrochers se joindra aussi au groupe.

Robert Boyd appuie entièrement les demandes de Laurent Hamel. Il remet une lettre confidentielle à Robert Bourassa à laquelle est joint un rapport très détaillé du saccage. Dans sa lettre, Robert Boyd touche une corde sensible chez Robert Bourassa: «Il est bien connu de tous que vous attachez une grande importance au développement de la Baie James.»

Le président de la SEBJ, pour éviter que le chantier soit de nouveau le théâtre de sabotages, pose quatre conditions à la réouverture de LG 2[40]. Premièrement, l'Association des employeurs de la Baie James devra créer un centre de recrutement reconnu par le ministère du Travail et de la Main-d'œuvre. Ensuite, le gouvernement devra prendre les mesures nécessaires pour faire respecter la Loi des relations du travail dans l'industrie de la construction. La troisième condition touche les salariés des secteurs autres que celui de la construction; à cet égard, il souhaite que le gouvernement prenne des dispositions pour «éviter la multiplicité et le morcellement des unités de négociation dans le territoire de la Baie James». Enfin, Robert Boyd demande que la Sûreté du Québec assure le maintien de l'ordre aux chantiers.

Coup de fil à Robert Cliche

Robert Bourassa se retrouve avec un problème épineux sur les bras. Plus que jamais, la réalisation de son grand projet est menacée. Deux jours après la rencontre Boyd-Hamel-Bourassa, le ministre du Travail, Jean Cournoyer, par arrêté en conseil, institue une commission d'enquête chargée de faire la lumière sur la violence qui règne dans l'industrie de la construction au Québec.

Robert Bourassa téléphone au juge Robert Cliche pour lui offrir la présidence de la commission d'enquête. La réponse du juge Cliche est négative. Le Premier ministre insiste: cette commission d'enquête est la plus importante qu'on ait instituée depuis longtemps. Le juge hésite, le Premier ministre insiste toujours: «Tu as tellement critiqué dans ta vie, voilà que tu as l'occasion de faire quelque chose.» Le juge Cliche demande à réfléchir. Seul avec lui-même, il cède. La réponse est positive. Il lui a fallu cinq minutes[41].

Robert Cliche est juge en chef adjoint de la Cour provinciale quand il est nommé président de la commission d'enquête. Il sera assisté par l'avocat montréalais Brian Mulroney, militant conservateur bien connu et conseiller personnel de Robert Stanfield pour le Québec; un mois plus tard, Guy Chevrette, vice-président de la Centrale des enseignants du Québec, se joindra à Mes Cliche et Mulroney.

Au moment où Robert Bourassa rend publiques les deux premières nominations, une rumeur circule: de très fortes pressions auraient été exercées sur lui en fin de semaine pour qu'il profite de l'arrêt des travaux à LG 2 pour mettre tout bonnement fin au projet de la Baie James et affecter les sommes prévues au nucléaire. «Il n'est pas question, loin de là, que le projet de la Baie James soit abandonné ou même comprimé, répond-il aux journalistes. On serait forcé de rationner l'électricité en 1980, de fermer des usines et des hôpitaux[42].»

Une série d'enquêtes

D'autres enquêtes sont en cours: celle des experts de la SEBJ, celle de la Sûreté du Québec et celle du commissaire aux incendies, Cyrille Delage. Dès le début de l'enquête de

Me Delage, Yvon Duhamel refuse de témoigner et il est condamné à huit jours de prison. À une autre séance, Genest Bordeleau, ingénieur de la SEBJ, révèle que les premières estimations des dommages se chiffrent à 1 366 000 dollars, sans tenir compte des coûts de remplacement ni des pertes quotidiennes dues à l'inaction, soit environ 500 000 dollars. Les dommages indirects, c'est-à-dire les retards des travaux, n'ont pas encore été évalués.

Quant à Yvon Duhamel, amené sous bonne garde devant le commissaire, il est muet comme une carpe. Haut comme trois pommes, mais très costaud — on remarque tout de suite ses épaules carrées et ses jointures hypertrophiées — il déclare: «Je ne vois pas pourquoi je témoignerais dans cette cause-là. C'est la seule raison.» Il est condamné une deuxième fois pour outrage au tribunal; la peine est de trente jours derrière les barreaux[43].

Pendant qu'une centaine de travailleurs, dont une cinquantaine de cadres, travaillent presque jour et nuit au réaménagement de LG 2, les dirigeants et experts de la SEBJ, dont Laurent Hamel, se creusent la cervelle pour déterminer quand et comment se fera la remobilisation et quels travaux seront prioritaires. De son côté, Robert Boyd fait la sourde oreille aux pressions qui s'exercent sur lui et ne consentira à ouvrir le chantier que sept semaines, ou cinquante et un jours après le saccage. Enfin, à la demande de certains entrepreneurs, la SEBJ reporte la date de fermeture de son appel d'offres pour le contrat de construction du barrage de LG 2 au 18 avril.

Le 8 mai, la SEBJ donne l'ordre de mobiliser les travailleurs pour le chantier de LG 2. Le campement est de nouveau prêt à les recevoir, les génératrices fonctionnent, le système d'aqueduc et d'égout est réparé et les unités de logement sont habitables en toute sécurité. Les dortoirs incendiés ne sont cependant pas encore reconstruits.

La remobilisation pour un chantier aussi éloigné est plus lente et plus compliquée que l'évacuation. Si des centaines de personnes peuvent quitter le chantier en quelques heures, il faut plusieurs jours, parfois des semaines, avant qu'elles réintègrent leur lieu de travail. Tout se fait graduellement, selon les besoins. Les premiers travailleurs à retourner au chantier sont ceux qui sont affectés à l'entretien des installations, aux cuisines et à la conciergerie.

Ensuite, ce sera au tour de ceux qui sont chargés des travaux d'aménagement de la phase II du campement, de même que ceux qui construisent le village de Radisson. Finalement, ceux qui construisent les galeries de dérivation et qui effectuent les autres travaux en cours retourneront à LG 2. La remobilisation se fait donc au rythme de petits groupes d'une cinquantaine d'employés par jour.

La priorité est accordée aux travaux d'infrastructure: agrandissement du campement pour loger 1 300 travailleurs; aménagement d'un parc de maisons mobiles à Radisson pour recevoir les premières familles.

Les travaux reprennent, mais les événements de mars obligent la SEBJ à reporter à 1975 la dérivation de La Grande Rivière, ce qui devait d'abord se faire à l'automne de 1974. Cette décision aura des répercussions directes sur le calendrier des travaux de construction à LG 2. En effet, ce n'est qu'après avoir dérivé, au moyen de batardeaux, le débit de la rivière dans des galeries qu'il sera possible d'entreprendre les opérations de pompage en vue d'assécher le lit de la rivière à l'endroit où le barrage s'élèvera.

L'accès aux chantiers est contrôlé

L'accès aux chantiers de la Baie James comportait certaines restrictions, parfois assez sévères, dès le début des travaux. La SEBJ a décidé de resserrer les mesures. Et pourquoi donc? Parce que les chantiers et les campements se multiplient et qu'il devient nécessaire de contrôler, en plus de l'accès au territoire, la circulation entre les divers lieux de travail du complexe. Parce que les mesures prises jusqu'alors pouvaient être contournées et que l'on se retrouvait parfois avec plus de convives que de couverts. Surtout, et enfin, parce que les promoteurs ont une responsabilité envers les personnes sur leur territoire et qu'ils doivent assurer la meilleure protection possible des vies et des biens[44],» peut-on lire dans *en grande...*, le journal officiel de la SEBJ.

La vérification des entrées et des sorties se fera donc de façon rigoureuse à chacun des points suivants: à Matagami, sur la route conduisant à LG 2; à l'aéroport de LG 2; sur la route de Fort-George à LG 1. Plus tard, ces mesures s'appliqueront également à LG 3, à LG 4, à Caniapiscau et à EOL. Ainsi, les nouveaux employés doivent avoir en leur possession la lettre de présentation et les autres documents remis par le centre de recrutement avant qu'on ne leur prépare une carte d'identité. Quant aux visiteurs et aux employés non résidents, ils devront avoir fait une demande d'accès au chantier auprès d'un entrepreneur et en avoir reçu l'approbation au moins quarante-huit heures avant leur arrivée.

Avec ce système qui sera dénoncé bien des fois par les syndicats et qui ne manquera pas d'étonner les visiteurs, la SEBJ exerce un tel contrôle qu'il sera désormais impossible pour certaines personnes «indésirables» de pénétrer dans le territoire de la Baie James.

L'une des conditions imposées au gouvernement Bourassa pour la réouverture du chantier de LG 2 était un remaniement du processus d'embauchage en vue d'une meilleure gestion du personnel. C'est ainsi qu'un centre de recrutement de la Baie James (CRBJ), mis sur pied par l'Association des employeurs de la Baie James, est dorénavant chargé de recruter le personnel pour les travaux d'aménagement du territoire. Il recevra les demandes des entrepreneurs et les transmettra aux centres de main-d'œuvre du Québec. Lorsque ces centres ne pourront fournir le personnel requis, le CRBJ s'adressera à d'autres sources de main-d'œuvre.

Dernière condition acceptée par Québec: six policiers de la Sûreté du Québec seront désormais affectés au territoire.

Les nouvelles installations apporteront un peu plus de confort aux travailleurs. L'atmosphère va se détendre.

Petit à petit, les plaies vont se cicatriser, et sous la poussée de Laurent Hamel et de son équipe, le rythme accéléré des travaux permettra de combler les retards.

Duhamel: dix ans de prison

Les Québécois n'ont pas fini d'entendre parler du saccage de LG 2. Le 15 juillet 1974, le Commissaire aux incendies rend son verdict après seize séances d'auditions et une visite à la Baie James. Il conclut que l'incendie d'une partie des installations de la SEBJ «a été causé de façon volontaire et d'origine criminelle» et il recommande que Yvon Duhamel soit mis en accusation en rapport avec cet incendie.

Me Delage croit aussi qu'au moins trois autres individus y sont directement reliés et il recommande que le ministère de la Justice porte immédiatement des accusations contre Maurice Dupuis, Michel Mantha et Jean-Paul Paré qui ont la même responsabilité que Yvon Duhamel, «l'ayant encouragé et aidé dans son entreprise de destruction».

Le 23 août suivant, Yvon Duhamel reconnaît sa culpabilité à six accusations, notamment celle d'avoir commis un grave méfait à l'égard d'un bien public, mettant par là en danger la vie de personnes. Condamné à des peines concurrentes de dix, sept, cinq et trois ans de réclusion, il sera emprisonné pendant dix ans au maximum.

En prononçant sa sentence, le juge Jacques Ducros fait ressortir un certain nombre d'éléments en faveur de l'accusé qui ne possède aucun antécédent judiciaire. «Il a toujours été, jusqu'au 21 mars 1974, et ce depuis qu'il est âgé de quinze ans et demi, un ouvrier et un travailleur modèle. Il ne s'agit pas d'un personnage qui a toujours vécu en marge de la société. Remis en liberté provisoire, après son arrestation en mars, l'accusé s'est de nouveau comporté en honnête citoyen et a travaillé régulièrement jusqu'à la date fixée pour son procès. L'accusé n'a tiré et ne pouvait tirer aucun bénéfice personnel des crimes qu'il a commis[45].»

Après avoir reçu sa sentence Yvon Duhamel dit au juge: «Je n'ai jamais douté de votre intégrité et de votre bon jugement[46].»

Les trois membres de la commission Cliche «n'ont pas perdu de temps, seulement des illusions[47]». En effet, 364 jours après avoir prêté serment le 3 mai 1974, ils déposent leur rapport sur l'exercice de la liberté syndicale dans l'industrie de la construction, «une industrie malade et jusqu'à un certain point corrompue[48]», écrivent-ils dans leur lettre de présentation à Robert Bourassa.

Deux points majeurs de ce rapport concernent le projet de la Baie James: le saccage de LG 2 et la paix syndicale, une paix qu'on n'a pu signer.

D'abord le saccage: «Les commissaires ne croient pas que tout cela soit arrivé parce que les travailleurs de la Baie James devaient manger des sandwiches le midi, loger à deux par chambre et endurer un mauvais service téléphonique[49] (...) Les conditions de vie, là-bas, ne doivent pas être considérées au nombre des véritables causes du saccage.

«La preuve révèle que ces conditions étaient beaucoup plus rustiques à l'automne 1973, période où la motivation et l'atmosphère étaient pourtant bien meilleures. C'est à partir de l'arrivée au chantier des Maurice Dupuis, William Saint-Onge et surtout Yvon Duhamel, que le ton des rivalités intersyndicales est monté en crescendo jusqu'à l'éclatement du 21 mars.

«En réalité, lorsqu'on analyse attentivement l'enchaînement des épisodes qui ont précédé la fermeture du campement, on se rend compte que les buts recherchés par Duhamel étaient le retour de William Saint-Onge, la mise au pas de Lamothe Construction et l'affirmation de son autorité auprès de la SEBJ. Le refus légitime d'obtempérer à ses exigences a provoqué chez l'agent d'affaires une sorte de folie furieuse.»

Les commissaires ne croient pas à la thèse d'une flambée de violence entraînée par des frustrations successives ni à la théorie du soulèvement spontané. «Les commissaires ont acquis la conviction que les travailleurs ordinaires ne sont pas responsables de ce qui est arrivé. Il ne s'agit aucunement d'une réaction de foule, mais bien d'une opération montée par un noyau de mécréants, dirigés par Duhamel, pour montrer, une fois pour toutes, qui était le maître à la Baie James[50].

«L'impression nette que nous gardons de l'interrogatoire des témoins du saccage est que les travailleurs ont été de simples spectateurs et même des victimes des actes insensés posés par un Duhamel en délire.

(...) «Il suffit, à partir de Yvon Duhamel, de remonter la filière pour voir à qui incombe, ultimement, la responsabilité morale de son crime. Car, enfin, l'agent d'affaires travaillait à la réalisation d'un objectif maintes fois énoncé par les dirigeants de sa centrale: le monopole syndical sur les chantiers.»

La paix syndicale pour dix ans!

On a découvert le pot aux roses au cours des audiences de la commission Cliche: des négociations secrètes en vue d'un contrat de travail d'une durée de dix ans pour la Baie James se sont déroulées de décembre 1972 jusqu'en août 1973 entre la SEBJ et la FTQ, à l'exclusion de la CSN et de la CSD[51].

Or, selon un des trois commissaires, «ces négociations secrètes étaient tout à fait illégales, en vertu des dispostions de la Loi 290 alors en vigueur[52]». Il est également écrit «qu'une seule convention peut être conclue» entre la partie patronale dans son ensemble et tous les syndicats reconnus au Québec. De sorte que toute négociation devenait illégale si l'une des deux centrales accréditées, la CSN ou la FTQ, n'y participait pas[53].

Au moment où on s'apprêtait à réaliser le projet de la Baie James, des hommes comme Roland Giroux et Robert Boyd, à Hydro-Québec, Robert Bourassa et Paul Desrochers, du côté gouvernemental, étaient fascinés par les facteurs de succès de Churchill Falls: le site était idéal, la planification avait été soignée, le taux d'inflation était alors relativement bas et prévisible, les taux d'intérêt étaient stables et, surtout, le travail donnait peu de prise à l'éclatement de conflits et à des retards coûteux[54].

Les relations du travail à Churchill Falls sont en effet régies par un contrat unique qui lie tous les employeurs et tous les syndicats représentés au chantier. Cette «convention de chantier», valable pour toute la durée du projet, exclut toute possibilité de grève ou de lock-out et prévoit des mécanismes d'indexation des salaires[55]. Bref, de quoi faire rêver tous les gouvernements et tous les employeurs.

Alors, pourquoi ne pas faire la même chose à la Baie James? Il y a même un précédent au Québec: à l'Expo de 1967, on s'est entendu pour ne pas faire la grève durant deux ans; en retour, on accordait aux syndicats la sécurité syndicale, c'est-à-dire que pour la première fois, les ouvriers de la construction qui travaillaient dans un gros chantier devaient adhérer à un syndicat[56].

À Churchill Falls, le Premier ministre terre-neuvien avait conclu une entente directement avec les représentants «américains» des principaux syndicats de la construction. C'était du reste une idée de Bechtel. Cette entente avait été négociée à Washington. Ce qui en faisait son originalité, c'est que les salaires étaient calculés sur les dix meilleures moyennes salariales des villes canadiennes et le réajustement se faisait trois fois par année[57].

Les dirigeants d'Hydro-Québec, comme le Premier ministre Robert Bourassa et son entourage, ne voulaient pas revivre l'expérience des relations de travail à Manic-Outardes. Entraînée dans des négociations quasi perpétuelles avec un syndicat ou un autre, Hydro-Québec a dû signer pas moins de trente-trois conventions collectives[58]. À Manic, par exemple, la société d'État avait signé en 1969 une convention qui établissait la semaine de travail à quatre jours et demi ou quarante heures.

Au cours d'une audience de la commission Cliche, au début de novembre 1974, Jacques Durocher, à la fois directeur adjoint du personnel à Hydro-Québec et directeur des relations du travail à la SEBJ, dépose les deux projets d'amendements au Code québécois du travail en vertu desquels les travailleurs de la construction de la Baie James auraient été soumis à une loi spéciale, ainsi que les trois projets de conventions collectives qui ont fait l'objet de quatorze réunions d'un comité d'experts de la SEBJ et de la FTQ. Le dernier projet prévoyait un contrat de plus de trois ans, puisqu'il abolissait les restrictions en ce sens du code du travail. Il enlevait aussi le droit de grève aux travailleurs de la Baie James jusqu'au 31 décembre 1984[59].

En échange, selon André Desjardins, directeur de la FTQ-Construction, le gouvernement provincial était prêt à donner le monopole syndical à la FTQ sur tout le territoire de la Baie James[60].

Me Jacques Durocher et Me Jean Boulanger, directeur du Contentieux à Hydro-Québec, poursuivent, en août 1972, le travail amorcé l'année précédente et explorent les diverses possibilités d'obtenir la paix syndicale. D'autres dirigeants d'Hydro-Québec analysent les possibilités de parvenir à cette entente[61].

C'est encore à la commission Cliche qu'on apprend, par la bouche même du président d'Hydro-Québec, Roland Giroux, qu'une rencontre avec Louis Laberge, président de la FTQ, André Desjardins, directeur de la FTQ-Construction, et Jean Cournoyer, ministre du Travail, a eu lieu le 30 octobre 1973 à l'hôtel Reine-Élisabeth. Roland Giroux avait convoqué les deux leaders syndicaux à la suite d'une suggestion en ce sens faite par le ministre Cournoyer. Le but était de leur demander d'étudier cette possibilité[62].

Deux autres rencontres exploratoires auraient eu lieu entre des représentants du gouvernement et ceux des organismes concernés, une au club Garnison de Québec, l'autre au restaurant Chez son Père à Montréal[63].

Au cours d'un témoignage devant la commission Cliche, Robert Boyd confirme que c'est le Bureau du Premier ministre Bourassa qui a lancé des invitations pour une première rencontre le 28 décembre 1972, et décidé par le fait même d'exclure la CSN et la CSD de ces négociations qui ont duré finalement huit mois[64]. Cette rencontre regroupait Robert Boyd, Louis Laberge, André Desjardins, Paul Desrochers, Jacques Laurion, chef de Cabinet du ministre du

Travail, Jean Cournoyer, Charles Boulva et Martin Lowenthal.

Le ministre Cournoyer: «J'ai frémi...»

Robert Boyd avait aussi envoyé une lettre à Jean Cournoyer lui demandant «d'adopter aux lois existantes des modifications afin d'établir un seul régime pour tous les travaux reliés à l'aménagement hydro-électrique de la Baie James en tenant compte des formules qui excluent les grèves et lock-out[65]».

«À la perspective de dix ans sans grève, j'ai frémi, parce que j'ai de la misère aujourd'hui à faire respecter une convention de deux ans, je ne vois pas comment on peut espérer avoir dix ans sans grève...» confie le ministre Cournoyer devant la commission Cliche[66].

En mai et juin 1973, les relations se détériorent. Les exigences de la FTQ deviennent plus précises, plus difficiles à satisfaire. La centrale affiche de plus en plus clairement son désir de contrôler l'embauche à la Baie James en ayant recours à ses propres bureaux de placement. La centrale a aussi des réserves sur la durée éventuelle du contrat et elle est plus réticente à renoncer à son droit de grève[67].

Les représentants de la FTQ décident de rompre les négociations lors d'une dernière rencontre secrète, le 22 août 1973, au Manoir Richelieu, à La Malbaie. «L'ennui, c'est qu'André Desjardins était peut-être aussi habile que puissant, selon le rapport de la commission Cliche. Après avoir entendu les propositions de Paul Desrochers et de Roland Giroux et accepté, pendant un certain temps, de jouer le jeu d'une négociation dans les comités de travail issus des premières discussions, il cherche le moyen d'obtenir le monopole si convoité sans sacrifier le droit de grève[68].

«Ce sera la Loi 9. Tout en poursuivant du bout des lèvres ses pourparlers avec la SEBJ et Hydro-Québec, il signe une convention collective avec un groupe d'employeurs. Mais elle n'a aucune validité en vertu de cette loi. Afin de la légaliser, il agite devant le ministre du Travail le spectre d'une grève générale — qui aurait été légale, pour changer.

«L'Assemblée nationale adopte la Loi 9 qui permet, en pratique, à André Desjardins, d'imposer à tous les travailleurs de la construction, membres ou non de la FTQ, la convention collective qu'il vient de signer et toutes celles qu'il voudra bien conclure par la suite. Il n'a plus qu'à rompre le simulacre de négociation sur l'autre front: c'est devenu inutile, il a obtenu ce qu'il voulait du gouvernement, sans rien donner», écrivent les membres de la commission Cliche.

Mais la FTQ ne va pas renoncer pour autant à être maître à la Baie James, par le biais de l'embauche. Robert Boyd refuse: «Le conseil patronal, on l'a formé. Le conseil syndical (FTQ) a échoué parce que la FTQ voulait le contrôle de l'embauche, dit-il. J'ai toujours refusé et c'est ce qui nous a conduits au sac de LG 2. Le nœud du problème, c'est l'embauche par les bureaux de placement de la FTQ. J'ai refusé. Si j'avais voulu concéder un vrai monopole, je leur aurais laissé l'embauche[69].»

On avait tout tenté

Quand on leur parle de cette histoire de paix sociale, dix ans plus tard, Robert Bourassa, Paul Desrochers et Roland Giroux insistent pour dire qu'ils ont tout tenté pour éviter les conflits durant dix ans.

«Le gouvernement a essayé d'examiner des formules en commençant par le syndicat le plus important, celui qui avait une représentativité de 73 pour cent, déclare Robert Bourassa. Si cela avait fonctionné avec ce syndicat, il est clair qu'il aurait fallu en discuter avec les autres. C'était tout simplement une question de bon sens pour le gouvernement d'essayer de trouver des formules qui auraient fait économiser des centaines de millions aux contribuables québécois[70].

«Ce qui m'intéressait, c'est qu'il n'y ait pas de grève. Le reste, que ce soit un monopole syndical, ou que ce soit deux ou trois syndicats, peu m'importait. Dans certains cas, le chantier fonctionne mieux lorsqu'il y a pluralisme syndical, dans d'autres, lorsqu'il y a monopole. L'essentiel, pour moi, c'est qu'il y ait entente, comme dans le cas de

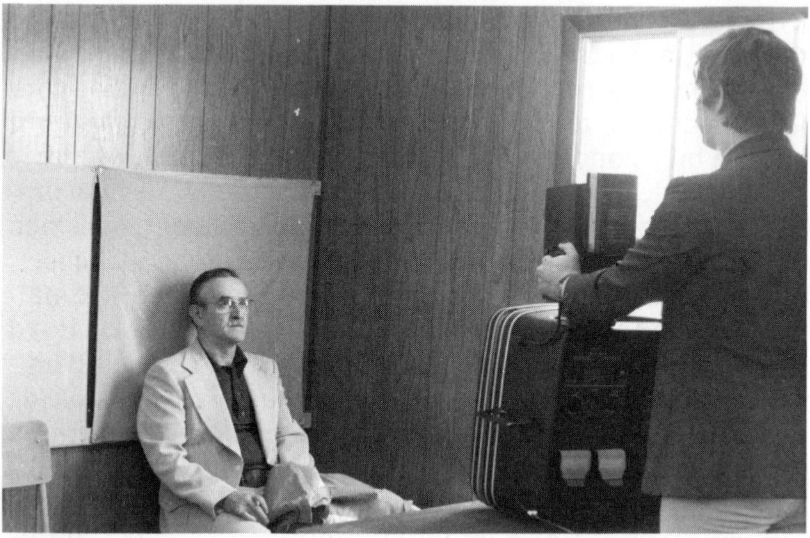

À la suite du saccage, la SEBJ organise un contrôle absolu de l'accès à ses chantiers. Dès l'arrivée à la Baie James, c'est la prise de photo pour l'indispensable carte d'identité.

Aux entrées et aux sorties de ses chantiers, bref, partout, il faut se soumettre à des vérifications. Les «indésirables» sont désormais écartés.

l'Expo, où l'on avait décidé qu'il n'y aurait pas de grève. On a dramatisé cette question-là. En la regardant après coup, on a envie d'en rire. Quoi de plus normal que de vouloir éviter des grèves dans une entreprise aussi coûteuse que celle de la Baie James[71]?

«Bien sûr, il aurait fallu amender la loi! Ce reproche n'était pas sérieux. Si nous avions amendé la loi, il y aurait eu des discussions, il y aurait eu une commission parlementaire, les autres syndicats auraient pu faire valoir leur point de vue. Cette attaque était un pétard mouillé. À l'époque, on a grossi cela d'une façon démesurée. (...) Il ne pouvait y avoir de monopole s'il n'y avait pas amendement à la loi. La loi était là. En toute franchise, je ne vois pas de problèmes là-dedans», conclut Robert Bourassa.

Paul Desrochers, qui n'a pas apprécié d'avoir été traîné «comme un criminel» devant la commission Cliche, confirme avoir mis tout le monde autour de la même table: Hydro-Québec, la SEBJ, la FTQ. Et il ajoute: «La même chose que Churchill Falls aurait pu se faire à la Baie James. Et pourquoi la FTQ seule? Parce qu'elle représentait 75 pour cent des travailleurs de la construction.»

Roland Giroux a les mêmes arguments que Bourassa et Desrochers. «À Manic 5, c'était la CSN qui avait le monopole. Nous avions aussi l'exemple de Churchill Falls. Oui, j'ai rencontré des gens à l'époque... pour faire des approches... Je pense toujours qu'avec un seul syndicat, cela aurait bien marché à la Baie James.»

Il n'y a donc pas eu de paix syndicale; aucun monopole n'a été accordé. Et la construction du Complexe La Grande phase 1 a été marquée en dix ans par cinq conflits majeurs[72].

Un règlement hors cour de 200 000 $

Le dossier du saccage de LG 2 se referme subitement le 13 mars 1979. Une poursuite en dommages de 31 275 152,25 dollars intentée par la SEBJ, le 26 février 1976, contre cinq personnes et cinq syndicats fait l'objet d'un règlement hors cours pour la somme de 200 000 dollars, en plus de 100 000 dollars aux compagnies d'assurance.

Cette poursuite avait d'abord comme objectif de faire déterminer la responsabilité civile des personnes physiques et morales que la SEBJ jugeait responsables des événements du 21 mars 1974 à LG 2, soit Yvon Duhamel, Michel Mantha, Maurice Dupuis, André Desjardins, René Mantha, le Local 791 de l'Union des opérateurs de machinerie lourde du Québec, l'International Union of Operating Engineers (FAT-CIO-CTC), l'Union des opérateurs de machinerie lourde du Québec, le Local 134 de la Fraternité unie des charpentiers et menuisiers d'Amérique et le Conseil provincial des métiers de la construction du Québec (FTQ). Elle visait aussi à recouvrer le montant des dommages évalués à plus de 31 millions de dollars.

«En instituant cette action, la Société d'énergie était consciente du fait que la plupart des défendeurs ne seraient pas en mesure de pouvoir satisfaire à un jugement rendu dans cette cause. (...) Cependant, elle était consciente qu'à titre d'entreprise à caractère para-public, gérant des fonds et des biens du domaine public, elle se devait de tenir les individus et organismes responsables de leurs actes dans le but d'établir un climat de confiance pour les travailleurs et les entrepreneurs présents et futurs sur les chantiers de la Baie James[73],» écrivent quatre cadres supérieurs dans un rapport interne au Conseil d'administration de la SEBJ, peu de temps avant le début de l'enquête judiciaire.

Le rapport conclut: «Il est important pour le maintien de ce climat de confiance qui est devenu apparent depuis la reprise des travaux à la Baie James et l'institution de l'action que les responsabilités des parties soient déterminées par le tribunal et que la Société d'énergie soit reconnue comme un organisme qui ne fléchit pas dans la poursuite d'un but qu'elle reconnaît amplement justifié.»

Des rumeurs circulent...

Depuis le 15 janvier 1979, le juge Claude Bisson siège à la Cour supérieure du district de Montréal pour entendre cette cause. On prévoit qu'elle se poursuivra jusqu'à l'été, soit pendant six mois.

Quelques jours plus tard, des rumeurs circulent au sujet d'un règlement hors cour de la poursuite. La station CKAC annonce, le 24 janvier, que la SEBJ est sur le point de signer une entente (dont le réseau Télémédia a obtenu copie) pour un montant de 125 000 dollars[74].

Questionné à l'Assemblée nationale par le député libéral de Marguerite-Bourgeoys, Fernand Lalonde, le ministre de la Justice, Marc-André Bédard, répond que le «procès se déroulera de façon normale et que rien n'indique présentement qu'il y aurait règlement hors cour[75].»

Mais les rumeurs s'amplifient et alimentent les médias. Le 20 février 1979, Fernand Lalonde revient à la charge et demande à l'Assemblée nationale si l'on envisage un tel règlement et si l'initiative viendrait du bureau du Premier ministre[76].

René Lévesque répond qu'il est personnellement favorable à ce qu'il y ait un règlement négocié et il confirme avoir rencontré récemment les autorités d'Hydro-Québec et de la SEBJ et s'être montré d'accord avec l'abandon de ces poursuites en retour d'un règlement négocié[77]. Mais il se défend bien d'avoir forcé la main à la SEBJ[78].

La Premier ministre donne plusieurs raisons pour justifier l'éventualité d'un tel règlement négocié. Il cite d'abord des extraits du rapport de la Commission Cliche dans lequel il est dit en substance que ces événements ne sont l'oeuvre que de quelques individus «en état de délire» et que l'ensemble des travailleurs du chantier n'y a aucunement participé[79].

Dans cette perspective, il estime qu'il est injuste de faire payer aux centrales syndicales et aux sections locales de la FTQ-Construction des montants importants pour des événements «dont ils ne sont franchement pas responsables»[80].

René Lévesque croit également que les instances locales de la FTQ sont insolvables puisque l'essentiel de leurs fonds sont divertis vers les maisons mères américaines. Or, il lui semble, à ce niveau, que ces maisons mères ne sont nullement responsables de ce qui est arrivé et ne voit pas pour quelle raison elles devraient être obligés de payer ces sommes. Et pour ce qui est des individus en cause, il explique que certains d'entre eux sont déjà derrière les barreaux ou en instance d'y être et que les autres sont à toutes fins utiles incapables de payer ces sommes[81].

Questions et réponses ramènent l'affaire du saccage de LG 2 au premier plan de l'actualité. De plus, Fernand Lalonde, qui était Solliciteur général du Québec sous le gouvernement de Robert Bourassa, n'entend pas lâcher prise. Il confie à *La Presse* qu'il fera valoir le danger de trancher politiquement un délit, sans laisser la justice suivre son cours et sans égard à la responsabilité en cause[82].

La SEBJ accepte une entente

Le 13 mars 1979, la SEBJ annonce, par voie de communiqué de presse, que son Conseil d'administration a accepté une proposition de règlement hors cour de 200 000 dollars déposée par les défendeurs et qu'une déclaration de transaction, signée le jour même, met fin à la poursuite de plus de 31 millions de dollars intentée trois ans auparavant.

Selon le communiqué de presse[83], «ce n'est qu'à la suite d'une analyse minutieuse et exhaustive du dossier que le Conseil d'administration de la SEBJ a décidé d'en venir à cette solution. Cette analyse fait ressortir les points suivants:

1- Trois des syndicats poursuivis, l'Union des opérateurs de machinerie lourde du Québec, le Local 791 (FTQ-Construction) et le Conseil provincial du Québec des Métiers de la construction et Yvon Duhamel ont reconnu leur responsabilité. Quant aux autres individus poursuivis, ils se trouvent ou se sont déjà retrouvés, pour la plupart d'entre eux, devant des juridictions pénales pour les mêmes événements. Enfin, le Local 134 de la Fraternité unie des charpentiers et menuisiers d'Amérique participe au règlement sans toutefois admettre de responsabilité.

2- L'examen de la situation financière de ces individus et des syndicats québécois a fait ressortir qu'ils n'étaient pas en mesure de payer des sommes de l'ordre du montant réclamé dans la poursuite. Le Conseil d'administration a jugé que l'exécution d'un jugement comportait plus d'inconvénients que d'avantages et qu'on ne pouvait d'ailleurs envisager, dans la meilleure hypothèse, qu'une exécution très partielle du jugement.

3- Le syndicat américain impliqué dans la poursuite, l'International Union of Operating Engineers, auquel était affilié un des syndicats québécois, ne reconnaît pas de responsabilité mais participe au règlement et y contribue. De l'opinion des conseillers juridiques de la SEBJ, les procédures requises aux États-Unis pour faire reconnaître un jugement québécois pourraient s'avérer longues et coûteuses en plus de représenter des risques sérieux, d'autant plus qu'on ne retrouve pas dans les faits qui se sont produits en mars 1974 à LG 2, les mêmes éléments que ceux qui ont été retenus par les tribunaux canadiens dans l'affaire de la Gaspé Copper Mines.

4- La valeur d'exemple qui pourrait être invoquée en faveur de l'obtention d'une condamnation, est apparue au Conseil comme très relative, compte tenu des conclusions déjà apportées par l'enquête Cliche.

«Autant la Société d'énergie de la Baie James était bien fondée d'intenter cette poursuite au moment où elle l'a fait, autant il apparaît maintenant qu'elle ne serait pas justifiée d'engager des sommes considérables pour une action judiciaire dans laquelle ses chances de recouvrer une partie des dommages qu'elle a subis sont aussi aléatoires.»

«Faut-il vraiment fermer le dossier?»

Toutefois, cette entente agite l'opinion publique. «Ce règlement paraît cacher les choses au lieu de les régler,» écrit Jean-Claude Leclerc dans l'éditorial du *Devoir* intitulé: «*Faut-il vraiment fermer le dossier*?[84] «Si les syndicats visés ne sont pas coupables, ils n'ont pas à payer 200 000 dollars davantage que 31 millions de dollars,» ajoute-t-il.

De son côté, Vincent Prince écrit dans *La Presse*[85]: «La situation financière de tout ce monde était substantiellement la même au moment où les poursuites ont été intentées. Comment se fait-il qu'on ait raisonné de la sorte après des mois de discussions? (...) La différence est tellement énorme qu'on a de la misère à retenir son étonnement.»

Pour Jean-Jacques Gagné, de *Métro-Matin*, «la SEBJ et le gouvernement viennent de créer un fâcheux précédent. Ce n'est pas encore une invitation aux syndicats à tout briser lorsqu'ils n'obtiennent pas ce qu'ils veulent, mais c'est une marque de bienveillance qui pourrait atténuer la gravité de nouveaux saccages. (...) Nous avons l'impression que ce qui intéressait le gouvernement, dans cette affaire, c'était d'acheter la paix. Les syndicats ne sont d'ailleurs pas les pires ennemis du Parti québécois...[86]»

À l'Assemblée nationale, Fernand Lalonde réclame la tenue d'une commission parlementaire pour faire la lumière sur ce règlement hors cour. Le ministre délégué à l'Énergie, Guy Joron, refuse. «La SEBJ, dit-il, a pris une sage décision qui, non seulement va régler le problème, mais aussi aura probablement des conséquences heureuses dans la qualité des relations du travail[87].»

Le rebondissement

On croyait le dossier du saccage de LG 2 refermé pour un bon bout de temps lorsque, tout à coup, le renard entre dans le poulailler: dans son édition du 17 mars 1983, en grande manchette, le quotidien *La Presse*, sous la signature de Michel Girard, affirme que «le chef du gouvernement du Québec, René Lévesque, a induit l'Assemblée nationale en erreur lorsqu'il a déclaré le 20 février 1979 que le bureau du Premier ministre n'avait aucunement été impliqué dans les négociations du règlement hors cours. (...) C'est dans le bureau du Premier ministre, à Montréal, qu'une bonne partie de ces négociations ont eu lieu, mais tout cela à l'insu des membres du Conseil d'administration de la SEBJ[88].»

Le journaliste Michel Girard ajoute que «deux hommes de confiance de M. Lévesque, son chef de cabinet,

Jean-Roch Boivin, et son conseiller spécial, le notaire Yves Gauthier, ont été impliqués dans cette affaire. (...) Du début de décembre 1978 au 20 février 1979 (jour de la déclaration de M. Lévesque en Chambre), il s'est tenu, au sujet du règlement hors cour, au moins 12 réunions au bureau du Premier ministre où MM. Boivin et Gauthier (surtout le premier) ont rencontré, à tour de rôle, les avocats des principales parties impliquées.»

Le jour même de la publication de cet article sensationnel, René Lévesque nie formellement avoir induit l'Assemblée nationale en erreur et somme *La Presse* de se rétracter. Mais le journal maintient sa version[89]. Le 23 mars, l'Opposition libérale réclame et obtient finalement la tenue d'une commission parlementaire.

C'est la Commission permanente de l'énergie et des ressources qui, dès le 30 mars, amorce ses travaux «en vue d'examiner les circonstances entourant la décision du Conseil d'administration de la Société d'énergie de la Baie James de régler hors cour la poursuite civile intentée à la suite du saccage du chantier de LG 2 survenu en 1974 et, plus spécifiquement, le rôle du Premier ministre et de son bureau à cet égard[90].» Les travaux sont diffusés en direct par Radio-Québec.

Une vingtaine de personnes sont convoquées, dont quelques-uns des principaux artisans du «projet du siècle»: Roland Giroux, Robert Boyd et Claude Laliberté. Tous les membres et ex-membres du Conseil d'administration de la SEBJ au moment du règlement hors cour, en tout 11 personnes, comparaissent à la fin de mars et pendant tout le mois d'avril, devant une Commission parlementaire qui se transforme en jungle partisane. On assiste en effet, selon l'expression de Gilles Lesage, journaliste au *Devoir*, à un simili-tribunal où les interrogatoires sont longs et tortueux, où on va d'allusions en insinuations, où l'on se perd en verbiages et en questions emberlificotées, où les témoins sont complètement à la merci des députés. «Tandis que ces derniers jouissent de l'immunité attachée à leurs fonctions, les témoins leur sont livrés pieds et poings liés, sans quelque protection que ce soit[91].»

Les 11 membres: aucune pression

Globalement, les 11 membres du Conseil d'administration de la SEBJ affirment ne pas avoir subi de pressions ni avoir été influencés par le Premier ministre René Lévesque, même si ce dernier aurait dit, lors de sa rencontre avec les autorités d'Hydro-Québec et de la SEBJ: «Vous réglez, crisse, ou on va régler[92].»

Toutefois, les administrateurs n'étaient pas tous favorables à un tel règlement. En effet, cette entente hors cour découle d'une résolution du Conseil d'administration de la SEBJ adoptée lors de la réunion du 6 mars 1979, à la suite d'une décision partagée: six en faveur, trois contre, une absence et une abstention, celle du président Lucien Saulnier qui, explique-t-il, s'abstient de voter lorsqu'il est en faveur.

Les administrateurs en faveur du règlement hors cour s'appuyaient sur les arguments suivants: l'insolvabilité des syndicats québécois poursuivis, la difficulté de prouver l'existence d'un lien de responsabilité juridique entre le syndicat américain et les auteurs du saccage, et finalement, l'importance de la paix sociale sur les chantiers pour l'avancement des travaux et le respect des échéances[93].

Les administrateurs s'opposant à ce règlement étaient partagés entre les arguments suivants: recouvrer au moins les frais de la poursuite, obtenir plus qu'une reconnaissance, un jugement ferme quant à la responsabilité des syndicats malgré leur insolvabilité. Pour certains d'entre eux, l'argument de la paix sociale ne tenait plus puisqu'elle était déjà revenue sur les chantiers[94]. C'est donc au moment du vote que la balance a penché du côté du règlement hors cour et de l'abandon de la poursuite.

À plusieurs titres (politique, relations du travail, vie syndicale, aspects juridiques), le saccage de LG 2 est devenu l'un des événements importants de la dernière décennie au Québec.

Chapitre 12

Les femmes arrivent

Quand les premières femmes arrivent à LG 2 à la fin de juillet 1974, et surtout durant l'automne, la vie au chantier prend une nouvelle tournure. Elles ne sont qu'une poignée, 40 tout au plus, parmi 1 400 hommes. Quelques brebis égarées dans la taïga nordique où, comme on le sait, abondent les loups...

L'infirmière Hélène Bergevin flaire cette atmosphère particulière dès qu'elle prend place dans l'avion bondé d'hommes. Sur les sièges en face d'elle, deux travailleurs discutent. L'un connaît manifestement le chantier, l'autre pas.

— Y a-t-il des femmes au chantier? demande le nouveau.

— Oui... le beau stock commence à arriver... c'est pas trop pire!

En fait, la plupart sont jeunes et jolies, possèdent un métier et, en règle générale, ont quitté un bon emploi pour aller travailler dans le Moyen Nord québécois. Elles ont le goût de l'aventure. Elles veulent vivre autre chose, voir ce que c'est qu'un grand chantier de construction, participer à l'épopée de la Baie James.

Trois catégories de femmes arrivent donc au pays de la taïga: des infirmières, des secrétaires et des employées de cuisine. Elles sont presque toutes célibataires à l'exception de quelques-unes qui ont trouvé le moyen d'accompagner un conjoint. Mais les couples vont peut-être «en arracher» encore plus qu'elles quand ils seront confrontés aux hommes du chantier et à de stricts règlements.

Les premiers pas à LG 2

Pour ces femmes, les premiers pas à LG 2 sont autant, sinon plus enivrants que ceux des cosmonautes Armstrong, Collins et Aldrin sur la lune en juillet 1969...

La majorité des filles arrivent complètement seules au chantier, sans y avoir de connaissances ni d'amis. C'est le cas de Claudette Alwyn. «J'étais joliment inquiète, raconte Claudette; je devais être la seule femme à bord du 737 de Nordair à destination de LG 2. Ce qui m'a frappée en arrivant à l'aéroport, ce sont ces dizaines et ces dizaines de visages d'hommes, derrière le comptoir, et ces yeux avides qui me scrutaient, moi, la nouvelle femme. C'était intolérable. J'avais l'impression d'être une bête de cirque. J'ai dû me plier à toutes les formalités d'usage à l'arrivée: identification, photo, carte d'identité, etc. Puis, on m'a conduite dans une vieille bâtisse qui logeait le Centre d'accueil, où j'ai reçu une couverture verte et deux oreillers. Ce fut ensuite le dortoir des femmes. J'avais une petite chambre. Il était encore assez tôt dans la journée. J'ai rangé mes effets, puis j'ai attendu, n'osant pas sortir. J'attendais que les autres filles reviennent du travail. J'avais hâte de voir quel était leur genre et quelles attitudes elles auraient.»

Comble d'ironie, le préposé au Centre d'accueil fait une erreur et attribue à Claudette une chambre destinée à une matrone sur le point d'arriver. «Quand les filles sont rentrées du travail, l'accueil a été plutôt froid. Heureusement, cela s'est tassé au bout de deux ou trois jours. Mais pendant ces premières journées, j'étais inquiète. Je me demandais ce que j'étais venue faire ici... si j'avais pris la bonne décision. Tout, autour de moi, me donnait l'impression d'un campement militaire.»

Pour sa part, Hélène Bergevin, le nez collé au hublot de l'avion, est surprise par le paysage, aux abords de l'aéro-

Les premières femmes à fouler le sol de LG 2: Rollande Therrien, infirmière.

Claudette Alwyn, secrétaire, a le goût de l'aventure et la crainte des... matrones!

Francine Cloutier, comptable, quitte le siège social de la SEBJ pour LG 2 à la fin de 1974.

Jacinthe Gionet, étudiante en science de l'éducation, devient secrétaire de bureau à LG 2.

port de LG 2. «J'imaginais ça désertique, dénudé. J'ai été agréablement surprise de voir les épinettes. Elles étaient rachitiques mais elles étaient là!» Elle et son mari Gérald sont attendus à l'aéroport par l'équipe des Loisirs. «Ce fut un bel accueil comparativement à celui que recevaient ceux qui arrivaient seuls par autobus», dit Gérald. Dans l'avion, comme à l'aéroport et au campement, le couple Bergevin sent une certaine tension chez les travailleurs. Tous se souviennent du saccage de LG 2 survenu en mars. Cet événement, encore tout frais, est le sujet de conversation de l'heure.

«En arrivant, j'ai suivi Gérald, raconte Hélène. Il débarquait en pays de connaissance, car plusieurs de ses anciens compagnons de travail de Churchill Falls et de Manic étaient déjà là. Mais moi, je ne connaissais pas âme qui vive. Aline Caron, ma nouvelle compagne de travail, m'attendait à ma chambre. Il faisait un peu sombre. Elle m'a expliqué comment le chantier fonctionnait. Puis, j'ai fait le tour de la clinique où j'allais travailler, accompagnée de Rollande Therrien.»

La meilleure façon de faire face à la musique, c'est d'avoir la chance de Lisette Benoit qui arrive à LG 2 en compagnie d'une amie, Francine Cloutier. À l'aéroport, des gens les attendent, dont un beau-frère.

«Accès interdit aux hommes»

Tout le monde est bien averti. Aucun homme n'a le droit de pénétrer dans les roulottes des femmes. Marié, pas marié, personne n'a le droit de franchir le seuil du portique. La situation est la même pour tous. «Si jamais un homme entre dans ta chambre et qu'on vous surprend, vous serez immédiatement chassés de la Baie James», prévient-on Lisette Benoit.

Les femmes habitent dans des dortoirs spécialement aménagés à leur intention. Un dortoir abrite les infirmières, qui jouissent de chambres individuelles. Un autre accueille les secrétaires des chefs de service de la SEBJ, qui dorment seules. Deux dortoirs, avec des chambres à deux, ont été prévus pour les employées de la cuisine.

Pour surveiller les déplacements autour des roulottes des femmes et assurer l'ordre et la discipline, une surveillante, ou «matrone», est affectée à chaque résidence. Des agents de sécurité en surveillent également les abords.

«On dit matrone, mais le terme est un peu fort, précise Lisette Benoit. Bien sûr, elles étaient engagées pour nous surveiller pratiquement 24 heures par jour. C'était leur travail. Elles passaient toute la journée dans les dortoirs. Si on rentrait tard, elles nous demandaient d'où l'on venait. Chaque matrone occupait une chambre tout près de la porte. La nôtre était Bretonne, elle était gentille mais elle contrôlait nos allées et venues.»

L'épreuve de la cafétéria

Dès leur arrivée, les femmes ont à subir une rude épreuve, un véritable test psychologique: entrer dans la cafétéria devant 1 000 hommes, marcher dans l'allée centrale et aller se servir aux comptoirs de distribution en vitesse. «Les premières fois que tu pénètres dans une telle cafétéria, c'est imposant, note Cécile Latourelle. Tu as l'impression d'entrer en retard à l'église le dimanche...»

«J'ai trouvé ça terrible, humiliant et épouvantable de sentir braqués sur moi, et épiant mes moindres gestes, les regards insistants de centaines d'hommes qui flairaient tout de suite la nouvelle femme», ajoute Claudette Alwyn. «Leurs regards se posaient sur toi dès que tu franchissais la porte d'entrée et t'accompagnaient jusqu'à l'avant, affirme Hélène Bergevin. Tu te sentais jaugée, devinée, déshabillée et tu éprouvais une gêne terrible. Et c'était pire si tu te retournais la tête, car tu voyais je ne sais combien de paires d'yeux avides.»

«La première fois, j'ai passé tout droit sans regarder, raconte Lisette Benoit. Puis, on a décidé de se regrouper à deux ou trois avant d'entrer à la cafétéria. On se suivait et, dernière nous, on entendait siffler. Il y avait aussi des petites remarques pas méchantes, du genre: *venez ici, les filles!* Au début, les femmes s'assoyaient toujours ensemble autour des deux mêmes tables. On se l'est fait reprocher. *On ne peut jamais vous parler,* se plaignaient les hommes. Alors un jour, je me suis attablée avec des travailleurs. Ils étaient contents. Ils cherchaient leurs mots et ne prononçaient pas de grossièretés. Comme les gars n'osaient pas venir s'asseoir avec nous, nous avons donc formé des petits groupes de deux ou trois femmes, afin de commencer à nous mêler à eux. En général, les travailleurs étaient polis, respectueux. Je n'ai jamais connu de problème. Ils s'attendaient peut-être à un autre style de femmes...»

Le travail au féminin

On a toujours travaillé beaucoup à LG 2. Énormément. Loin de s'en tenir à «la petite semaine de 60 heures», les travailleurs, au début des travaux, retournent souvent à leur boulot en soirée. Quant aux cadres, ils ne comptent plus leurs heures tellement il y a à faire. Les femmes, de leur côté, démontrent qu'elles n'ont pas peur du travail et qu'elles ont autant de résistance.

«Quand je suis arrivée en 1974, je faisais le même travail que les gars du Centre de vérification à l'aéroport, se rappelle Claudette Alwyn. J'étais commis-dactylo. Il fallait quelqu'un 24 heures par jour et sept jours par semaine. J'ai travaillé de jour et de nuit, douze heures par jour, sept jours par semaine.»

Puisqu'elle est l'infirmière responsable de la clinique médicale, Rollande Therrien se doit de travailler autant que ses compagnes, soit 72 heures par semaine, sept jours sur sept. «On faisait tout: l'admission des patients, la tenue des dossiers, la vente des médicaments. Je trouvais les journées longues. Dans l'après-midi, si aucun malade ne se présentait, il n'y avait rien à faire... sauf le ménage. La clinique médicale était en effet souvent enveloppée d'un nuage de poussière et de sable à cause du passage des camions. Je me souviens de la première journée. Je me suis présentée, tout de blanc vêtue, comme il se doit; deux heures plus tard, j'étais toute sale...» Les infirmières ne peuvent absolument pas s'absenter de la clinique. Les seules sorties, «c'était pour aller en ambulance avec Fernand Savard chercher un travailleur accidenté».

Rollande Therrien est étonnée lors de son premier été à LG 2 de constater le grand nombre de travailleurs qui viennent se faire soigner parce qu'ils ont des corps étrangers dans les yeux. La poussière est partout. Toutefois, lorsque les hommes ont des problèmes le moindrement sérieux, ils ne veulent pas rencontrer l'infirmière. «Je viens voir le médecin», disent-ils. C'est qu'ils sont un peu gênés. «Ils avaient une mauvaise idée de nous, ils pensaient qu'on allait révéler la nature de leurs maladies. Mais la nuit, c'était autre chose. Quand ils commençaient à jaser, ils pouvaient rester longtemps, raconte Rollande Therrien. Ça leur faisait du bien de quitter un petit peu leur travail. En réalité, ils avaient un grand besoin de discuter.»

Les infirmières quittent souvent la Baie James afin d'escorter des malades. «Toutes les fois qu'il y a une civière, il y a une infirmière.» Elles doivent en effet accompagner les blessés lorsque ceux-ci sont dirigés vers des centres urbains. Les voyages se font généralement en Cessna, en DC-3 ou par vols réguliers.

Loisirs et jalousie

Durant les soirées libres, les femmes ne s'ennuient pas. «Il existait une grande fraternité entre les filles, se rappelle Claudette Alwyn. On se tenait beaucoup. Les filles s'isolaient rarement dans leur chambre. On se tenait plutôt dans le salon pour placoter, pour échanger, souvent juste pour tricoter. On organisait aussi des soupers. Comme on disait dans le temps, c'était «l'fun». Quelques semaines avant Noël, les entrepreneurs nous ont invitées à leurs parties. Comme c'étaient nos deux premiers mois à la Baie James, nous n'avions pas beaucoup de choses. On s'est donc échangé ce qui nous manquait le plus: bijoux, robes, maquillages. On s'est remise à se coiffer. Il y avait des échanges de cadeaux non seulement entre filles mais aussi entre dortoirs. Nous formions une grande famille.»

Ce bel élan de fraternité connaîtra malheureusement des accrocs. Lisette Benoit souligne que les employées du traiteur Crawley McCraken et de la SEBJ ne faisaient pas bon ménage. Les contacts étaient difficiles. «Elles avaient l'impression d'occuper des postes inférieurs aux nôtres et considéraient que nous, les secrétaires, étions snobs. Pour remédier à cet état de choses, on a demandé à la direction de nous accorder un endroit pour se parler un peu de ce qu'on ressentait, de ce qu'on vivait. On se sentait isolées, en minorité. Les gars avaient leur taverne, les cadres, leur club et nous, rien.»

La SEBJ finit par consentir à fournir un local situé à proximité des dortoirs féminins. D'abord baptisé Centre social puis, plus tard, Club Fémina, le bâtiment est divisé en deux grandes pièces, l'une servant principalement aux événements spéciaux et l'autre de salle de repos pourvue d'un téléviseur couleur et de fauteuils confortables. Ce local est ouvert sept jours et sept soirs par semaine. Chaque femme a le droit de s'y faire accompagner par un homme, soit pour participer aux réunions sociales, ou encore simplement pour regarder la télévision ou converser dans la salle de séjour. Un comité a d'ailleurs été formé en vue de voir au bon fonctionnement du centre et d'organiser des occupations et des distractions à l'intention des femmes.

«Au début, étant responsable de l'accès au Club Fémina, je devais tenir la porte à deux mains pour empêcher les gars qui n'étaient pas invités d'entrer, précise Lisette Benoit. Les gars attendaient à la porte dans l'espoir d'être invités. On trouvait ça cruel de voir des gars faire le trottoir... mais le règlement était strict. Leur taverne n'était pas comparable à notre club, car on n'y trouvait évidemment ni femmes, ni musique.»

L'ouverture du club fait malheureusement naître un sentiment qui nuit à l'intégration des femmes à LG 2: la jalousie. «Les hommes étaient jaloux de nous parce que nous avions certains privilèges, comme le Club Fémina, raconte Claudette Alwyn. Ils étaient également jaloux les uns des autres. Au travail, si je parlais un peu plus à l'un, les autres maugréaient. Une fois, ils sont même allés dire à un garçon que je trouvais sympathique de cesser de faire le joli coeur. Il y avait beaucoup de mesquinerie. C'était difficile de se faire un ami. Une bonne partie des filles n'avaient pas de petit ami. Si les gars te voyaient un soir avec un homme, tu devenais automatiquement sa blonde. Les filles faisaient donc attention.»

«Nous avions enfin d'autres privilèges, admet Rollande Therrien. Chacun de nos dortoirs était pourvu d'un téléviseur, d'un réfrigérateur et d'une cuisinière. Le dimanche, nous pouvions déjeuner dans notre dortoir. La cuisine nous envoyait des oeufs et du pain. Les hommes n'avaient rien de tout cela. Cette situation pouvait expliquer en partie leurs frustrations et leur jalousie.»

La vie de couple

En 1974, la vie de couple est impossible au campement de LG 2. Même ceux et celles qui attendent que le village de Radisson soit prêt à les accueillir doivent vivre séparément au campement. L'épouse loge dans le dortoir des femmes et le mari, avec les autres hommes.

À bien des égards, il est encore plus difficile pour un couple de vivre à LG 2 que pour la majorité des femmes, les couples suscitant envie et curiosité. On les surveille. On épie leurs gestes. On tend l'oreille à la moindre de leurs paroles. On leur lance des pointes. L'homme et la femme ne peuvent guère se voir ni communiquer, encore moins conjuguer le verbe aimer. Pourtant, ils sont bel et bien mariés.

«Notre seule intimité, c'était de nous promener dans les rues du campement, le soir, raconte avec une certaine amertume Gérald Bergevin. C'était insoutenable. On se rencontrait au déjeuner et au souper à la cafétéria, devant tout le monde. Pendant les heures de travail, on se disait

Pour entrer au Club Fémina de LG 2, les hommes doivent y être invités par les femmes. «Je devais tenir la porte à deux mains pour empêcher les gars d'entrer...» raconte Lisette Benoit.

Comme les hommes, les femmes logent deux par chambre dans des quartiers interdits aux mâles, sous peine de renvoi immédiat.

bonjour au téléphone, mais on ne pouvait rien dire de plus. À la cafétéria, rares ont été les fois où nous avons pu être seuls à table.»

«Je me souviens d'une fois, ajoute Hélène. On se parlait, Gérald et moi. J'étais de mauvaise humeur. Je lui ai donné un petit coup de pied sous la table. Un éclat de rire a fusé des tables derrière moi.

— Qui est-ce qui mène chez vous, Bergevin? ont lancé les gars.

«Je suis devenue bleue, ajoute Hélène. Je voulais leur lancer mon cabaret à la tête!»

Pour pouvoir se rencontrer et avoir des rapports intimes, certains couples doivent courir des risques et faire preuve de débrouillardise. «Un concessionnaire m'avait prêté son véhicule, dit Gérald Bergevin. On pouvait se déplacer tant bien que mal, aller sur la route, trouver des bancs d'emprunt déserts. Un jour, un ami nous a dit qu'il y avait une roulotte désaffectée au lac Denise, à 40 kilomètres de LG 2. Comme j'avais congé le samedi, le dimanche et le lundi, tout s'annonçait bien: une vraie fin de semaine de rêve. Le lundi matin, à sept heures, nous faisions l'amour quand, tout à coup, nous avons entendu des coups dans le bas des murs. Bing! Bang!

— Va voir ce qui se passe, Gérald.

Il regarde. Des ouvriers enlèvent le tablier extérieur de la roulotte.

— Qu'est-ce que vous faites-là? leur lance Gérald.

— On change la roulotte de place ce matin...»

«Quand nous sommes sortis, les gars nous ont regardés passer d'une bien drôle de façon, raconte Hélène. J'en rougis encore.»

Expulsés pour avoir dormi ensemble!

Ce qui devait arriver arriva. Au mois de novembre 1975, un homme et une femme vivant ensemble depuis cinq ans, sont congédiés et expulsés de LG 2 parce qu'ils ont été surpris dormant dans un même lit.

André Vincent, 32 ans, et Danielle Béchard, 27 ans, ont été pris sur le fait par des policiers de LG 2. Vincent était dans la roulotte de sa compagne. Ils sont rapidement convoqués au bureau de leur employeur, Crawley McCraken, où on les avise qu'ils sont renvoyés. Ce qui signifie l'expulsion du territoire de la Baie James.

«Tout ce qu'on veut, explique André Vincent aux journalistes accourus à l'aéroport de Dorval, c'est qu'on mette des roulottes à la disposition de ceux qui peuvent se rencontrer seulement quelques soirs par semaine au Club Fémina et se prendre timidement les mains.» Il précise qu'une centaine de couples sont dans la même situation.

L'affaire fera couler beaucoup d'encre puisqu'elle ira devant les tribunaux, et qu'elle fera l'objet de discussions à l'Assemblée nationale. Le ministre des Ressources naturelles, Jean Cournoyer, déclare qu'on envisage de faire construire un motel près de LG 2 ou de mettre des chalets à la disposition des couples pendant les fins de semaine en évitant, bien sûr, que ces endroits deviennent de «véritables bordels.»

Au long des années, le nombre de femmes dans les divers chantiers de la Baie James va augmenter sensiblement, mais sans jamais rejoindre celui des hommes. Elles sont une quarantaine en 1974, «contre» 4 919 hommes; en 1975, on compte 463 femmes et 8 389 hommes; en 1976, 463 femmes et 8 007 hommes; en 1977, 632 femmes et 14 480 hommes; en 1978, 827 femmes et 17 896 hommes; en 1979, 728 femmes et 14 285 hommes. Cela fait évidemment bien des hommes pour chaque femme, surtout durant les trois dernières années qui constituent la période de pointe des travaux au Complexe La Grande — Phase I[1].

Radisson surgit!

Il y a eu le miracle de LG 2. Il y aura aussi le miracle de Radisson. C'est, bien sûr, le nom du célèbre explorateur français, l'un des promoteurs de la «Hudson's Bay Company», une maison spécialisée dans le commerce des fourrures des régions nordiques du Québec, fondée autour de 1670. Mais c'est aussi le nom du premier village à surgir à la Baie James en 1974, trois siècles après les voyages du valeureux explorateur français.

«Si quelqu'un m'avait dit qu'un jour Radisson deviendrait un centre aussi bien organisé, je ne l'aurais sûrement pas cru. On se sent vraiment en ville ici, quand on a connu les difficultés du début[2],» déclare à l'automne de 1976 Georges Barbe, alors responsable des bâtiments et des travaux publics de cette localité.

L'idée de créer un grand village en pleine taïga, à 1 500 kilomètres au nord de Montréal, remonte à 1973. En effet, au moment où commencent les travaux de construction du premier campement permanent destiné aux travailleurs du chantier de LG 2, il faut également héberger les familles de plusieurs dizaines de cadres de la SEBJ, de la SDBJ, des entreprises participantes et des entrepreneurs à l'œuvre au premier chantier de la Baie James.

Comme ces habitations permanentes ne pourront répondre entièrement aux besoins durant le période de pointe des années 1977 à 1979, le village de Radisson comprendra un quartier temporaire et un quartier permanent. Le premier s'appellera Jolliet et l'autre, des Groseilliers, toujours pour honorer la mémoire des premiers explorateurs français. «Ce jumelage a pour avantage, entre autres, de ne pas dédoubler divers services, comme l'école, le magasin, le centre communautaire, l'usine de traitement des eaux usées, l'usine de filtration d'eau, etc.[3],» précise Jean-Pierre Léonard.

«La construction de Radisson comportait des difficultés particulières à cause de son éloignement et des conditions climatiques exceptionnelles de la taïga, où les températures hivernales atteignent les –50°C. Pour respecter l'échéancier des travaux hydro-électriques, la SDBJ avait l'obligation d'installer, dès 1974, 250 maisons mobiles dans le quartier temporaire, alors que 390 maisons préfabriquées devaient être progressivement offertes durant les années

1975, 1976 et 1977 dans le quartier permanent». En période de pointe à LG 2, Radisson pourra accueillir plus de 620 familles et compter sur une population totale de près de 2 000 habitants!

«En plus d'offrir de nombreux avantages, le site choisi, situé sur un plateau au sud de La Grande Rivière, était celui qui répondait le mieux aux différents critères de sélection, explique Jean-Pierre Léonard. Se trouvant à moins de cinq kilomètres du campement et à proximité d'une région dotée d'un potentiel récréatif naturel, il offrait un environnement agréable et un paysage exceptionnel; les moustiques y étaient relativement peu nombreux durant la saison estivale.

«Les principaux objectifs des planificateurs ont d'abord été de respecter les contraintes strictes de l'échéancier et des budgets. Il fallait aussi respecter l'environnement en conservant le plus d'arbres possibles, puisque le quartier temporaire devait se libérer graduellement au cours de 1979 et disparaître complètement dès 1980. Il a donc fallu élaborer un plan aisément adaptable aux conditions particulières des divers emplacements et permettant d'éviter la monotonie des rangs d'oignons.»

Ainsi, le quartier temporaire de Radisson est conçu d'une façon circulaire, ce qui permet un agencement visuellement intéressant et varié des groupes d'habitations.

L'aménagement de cet emplacement nécessite plusieurs mois de préparatifs. Il faut d'abord construire une route permanente pour relier ce site à la route principale menant au chantier de LG 2 et à l'embranchement Matagami-Fort-George.

Les infrastructures comprennent une ligne de transport d'électricité, de même qu'un réseau de distribution de l'électricité à chaque bâtiment prévu. Il faut aussi construire un réseau complet d'aqueduc et d'égout, dont les canalisations doivent s'étendre sur plusieurs kilomètres puisque le village temporaire sera alimenté par les installations du campement de LG 2.

Nancy Desroches, l'une des premières femmes à se rendre à LG 2, travaille presque jour et nuit.

«Je n'aurais jamais pensé que Radisson deviendrait un centre si bien organisé», affirme Georges Barbe en 1976. (Photo: Alain Rinfret, Hydro-Québec).

Le premier mariage à être célébré dans tout le territoire de la Baie James a lieu le 24 mai 1975. Il unit les destinées de Yanick Annie Evrard et Serge Jaworski, employés de la firme Crawley McCraken.

Des tuyaux trop sensibles!

Mais à Radisson, comme au campement de LG 2, il faudra chauffer les tuyaux qui sont tous trop sensibles. Pour répondre à tous les besoins en dépit d'un froid sibérien, il faut donc faire appel à un système sortant un peu de l'ordinaire afin de s'assurer que l'eau demeure... de l'eau jusqu'au robinet, et ce, même en plein mois de février.

Il faut écarter la méthode traditionnelle d'enfouissement des conduites sous la terre en raison de la présence du pergélisol (sol gelé en permanence) car on devrait creuser à de grandes profondeurs pour assurer la protection des tuyaux contre le gel; procédé à la fois coûteux et peu pratique pour l'entretien du système.

Le réseau sera donc installé en surface. C'est la seule solution qui soit pratique pour assurer une alimentation efficace à un coût raisonnable. La méthode utilisée consiste à entourer les tuyaux d'aqueduc, d'égouts et, dans certains cas, de mazout, de câbles chauffants. Ces câbles, du même type que ceux qui sont utilisés notamment pour les gouttières chauffantes, sont recouverts d'un enduit de plomb comprenant une pellicule de mica ainsi qu'un élément chauffant.

Une fois les câbles enroulés autour des conduites, on place ces dernières dans des caniveaux — qu'on appelle, à la Baie James, utilidors — espèces de caisses de bois de forme rectangulaire, afin de les protéger contre les intempéries. Avant de fermer complètement les utilidors, on prend soin d'y insuffler un isolant thermique; la température pourra ainsi se maintenir en haut du point de congélation tout au long de la saison froide. Toutefois, cet ingénieux système ne sera pas retenu pour le quartier permanent de Radisson, où les conduites seront enfouies.

Au campement de LG 2 comme à Radisson, ces utilidors deviendront vite de petits trottoirs fort pratiques. «C'était notre métro hors terre», raconte Nicole Hamel, l'épouse du chef de chantier.

Le village de Radisson comprendra des maisons préfabriquées, des maisons mobiles, ainsi qu'une école et une épicerie. Toutes les pièces de ces bâtiments seront transportées par la route. Les planificateurs avaient prévu que les premières familles pourraient y être logées dès le mois de juin 1974, mais à cause de divers retards, elles doivent attendre jusqu'à la toute fin de l'automne de la même année.

Les cadres habitent donc avec les travailleurs au campement, pendant que leurs femmes et leurs enfants attendent ici et là au Québec. Plusieurs familles dont le père est à LG 2, vivent en transition à Montréal. La femme de Laurent Hamel, le chef du chantier, n'y échappe pas: elle doit attendre presque deux ans à Châteauguay avant de pouvoir rejoindre son mari à la Baie James.

Être «cadre et marié»

Seuls les cadres mariés peuvent habiter le village, et donc vivre au chantier avec leur famille. D'après la philosophie de gestion de la SEBJ, les villages doivent faciliter le recrutement de cadres suffisamment expérimentés et compétents pour assumer les lourdes responsabilités inhérentes à la conduite des travaux.

La distinction entre le campement et le village s'explique aussi, selon la SEBJ, par un facteur d'ordre économique. Le personnel cadre travaille au chantier douze mois par année et y séjourne, en moyenne, un minimum d'environ trois ans. Par contre, le travail des ouvriers est saisonnier, ne s'échelonnant que sur six à neuf mois par années De plus, selon l'avancement des travaux, les travailleurs du chantier n'appartiennent pas toujours aux mêmes métiers.

Enfin, les entrepreneurs changent également en fonction des lots de travail et, avec eux, une bonne partie de la main-d'œuvre. Ces facteurs engendrent forcément un taux de roulement élevé. «Dans ces conditions, si chaque travailleur devait monter à la Baie James avec sa famille, les coûts seraient tels que le projet d'aménagement ne pourrait plus être rentable», expliquent de nos jours, aux visiteurs, des guides des Relations publiques de la SEBJ.

Certes, les cadres mariés ayant le privilège d'habiter une maison ou une roulotte à Radisson doivent payer un loyer mensuel. Celui-ci variant de 60 à 110 dollars par mois, selon le nombre de chambres à coucher, constitue toutefois une aubaine, si on considère le coût réel des installations mises à leur disposition. Les services tels que le chauffage, l'électricité et l'aqueduc sont fournis gratuitement, mais l'alimentation est à la charge des familles. La SEBJ n'hésite donc pas à offrir de bonnes conditions de vie pour attirer le plus longtemps possible les cadres qu'elle désire.

Un village futuriste?

Au moment où la Société de développement de la Baie James est chargée de doter le territoire d'infrastructures routières, aériennes, urbaines et de télécommunications, dans des délais et des échéanciers serrés qu'il faut respecter, des concepteurs de la Société générale des systèmes urbains (SGSU) de Montréal proposent un modèle futuriste de ville nordique. Selon eux, Radisson pourrait ressembler au LEM (module lunaire) déposé sur la lune par les cosmonautes américains ou, encore mieux, aux cités fortifiées et entourées du moyen-âge.

Deux directeurs de cet organisme, Michel Lincourt et Harry Parnass, constatent dans une entrevue accordée au *Devoir*, que les habitants de Radisson, transplantés dans un environnement étranger, seront aux prises avec un sérieux problème d'isolement. «Il faut donc leur offrir une zone intermédiaire de protection, la ville-fœtus, entre la grande nature et le foyer des opérateurs des centrales électriques de la Baie James. Il faut également penser aux deux autres composantes de ces familles, les femmes et les enfants[4]».

Comme la cité du moyen-âge, la nouvelle ville nordique est conçue pour offrir une protection physique grâce à sa «compacité»: l'équivalent de la piste de course Blue Bonnets ou du centre commercial Les Galeries d'Anjou; et grâce à un système intégré de circulation piétonnière en climat protégé. De sorte qu'il serait possible de se rendre au point le plus éloigné du village en moins de dix minutes, à pied bien entendu puisque les automobiles seraient interdites dans le village même.

Le village proposé par les concepteurs comprendrait trois étages: au sous-sol, un tunnel permettant les déplacements humains et abritant les infrastructures (égouts, téléphone, électricité); au rez-de-chaussée, un deuxième tunnel pour la circulation automobile; au premier étage, le village proprement dit avec son tronçon central de services communautaires.

En somme, selon le journaliste Gérald Leblanc, du *Devoir*, une ville axée sur l'homme, sa famille et ses besoins plutôt que sur les bungalows autour desquels on greffe les services nécessaires.

C'est évidemment un beau projet probablement trop futuriste et ne répondant pas aux besoins immédiats des premiers constructeurs de la Baie James. L'idée ne peut être retenue. Le temps presse. Il faut construire un village plus réaliste, un village qui ressemblera à ceux qui ont déjà été aménagés dans les grands chantiers de construction au Québec.

Les premières familles

Marcel Audet, l'un des grands responsables de la construction du campement de LG 2 et du premier village à la Baie James, est le premier à faire venir sa famille à Radisson. Sa femme et sa fille de 15 ans y arrivent, en effet, le 25 novembre 1974. Puis, d'autres familles imitent le geste des Audet: en quelques jours, les familles de Roch Desjardins, Jules Girardot, Fernand Morin et Romuald Bourgeon quittent le douillet «sud» du Québec pour venir vivre l'expérience de la Baie James. Ce sont les cinq premières familles de Radisson. «Au fur et à mesure qu'on pouvait livrer une roulotte, un cadre faisait venir sa famille», raconte Marcel Audet. À Noël, déjà 25 familles y demeurent.

Après le miracle du campement de LG 2, c'est le miracle de Radisson, un village destiné aux cadres qui surgit en plein Moyen Nord québécois.

Décembre 1974 à l'aéroport de Dorval: l'une des premières et des plus grosses familles à partir de Radisson, celle de Pierre Tremblay, chef électricien. (Photo: J.Y. Létourneau, La Presse)

L'aménagement du village n'est pas terminé, loin de là, mais déjà plusieurs dizaines de roulottes ont pris place, regroupées en îlots circulaires. Le visage du quartier Jolliet commence à se dessiner. Bientôt, on y comptera 130 roulottes et autant de familles.

Devant l'immensité du territoire, la rudesse du climat et l'absence de végétation, les premiers habitants découvrent très vite combien il est ici agréable et nécessaire de faire connaissance avec son voisin, contrairement aux grands centres urbains. Et puis, comme le répète Marcel Audet, «le début des travaux dans un chantier, c'est ce qu'il y a de plus agréable. Les gens communiquent. Les cliques n'existent pas encore. Tout le monde participe aux manifestations sociales. Il faut avoir passé par là pour le comprendre.»

«Les gens ont eu droit à des services rapidement, raconte Georges Barbe. Une épicerie temporaire a ouvert ses portes en décembre 1974. Quelques mois plus tard, c'était au tour de l'école. Bien sûr, on ne disposait pas de tous les services offerts dans une grande ville mais, déjà, le nouveau village de Radisson était probablement, de tous les villages éloignés du Québec, celui qui offrait le plus à ses habitants.»

Si le village fait le bonheur des cadres, il est généralement mal perçu par les travailleurs qui, à quelques kilomètres seulement, habitent deux par chambre dans le campement de LG 2. «Ce qui était bien agréable au début des travaux, avant la construction de Radisson, c'était que tout le monde, les cadres comme la main-d'œuvre, était considéré sur le même plan, explique le docteur Guy Langevin, premier médecin de la Baie James. Il n'était pas possible de connaître le statut de quelqu'un en le regardant. Tout le monde était habillé de la même façon.. vestes de laine, chapeaux et bottes. Il y avait une communication fantastique chez tous les travailleurs. Ils considéraient le médecin comme un voisin, un des leurs: un gars qui pouvait s'asseoir avec n'importe qui à la taverne. La ségrégation a débuté avec la construction de Radisson; quand on a commencé à donner des roulottes aux cadres. C'était moins agréable. Là, les travailleurs se sont rendu compte que certaines personnes avaient droit à certains privilèges. À cinq kilomètres de Radisson, pendant que les cadres logeaient dans des roulottes unifamiliales, faisaient leur marché dans une épicerie, envoyaient leurs enfants à l'école, la masse des travailleurs restait encore deux par chambre et ne pouvait jouir des commodités urbaines. Ça, c'était vraiment moins agréable.»

Les trousses de dépannage

Une surprise de taille attend les premières familles qui mettent les pieds dans leur nouveau foyer. On n'y trouve ni vaisselle, ni draps, ni ustensiles. Et la petite épicerie ne vend pas ces articles. Il faut se débrouiller. Mais comment et avec quoi? Les déménagements se font par la route et les effets et objets domestiques peuvent mettre jusqu'à trois semaines pour atteindre Radisson, après l'arrivée des familles.

C'est encore une fois l'expérience et la débrouillardise qui vont venir à la rescousse de ces familles. Nicole Hamel et Fernande Leduc habitent à Châteauguay en attendant de pouvoir se rendre à la Baie James. Toutes deux ont vécu dans d'autres chantiers. Ensemble, elles mettent sur pied un comité destiné à accueillir les nouvelles familles à Radisson.

«Pour nous, ce n'était pas grave d'arriver à la Baie James, explique Nicole Hamel. Mais les petites femmes qui en étaient à leur première expérience se sentaient bien désemparées, surtout dans un nouveau chantier où on ne trouvait rien. Tout était tellement difficile à trouver au début que c'est difficile d'en parler! Nous avons donc formé un comité dont la première tâche était d'aller accueillir les nouvelles familles à l'aéroport et de les conduire à leur maison. Nous leur remettions alors une trousse de dépannage contenant draps, couvertures, vaisselle, ustensiles et même un petit panier de provisions. Tout cela était offert par la SEBJ.

«Les entrepreneurs et la SEBJ nous prévenaient de l'arrivée des nouvelles familles. Nous pouvions ainsi préparer la trousse pour deux, quatre ou six personnes. Dans d'autres chantiers au Québec, il était possible d'apporter immédiatement avec soi des appareils électro-ménagers comme la bouilloire ou le grille-pain, mais pas à la Baie James où le transport des résidents ne se faisait que par avion. Nous remettions aussi aux nouveaux arrivants une feuille de bienvenue indiquant les heures d'ouverture de l'épicerie, de l'infirmerie, de l'école, de la banque, de l'église; nous invitions l'épouse à venir prendre le café chez nous.

«Le Comité d'accueil organisait aussi des réunions pour femmes non frileuses (!) dans un petit local à peine chauffé situé dans l'école en construction et qui servait de cantine aux travailleurs, raconte Nicole Hamel.

«Nous pouvions aller prendre le café à l'épicerie. Pendant les six premiers mois de 1975, un petit coin de l'épicerie est devenu notre lieu de rendez-vous préféré. Le gérant, Régent Fortier, y avait placé des chaises et une grosse cafetière. Avec la petite infirmerie de Fernand «Tintin» Savard, c'était le seul endroit public... La femme qui arrivait à Radisson et qui ne connaissait personne n'avait aucun moyen de rencontrer d'autres femmes. Si le mari, souvent débordé par le travail, ne prenait pas l'initiative d'inviter un autre couple à la maison, la femme pouvait rester seule dans son coin. C'est ainsi que l'épicerie est devenue un lieu d'accueil et d'échange.»

Un Charlemagne déçu

Si le bon roi Charlemagne était arrivé à Radisson au cours de l'automne de 1974, il aurait probablement été déçu, car l'école n'était pas encore en mesure d'accueillir les premiers des 320 élèves prévus. «Je suis arrivé ici en septembre devant une école en pièces détachées[5]», lance Marcel Dumont, professeur de français originaire de Laprairie et premier principal en poste à LG 2.

Il faut quelques mois pour assembler les modules préfabriqués de l'établissement scolaire, et encore quelques autres mois pour en terminer l'aménagement intérieur. Les parents commencent à grincer des dents. Les professeurs ne sont pas tous arrivés. En novembre, Marcel Dumont arbore plus souvent un casque de sécurité qu'une serviette de principal d'école.

À la fin de février 1975, tous les parents sont convoqués à une réunion. «Nous pensions que c'était pour nous mettre au courant de ce qui arrivait à l'école, raconte Nicole Hamel. Mais non. Les professeurs, qui n'avaient pas encore l'expérience des chantiers, voulaient faire la grève!»

— Si vous ne vous rendez pas à nos exigences d'ici lundi matin, disent-ils, ce sera la grève.

La surprise est grande chez les participants. La déception se lit sur la plupart des visages des parents. Imperturbable, le chef du chantier, Laurent Hamel, informe la direction de l'école comme suit:

— S'il y a grève, tous les professeurs et leur famille prendront l'oiseau bleu immédiatement et d'autres professeurs seront embauchés.

Le lundi matin, tous les professeurs sont à leur poste. Il n'y aura pas de grève. «C'est de cette réunion que vient l'expression *prendre l'oiseau bleu*», précise aujourd'hui la femme de Laurent Hamel!

Malgré toutes ces difficultés, l'année scolaire 1975 ne sera pas perdue. Étant donné le petit nombre d'élèves et la compétence des professeurs, la qualité des cours est très élevée et, en 1976, tout est bien en place. En septembre, on compte un total de 477 élèves répartis dans 33 classes dont 19 au niveau élémentaire[6].

En plus d'une bibliothèque, de six laboratoires et d'un gymnase, l'école Jacques-Rousseau est dotée d'une cinquantaine de locaux. Parmi les 54 professeurs engagés par la Commission scolaire du Nouveau-Québec, on retrouve des spécialistes en arts plastiques, en musique, en éducation physique et dans chacune des matières du niveau secondaire. Une orthopédagogue est aussi à la disposition des élèves. Bientôt, des services de psychologie et de gestion viendront s'ajouter à l'organisation scolaire de Radisson.

L'enseignement se donne en anglais et en français. Au début de septembre 1976, on dénombre dans les classes anglaises 13 p. 100 des étudiants inscrits au niveau élémentaire et 19 p. 100 au niveau secondaire. Des cours sont également donnés aux adultes désirant compléter leur formation.

Contrairement à ce qu'on pourrait croire, le recrutement du personnel ne pose guère de problèmes. En 1975, par exemple, il a fallu combler 40 postes de titulaire. Environ 600 candidats ont répondu à l'invitation lancée dans les différents journaux de la province[7].

Les femmes s'organisent

Pendant que leurs maris sont rivés à leurs travaux — les cadres travaillent souvent beaucoup plus que dix heures par jour — les femmes s'organisent pour mener une vie agréable, intéressante et enrichissante. Elles prennent les moyens pour ne pas tomber dans le piège de l'ennui.

En 1974, la majorité des femmes de Radisson, soit 90 p. 100, ne travaillent pas, et ce pour deux raisons. La première, c'est qu'il n'y a tout simplement aucun travail pour elles à LG 2; les secrétaires, les infirmières et le personnel féminin travaillant à la cafétéria sont déjà sur place depuis l'automne de 1973. La deuxième, c'est qu'elles ne pourraient pas consacrer 60 heures à un travail extérieur en plus de s'occuper des enfants, de la maison et bien sûr du mari, quand il est là!

Ces dames ont donc plusieurs moments libres, qu'elles occupent à l'artisanat, au tricot, à la peinture, à la lecture, à la natation et, dans une large mesure, au ski, sans oublier l'art de la conversation qu'elles pratiquent chaque après-midi au Salon du thé!

Dès l'arrivée des premiers habitants de Radisson, différentes manifestations obtiennent beaucoup de succès tels la fête des nouveaux arrivés, les buffets froids, les dégustations de vins et de fromage (imaginez la débrouillardise et l'organisation que cela demande, quand il faut tout faire venir de Montréal!), les danses et même les défilés de mode. C'est l'époque de la collaboration, du bénévolat.

L'organisation du premier défilé de mode à la Baie James va demeurer célèbre dans les annales de Radisson. Peu de temps avant Pâques, en 1975, le Comité d'accueil cherche à organiser une activité spéciale; quelque chose de nouveau à la Baie James. Coup de fil à Denise Fontaine:

— Connais-tu quelqu'un qui pourrait nous fournir des vêtements féminins en grande quantité?

— Pourquoi faire?

— Nous voulons organiser un défilé de mode!

— Ah... oui. L'idée est bonne. J'ai une amie qui a une boutique sur le boulevard Henri-Bourassa à Montréal.

— Demande-lui de venir avec ses vêtements à la Baie James!

— Ben... je vais essayer, je vais faire mon possible.

Et c'est ainsi que l'aventure commence. Denise Fontaine est subitement plongée jusqu'au cou dans l'organisation d'un événement qui demande beaucoup de travail et de démarches. En particulier à la Baie James.

Son amie de Montréal, Lorraine Alary, accepte. Douze mannequins sont recrutés parmi les femmes et les filles du village et de LG 2. Certaines posent une condition: ne pas se promener en maillot de bain devant les gars de LG 2.!

La compagnie Nordair offre deux billets Montréal-LG 2 à Lorraine Alary et à son assistante. Le voyage doit avoir lieu un vendredi. Toutes deux se présentent à l'heure convenue à Dorval, montent dans l'appareil, qui décolle en direction de la Baie James. Mais à Val-d'Or, le pilote annonce qu'il faut rebrousser chemin à cause d'une violente tempête; retour à Dorval, location d'une chambre à l'hôtel Hilton.

Le lendemain, nouvelle tentative de départ. Au comptoir de Nordair, un préposé leur apprend qu'elles sont sur une liste d'attente. Or, comme l'avion de la veille n'a pu se rendre à destination, le vol de samedi est complet. «Aucune place, mesdames. Nous sommes désolés.» Cette fois, c'est le retour à la maison.

Au quartier général de l'organisation à Radisson, l'activité est fébrile et la tension presque à son comble. Tout est prêt, mais toujours pas de vêtements, et le défilé est prévu pour lundi soir à 19h. Denise Fontaine tente de faire des pressions sur Nordair. Finalement, les deux Montréalaises arrivent à LG 2 à 11h30 le dimanche. La tempête a laissé ses traces: il y a de la neige comme au mois de janvier.

À compter de maintenant, plus une minute à perdre. Tout le monde se rend chez les Fontaine où les 12 mannequins font les essais habituels, pendant que les membres du Comité d'accueil préparent les parures et la lingerie, travail qui se poursuit en soirée et le lendemain, lundi.

Vers 13h30 lundi, nouvel obstacle. L'organiste qui avait été retenu pour la soirée entre à l'hôpital, à la suite d'une blessure à une jambe. Il s'agit du mari de Denise. Qui trouver pour le remplacer? Il reste une possibilité: faire appel à celui qui joue de l'orgue à la messe du dimanche. C'est ainsi que Marcel Bibeau remplace Jean-Paul Fontaine au pied levé. Ouf!

En fin d'après-midi, les mannequins, les organisatrices ainsi que les vêtements sont transportés par autobus scolaire au cinéma de LG 2 où, dès 19h, il n'y a plus aucune place de libre.

«Le défilé de mode a eu lieu et ce fut une grande réussite, comme si de rien n'était...» se rappellent Denise Fontaine et Nicole Hamel qui ont dû mettre plusieurs jours à se relever de leur fatigue.

Cinq villages familiaux

Radisson est le premier mais pas l'unique village du Complexe La Grande-Phase 1. Quatre autres villages, presque aussi importants, sugissent d'un bout à l'autre du territoire en moins de quatre années: Les Mélèzes à Eastmain; Sakami à LG 3, Keyano à LG 4 et Caniapiscau.

Comme Radisson, ces villages comportent une école (sauf Les Mélèzes), un magasin d'alimentation et diverses installations récréatives et communautaires. Leur aménagement présente moins de difficultés qu'à Radisson. Cela s'explique par le fait que les constructeurs ont plus d'expérience et, surtout, qu'ils disposent de plus de temps et des matériaux nécessaires pour les ériger de façon plus convenable.

Trois des cinq villages ont des noms d'origine indienne. Sakami est un mot déformé d'origine crie; il signifie: *lac proche d'une embouchure de rivière.* Ce village est en effet construit près du lac des Merisiers dans la région de LG 3.

Keyano, le village de LG 4, signifie en langage cri: *chez nous*. Il est aménagé devant le lac Thomas et seuls les femmes et les enfants peuvent y taquiner la truite!

Enfin, Caniapiscau vient du langage naskapi et veut dire: *là où il y a une pointe rocheuse*. Érigé au sommet d'une montagne, ce village procure à ses habitants des paysages d'une grande beauté.

La vie qu'on mène dans ces nouveaux villages est semblable à celle des familles de Radisson: mêmes loisirs, mêmes difficultés d'adaptation, mêmes plaisirs, mêmes ennuis, mêmes joies.

On y enregistre parfois des phénomènes intéressants. Par exemple, un boom démographique spectaculaire en 1977 au village Les Mélèzes dans la région d'Eastmain. Sur les quarante-deux familles, neuf se sont enrichies d'autant de naissances en 1977 et six autres ont eu la visite de la cigogne en 1978. Donc 15 naissances à l'intérieur d'un an... pour une population de seulement 100 personnes. Comment expliquer pareille revanche des berceaux?

Denise Lemire raconte qu'à la Baie James elle a trouvé un endroit formidable pour la vie de couple. «On est constamment l'un près de l'autre. On ne connaît pas le stress, l'insécurité et les problèmes financiers qui guettent les jeunes ménages en ville... Et comme les nuits sont généralement longues, froides et ennuyantes, ajoute-t-elle, la décision d'avoir des enfants se prend plus facilement. Dans notre cas, c'est à peine un mois après notre arrivée...[8]»

Chapitre 13

Le pont aérien

Le chantier de Caniapiscau, qui s'est étendu sur une superficie de 10 000 kilomètres carrés, s'est développé pendant cinq ans sans être relié au reste du monde par une route «quatre saisons». Pendant trois ans, de 1974 à 1977, ce chantier situé à 725 kilomètres à l'est de LG 2, était même complètement inaccessible par la terre ferme, été comme hiver.

Et pourtant, quand le premier camion à avoir emprunté la route d'hiver fait son entrée au campement de Duplanter, le 18 janvier 1977, il s'y trouve déjà une usine à béton, les piliers d'un pont de 300 mètres, une grande carrière, et un batardeau fermant le bras ouest de la rivière Caniapiscau. Il y a aussi une piste d'atterrissage de 330 mètres où, entre autres, des avions Convair se posent depuis à peine deux mois. L'infrastructure du campement temporaire pour 300 hommes est en place, la route d'accès est terminée, les rues du campement permanent sont déboisées.

Tout cela a été rendu possible grâce à l'avion-cargo de la SEBJ, le fameux Hercules acheté aux Philippines. Absolument tout ce qui se trouve à Caniapiscau en janvier 1977 est arrivé par la voie des airs. Pendant deux ans, les hommes comme l'équipement «tombent du ciel»! Surnommé «le bon géant des campements d'exploration», ou encore «la bonne à tout faire», le Hercules a transporté des béliers mécaniques, des engins de terrassement et des camions, de même que des quantités énormes de carburant grâce à un réservoir d'une contenance de 27 000 litres boulonné au plancher de l'appareil.

Mais pour aménager une bonne piste d'atterrissage, il faut des mastodontes. Et si le Hercules constitue le seul et unique moyen de transporter de l'équipement lourd, comment les bâtisseurs ont-ils bien pu s'y prendre pour pouvoir l'accueillir?

Des pistes flottantes!

On a dû se servir de ce que le territoire de la Baie James offre en abondance, des lacs. Des lacs gelés où on a aménagé des «pistes flottantes», selon l'expression de Frank Henley, conseiller en transport aérien. Idée ingénieuse et originale qui avait d'ailleurs séduit le président Robert A. Boyd et les dirigeants de la SEBJ dès 1972 alors que Frank Henley avait organisé en un éclair le transport de 6 000 tonnes de marchandises sur le lac Carbillet, au nord de LG 2. Après cette démonstration fort impressionnante, c'est avec confiance que la direction de la SEBJ décide de faire atterrir un avion de la taille du Hercules sur des pistes de glace.

Mises au courant de l'exploit, les Forces canadiennes se rendent en étudier la technique sur place. «Une piste de glace, au fond, c'est pas tellement compliqué à contruire, explique un rédacteur d'*en grande...*, Jean-Paul Fontaine. Il suffit de disposer d'un lac assez long, qui soit couvert d'une couche de glace suffisante pour recevoir un DC-3 sur skis chargé de l'équipement nécessaire: une souffleuse à neige montée sur un petit tracteur de ferme, quelques pompes, un radio phare, quelques hommes, quelques semaines de labeur, et le tour est joué[1].»

C'est ainsi que peu à peu on réussit à vaincre les difficultés et à réaliser l'impossible: se lancer dans de grands travaux de terrassement et de construction dans un chantier replié sur lui-même. La chose semble tout à fait utopique.

À la cuillère à soupe

Il est aussi extraordinaire de construire une piste d'atterrissage avec du matériel transporté par DC-3 que d'exécuter de grands travaux de génie civil au moyen d'engins acheminés au chantier grâce au géant Hercules. Car le Hercules, malgré ses dimensions imposantes, ne peut transporter de charge supérieure à 25 tonnes. Or, à la Baie James, certaines machines pèsent jusqu'à 125 tonnes.

Denys Deschênes, qui a connu les débuts héroïques de LG 2, arrive en juillet 1976 à Caniapiscau où il aura la responsabilité de l'approvisionnement. Il se souvient encore aujourd'hui de ce qu'était la construction à cette époque: «Tout ce qu'on avait, c'était de la petite machinerie, de véritables jouets d'enfants, pour les travaux que nous devions faire. Des camions 10 roues et des petits camions Volvo: c'était comme faire du terrassement à la cuillère à soupe. Les chemins, la piste et le pont ont été construits comme ça.»

Arrivé à Caniapiscau juste avant Denys Deschênes, Henri-Paul Martel, chef de service du Soutien et des Structures de 1976 à 1980, décrit les contraintes que le transport aérien imposait: «Les dimensions de l'avion déterminaient le choix de l'équipement. Nous étions constamment limités dans les grosseurs. Un exemple ridicule: il avait été impossible d'embarquer des poteaux de 45 pieds car l'avion n'était pas assez long!» Ou bien il fallait imaginer des tactiques un peu particulières: «Notre chargeur étant trop gros, il avait fallu le défaire en trois morceaux pour l'apporter à Caniapiscau. L'usine à béton avait été découpée à la torche afin de pouvoir la transporter par avion de Montréal. Et il nous a fallu presque deux semaines au chantier avant de tout rafistoler «ça.»

Route des airs et route de neige

Malgré les exploits du Hercules, la route demeure une nécessité. C'est l'unique moyen d'acheminer les modules d'habitation et la machinerie lourde trop volumineuse pour

Une route d'hiver, tracée à même la glace et la neige, permet l'acheminement des sections modulaires d'habitation et des matériaux lourds vers Caniapiscau, le chantier au bout du monde.

Situé à 725 kilomètres à l'est de LG 2, Caniapiscau est complètement inaccessible par la terre ferme, été comme hiver, de 1974 à 1977. Au premier plan, le campement. Plus loin, le village.

la soute de l'avion. Mais le chantier ne deviendra pas accessible du jour au lendemain. Pendant trois ans, de 1977 à 1979, la seule route qui y donne accès, faite de neige et de glace, risque de s'effondrer par temps doux. C'est l'histoire de la première route Matagami-LG 2 qui se répète. Celle qui mène à Caniapiscau en passant au sud de LG 2, en reliant LG 3 et LG 4, a une vie bien courte, de 70 à 80 jours. Le reste de l'année, le chantier de Caniapiscau devient entièrement dépendant du transport aérien. Pendant les deux ou trois mois où le transport routier est possible, on assiste à des campagnes d'approvisionnement intense, pleines de suspense. Chaque fois, c'est la crainte du temps doux et des tempêtes de neige qui peuvent compromettre l'approvisionnement du chantier.

Le tout premier camion à atteindre Caniapiscau par la première route d'hiver part de Matagami le 13 janvier 1977 pour arriver au campement de Duplanter le 18 à 4h du matin. Les 300 premiers kilomètres ne causent pas de problèmes, mais il faut quatre jours, au cœur d'une violente tempête, pour parcourir les 400 kilomètres qui restent. En arrivant enfin à Caniapiscau, le chauffeur, épuisé, lance cette remarque très imagée: «Je viens d'arriver au trou du cul du monde...»

Au mois de mars de la même année, le transport aérien est réduit de moitié: la température trop douce rend la route impraticable pendant le jour. André Gendreau, le chef du service du Transport, est préoccupé: «Tout ce qu'on peut espérer, c'est que la température se stabilise loin en bas du point de congélation, nous permettant ainsi de fournir un dernier effort avant la fin de mars. Si, par malheur, la route devait devenir inutilisable trop tôt, le Hercules serait mis à contribution pour transporter par voie aérienne ce qu'on n'aurait pu acheminer par voir terrestre[2].»

Coup de chance, la route reste ouverte jusqu'au 4 avril, permettant un total de 1 613 voyages de matériaux et de marchandises diverses en 81 jours. Presque la moitié des chargements sont constitués d'unités mobiles, tandis que l'entrepreneur Les Constructions du St-Laurent, à lui seul, reçoit 479 voyages de matériaux et de matériel de toutes sortes. Au début du mois de mars, un rédacteur d'*en grande...*, en poste au siège social, Gilles Boulay, décide de quitter son douillet bureau du 21e étage de la Place Dupuis pour aller voir et sentir ce que c'est qu'une route d'hiver. En compagnie d'un camionneur hospitalier, Yvon Legault, dont il rapporte les propos, il parcourt les 480 kilomètres qui séparent le campement Corvette à LG 3 de celui de Duplanter, en 13 heures et 15 minutes, une moyenne de 22,9 milles à l'heure (37 k/h).

«C'est mon quatrième voyage en haut, raconte Yvon Legault. L'autre fois, entre Laforge et Duplanter, distant de 200 kilomètres, ça m'a pris 33 heures en pleine tempête de neige. Nous étions bien une douzaine qui sommes restés pris. Dans la nuit, ils ont été obligés de venir nous chercher en *snow mobile* du campement Marie. Cela a pris quatre heures en suivant un bulldozer pour nous ramener au camp, sept milles plus loin. On était morts en arrivant. Sans rouspéter, le cuisinier, Mario Arsenault, s'est levé en pleine nuit et nous a préparé quelque chose. On est repartis de là pompés à mort!...[3]»

Denys Deschênes, qui était toujours à Caniapiscau durant l'hiver 1981, raconte de son côté: «J'ai vu des vrais routiers, expérimentés, arriver ici, descendre du camion, se mettre à pleurer comme des enfants et ne pas vouloir retourner en ville avec leur véhicule. Un de ceux-là m'avait dit: *c'est impensable de vivre à l'autre bout du monde comme ça!* Ça pouvait prendre jusqu'à 20 jours pour venir de Matagami. C'était très difficile de planifier avec la route d'hiver; certaines nuits, il pouvait arriver jusqu'à 40 camions. C'était 24 heures par jour. On avait organisé un dortoir dans la salle de jeux et les lits servaient jour et nuit.»

L'indispensable Hercules

Enfin! Les chantiers de Caniapiscau voient apparaître pour la première fois des modules d'habitation et de la machinerie lourde, de la vraie, depuis trois ans. Les maisons mobiles abriteront les travailleurs. Ce qui veut dire que la consommation de nourriture va s'élever comme celle de l'énergie! Avec les nouveaux équipements, les travaux vont s'accélérer et il faudra entre autres fournir des quantités accrues de carburant et de ciment.

Est-ce possible de faire monter tout cela par la route d'hiver et de constituer des réserves jusqu'à l'année suivante? Non, c'est un rêve irréalisable. Surtout en ce qui concerne le carburant. Et s'il vient à manquer, dans un chantier aussi isolé, tout s'arrêtera et une telle situation mettra les résidents en grave danger: plus d'électricité, plus de chauffage, plus de transport, plus de cuisines. C'est pourquoi pas plus les convois que les trains routiers ne peuvent enlever la vedette au Hercules. Au contraire, ils le rendent encore plus nécessaire, plus indispensable que jamais.

Avant même que les camions ne commencent à affluer à Caniapiscau, les responsables de l'approvisionnement ont chargé le Hercules d'une tâche à sa mesure: transporter 365 000 gallons de carburant en moins de six jours ouvrables. Presque tout l'espace à l'intérieur de l'avion géant est occupé par un réservoir de 6 000 gallons qu'il faut emplir et vider 60 fois. C'est donc une dizaine de voyages, une vingtaine d'atterrissages et de décollages par jour pour les équipages qui font la navette entre Caniapiscau et Schefferville.

Schefferville? Eh oui, car Caniapiscau est à 200 kilomètres de cette ville minière. Caniapiscau est plus près de Schefferville que de LG 2. Voilà qui illustre bien l'étendue du territoire de la Baie James. D'ailleurs depuis les débuts du projet du siècle, les campements de l'est du territoire sont reliés à Schefferville où la SEBJ a maintenu une base jusqu'en 1980. Le carburant que transporte le Hercules provient des raffineries de Montréal. Il est beaucoup plus économique de l'envoyer par bateau ou par chemin de fer privé de la compagnie Iron Ore, que par le Hercules directement de Montréal à Caniapiscau.

C'est dire qu'à Schefferville il y a de l'action jour et nuit, car un voyage aller-retour prend une heure cinquante minutes. Et le brave Hercules et les membres de son équipage peuvent se taper de 10 à 12 voyages quand il faut approvisionner Caniapiscau en carburant.

Les responsables sont installés dans un bâtiment de la Légion canadienne, tout près de l'aéroport de Schefferville, et ils se relaient 24 heures sur 24 quand c'est nécessaire, pour vérifier les arrivages, accueillir les pilotes et leurs équipes et prendre note des besoins de Caniapiscau. Ils constituent un lien essentiel entre le chantier et le «Sud».

Le Hercules n'en continue pas moins de participer à l'approvisionnement de Caniapiscau: 138 voyages de carburant, 13 de nourriture et 54 de marchandises diverses. Et tout de suite après, au début de mai 1977, un nouveau pont aérien est établi pour transporter, depuis LG 2 jusqu'à Caniapiscau, un million de kilos de marchandises diverses. Mais cette fois-ci, le Hercules ne peut suffire à la tâche. La SEBJ doit en louer un deuxième aux Forces canadiennes et un Boeing 737 à Nordair.

«Les cinq premiers jours, on est parvenu à sortir environ 200 000 kilos, raconte Hubert Bertrand, alors chef de la division du Transport aérien à LG 2. Il y a de tout: depuis les explosifs dont on se sert à Caniapiscau à raison de 130 000 kilos par semaine, jusqu'aux pièces de machinerie les plus diverses, en passant par des éléments aussi hétéroclites que des génératrices, des ponceaux, des tuyaux, un camion à ordures, etc...[4]»

Où est la piste?

Pour les trois équipages du Boeing 737 qui ne sont guère habitués à un tel rythme de travail, la manœuvre la plus délicate est «de parvenir à trouver la piste de Duplanter dans une telle immensité, où il n'y a pratiquement rien pour nous guider. Il faut une vigilance de tous les instants, ainsi qu'un peu de flair, pour ne pas rater l'approche[5]», raconte Michel Renaud, l'un des pilotes.

Pendant ce temps, en onze jours, le Hercules de l'Armée effectue 53 voyages entre LG 2 et Caniapiscau, et un voyage entre Schefferville et Caniapiscau, transportant en tout 607 tonnes métriques. Pour y arriver, six équipes de cinq hommes se relaient nuit et jour.

Tout ce trafic aérien entre LG 2, Caniapiscau, Schefferville et Montréal, s'il mobilise les énergies de nombreux équipages et de nombreux employés dans les différents aéroports, converge toujours vers Caniapiscau où, assurément, il y a du pain sur la planche.

«Depuis un an, on a eu près de 12 000 départs et arrivées, raconte Johnny Bergeron. Ce chiffre nous place parmi les aéroports les plus achalandés de la province, après Québec et Montréal, ajoute le répartiteur de l'aéroport de Duplanter. Je me trompe peut-être, mais ça fait du voyagement en sacrifice[6]!» Et, essayant de sortir ses confrères et lui-même d'une ombre d'où l'actualité les a maintenant tirés, il continue: «... dans le journal (*en grande*...), on ne fait que parler d'eux: les équipages, le Hercules, les Convair, les Twin Otter... et puis quoi encore. Mais de nous, les répartiteurs, ceux qui les font atterrir, puis les amènent en douceur jusqu'à la piste... on ne parle pas de nous! Pas un mot!...

«Parce que nous, c'est avec nos yeux qu'on les repère. Y faut tenir compte du trafic local, puis, crois-moi, il y en a! Les hélicos, les DC-3, les Convair, sans compter le Hercules qui voyage de jour comme de nuit.

«On couche ici dans la tour. On dort comme on peut. On tient compte de tous les mouvements d'appareils, des camions sur la piste, etc[7].» Ces répartiteurs aériens sont disséminés partout dans le territoire, à chacun des aéroports. Leur tâche est de contrôler l'ensemble de la circulation aérienne au-dessus du Complexe La Grande. Quinze hommes dont dépendent la vie et la sécurité des usagers de l'air.

Caniapiscau, après avoir reçu la visite d'un Hercules des Forces canadiennes en mai, en accueille un autre à la fin de juin, venu celui-là de la compagnie Pacific Western Airline pour trois mois. Il est affecté au transport des vivres, de l'équipement destiné à l'école, du carburant et de la dynamite pendant que le Hercules «Énergie» continue son incessante navette entre Caniapiscau et Schefferville.

«Le chantier ne peut fonctionner que si le pont aérien demeure ouvert, explique Jean-Claude Lemarier, gérant de l'aéroport de Caniapiscau. Par exemple, saviez-vous que le chantier utilise entre 55 000 et 68 000 litres de carburant par jour? Avant que l'on ait terminé le super réservoir qui contiendra 4 800 000 litres, il faut compter sur le Hercules afin de tenir notre réserve constante pour une autonomie de deux jours. Bientôt, le Hercules devra faire 175 allers et retours entre Schefferville et Duplanter afin de remplir le réservoir à raison de 27 276 litres par voyage. C'est pas peu dire[8]!»

Ce super réservoir est installé en septembre 1977. Il permet aux responsables du chantier de souffler un peu, mais un autre produit rend l'approvisionnement critique: le ciment en sacs. Ainsi, on a utilisé 5 120 sacs de ciment entre le 11 et le 18 août. Le 13 août, on augmente la réserve de 4 280 sacs mais, dès le 19, elle redescend à 2 070 sacs. Il est donc évident qu'une coupure quelconque du transport aérien aurait un effet désastreux sur l'avancement des travaux.

Tout au long de l'automne, le vaillant Hercules de la SEBJ, souvent aidé par celui de la PWA, va continuer d'approvisionner le chantier de Caniapiscau qui connaîtra son expansion en 1978.

Des aviateurs efficaces

Au mois de janvier 1978, l'ouverture de la deuxième route d'hiver vient réconforter les responsables du transport et de l'approvisionnement. L'expédition par fardiers d'énormes quantités de marchandises et l'acheminement de camions, de niveleuses et de véhicules légers, tout cela à moindre prix, voilà qui soulage.

Mais même terrestre, le transport vers Caniapiscau ne se fait jamais sans difficultés, contretemps ou retards. La route d'hiver est un peu moins longue en cette deuxième saison: 273 kilomètres sur les 368 qui séparent LG 4 de Duplanter, le reste étant constitué de sections de route permanente, principalement entre Brisay et Caniapiscau.

Moins longue, mais toujours pas facile, car cette route a conservé son relief naturel, avec tous les cahots qu'on peut imaginer. Les trois premiers routiers arrivent le 23 janvier à 23h. Ils ont mis 38 heures à couvrir ce trajet de 368 kilomètres, à une vitesse variant entre 8 et 25 kilomètres à l'heure. Ils n'ont pas dormi et n'ont pris que deux repas, le premier à Galina, à 112 kilomètres de leur point de départ, et le deuxième à Laforge, 110 kilomètres plus loin et neuf heures plus tard.

Malgré les inconvénients de l'hiver, 1 380 chargements parviennent à Caniapiscau entre le 23 janvier et le 10 avril 1978. Le chantier est prêt pour une bonne saison de construction. Il peut maintenant doubler sa population qui passera à plus de 2 000 personnes. Et ces travailleurs pourront aller de l'avant car ils auront à leur disposition près de 5 625 000 kilos de ciment, 500 000 kilos d'acier d'armature, près de 600 chargements divers, dont 60 pour cent sont constitués de pièces de rechange, 50 chargements de pièces d'assemblage pour la construction des hangars, plus de 80 fardiers chargés de matériel roulant et 317 modules d'habitation.

En outre, Caniapiscau a reçu 3 400 000 litres de carburant, une réserve suffisante s'il advenait une interruption accidentelle du service assuré par le Hercules. Tout cela est l'œuvre des camionneurs qui ont travaillé jusqu'à la dernière minute. En effet, le dernier camion parvenu au chantier est évacué par la voie des airs car la route a disparu dès que le temps s'est réchauffé.

Et le Hercules, le plus souvent épaulé par son collègue de l'Ouest du Canada, a continué sa carrière, été comme hiver. En 1978, il a transporté plus de 30 000 kilolitres de carburant de Schefferville à Caniapiscau et, en plus, 7 900 000 tonnes métriques de marchandises diverses. L'avion de la PWA s'est chargé de 13 000 kilolitres de carburant et de 6 350 000 tonnes métriques de marchandises diverses. Sur les 10 500 heures de vol qu'il a effectuées depuis son entrée en service à la Baie James en 1973, le Hercules Énergie en a consacré 6 550 au seul chantier de Caniapiscau en 1977 et 1978.

Deux fois le tour du monde chaque mois

À la lumière de cette avalanche de chiffres, il est évident que seul un avion-cargo de type Hercules pouvait permettre le développement de Caniapiscau. Mais il lui fallait des équipages à sa hauteur, capables de rivaliser avec ses performances. Et il les a eus ces pilotes exceptionnels qui parcourent chaque mois l'équivalent de deux fois le tour du monde, atterrissant et décollant 24 fois par jour. Ces équipages, au service de la division Hercules-Convair de Quebecair, mais travaillant pour le compte de la SEBJ, sont au nombre de quatre.

Ils maintiennent un pont aérien permanent, se relaient toutes les douze heures et font en une semaine l'équivalent de ce qu'effectuent les équipages de vols commerciaux en un mois.

Henri-Paul Martel se souvient d'eux: «Ça m'a toujours frappé de constater comment ces gars-là étaient dévoués. Je n'en revenais pas de voir le nombre d'heures de travail qu'ils faisaient. On a pu comparer, on a eu d'autres équipages... des Forces canadiennes, de la Pacific Western Airline. Comme pilote, c'était une maudite job de faire Caniapiscau-Schefferville. C'était 20 minutes de vol. Mais c'était plus stressant de décoller et d'atterrir continuellement.»

Les quatre équipages travaillent en rotation, deux par deux pendant une semaine, en se relayant chaque douze heures. Suit une semaine de congé. «Le minimum de dix heures de repos entre chaque quart de travail laisse tout de

Denys Deschênes, après avoir connu les débuts héroïques de l'approvisionnement à LG 2, arrive à Caniapiscau en juillet 1976.

«L'usine à béton a été découpée à la torche afin de pouvoir la transporter par avion de Montréal à Caniapiscau», raconte Henri-Paul Martel.

Frank Henley, le parrain du transport aérien à la Baie James. «Sans l'aviation, la Baie James n'aurait pu exister.»

Avant de devenir chef du chantier de LG 3, Luc Larose est responsable de la construction d'une route permanente entre LG 2, LG 3 et LG 4.

même un peu de temps libre, raconte le capitaine Simon Roy en février 1979. Nous passons beaucoup d'heures en service, mais quand t'as fait des heures comme ça pendant une semaine, tu passes la semaine suivante en congé dans ta famille et ça, c'est appréciable[9].»

Aux efforts du Hercules et de ses équipages, collaborent des mécaniciens au sol en poste au chantier. Eux aussi sont de service 24 heures sur 24 et se font souvent réveiller la nuit lorsque le Hercules a besoin d'entretien.

Michel Turpin, responsable du transport à Caniapiscau, décrit la situation périlleuse dans laquelle le chantier se trouve constamment en 1979: «Il subsiste une pression constante en pareille situation. Quand les réserves de carburant tombent à quelques centaines de kilolitres, ce qui peut se produire quand l'avion Hercules est bloqué au sol par une panne pendant plusieurs jours, il faut faire bien et vite. J'ai déjà vu un cas où le petit déjeuner du lundi matin à la cantine est entré la veille sur un DC-3 [10]!»

Situation périlleuse pour les résidents du chantier mais aussi pour les transporteurs. Ainsi, la dernière route d'hiver, celle de 1979, restera longtemps marquée dans la mémoire des camionneurs. Vers la mi-mars, une température exceptionnellement clémente force les responsables à fermer la route. Au bout d'une dizaine de jours, le 30 mars, le mercure se met à baisser, ce qui permet de donner le signal de départ à 85 camionneurs qui rongent leur frein à LG 4. Réal Bourgeois, qui en est à sa quatrième route d'hiver, croit être réaliste lorsqu'il déclare juste avant son départ: «D'habitude, ça nous prend près de neuf heures pour franchir les 400 kilomètres qui séparent LG 4 de Caniapiscau. Aujourd'hui, je crois que ça va dépasser les quinze heures. Vous pouvez être sûrs qu'on a apporté nos sandwiches[11].»

Ce n'est ni neuf, ni quinze heures que le trajet demande, mais 72! Le long convoi est immobilisé à deux reprises le long de la route. Et pour ce qui est de sandwiches... le chef de la division du Campement à LG 4, Philippe Dubé, expédie d'abord plus de 810 kilos de victuailles au relais Galina, par avion Twin Otter, et il envoie ensuite 85 casse-croûte à Laforge par hélicoptère.

C'est heureusement la dernière route d'hiver pour Caniapiscau. Huit mois plus tard, en novembre 1979, une route permanente sera inaugurée. Mais entre-temps, l'avion Énergie continue de ravitailler le chantier.

Après Dorval et Mirabel...

Au début de mars 1979, Michel Turpin prévoit ce que seront le printemps, l'été et l'automne à venir: «La période difficile s'amène avec avril. La route d'hiver s'arrête, les besoins du chantier augmentent rapidement et la température varie constamment, ça fait que tu as du brouillard. Assez souvent, des fois en pleine nuit, je dois replanifier le trajet prévu pour le Hercules parce qu'il ne peut pas atterrir là où je l'ai envoyé.

«L'été et l'automne, c'est notre grosse saison, et même si ça va bien, surtout avec le deuxième Hercules qui va commencer ici au milieu de mai, on est toujours un peu sur la corde raide. L'automne passé, on a failli manquer d'essence et on a dû rationner pendant deux jours. J'ai même vu une fois la réserve de mazout descendre à 136 380 litres pendant que le chantier en consommait 90 000 par jour [12].»

Au cours de l'été de 1979, Caniapiscau remporte le titre de troisième aéroport en importance au Québec, après Dorval et Mirabel, pour le fret aérien. En juin, trois appareils de type Hercules, trois avions géants, font la navette entre Caniapiscau et ses points de ravitaillement: LG 4, Schefferville et Dorval «Le fait de dépendre autant des avions, raconte Michel Turpin, est un facteur de stress. Il faut planifier chaque opération avec minutie et, surtout, ne pas manquer son coup, car ça coûte cher [13].»

À partir du 20 novembre 1979, cependant, tout change à Caniapiscau. C'est en effet une date historique. Autant pour les responsables du transport et de l'approvisionnement que pour les camionneurs, le Hercules et ses équipages. Après cinq années d'isolement, Caniapiscau est

ENFIN relié à longueur d'année par voie terrestre au reste du monde.

«La route que nous venons d'ouvrir entre LG 4 et Caniapiscau, eh bien, ça enlève un peu du sentiment d'isolement chez les gens d'ici et, surtout, ça améliore de beaucoup la sécurité de nos approvisionnements», commente Henri-Paul Martel, chef du service du Soutien et des Structures, à Caniapiscau en 1979. À la section du Transport, on soupire d'aise: «Ça soulage d'avoir la route, dit Michel Turpin. On est enfin relié au reste du monde. Et puis, le service de transport routier est aussi satisfaisant et, en particulier, plus sûr que le transport aérien[14].»

Le grand tour de force, presque incroyable, qu'a constitué l'approvisionnement d'un immense chantier de construction par la voie des airs, ou par voie de la neige et de la glace, est accompli. Une autre époque commence. Le Hercules irremplaçable devient beaucoup moins indispensable. Ou, du moins, pour ne pas lui tirer quelques larmes (les membres des équipages le feront pour lui!) précisons ici qu'il est beaucoup trop dispendieux. Il est vendu à une firme albertaine qui la fait voler dans les Territoires du Nord-Ouest canadien.

Cette nouvelle route, qu'on a hésité si longtemps à construire, n'est pas une autoroute. D'abord, elle n'est pas asphaltée et ne le sera probablement jamais. Elle est beaucoup plus étroite que la route Matagami-LG 2 avec son emprise de 9 mètres. Elle n'est donc pas facile à pratiquer, surtout avec un gros chargement.

Si les routiers font face à des dangers réels et à des difficultés exceptionnelles sur les routes d'hiver, ils sont en contrepartie «récompensés» par des salaires supérieurs (ils sont payés à l'heure). Ils vivent aussi dans une atmosphère d'aventure et de solidarité qui les séduit beaucoup. Bloqués des journées durant dans leurs camions, nourris par hélicoptères, rescapés par motoneiges, accueillis comme des héros, tout cela adoucit les peines et les misères. Mais voilà que, sur les routes permanentes, ils sont payés selon la dis-

On se croirait sur la Transcanadienne... Et pourtant, c'est la route de l'approvisionnement reliant le «sud» à LG 3, LG 4 et Caniapiscau.

L'avion cargo de type Hercules, surnommé «la bonne à tout faire», transporte de la nourriture, des béliers mécaniques, des camions et d'énormes quantités de carburant.

tance parcourue et ne font plus l'objet d'autant de sollicitude ni de sympathie. Pourtant, les heures sont longues et les difficultés toujours présentes, sur des routes désertes, dans des conditions climatiques souvent pénibles.

Ainsi, Charles-A. Boucher, le premier camionneur à s'aventurer sur la nouvelle route LG 4-Caniapiscau, reste au volant pendant 19 heures pour accomplir un trajet de 368 kilomètres. À une vitesse de 100 kilomètres à l'heure, ça prend moins de quatre heures en auto. Pourquoi cela prend-il cinq fois plus de temps?

D'abord, la limite de vitesse. Pour des raisons de sécurité, elle a été fixée à 56 kilomètres/heure. Et puis, il y a l'état de la route que les conditions climatiques n'améliorent pas. «La route était presque impraticable, raconte Charles-A. Boucher. Hier soir, en montant une côte, les roues de mon camion ont commencé à glisser et je suis parti à la renverse. Je me suis retrouvé 90 mètres plus bas. Il était temps que ça arrête. Normalement, si le temps avait été favorable, je devais faire le trajet aller et retour en 16 heures[15].»

Aimez-vous les glacières?

Depuis les débuts, et jusqu'à nos jours, l'étroite route de gravier entre LG 4 et Caniapiscau cause bien des soucis aux routiers. D'abord, elle est toujours cahoteuse. Les habitués parlent de «laveuse» ou de «planche à laver». En été, elle est tellement poussiéreuse qu'elle aveugle, disent des chauffeurs. L'hiver, elle «s'emplit de neige» et il devient difficile d'en distinguer les limites. Et comme elle est sinueuse — «ils ont acheté les courbes avant la route», racontent certains de ses usagers — il arrive que les camionneurs, fonçant un peu à l'aveuglette pour pouvoir passer malgré tout, tombent dans le fossé.

Au mieux, ils restent pris. Au pire, le poids de leur chargement fait basculer la remorque. Un accident de ce genre, au bout du monde ou presque, entraîne des dépenses tellement élevées qu'il peut coûter au camionneurpropriétaire son gagne-pain, même son camion. Autre danger: les côtes glacées qui, même peu élevées, sont escarpées. Il faut parfois jusqu'à une heure pour en gravir une.

«Au printemps, il y a les glacières. Dans les vallées, l'eau monte sur le chemin. L'hiver, ça gèle, mais au printemps, quand ça fond, ça fait des trous, raconte Jean-Guy Turgeon, l'un des routiers de la Baie James. L'eau peut monter jusqu'au marchepied du camion. On ne veut pas rester pris là-dedans pour rien au monde, parce que si le camion brise, avec de l'eau jusqu'aux genoux, il nous est impossible d'aller en dessous pour le réparer.»

Malgré les longues heures sans manger, malgré les journées passées dans la cabine à attendre que des tempêtes de neige s'apaisent, malgré les bris mécaniques qu'il faut savoir réparer beau temps mauvais temps, malgré les accidents toujours possibles, malgré tout, les camionneurs tiennent bon.

Il y a des trucs de métier et une certaine philosophie derrière cette ténacité, explique le routier Jean-Guy Turgeon: «Il faut surtout être patient. Se dire qu'on part, ne pas se fixer de date de retour, savoir et accepter qu'il faut passer au travers de tout ce qui peut arriver, se donner le maximum de temps. Ainsi, quand on roule à 8 ou 16 km à l'heure, il ne faut pas s'énerver, même si c'est long. Il faut se dire qu'on est en sécurité à cette vitesse-là.

«Le métier de camionneur, c'est un beau métier pour celui qui aime la solitude, parce qu'on est des heures et des heures tout seul. Mais c'est dur pour la femme et pour les enfants.» Jean-Guy Turgeon sait de quoi il parle, lui qui fait régulièrement deux voyages par semaine entre Matagami et Caniapiscau, parcourant ainsi 4 000, 4 800 kilomètres. C'est l'équivalent d'un voyage aller-retour de Montréal jusqu'en Floride... à 60 kilomètres à l'heure, si tout va bien.

C'est l'histoire de l'approvisionnement d'un chantier situé au bout du monde, celui de Caniapiscau. C'est aussi une confrérie, celle des camionneurs qui ont tous un poste émetteur-récepteur dans leur cabine et qui se racontent, la nuit comme le jour, des blagues, des souvenirs pour tromper leur solitude et se tenir éveillés dans ce décor monotone où les épinettes rachitiques défilent sans arrêt.

Le gigantisme en toutes choses

Si l'approvisionnement du chantier de Caniapiscau s'est révélé exceptionnellement compliqué, il se caractérise par un gigantisme incroyable dans tous les chantiers. Qu'il s'agisse de leur quantité, de leur coût, de leur poids ou encore de leurs dimensions, les marchandises livrées à la Baie James paraissent toujours «hors gabarit», mais elles sont bien proportionnelles à l'ampleur des ouvrages à construire.

Le barrage de LG 2 à lui seul a nécessité la mise en place de 23 millions de mètres cubes de matériaux de remblai, c'est-à-dire de moraine, de sable, de gravier et d'enrochement concassé. Ce volume est l'équivalent de 50 000 maisons unifamiliales; il suffirait aussi à recouvrir les quatre voies de la Transcanadienne, soit 14 mètres de largeur, d'une couche de sept mètres d'épaisseur, sur toute la distance entre Québec et Montréal.

Heureusement, ces matériaux de remblai ne sont pas «importés», ils se trouvent souvent sur place. Tout ce qu'il faut faire, c'est les extraire et les transporter jusqu'à l'emplacement du barrage. La machinerie et le matériel roulant utilisés sont à la hauteur... c'est-à-dire d'un coût, de dimensions et d'une puissance qui laissent bouche bée.

Ainsi, la rétrocaveuse UH-801, de marque Hitachi, qu'on a achetée au coût de un million deux cent cinquante mille dollars, était accompagnée d'un ingénieur japonais chargé d'en faire le rodage. En deux minutes quatorze secondes, en cinq cycles, cet engin charge un camion de 85 tonnes. Son godet peut contenir 7,5 mètres cubes de matériaux, c'est-à-dire plus de la moitié du volume qu'un camion de route peut transporter.

Le 20 novembre 1979: la route entre LG 4 et Caniapiscau est inaugurée. Comme on a oublié les ciseaux, le traditionnel ruban sera rompu à l'aide d'un lourd fardier!

Tout est gigantesque à la Baie James. Les camions sont à la «hauteur» de la situation.

Les pelles mécaniques diesel Marion surpassent tous les mastodontes de chantier. En 1977, la SEBJ en a acheté trois, d'occasion, pour la somme de 3 750 000 $. Neuves, elles auraient coûté presque le double. Pour les transporter en pièces détachées, il a fallu 47 fardiers; et pour en assembler une seule, il a fallu six semaines de travail à une équipe de dix hommes. Aussi haute qu'un bâtiment de trois étages, chacune pèse 345 tonnes.

Le tracteur Caterpillar D-10 est venu, lui, de l'Illinois, aux États-Unis, et il a fallu quatre fardiers pour le transporter jusqu'à LG 4. Trois mécaniciens ont travaillé pendant six jours pour reconstituer ce tracteur de 95 tonnes, d'une valeur de 763 000 $. Son moteur de 700 chevaux consomme 90 litres de carburant diesel par heure, et son réservoir a une capacité de 1 450 litres.

Caterpillar a aussi fourni à la Baie James des camions de 125 tonnes à déversement ventral, qui ont coûté 550 000 $ chacun. Ils ont transporté 23 millions de mètres cubes de remblai en un peu plus de 500 000 voyages. Il aurait fallu deux millions de voyages à des camions de route pour transporter ces millions de mètres cubes de matériaux de remblai nécessaires à la construction du barrage de LG 2.

Les engins de chantier sont aussi nombreux que gigantesques. Ainsi, l'entrepreneur Imprégilo et Spino Ltée, chargé de la construction du barrage de LG 2, avait plus de 200 engins représentant une valeur de 60 milions de dollars. Parmi ceux-ci, on dénombrait 129 camions de transport dont 48 tombereaux Euclid de 85 tonnes, 25 remorques de 110 tonnes déversant par le fond et 56 camions de 50, de 45 et de 35 tonnes.

En fait, le nombre et la valeur des engins de chantier sont tels que les concessionnaires vendeurs ou locateurs voient l'utilité d'installer dans chaque chantier des dépôts de pièces et des centres de service. À tout seigneur tout honneur, le gigantisme à la Baie James renverse les rôles: ce ne sont ni les entrepreneurs ni la SEBJ qui vont aux concessionnaires, mais les concessionnaires qui viennent à eux.

Un pneu de 7 000 dollars!

«Lorsque vous faites une crevaison, le premier réflexe est de changer vous-même le pneu et de le faire réparer promptement dans une station-service. Mais que faire si le même incident survient alors que vous êtes au volant d'un camion de 85 tonnes quelque part dans le territoire de la Baie James et que le pneu à changer pèse 1 134 kilos? *On appelle Goodyear à LG 2*, répond Paul Saint-Pierre, le gérant de l'entreprise au Complexe La Grande[16].»

Qu'il suffise de dire que les pneus d'un camion de 85 tonnes coûtent 3 500 $ chacun et que ceux d'un 110 tonnes reviennent à environ 7 000 $ l'unité, soit le prix d'une petite voiture. De plus, l'entretien des pneus représente 30 pour cent du coût total d'entretien d'un véhicule. Et ces chiffres datent de mars 1977. Imaginez-en les coûts aujourd'hui... après des années de grande inflation et la montée des prix qui s'ensuit!

Les dimensions et les poids extraordinaires s'appliquent non seulement à la machinerie, mais aussi aux équipements permanents. Par exemple, les immenses piliers en acier destinés à renforcer le portail amont de la galerie de dérivation sud de LG 2. En 1978, Raymond Hamel, vice-président et responsable des contrats spéciaux de la firme Magny Transport Inc., décrivait les mesures à prendre lors du transport de telles pièces: «Transporter des pièces de la taille des caissons qui mesurent 21,34 mètres de longueur, 4,57 mètres de hauteur, 2,6 mètres de largeur, et qui pèsent 149 tonnes, demande le travail de toute une équipe. D'abord, il faut des ingénieurs qui calculent le centre de gravité de la pièce et qui déterminent ses points d'attache au fardier. Puis, il faut établir la vitesse maximale à laquelle pourra rouler le chargement. Dans le cas des caissons, la limite de vitesse était de 24,14 km à l'heure[17].»

Autres pièces extraordinaires: les roues des turbines hydrauliques construites par Marine Industrie à Sorel et Les Ateliers d'Ingénierie Dominion Ltée, à Lachine. Ces précieuses pièces ont un diamètre de 5,8 mètres et pèsent 100 tonnes métriques chacune. Pour les acheminer une par une jusqu'à Matagami, il a fallu recourir à une mesure assez extraordinaire: faire fabriquer un wagon spécial d'une capacité de 150 tonnes.

De Matagami jusqu'à LG 2, c'est un fardier qui prit la relève. Son chauffeur, Réal Mathieu, avec ses 20 ans d'expérience, prévoyait les mesures de sécurité à adopter: «La pièce est lourde, ce qui fait que je n'irai pas à plus de 15 milles à l'heure (25 km/h). Même à cette vitesse-là, je serai obligé d'arrêter fréquemment afin de vérifier si les pneus ne chauffent pas et faire attention pour ne pas briser les planétaires du différentiel[18].»

Un fardier de 88 roues

Si les roues des turbines pèsent environ 100 tonnes, les transformateurs font osciller la balance à 170 tonnes. Qu'un petit incident survienne lors du transport de ces transformateurs, et c'est le branle-bas de combat. La preuve, un fardier de 88 roues muni de 10 groupes de roues motrices, et porteur d'un transformateur destiné à LG 2, est tombé en panne. En se rangeant sur l'accotement, il s'est enlisé. Pour le libérer, son conducteur a dû faire appel à une équipe d'ingénieurs et d'ouvriers de Québec, de Matagami et de LG 2 qui ont mis trois jours à soulager le fardier de son chargement et à le remettre ensuite sur le droit chemin.

Les grands travaux requièrent aussi certains produits en quantités astronomiques: carburant, ciment et explosifs, entre autres. Ainsi, durant les trois années de pointe du Complexe La Grande-Phase I soit 1978, 1979 et 1980, la consommation moyenne de tous les carburants (moins les carburants d'avion) s'élève à 72 litres par personne par jour... ou à 2 150 litres par personne par mois!

Avec tout le béton utilisé dans les chantiers du Complexe La Grande en 1978, soit 344 000 mètres cubes, on pourrait construire un trottoir de 1 525 kilomètres de longueur, 15 centimètres d'épaisseur et 1,5 mètre de largeur.

Au pays de la taïga, c'est l'incroyable grande bouffe. Il faut de tout pour nourrir une véritable armée.

L'un des six appareils Convair de la SEBJ destinés au transport des milliers de travailleurs. Une petite flotte unique en son genre.

Les chiffres pour les explosifs sont aussi étonnants, pour ne pas dire détonnants! Jusqu'en mai 1977, à LG 2 seulement, on a utilisé 13 millions de kilos d'explosifs, ce qui équivaut à 15 des 20 kilotonnes de TNT de Hiroshima. À la fin des travaux, 90 millions de kilos avaient été requis, de quoi faire sauter cinq fois Hiroshima.

Mais il n'y a pas que les grands travaux qui commandent des efforts d'approvisionnement et de transport aussi considérables. Il y a aussi les hommes et les femmes qui, par milliers, participent à leur réalisation et qu'il faut, entre autres, nourrir et transporter.

L'incroyable grande bouffe

Pour faire le «petit» déjeuner d'un chantier de 3 000 personnes, il faut 8 400 œufs, 227 kilos de bacon, 6 540 tranches de pain, 136 kilos de pommes de terre, 23 kilos de pâte à crêpes et 159 kilos de fèves au lard... En 1978, il fallait multiplier ces chiffres par 6 puisqu'il y avait plus de 18 000 travailleurs dans les chantiers de la Baie James.

Le midi, une population de 3 000 avalera 6 000 sandwiches où seront passés 102 kilos de jambon tranché, 45 kilos de dinde, 90 kilos de fromage, du saumon, du rôti de bœuf, des confitures, et ainsi de suite.

Le repas du soir sera constitué, par exemple, de 3 500 tranches de steak T-bone, ou de 1 000 kilos de spaghetti accompagné de 205 litres de sauce à l'italienne, ou de 1 585 kilos de poulet rôti.

La recette de spaghetti «Baie James» n'est pas un secret: 270 kilos de pâtes alimentaires cuites à raison de 36 kilos à la fois, ce qui demande 7 heures et demie de cuisson. Pour préparer la sauce, il faut 115 kilos de porc haché, 115 kilos de bœuf haché, 27 kilos d'agneau, 27 kilos de piments verts, 24 pieds de céleri, 12 boîtes de 2 835 grammes de champignons hachés, 18 boîtes de 2 835 grammes de pâte de tomate, 36 boîtes de 2 835 grammes de tomates pelées, 36 boîtes de 2 835 grammes de jus de tomate, 680 grammes de sel, 455 grammes de poivre et 1 360 grammes d'épices à marinades. Ces ingrédients doivent être cuits dans trois chaudrons de 385 litres chacun à 160 degrés Celcius durant environ trois heures. On pourra alors servir 5 000 personnes.

De telles quantités de nourriture doivent nécessairement faire l'objet de contrôles serrés, tant en ce qui concerne les prix que la qualité. Ainsi, à Dorval, à Matagami et dans chacun des chantiers, une équipe d'agents inspecte les aliments. Au chantier, les sorties de magasin et les demandes d'achat faites par les traiteurs sont vérifiées et autorisées par le personnel de la SEBJ.

Jacques Durocher, alors chef de la division des Vivres, estime qu'en termes de volume, la SEBJ a possédé la plus grosse organisation de ravitaillement qu'il ait jamais connue. Et Jacques Durocher sait de quoi il parle puisqu'il s'est jadis occupé du dossier Alimentation au ministère des Affaires sociales du Québec, qu'il a été directeur du secteur Alimentation pour le Comité organisateur des Jeux olympiques de Montréal, et qu'il a travaillé à l'administration de l'alimentation pour les Forces canadiennes pendant cinq ans.

«Si on voulait comparer l'organisation de ravitaillement de la SEBJ à celle des Forces armées, il faudrait se placer au niveau national, rassembler toutes les bases militaires et compter tous ceux qui mangent en cafétéria. On obtiendrait alors une population de 10 000 personnes», souligne Jacques Durocher. Or, on le sait, la population de pointe de l'ensemble des chantiers s'élevait en 1978 à 18 000 personnes. Et la SEBJ depensait 21 millions de dollars en denrées.

Dans les cuisines des chantiers, une véritable armée est à l'œuvre pour réussir à servir deux repas chauds à des milliers de personnes chaque jour. À LG 2, à l'été de 1978, 180 employés s'affairaient dans les cuisines à la préparation de repas pour 5 000 personnes. Sur ces 180 employés, 60 étaient affectés à la préparation et à la cuisson, 40 au service et 80 à des tâches ménagères.

Non seulement les quantités de nourriture et le nombre d'employés sont énormes, mais l'équipement l'est aussi: les trois marmites géantes de LG 2 avaient une capacité de 385 litres, l'immense bain-marie pouvait contenir 680 litres, les trois gros légumiers pouvaient recevoir 205 kilos en tout, et les deux gigantesques fours à palettes rotatives étaient capables de cuire chacun 60 dindes de 9 kilos ou 320 tartes d'un coup.

Aller travailler en avion...

Pour la plupart d'entre nous, prendre l'avion est synonyme de vacances, de voyage, d'euphorie et de dépaysement. Pour les travailleurs de la Baie James cependant, c'est depuis dix ans un simple moyen de transport pour se rendre à leur lieu de travail.

Si, pour les marchandises, le transport routier a efficacement et économiquement remplacé le transport aérien, les routes ne furent jamais utilisées pour le transport des personnes.

En janvier 1976, après des études approfondies, une grande décision est annoncée par le président de la SEBJ, Robert Boyd: la compagnie possédera sa propre flotte d'avions, qui seront des Convair 580. Il y en aura cinq. Selon les prévisions établies pour sept ans, 600 000 personnes devront être transportées dans les chantiers non desservis par les vols commerciaux et en sortir. Et selon Frank Henley, qui était en 1977 chef de service du Transport aérien, et qui avait été le parrain de cette idée: «Le transport des travailleurs de la Baie James est substantiellement moins cher par le réseau Convair que s'il était fait à un taux unitaire par des transporteurs commerciaux. Notre système est unique en son genre en Amérique du Nord et peut-être même dans le monde parce que le Complexe La Grande est lui aussi unique en son genre. Sans l'aviation, la Baie James ne pourrait exister[19].»

À la mi-juin 1976, le premier appareil baptisé du nom d'une rivière de la Baie James, Eastmain, est livré à Dorval. Et le 10 juillet a lieu le vol inaugural. À son bord, parmi d'autres invités, Frank Henley, tout heureux, Pierre MacDonald, vice-président de la SEBJ et Me André Gadbois, chef du Contentieux, qui a négocié le contrat d'achat. À une vitesse de croisière de 560 kilomètres à l'heure, le Convair fait le trajet Montréal-LG 2 en un peu plus de deux heures.

Les cinq appareils, qui peuvent recevoir 49 passagers chacun, appartenaient auparavant à la North Central Airlines, une compagnie américaine. Ils ont été achetés pour la somme de 3 975 000 $. Un sixième avion plus tard s'ajoutera.

Peu à peu, les Convair prennent du service et relient, selon différents itinéraires, les aéroports de LG 3, LG 4 et Caniapiscau à Montréal, Québec, Bagotville et Val-d'Or. Cette flotte a ses aéroports privés dans chacun des chantiers, sauf à LG 2 où la pistes est commerciale. Les vols commerciaux réguliers continuent de desservir le territoire de la Baie James depuis le reste de la province, alors que les Convair ne peuvent y prendre ou y laisser que les passagers effectuant un vol inter-chantiers.

Après Eastmain, les autres Convair portent les noms d'autres rivières: Sakami, Laforge, Caniapiscau, Opinaca et Rupert. Mais ils ont un nom collectif beaucoup plus populaire auprès des travailleurs: l'Oiseau bleu, qui fut longtemps synonyme de renvoi précipité et définitif.

Aujourd'hui, les mesures de sécurité très sévères et les équipements perfectionnés, tant au sol que dans les appareils, éliminent tout danger des voyages aériens dans le Moyen Nord. Mais ce qui est impossible à éviter, ce sont les conditions climatiques défavorables: ainsi les faux départs, les retours manqués et les longues périodes d'attente à l'aéroport ne sont pas rares, surtout au printemps et à l'automne. Mais ce qui frappe le plus à bord des Convair, c'est l'atmosphère. Elle est sombre et silencieuse pendant les vols en direction des chantiers; chacun pense à sa famille, aux amis, à la maison qu'il vient tout juste de quitter et aux deux longs mois de travail qui l'attendent.

Ah! la civilisation!

Pendant les vols de retour, c'est tout le contraire: ça parle fort, ça rit fort, ça boit, l'atmosphère est euphorique. Il faut entendre les cris de: *Ah! la civilisation!* à la vue de Québec ou de Montréal, et *Maudit que ça sent bon de l'herbe* quand les passagers débarquent, pour comprendre que ces hommes et ces femmes sont tout aussi excités à la vue d'une ville connue que nous pouvons l'être à l'approche d'une île des mers du sud.

En plus des Convair et des autres avions commerciaux qui relient le territoire de la Baie James et le reste du Québec, on trouve à l'intérieur même du territoire quantité d'autres aéronefs, de toutes tailles, et répondant à des besoins divers.

Ainsi, l'immense chantier de Caniapiscau, avec ses cinq campements et ses 10 000 kilomètres carrés a même eu son service aérien interne, un peu comme un circuit d'autobus dans une grande ville. Les travailleurs arrivaient par Convair à Duplanter, la capitale du chantier, puis se rendaient par Twin Otter jusqu'à leur campement respectif. Pendant les six premiers mois de l'année 1980, le vaillant Twin Otter a transporté plus de 3 300 passagers. «Notre avion est aussi très utile pour les évacuations médicales (une aux quinze jours en moyenne) et pour acheminer au chantier des pièces dont on a un besoin urgent et qu'il faut récupérer à LG 2 ou dans un autre chantier», raconte Zoël Robichaud, alors gérant de l'aéroport de Caniapiscau[20].

Mais le ciel de la Baie James est tout ce qu'il y a de plus imprévisible. Ainsi, le Twin Otter, que presque rien ne peut empêcher de décoller ou d'atterrir, est cloué au sol en raison du brouillard une fois sur trois.

Cinquième partie

Les grands défis

Chapitre 14

Le procès de la Baie James

L'étonnement est général. Aussi bien chez les dirigeants de la SEBJ, de la SDBJ et d'Hydro-Québec que chez les avocats, les observateurs, les journalistes et même chez les proches collaborateurs du Premier ministre Bourassa, personne ne s'attendait à ce qu'un jour quelques milliers d'autochtones du Moyen Nord québécois — des Indiens et des Inuit — réussissent à paralyser complètement les travaux de la Baie James.

Le jeudi, 15 novembre 1973, au Palais de justice, rue Notre-Dame à Montréal. Il est 15 heures. Le juge Albert Malouf, de la Cour supérieure du district de Montréal, livre les conclusions d'un jugement de 170 pages. La Cour enjoint les intimés, leurs officiers, administrateurs, employés, agents et toutes les personnes agissant sous leur autorité et conformément à leurs instructions:

a) De cesser, de se désister et de s'abstenir immédiatement de poursuivre les travaux, opérations et projets dans le territoire décrit dans la cédule du Bill-50 incluant la construction des routes, barrages, digues, ponts, et des travaux connexes[1];

b) De cesser, de se désister et de s'abstenir de s'ingérer de quelque façon que ce soit dans les droits des requérants, de violer leur droit de propriété et de causer des dommages à l'environnement et aux ressources naturelles dudit territoire. (...)[2]

Le magistrat donne ainsi droit aux revendications de quelque 7 000 Cris et Inuit qui lui avaient demandé, onze mois plus tôt, une injonction interlocutoire dans le but de faire arrêter tous les travaux d'aménagement hydro-électrique à la Baie James. Il en est venu à ces conclusions après avoir entendu, depuis décembre 1972, pas moins de 167 témoins et examiné 312 pièces à conviction. Personne n'avait prévu un tel dénouement. On se serait plutôt attendu au contraire. Même les autochtones ne croyaient pas tellement à la possibilité d'un jugement d'une telle ampleur en leur faveur, Imaginez: ils viennent de réussir à bloquer, à paralyser le projet du siècle!

Si la nouvelle fait crépiter les téléscripteurs dans les salles de rédaction, elle a peine à parvenir aux chantiers de la Baie James. Les communications téléphoniques sont interrompues depuis 8 h du matin et une bonne tempête de neige accompagnée de vents violents annonce l'arrivée de l'hiver.

Une défaillance dans une antenne de télécommunications, à 160 kilomètres au sud de LG 2, est à l'origine de la panne. Les réparations sont difficiles à faire. Les camions s'embourbent, les hélicoptères ne peuvent voler à cause de la tempête, les motoneiges sont immobilisées et les techniciens dépêchés sur les lieux passent des nuits blanches. Il faudra attendre jusqu'au samedi midi pour que les communications téléphoniques ne soient rétablies.

Dans un tel contexte, il devient extrêmement difficile de transmettre les ordres du juge Malouf à chacun des chantiers perdus dans l'immense territoire de la Baie James.

«Les travaux sont arrêtés dans la mesure du possible, déclare aux journalistes Jacques Gauthier, chef des relations publiques de la Société de développement de la Baie James. Mais les hommes qui travaillent à la Baie James sont souvent dans des campements très éloignés les uns des autres. Ces hommes ne savent pas du tout ce qui se passe à Montréal, ajoute-t-il. Il est difficile de leur demander d'arrêter de travailler sans aucune explication. On ne peut pas faire cesser tous les travaux en pressant sur un bouton. Et il

Le 15 novembre 1973, le juge Albert Malouf donne raison aux autochtones et ordonne l'arrêt des travaux à la Baie James. (Photo: La Presse).

James O'Reilly, le principal avocat et conseiller des Cris et des Inuit du Québec.

Billy Diamond devient chef des Cris de la Baie James en juillet 1970. Il n'a que 21 ans. (Photo: Robert J. Epstein)

Charlie Watt, président de la Northern Quebec Inuit Association.

serait inhumain de dire aux travailleurs qu'ils sont maintenant en chômage, sans leur expliquer pourquoi[3].»

Une certaine confusion s'installe dans les médias d'information. Les travaux sont-ils arrêtés, oui ou non? Les promoteurs du projet de la Baie James sont muets comme carpes: affaire pendante. C'est le silence total. Trois jours après le jugement, les journaux sont remplis d'interprétations plus ou moins farfelues.

«Ça ne se peut pas!»

Selon le rapport officiel de Joe Anderson, directeur de la Construction à la SEBJ, les travaux ont été interrompus à 13 h, le 16 novembre. Et d'après *Hydro-Presse*, cet arrêt touche près de 4 000 hommes et une trentaine d'entrepreneurs généraux et de sous-traitants, et tout l'équipement transporté sur les lieux depuis le début des travaux en juin 1971[4].

Les services essentiels à la subsistance des hommes et à la protection de l'équipement sont maintenus. Les hommes, réduits à l'inaction et attendant des ordres, se répètent: *«Ça ne se peut pas, c'est trop gros pour être arrêté[5].»* Jusqu'ici, les travaux ont coûté 300 millions de dollars, et on estime qu'il en coûte 500 000 dollars par jour pour entretenir ce vaste chantier et veiller à sa sécurité.

«La victoire des Indiens», comme l'écrit un quotidien de Winnipeg[6], déclenche un tollé de protestations mais suscite aussi plusieurs approbations. «Les uns voyaient la main machiavélique du fédéral, dont le ministère des Affaires indiennes, sous la direction de Jean Chrétien, avait accordé une subvention de 505 000 dollars pour assurer aux autochtones une défense pleine et entière devant les tribunaux[7], rappelle le journaliste André Gagnon. Pour les autres, c'était la fin de ce rêve *d'indépendance énergétique* que souhaitait le gouvernement Bourassa. (...) Pour les Indiens, le jugement Malouf constituait le symbole du respect de l'homme blanc pour l'homme rouge.»

À Ottawa, en effet, le ministre Jean Chrétien se réjouit de la décision du juge Malouf. Débordant d'enthousiasme, il dit espérer que l'injonction aura pour effet d'amener rapidement les promoteurs du projet et les Indiens à une table de négociation et promet son entière collaboration aux Indiens si jamais ils sollicitent son aide. Il estime en outre qu'une solution négociée avant les procédures judiciaires et surtout avant la décision du juge Malouf aurait été moins coûteuse pour le gouvernement du Québec. Les Indiens renforcent leur position avec un tel jugement[8].

À Québec, le Premier ministre Robert Bourassa commente l'événement par un communiqué de presse de deux paragraphes, dix lignes en tout. Dans le premier paragraphe, il déclare que la SDBJ et la SEBJ ont décidé de porter immédiatement en appel le jugement Malouf. Dans le second paragraphe, il déclare que les deux sociétés présenteront également une requête à la Cour d'appel du Québec pour que l'injonction soit suspendue[9].

Si Robert Bourassa est avare de commentaires, c'est sans doute parce qu'il fait lui-même face à la Justice. Il a, en effet, comparu le 14 novembre, la veille du jugement Malouf, pour se défendre d'une accusation d'outrage au tribunal portée contre lui par les Indiens à la suite de la publication d'un livre intitulé *La Baie James*.

De son côté, le leader parlementaire du Parti québécois, Robert Burns, rappelle que lors de la discussion du Projet de loi 50, à l'été de 1971, l'opposition avait averti le gouvernement Bourassa du danger d'injonction qui planait sur le projet de la Baie James s'il refusait de négocier avec les Indiens[10]. «Je pense qu'on devrait, dès la promulgation de la loi, tenter de négocier avec les bandes indiennes qui sont visées et qui sont protégées, pour que nous n'ayons pas de problèmes quant à la mise en application de ce que cette loi semble nous annoncer», avait-il dit à l'époque.

Les Indiens prêts à négocier

Parlant devant les Indiens réunis à Ottawa, le président Andrew Delisle, de l'Association des Indiens du Québec, dit que l'injonction place les Indiens en position de force et de commande: «Nous avons prouvé que nous pouvons obtenir justice par l'intermédiaire d'une cour[11].»

«Ce n'est pas un montant d'argent que nous voulons, précise Max Gros-Louis. Ce que nous voulons, c'est être respectés comme des humains et faire reconnaître nos droits.»

De son côté, le chef Robert Kanatewat s'oppose radicalement au projet de développement de la Baie James mais il laisse entendre que les Indiens pourraient en accepter une version fortement modifiée[12]. Il insiste sur le fait que, compensation ou non, le projet est inacceptable de la part des Indiens, principalement parce qu'ils ne veulent pas aller s'établir ailleurs.

On ne réglera pas la situation en donnant de l'argent aux Indiens, car, dit-il, peu importe combien de millions on leur donne, cela ne leur fera aucun bien. Les Indiens s'opposeront donc à toute solution qui les obligerait à quitter leurs terres pour obtenir en retour une simple compensation monétaire.

Ce sont là les premières impressions des autochtones. Toutefois, l'attitude générale des Indiens et de leurs avocats est de ne pas négocier à ce stage si Québec porte la décision historique en appel dans le but de faire reprendre les travaux.

Un rencontre secrète

Un peu plus de vingt-quatre heures après l'injonction du juge Malouf, le ministre des Affaires indiennes et du Nord canadien, Jean Chrétien, cherche à instaurer un climat de confiance entre le gouvernement Bourassa et les Indiens de la Baie James en vue d'une reprise des négociations.

Le vendredi soir, 16 novembre, il dîne avec les leaders autochtones dans l'un des restaurants de l'hôtel Hilton à Dorval. Les entretiens paraissent chaleureux[13]. Puis, tout le monde se retire dans une suite pour tenir une réunion secrète et faire le point sur la situation. Le ministre retournera en avion à Ottawa en fin de soirée.

«Au cours des 18 derniers mois, déclare Jean Chrétien à *La Presse*, j'ai demandé au gouvernement du Québec de régler ce problème hors cour. Aujourd'hui, le problème reste entier. Ce n'est pas vraiment que les Indiens s'opposent au développement de la Baie James. Mais ils veulent que leurs droits soient respectés, ils exigent des compensations financières. Chose certaine, leur position est beaucoup plus solide aujourd'hui qu'elle ne l'était il y a trois semaines. Légalement, les Indiens sont sous mon autorité, je me devais donc de leur donner mon appui. Il ne faudrait pas croire que tous les Indiens ont l'intention ou le désir de retourner sur le *trap-line*.»

Pendant que 4 000 travailleurs sont payés à ne rien faire à la Baie James, les Indiens étudient la possibilité de négocier et le ministre Jean Chrétien pousse un peu dans le dos du Premier ministre Robert Bourassa. La Société d'énergie de la Baie James, sans le dire ouvertement, préfère la négociation. Car une bataille juridique pourrait retarder de graves décisions pendant des mois.

Du reste, la victoire des Indiens et des Inuit est de courte durée. Le jour même où le juge Albert Malouf rend son jugement, la SEBJ, la SDBJ et Hydro-Québec décident de le porter immédiatement en appel. Les trois sociétés demandent également à la Cour d'appel de suspendre l'injonction aussitôt que faire se peut. En clair, les trois sociétés d'État veulent une reprise des travaux à la Baie James.

La décision de la Cour d'appel ne se fait pas attendre. Dès le 22 novembre, le juge en chef Lucien Tremblay, accompagné des juges Paul Casey et Jean Turgeon, ordonne la suspension de l'injonction interlocutoire et permet donc la reprise des travaux à la Baie James «jusqu'au jugement qui sera prononcé par cette cour sur le présent appel ou jusqu'à ce que cette cour en ordonne autrement[14]». Les chantiers de la Baie James, endormis depuis le 16 novembre, reprennent leur vie normale à 13 h, le 22 novembre.

Les Indiens ne sont évidemment pas contents. Leur joie de courte durée cède le pas à la frustration. La reprise des travaux «ne compromet probablement pas les pourparlers eux-mêmes, déclare leur avocat, Me James O'Reilly, mais ça compromet les chances d'un règlement parce que les Indiens veulent des modifications au projet, et si les promoteurs continuent leur dynamitage pendant deux ou trois mois, les modifications ne seront plus possibles[15]».

Le président de l'Association des Indiens du Québec, le chef Andrew Delisle, abonde dans le même sens. «Il fallait arrêter tout ça avant qu'ils soient rendus trop loin et que les dommages ne soient irréparables[16]»

Au début de décembre 1973, les Indiens et les Inuit présentent une requête à la Cour suprême du Canada pour contrer la décision de la Cour d'appel.

«Normalement, ce genre de requête ne prend que 15 minutes en Cour suprême; mais il nous a fallu deux journées entières, explique leur avocat, Me James O'Reilly. De plus, cinq juges séniors furent requis au lieu de trois. Et, fait inusité, ils ont pris un peu plus de deux semaines pour rendre leur jugement.»

Rendu le 21 décembre, ce jugement de la Cour suprême refuse, par 3 à 2, de donner la permission d'en appeler du jugement de suspension de la Cour d'appel. «Ce jugement fut un point tournant, explique Me James O'Reilly. Jusque-là, les Indiens avaient dit non à toute négociation. Ils décidèrent de recommander à leurs gens de négocier au cours de nombreuses réunions d'information et de consultation en janvier et en février 1974.»

Le jugement Malouf, qui fait également état de la protection de l'environnement, est un jugement qui fait réfléchir. À bien des égards, c'est un véritable détonateur. «Le réveil a été dans certains cas brutal. Pourquoi n'avait-on pas négocié avec les Indiens? Quelle imprévoyance[17]!»

Au fait, comment tout cela a-t-il commencé? Comment une poignée de Cris et d'Inuit ont-ils pu en arriver à bloquer le projet du siècle?

Les Indiens se regroupent

«Dans les années 1965-1966, des groupements d'Indiens se forment pour la première fois et d'une façon relativement systématique à travers le Canada. Au même moment, le ministère des Affaires indiennes du Canada amorce un processus de consultation plus structuré. Des réunions ont lieu entre les fonctionnaires, les leaders et les chefs de bandes. Tout se déroule sous le parapluie de la consultation», explique Me James O'Reilly. Lui et Me Jacques Beaudoin seront les principaux conseillers juridiques des autochtones touchés par le projet de la Baie James.

«Dans les années 1966-1967, les Indiens passent de la formule consultative à la formule revendicatrice, ajoute Me O'Reilly. Des associations régionales et provinciales naissent, l'Association des Indiens du Québec voit le jour. Celle-ci regroupe des représentants de la plupart des bandes indiennes de la province, dont les Cris. On y discute des droits des Indiens, des problèmes de chasse, de pêche et de trappage, des réserves, etc. C'est l'époque où la notion des autochtones commence à s'imposer à travers le Canada.»

En 1968, le ministère des Affaires indiennes du Canada, avec Jean Chrétien comme titulaire, présente un projet de refonte de la loi sur les Indiens du Canada. C'est l'occasion pour les autochtones de parler des aspects constitutionnels avec des représentants du gouvernement fédéral. On y aborde aussi des problèmes d'ordre général. Les Cris font valoir notamment que le droit de propriété de certaines terres ne leur est pas reconnu, pas plus que les droits de pêche, de chasse et de trappage.

Peu à peu, les autochtones revendiquent leurs droits. La préparation de divers mémoires les amène à approfondir les aspects juridiques et historiques de leur situation. L'avocat O'Reilly travaille étroitement avec les deux cofondateurs de l'Association des Indiens du Québec, Andrew Delisle, chef des Iroquois de Caughnawaga, et Max Gros-Louis, chef des Hurons de l'Ancienne-Lorette.

Le début d'une carrière

C'est par hasard que le jeune avocat James O'Reilly est amené à s'occuper des problèmes des Indiens en 1966. «Les Mohawks de Caughnawaga désiraient régler une fois pour toutes leurs réclamations découlant de l'aménagement de la Voie maritime du Saint-Laurent. Ils visaient un jeune avocat qui pourrait s'impliquer dans leurs causes. J'avais déjà joué au hockey avec quelques Indiens de cette réserve, raconte James O'Reilly. De plus, mon frère sortait avec une Indienne qu'il a mariée par la suite. J'ai jamais su si cela m'a aidé, s'il y avait un lien. Mais mon nom a été proposé au conseil de la bande. Un jour, le chef Andrew Delisle m'a téléphoné pour exposer certains problèmes. Il a demandé à me rencontrer. C'est comme cela que j'ai commencé ma carrière dans cette voie. Durant les années suivantes, je suis devenu le conseiller juridique du Comité national sur les droits et les traités indiens du Canada où Andrew Delisle jouait un rôle actif. Plus tard, j'ai rencontré les Cris de la Baie James lors des réunions de l'Association des Indiens du Québec.»

Un autre avocat s'intéresse aux problèmes des Indiens du Québec. Il s'agit de Me Jacques Beaudoin, un Beauceron qui, au cours de ses études, s'est spécialisé en histoire et en géographie. Il se joint à l'équipe de conseillers techniques de l'Association des Indiens du Québec en 1967.

«Au lieu d'être obligé d'envoyer constamment des fonctionnaires dans les réserves pour étudier les problèmes sur place et essayer de leur trouver des solutions, le ministère des Affaires indiennes préférait que les autochtones s'assurent la collaboration de conseillers juridiques pour mieux définir la nature de leurs problèmes et les résoudre. Plusieurs problèmes ont été résolus dans les réserves, raconte James O'Reilly, des problèmes de logement, de chasse, de pêche et de trappage, des programmes généraux de santé, etc.»

Billy Diamond, chef à 21 ans

Autre fait intéressant à l'époque: de plus en plus d'étudiants cris sortent des écoles secondaires. «Avant, dans les réunions, on voyait surtout les chefs âgés qui, en grande majorité, ne pouvaient s'exprimer en anglais, explique James O'Reilly. Alors les bandes ont commencé à élire des jeunes comme chefs pour pouvoir faire affaire avec le Sud, avec le concours des plus vieux.

L'un d'eux est Billy Diamond. Il est élu chef des Cris de la Baie James en juillet 1970. Il a 21 ans. Il succède à son père qui a été chef pendant 15 ans.

Billy Diamond est diplômé d'un «high school» de Sault-Sainte-Maire, en Ontario. Quand il revient à la maison paternelle à Fort-Rupert, il réalise qu'il a perdu l'habitude de parler la langue crie.

Billy Diamond est à l'image de quelques autres jeunes Indiens qui ont également été élus le long de la côte de la baie James. Ils possèdent une meilleure éducation que leurs prédécesseurs, sont mieux articulés, connaissent davantage la culture des Blancs et sont plus hostiles à plusieurs de ses aspects[18].

Au moment de son élection, le jeune Billy Diamond était loin de se douter qu'il commencerait à jouer un rôle considérable moins d'un an plus tard...

Tout à coup: la Baie James!

Au début de mai 1971, en apprenant la nouvelle que le gouvernement québécois a décidé de construire un vaste complexe hydro-électrique à la Baie James, les Indiens sont consternés. La nouvelle est arrivée comme un éclair: ils ne savaient rien, ils ne se doutaient de rien, ils n'avaient pas été consultés ni même prévenus.

«On ne nous a pas soufflé mot à nous, qui sommes les plus affectés par ce changement. Moi, j'ai appris la nouvelle comme tout le monde, par les journaux, déclare Smally Petawabano, le chef des Cris de Mistassini. On dispose de nos terres comme on veut et toutes les décisions sont prises dans notre dos[19].»

Max Gros-Louis, secrétaire-trésorier de l'Association des Indiens du Québec, entend parler du projet de la Baie James pour la première fois le 29 avril 1971, soit la veille de l'annonce publique faite par Robert Bourassa[20]. Quatre jours plus tard, Gros-Louis déclare que les Indiens du Québec, avec l'appui de tous ceux du Canada, du gouvernement fédéral et des autres provinces, bloqueront le projet d'aménagement hydro-électrique de la Baie James. «Le territoire de la Baie-James, dit-il, est l'un de ceux où nos droits de propriété sont les plus sûrs et, cette fois, pas question de céder. Nous irons devant les tribunaux s'il le faut[21].»

De son côté, le chef Billy Diamond déclare qu'il se prépare à livrer bataille contre le projet. Il réclame l'aide de tous les Indiens du Québec pour le bloquer ou pour obtenir des compensations pour les Cris dont les terres et les moyens de subsistance seront grandement affectés par la construction de barrages, de centrales, de routes et par le détournement de rivières[22]. Ce projet va avilir et ruiner le peuple indien, ajoute-t-il. Ce territoire appartient aux Indiens et tous les Indiens de la province devraient lutter pour leurs droits.

Pour Billy Diamond aussi, les Indiens n'ont jamais été informés de ce projet. «Hydro-Québec n'en a jamais discuté avec moi ou avec n'importe quel autre Indien. Ils viennent ici tout simplement pour prendre nos terres[23].»

Parce qu'ils n'ont pas été consultés, les Cris de la Baie James ont une vision apocalyptique du projet. «Les Indiens voyaient ce projet-là comme quelque chose qui détruirait complètement leur mode de vie, sans qu'aucune précaution ne soit prise pour assurer leur survie comme peuple», explique John Ciaccia, qui est sous-ministre aux Affaires indiennes du Canada de novembre 1971 à octobre 1973, et qui sera nommé négociateur du gouvernement du Québec lorsque viendra le moment d'établir une entente entre toutes les parties. «Les Indiens voyaient leurs territoires de pêche inondés. C'était la fin du monde, pour eux.»

Une autre déclaration publique décrit bien l'état d'esprit des autochtones. C'est celle de Serge Deyglun, chroniqueur de chasse et de pêche, farouchement opposé au projet de développement de la Baie James. La plupart des Indiens pensaient comme lui. «Des forêts entières vont être noyées, l'eau deviendra acide et des espèces de poissons vont disparaître à jamais. D'ailleurs, à mon avis, le projet est parfaitement inutile! On va se retrouver dans vingt-cinq ans d'ici avec un lac de 50 000 milles carrés et avec le plus gros éléphant blanc au monde, puisque l'énergie nucléaire aura remplacé l'énergie hydro-électrique. On se sera rendu coupable d'un génocide culturel, on aura déporté des milliers de personnes et on aura détruit un autre morceau de notre planète. Les Indiens sont en colère et ils ont parfaitement raison, car on va tuer leurs fleuves[24].»

Au pays des Indiens

«Le territoire convoité par la Société de développement de la Baie James est, et a été, de tout temps, occupé par les Indiens cris, explique Boyce Richardson dans son livre *Baie James: sans mobile légitime*[25]. Ils y étaient déjà quand le père Charles Albanel, qui semble le premier homme à avoir atteint la baie James par voie terrestre, a remonté la Mistassini jusqu'à la source de la rivière de Rupert, en 1672.

«Avant l'arrivée des hommes blancs, les Indiens se déplaçaient en famille pour faire la chasse dans tout le territoire. Ils se sont ressentis de leur présence avant même de les voir puisqu'ils ont eu à souffrir de ses maladies, propagées depuis Tadoussac et les autres postes de traite à l'époque où les marchandises des Blancs étaient transportées de main à main loin à l'intérieur des terres où les Blancs eux-mêmes n'avaient jamais mis les pieds.

«Leur mode de vie étonne autant par sa continuité que par les bouleversements qu'il a dû subir après l'arrivée des Européens. Ils ont continué à vivre en famille, manifestant toutefois une tendance à se serrer autour des postes de

Un trappeur cri capture en moyenne une quinzaine de castors par année. Photo prise en 1971 à Fort-George.

Dans un teepee, des femmes préparent le repas: de la volaille bouillie, du poisson fumé et du «bannock», genre de pain aux raisins fait avec de la pâte enrobée sur des bâtonnets.

traite, à l'embouchure des rivières, autour de la baie, et ils ont continué à faire la chasse. Bien qu'évangélisés par les missionnaires anglicans, ils ont continué d'entretenir des rapports sacrés avec le monde animal qui tissait, autour d'eux, un réseau fragile d'interdépendance. Jusqu'à la fin du XIXe siècle, ils ne mangeaient pas la nourriture des Blancs et, même alors, ils se contentaient de denrées de base comme la farine, le thé et le lard.

«Ils n'ont jamais été conquis et n'ont jamais vendu ou cédé leur territoire, par des traités ou de quelque autre manière. Ils ont négligé d'apprendre l'anglais et parlent encore exclusivement le cri dans leurs villages, fait inusité, même chez les autochtones les plus isolés dans le Grand Nord. Les Indiens Kutchins, par exemple, qui vivent au Yukon dans une région beaucoup plus éloignée, sont bien plus près de perdre leur langue que ne le sont les Cris du Québec.

«Jusqu'à ces quinze dernières années, note encore le journaliste Boyce Richardson, ils témoignaient d'une aptitude remarquable à prendre de la civilisation des Blancs tout juste ce qui leur convenait et à rejeter ce qui ne leur convenait pas. Ils avaient ainsi réussi à maintenir à un degré étonnant la cohérence de leur culture. Mais, au cours des deux dernières décennies, ils ont été soumis à des pressions qu'ils étaient impuissants à combattre, en raison même de leur nature réservée. Durant ces années, toutes sortes d'activités ont pris le pas sur la traite des fourrures. Le piégeage ne suffisait plus à leurs besoins immédiats et il leur était rendu difficile du fait que les enfants avaient commencé à fréquenter l'école et qu'il leur fallait rester à la réserve pour s'en occuper plutôt que de courir les bois comme autrefois.

«La Compagnie de la Baie d'Hudson était connue des Indiens sous le nom de *auchimau*[26] et les anthropologues ont observé que lorsque les postes de la CBH fermaient leurs portes, comme c'est arrivé en 1965 à Waswanipi, dans la partie méridionale du territoire visé par le projet de la Baie James, les Indiens avaient tendance à abandonner leur village et à rechercher d'autres intermédiaires blancs le long de la route qui traverse le territoire et relie l'Abitibi au lac Saint-Jean. Ils recherchaient un autre *auchimau*, recherche bien vaine, semble-t-il maintenant», ajoute Boyce Richardson.

Les Indiens ont-ils des droits?

L'annonce du projet de la Baie James, en avril 1971, fait ressortir la question des droits des Indiens au Québec. Pour plusieurs Québécois, la question ne se pose même pas: les Indiens n'ont aucun droit!

Bien des Québécois ignorent ou feignent d'ignorer que le gouvernement du Québec, comme le lui recommande la commission d'enquête sur l'intégrité du territoire du Québec (Commission Dorion), doit «prendre sans délai des dispositions pour honorer les obligations contractées envers les Indiens par les lois d'extension des frontières du Québec de 1912; que l'accomplissement de cette obligation doit prendre la forme d'une entente entre le gouvernement du Québec et les représentants dûment mandatés des bandes indiennes du Québec, entérinée par le gouvernement du Canada[27]».

Il faut se rappeler, en effet, que les frontières du Québec n'ont pas toujours été celles que nous connaissons aujourd'hui. Au tournant du dernier siècle, deux extensions ont considérablement modifié la province de Québec. La première extension, en 1898, rattache administrativement au Québec la partie est du versant de la baie James. La seconde, en 1912, étend les limites du Québec jusqu'au détroit d'Hudson.

«Au moment de ces extensions, il n'y a eu aucune guerre, on n'a entendu aucune protestation, même si dans les territoires annexés vivaient depuis des millénaires des populations autochtones d'Indiens cris et d'Inuit. Pour eux qui s'adonnaient toujours à leurs activités traditionnelles de chasse et de pêche, une redéfinition des limites du territoire québécois avait sans doute peu de conséquences[28]», expliquent Éric Gourdeau et Raymond-Marie Gagnon, du

Secrétariat des activités gouvernementales en milieu amérindien et inuit (SAGMAI).

Le nœud du problème, c'est cette fameuse loi de 1912. «Quand le gouvernement du Canada a décidé de repousser les frontières des provinces du Québec et d'Ontario pour leur ajouter des portions additionnelles de la Terre de Rupert, il obligeait ces provinces à assumer envers les Indiens des obligations similaires aux siennes[29], explique le juge Albert Malouf. Après la loi de 1905, le gouvernement d'Ontario, quand il a voulu ouvrir certains territoires à la colonisation, a signé des traités avec les Indiens, suivant ses obligations juridiques. La province de Québec n'a encore aucun traité avec les Indiens.»

Pourtant, la Loi de l'extension des frontières du Québec, sanctionnée par le parlement fédéral le 1er avril 1912, est très claire. Elle contient en effet une disposition qui ne prête guère à équivoque: «La province de Québec reconnaîtra les droits des habitants sauvages dans le territoire ci-dessus décrit dans la même mesure, et obtiendra la remise de ces droits de la même manière que le gouvernement du Canada a ci-devant reconnu ces droits et obtenu leur remise...[30]»

Les Indiens partent en guerre

À la fin de juillet 1971, l'Association des Indiens du Québec part en guerre contre le gouvernement Bourassa qui l'a complètement laissée de côté lors de l'étude d'un programme d'aménagement de la Baie James. Dans une lettre adressée au ministre Jean Chrétien, elle rappelle que «les fonctionnaires du ministère des Affaires indiennes et du Nord canadien ont déjà fait une étude superficielle des effets que pourrait avoir la réalisation d'un tel projet sur la population de la région. Les résultats de cette étude sont alarmants — sept mille Indiens seront touchés, dépossédés et même déportés, et la faune du territoire, qui est leur principale ressource, sera gravement perturbée, pour ne pas dire détruite.

«La déportation des Acadiens est considérée comme un crime par les Canadiens français, mais la loi permettant l'extermination, d'une manière ou d'une autre, de sept mille Indiens est qualifiée de cadeau d'anniversaire pour le Premier ministre du Québec. Le sort des Acadiens est terrible, mais celui qui est réservé aux Indiens de la Baie James est encore pire car, sans ressources, ils n'auront plus qu'à mourir[31].»

Le porte-parole du groupe, Max Gros-Louis, souligne que les Indiens ont encore l'espoir que le gouvernement canadien entre dans la lutte pour donner justice aux Indiens. «Selon la constitution canadienne, ajoute d'ailleurs l'Association dans sa lettre, votre gouvernement a juridiction sur les affaires indiennes. Il est fiduciaire des droits des Indiens et il est donc leur protecteur. Le gouvernement du Québec semble vouloir s'emparer d'un vaste territoire sans leur assentiment, contrairement aux dispositions des lois par lesquelles le Québec s'est agrandi. Ceci constitue une usurpation des droits indiens, droits que votre gouvernement a le devoir de protéger.»

«À cette époque, les Indiens étaient complètement opposés au projet de la Baie James, explique Me James O'Reilly. Pour eux, c'était la disparition de leur mode de vie. Ils ne voulaient pas négocier. Ils étaient contre le projet, un point, c'est tout.»

Un document inespéré

Au début de l'année 1972, les conclusions du premier rapport sur les répercussions environnementales du projet de la Baie James[32] sont rendues publiques. Institué en juillet 1971 à la demande des autorités québécoises, le groupe de travail réunit des spécialistes du ministère fédéral de l'Environnement et de divers ministères provinciaux, sous la présidence d'André Marsan, conseiller auprès de Victor Goldbloom, ministre québécois chargé de la qualité de l'environnement.

Compte tenu du peu de données disponibles, le groupe de travail ne peut identifier «qu'une seule retombée écologique dont l'importance et les proportions potentielles soulèvent de vives inquiétudes: l'impact sur la population autochtone de la région.»

Ce rapport recommande que soient entreprises le plus tôt possible des études intensives pour examiner les effets des changements du milieu naturel (potentiel de chasse, de pêche et de piégeage, des voies de communications, etc.), du choc de l'implantation technologique et du contact avec une culture étrangère. «Ces études devraient viser la protection ou l'amélioration de la destinée des Indiens, qu'ils choisissent de conserver leur vie traditionnelle ou de s'intégrer à la vie industrielle.»

Notons que la population indienne est répartie dans les villages de Poste-de-la-Baleine, Fort-George, Wemindji (Nouveau-Comptoir), Eastmain, Fort-Rupert, Mistassini et Waswanipi.

Enfin, selon le groupe de travail, le territoire de la Baie James devrait être considéré comme un vaste laboratoire naturel dans lequel des recherches et des études multidisciplinaires seraient conduites afin de déterminer comment les milieux naturel et social seraient modifiés par les travaux d'aménagement.

Cette première étude est à la fois réconfortante et alarmante pour les Indiens. Réconfortante parce que des spécialistes blancs leur donnent raison; alarmante parce qu'ils avivent leurs craintes, par exemple au sujet de l'assèchement de rivières et de la création d'immenses réservoirs qui «inonderont 1 700 milles carrés du territoire dans le cas du projet NBR, et 3 400 dans le cas du projet La Grande[33]».

Des Cris déménagent...

Tout ce climat d'inquiétude entraîne bientôt de vives réactions, des déclarations percutantes. Ainsi, deux étudiants cris de l'université McGill rapportent que des Indiens ont déjà commencé à déménager. Matthew Iserhoff, de

Mistassini, affirme qu'un certain nombre de familles ont quitté leurs demeures parce qu'elles croient que le territoire va être inondé! David Diamond, de Matagami, pense que les Indiens de la Baie James comprennent mal comment la réalisation du projet modifiera leurs vies[34].

«Il y a beaucoup d'appréhension, dit-il. On a vaguement l'impression que quelque chose d'affreux va arriver, que de grandes inondations vont engloutir nos demeures et même les arbres. Il faudra déménager et essayer de recommencer à neuf, mais qu'arrivera-t-il de la chasse et de la pêche? Serons-nous aptes à reprendre nos activités traditionnelles?»

D'autres incidents surviennent. Au cours de l'hiver 1972, la Société de développement de la Baie James distribue des exemplaires du rapport Marsan en version crie à travers tout le territoire. Mais, surprise. Les Indiens ne peuvent déchiffrer l'écriture syllabique utilisée dans la traduction.

Les Cris se réunissent à Fort-Rupert le 21 février. La version crie comporte 15 pages, la version anglaise, 55 pages et la version originale, 300 pages. Annie Diamond, la sœur du chef Billy Diamond, lit le rapport mais l'auditoire ne comprend rien. Des points ont été omis entre les voyelles, de sorte que les mots du texte n'ont plus de sens[35].

— Il n'y a rien à comprendre dans tout cela! s'exclame le chef Billy Diamond. Que ferons-nous de ce document?

— Il faut le brûler! lance une voix parmi l'assistance.

«Aussitôt, les exemplaires du rapport se sont mis à voler dans la pièce et un air de libération, presque de carnaval, se lisait sur tous les visages tandis qu'on recueillait les brochures pour les enfouir dans le poêle à bois, raconte Boyce Richardson. Puis on a empilé les rapports et on les a apportés dehors dans la neige pour en faire un feu[36].

«Sans doute était-ce le premier autodafé depuis bien des années au Canada. Ceux d'entre nous qui y assistions, pourtant, ne pouvions contenir un sentiment de satisfaction en voyant ces Cris qui vivent en communion étroite avec la nature, en saisissent toutes les subtilités, l'aiment et veulent la préserver, déclarer carrément qu'ils n'allaient pas être dupes des pantalonnades que leur servait la Société de développement de la Baie James, sous ce déguisement scientifique, avec des airs de vertu si faux que même les gens les plus réservés et les plus doux du continent ne pouvaient le digérer. D'un seul coup, les Indiens ont replacé toute la discussion autour du projet de la Baie James dans sa véritable perspective.

«Au cours des semaines qui ont suivi, les communautés indiennes, une à une, ont rejeté le rapport: elles n'allaient pas encore une fois se laisser emberlificoter par les gens du Sud. Un mois plus tard, les Cris de la Bande de Waswanipi retournaient par courrier leurs exemplaires du rapport de la Société de développement de la Baie James, accompagnés de petites notes en cri expliquant qu'à leur grand regret ils n'avaient rien pu y comprendre.»

La décision de James O'Reilly

Les deux avocats qui avaient le plus d'expérience en matière d'affaires indiennes au Québec étaient Jacques Beaudoin et James O'Reilly.

«Jacques Beaudoin était plus fort que moi dans certains domaines, la géographie, l'histoire... et moi, plus fort dans certains aspects juridiques, raconte James O'Reilly. Nous nous complétions. Au mois de mars, ma décision était prise: aider les Indiens. Au début d'avril 1972, je quittais avec regret le bureau où j'avais travaillé jusque-là.»

Pour James O'Reilly, comme pour tant d'autres personnes, le projet de la Baie James allait changer sa vie, orienter sa carrière. Un travail considérable l'attendait.

Fin de mars, le ministre Jean Chrétien est en visite à Schefferville pour l'inauguration d'une nouvelle réserve indienne. L'Association des Indiens du Québec lui demande d'intervenir directement et de bloquer le projet hydroélectrique par l'émission d'une injonction fédérale ordonnant l'arrêt des travaux. Ces demandes sont formulées au cours d'une réunion privée[37].

Jean Chrétien répond qu'un tel geste est impossible à son gouvernement et qu'il appartient plutôt à leur association de le poser. Le président Andrew Delisle rétorque qu'il ne peut en être question pour l'instant, mais on chuchote qu'un des avocats de l'association rédige un document important[38]. Et le 2 mai, Indiens et Inuit intentent deux actions en Cour supérieure du Québec afin que la loi créant la SDBJ soit déclarée inconstitutionnelle et que tous les travaux de la Baie James soient arrêtés, parce que leur environnement et leur mode de vie seraient menacés, soutiennent-ils.

«Le mandat que j'avais reçu des autochtones était bien clair dans mon esprit: c'était d'essayer, par des procédures judiciaires, d'arrêter le projet de la Baie James, explique James O'Reilly. L'idée n'était pas d'arrêter le projet en vue de négocier, c'était d'arrêter le projet pour pouvoir protéger leur mode de vie. Leur optique ressemblait beaucoup à la mienne. Je ne voyais pas comment leur mode de vie pouvait se perpétuer avec un tel projet. Il y avait aussi, à l'époque, l'attitude rigide, très dure, du gouvernement provincial ainsi que de la SEBJ et la SDBJ. Ils ne reconnaissaient aucun droit aux Indiens.»

Certes, les représentants du gouvernement provincial n'y vont pas de main morte au cours des réunions avec les Indiens: «Le projet de la Baie James est non négociable; il se fera d'une manière ou d'une autre, avec l'accord ou non des Indiens[39].»

De la fin du printemps 1972 jusqu'au début de l'automne de la même année, des rencontres ont lieu entre le gouvernement du Québec et des Indiens. Des négociations se poursuivent depuis six ans en ce qui a trait en particulier aux droits territoriaux et aux droits de chasse et de pêche, «négociations qui n'ont abouti à rien[40]», déclare Max Gros-Louis. À la demande du ministre Jean Chrétien, les Indiens acceptent de mettre en veilleuse leur décision de demander une injonction interlocutoire.

Après avoir discuté en vain avec des fonctionnaires du gouvernement provincial, les représentants indiens et inuit tentent une ultime démarche: rencontrer le Premier ministre Robert Bourassa. La rencontre a lieu au début d'octobre et ne donne aucun résultat satisfaisant. Les autochtones perdent tout espoir d'en venir à une entente à l'amiable. Bien plus, les Indiens sont convaincus que les Blancs n'attachent aucune importance à leurs revendications et ne cherchent qu'à gagner du temps. Ils sont aussi convaincus que c'est Robert Bourassa lui-même qui leur a mis des bâtons dans les roues lors des négociations qu'ils avaient avec la Société de développement de la Baie James[41].

Une attitude offensante

Les Indiens se considèrent offensés de la façon cavalière avec laquelle Robert Bourassa les a reçus: il n'écoute pas leurs doléances, poursuit sa conversation en français avec ses collaborateurs pendant que les Indiens essaient de lui parler[42].

Constatant l'inutilité des démarches qu'ils ont entreprises depuis deux ans pour que le Gouvernement tienne compte de leurs droits, les autochtones convoquent les journalistes à une conférence de presse. Les 32 représentants des autochtones, réunis à l'hôtel Windsor à Montréal, annoncent que l'Association des Indiens du Québec, au nom de 7 000 Indiens et des 3 000 Inuit du Québec, a décidé de demander à la Cour supérieure d'émettre une injonction interlocutoire afin de faire cesser immédiatement les travaux de la Baie James.

Ils passent à l'action quelques jours plus tard. Les intimés, la SDBJ, la SEBJ, Hydro-Québec et le gouvernement du Québec, demandent aussitôt à la Cour de déclarer cette requête irrecevable. Le juge Albert Malouf est saisi de l'affaire et rejette la requête le 8 décembre 1972. La preuve de la requête pour injonction interlocutoire commence trois jours plus tard; 167 témoins y seront entendus et 312 pièces à conviction seront produites. C'est «le procès de la Baie James», procès qui, le 15 novembre 1973, amènera le juge Malouf à ordonner l'arrêt de tous les travaux à la Baie James.

Il va de soi qu'une preuve d'une telle importance ne se prépare pas en trois jours et trois nuits. «Les Indiens ont beaucoup travaillé à la préparation de cette requête en octobre et en novembre 1972, raconte James O'Reilly. Nous avions tout un système de sélection des témoins. Il fallait faire témoigner des trappeurs ayant une certaine expérience; des jeunes autochtones engagés dans des discussions avec les deux gouvernements, etc. Il fallait bâtir une preuve d'ordre historique et anthropologique sur leur occupation du territoire depuis des centaines d'années. La preuve écologique et environnementale était considérable et requérait la présence de spécialistes de plusieurs disciplines pour décrire les effets du projet de la Baie James.

«Nous devions aussi poser cette question: est-ce que le gouvernement du Québec a vraiment besoin de ce projet? Des recherches juridiques considérables s'imposaient. C'était non seulement le droit indien qui était nouveau mais l'application de toute la doctrine des injonctions à une telle cause.

«Bien entendu, il nous importait d'anticiper un peu quels seraient les arguments de la défense, de trouver leurs points forts et leurs points faibles. Enfin, l'organisation des témoins autochtones n'était pas une sinécure. La plupart d'entre eux n'avaient jamais témoigné, n'avaient jamais vu une cour de justice. Plusieurs ne parlaient pas anglais ou très peu. Pour le choix des témoins indiens, je me suis fié beaucoup à Billy Diamond, Robert Kanatewat, Peter Gull, chef de la Bande de Waswanipi, et Max Gros-Louis.

Des enquêtes simulées

«Nous avons dû expliquer aux Indiens le fonctionnement du système judiciaire. Ils ne comprenaient pas ce qu'un juge faisait là, habillé en noir. Pour corriger la situation, nous avons fait des enquêtes simulées dans nos bureaux. C'est ainsi que Max Gros-Louis a joué le rôle du... juge, un autre Indien, celui de l'avocat de la demande et un troisième, l'avocat de la défense. Et un interprète. Me Monique Caron, qui travaillait alors avec moi, a assisté au plus grand nombre possible de séances qui servaient deux buts: préparer les témoins au genre de questions qu'ils pourraient se faire poser par la demande comme par la défense; leur donner de l'expérience afin qu'ils ne soient pas totalement surpris au moment des questions, de façon à ce qu'ils puissent penser à leurs réponses.»

Il fallait leur expliquer que quand des questions d'ordre général seraient posées, il ne faudrait pas juste dire non mais essayer d'élaborer. C'était très difficile car les Indiens étaient très précis, explique James O'Reilly. Quand on leur demande de dire la vérité, les Indiens disent la vérité. Ils ne comprenaient pas le concept du contre-interrogatoire. Ils ne pouvaient s'imaginer que quelqu'un pourrait tenter, en contre-interrogatoire, de prouver que ce qu'ils avaient dit n'était pas vrai, ou qu'il manquait des éléments.»

Pendant que Me Monique Caron, Billy Diamond et quelques autres, expliquent les rouages d'une cour de justice aux futurs témoins autochtones, James O'Reilly s'occupe des témoins du milieu scientifique. «Nous avions des listes et des listes de témoins, explique-t-il. Nous devions interviewer tous ces témoins de façon à connaître leurs opinions. Nous voulions éviter le plus possible les surprises et connaître d'avance les points faibles et les points forts de chacun.

«Peu à peu, nous bâtissions notre cause. Ce n'était pas facile, c'était même très compliqué! Nous devions aborder des sujets comme le régime des glaces, la sédimentation, le transport, la construction de barrages, les effets possibles à court et à long terme, toute la question de la biologie, les poissons, le gibier... Avec les scientifiques, cela a été très dur. Très souvent, il leur était difficile de se prononcer. Nous ne pouvions que faire des spéculations.»

Pendant tout l'automne 1972, une demi-douzaine de personnes travaillent dans les petits bureaux de James O'Reilly au 84, rue Notre-Dame. C'est le centre névralgique. Quatre jeunes avocats y font de la recherche à temps plein. Ce sont Monique Caron, Peter Hutchins, William Grodinsky et Diane Sorona. Les chefs et les témoins indiens s'ajoutent à l'équipe. Les procureurs des Inuit, Mes Max Bernard et Robert Litvack, collaborent aussi à cette preuve. Les journées sont trop courtes, il faut souvent travailler très tard.

La défense s'organise aussi

En septembre 1972, la SEBJ et Hydro-Québec signent un contrat d'assistance à la gérance avec Lavalin. Un mois après, Armand Couture, vice-président de cette firme, est désigné responsable des dossiers des autochtones, de l'environnement et du transport. L'ingénieur André Langlois pilote le dossier des autochtones au nom de la SDBJ et Me Jean Boulanger fait de même pour Hydro-Québec.

«Quand on a commencé à regarder la cause en 1972, on s'est aperçus que si on voulait avoir des chances de gagner, il fallait se préparer, travailler très fort, bâtir un véritable dossier, raconte Armand Couture. On a aussi constaté qu'au Québec, il n'y avait pas beaucoup de scientifiques ou de personnes ayant à cœur de défendre le projet de la Baie James. La sympathie allait plutôt du côté des autochtones. Ces derniers projetaient l'image des gros gars, des puissants. Quand on voulait des experts pour parler de biologie ou d'autres aspects techniques, on essuyait des refus. Mais avec beaucoup de recherche et de patience, on est parvenus à les trouver, à les motiver. Cela a demandé un travail énorme.

«Le rapport Marsan, qui avait été préparé par une équipe réunissant à peu près tous les scientifiques qui connaissaient la région de la Baie James, a servi énormément à bâtir une défense. Ce rapport donnait une évaluation, faite dans un contexte assez impartial.

Quelques-uns des artisans des ententes signées avec les autochtones: Armand Couture, pour la SEBJ.

Feu Me Jean Boulanger, au nom d'Hydro-Québec.

Gilles Bacon, «l'homme de factum», pour la SEBJ.

Jean Chrétien, pour le gouvernement du Canada. (Photo: La Presse).

Un très long procès

Les Blancs comme les Rouges arrivent à bâtir, chacun de leur côté, des preuves qui leur semblent irréfutables. Il faudra des semaines et des semaines pour entendre tout ce monde. En plus d'une quarantaine de témoins autochtones, des experts de toutes sortes défilent devant le juge: ingénieurs, biologistes, écologistes, sociologues, anthropologues, un spécialiste du caribou, un autre en géomorphologie et en hydro-météorologie, un docteur en hydrodynamique.

Le juge, c'est Albert Malouf, un Québécois d'origine libanaise, né à Montréal le 19 décembre 1916. Il a fait une partie de ses études primaires à l'école française pour aller ensuite dans un «high school» puis à l'université McGill. Il parle l'arabe, le français et l'anglais.

En 1970, le juge Malouf avait arrêté les procédures intentées contre un autochtone. Dans son jugement, il avait déclaré que celui-ci, George Ittoshat, ne pouvait en toute justice, en raison des barrières infranchissables, présenter une défense pleine et entière[43].

«Comment voulez-vous, disait-il, que cet homme puisse se défendre adéquatement, faire comparaître des témoins alors qu'il est pauvre, démuni et ne peut certainement pas payer les billets d'avion pour faire transporter ses témoins depuis le Nouveau-Québec jusqu'à Montréal?»

Cela fit un peu réfléchir les gens du ministère québécois de la Justice qui, par la suite, décidèrent de mettre sur pied quelques cours itinérantes.

On se disait «Bonne chance!»

La preuve des autochtones devant le juge Malouf, dure trois mois. Elle prend fin le 8 mars 1973 alors que la cour entend le premier témoin de la défense, l'ingénieur André Langlois. Il faudra aussi trois longs mois pour permettre aux nombreux témoins de démontrer que les autochtones n'ont pas raison. Avec leur armée d'experts, les Indiens et les Inuit prouvent qu'une grande partie des territoires de chasse et de trappage sera inondée, que la faune aquatique de la région est menacée d'extinction et que la culture indigène est en danger[44].

Les témoins de la défense affirment, pour leur part, que le Québec a un besoin pressant des ressources hydrauliques de la Baie James et que tout retard serait coûteux. Ils prétendent que les conséquences sociales ne sont pas aussi dramatiques que les chefs indiens le laissent croire[45], car le mode de vie des autochtones s'est déjà adapté à la présence des Blancs. Les autochtones profitent des aspects qu'ils ont voulu intégrer à leur façon de vivre. Enfin, la défense démontre que, du point de vue écologique, la réalité est bien loin des catastrophes appréhendées par les témoins autochtones.

La plus longue procédure d'injonction interlocutoire dans les annales judiciaires canadiennes et la polémique qui l'entoure suscitent l'intérêt un peu partout dans le monde. Aux États-Unis, du *New York Times* au *Saturday Night*, en Europe, du *Times* de Londres au *Monde diplomatique* de Paris, les médias commentent l'événement[46].

Après avoir entendu pendant plus de six mois les preuves et les plaidoiries des deux parties, le juge Malouf prend la requête en délibéré le 21 juin 1973. Ce n'est que le 15 novembre suivant qu'il fera connaître sa célèbre décision de faire fermer les chantiers de la Baie James.

Les premiers contacts entre les représentants de la SEBJ, de la SDBJ et d'Hydro-Québec et les autochtones se sont établis pendant les audiences du long procès. «On se rencontrait tous les matins à la cour et on se serrait la main en se souhaitant mutuellement *«Bonne chance!»*, raconte Armand Couture, de la SEBJ. Nous avions convenu d'une chose avec les Indiens et les Inuit: *si on n'a pas la même opinion, cela ne nous empêche pas de nous apprécier mutuellement.*

«C'est ainsi que, pendant toute la durée du procès, il a régné une atmosphère de rivalité de bon aloi et, à force de se rencontrer comme ça tous les jours, pendant plusieurs mois, il s'est même développé une certaine amitié entre nous. C'est la principale caractéristique qui nous a permis ensuite de négocier avec eux et d'en arriver à des ententes.»

Pendant que le juge Albert Malouf apprécie les différentes preuves et rédige son jugement, des représentants d'Hydro-Québec, de la SEBJ et de la SDBJ développent et soumettent une proposition, une sorte d'offre de compromis, au Premier ministre Robert Bourassa. D'abord réticent, ce dernier accepte après avoir entendu les explications de Robert Boyd. Mais cette proposition ne sera jamais transmise aux autochtones à cause de l'injonction prise par les Cris contre Robert Bourassa qui vient de publier son livre *La Baie James* et du jugement Malouf.

L'homme du factum

Peu de temps après ce jugement, le SEBJ décide d'aller en appel. Il faut préparer la cause. Qui va s'en occuper? Un nouvel intervenant fait son entrée dans le dossier des autochtones. C'est Gilles Bacon, alors chef du groupe Études des investissements d'Hydro-Québec. Il est aujourd'hui Président-directeur général de Cégalec. Il avait été membre du Comité de validation du Complexe La Grande.

— On pense que tu es capable de nous aider à préparer la défense en Cour d'appel, lui dit Armand Couture.

— Mais je ne suis pas avocat...

— Ça n'a pas d'importance!

— Que faut-il faire?

— Il faut rédiger un factum.

— Un... quoi?

— Un factum. Je vais t'en apporter un demain. En gros, tu prends le jugement Malouf, tu prends toute la preuve, tous les témoignages, toutes les pièces et tu démontres dans un document que le juge de la Cour supérieure s'est trompé. Il faut que tu démolisses le jugement Malouf en te servant de son jugement et exclusivement de la preuve écrite.

«La preuve, raconte aujourd'hui Gilles Bacon, c'était des milliers et des milliers de pages de témoignages, plus de 300 pièces à conviction, des tableaux, des rapports, des cartes, des photos de toutes natures, de quoi remplir une bibliothèque! Il me fallait lire tout ça, lire le jugement, rencontrer des gens et, progressivement, écrire un factum. J'y ai mis six mois avec l'aide de deux avocats, de deux économistes, d'un ou deux spécialistes de l'environnement, d'un anthropologue, d'une secrétaire et, au besoin, d'autres personnes-ressources.»

Gilles Bacon et son équipe viennent à bout de la rédaction du factum: deux volumes de 502 pages sur du papier format ministre, en plus des annexes. On retrouve de tout dans ce factum: les faits admis, les motifs d'appel, la constitutionnalité, l'immunité, le droit indien, la dépendance de la terre des Indiens, les origines des Indiens, la culture, l'environnement, etc. «Ce qu'il faut retenir, précise Gilles Bacon, c'est que le factum a été la première synthèse de la connaissance du milieu de la Baie James. Elle a longtemps servi aux gens du service de l'Environnement de la SEBJ qui s'y référaient pour avoir l'avis des experts venus témoigner durant le procès. Nous avions payé pour le travail de ces spécialistes. Leurs témoignages ont été une source importante de consultation. Le factum était la synthèse de l'ensemble des témoignages.

Un rapprochement s'amorce

«Pendant ce temps, nous avons développé deux types de relations avec les Indiens. Avec certains, de l'animosité, avec d'autres, de la crédibilité. Nous avons appris à nous connaître. Il s'établissait une certaine sympathie. Progressivement, la SEBJ s'organisait, embauchait du personnel, établissait des méthodes, construisait des campements, achetait des avions... bref ça marchait. Et ça impressionnait les Indiens.

«Peu à peu, ils ont commencé à nous demander des services, ajoute Gilles Bacon. Tout à coup, un Indien se cassait une jambe en faisant du trappage; une femme avait une infection grave; un enfant faisait de la fièvre... Nous recevions des appels téléphoniques:

— *Pouvez-vous nous aider... on n'a personne pour sortir.*

— *Certainement, oui, monsieur*, répondaient les gens de la SEBJ en poste aux chantiers de la Baie James.

Ils utilisaient un hélicoptère pour aller chercher les malades ou les blessés et les conduire à l'hôpital.

— *Pouvez-vous nous aider... on ne sait pas ce qui se passe, mais notre eau n'est pas potable... elle est brune...*

— *Oui, monsieur*, répondent encore les gens de la SEBJ, qui se rendent sur place, aménagent un puits temporaire et réparent les conduites brisées.

«Pendant qu'on préparait notre dossier pour la Cour d'appel, nous aidions les Indiens. On montrait de la bonne volonté, de l'efficacité. À un moment donné, ils nous ont fait la remarque suivante:

— *Ça n'a pas de sens... vos gars des chantiers de construction sont toujours rendus dans le village de Fort-George!*

— *Eh bien! Vos filles sont tout le temps rendues dans nos cinémas... Que voulez-vous qu'on fasse?*

«On s'est assis et on a dit: *nous avons mutuellement intérêt à nous protéger. Nous allons mettre une barrière à LG 2. Une guérite.* Il y avait un gardien de la Municipalité de la Baie James pour surveiller les gens qui entraient et sortaient, explique Gilles Bacon. Et cela a bien fonctionné. Ça faisait réfléchir les Indiens. Nous étions de ceux qui les écoutaient, de ceux qui acceptaient de collaborer à tout ce qui était raisonnable, peu importent les litiges. Pour une fois, ils rencontraient un interlocuteur qui ne se perdait pas en palabres pendant des années avant de prendre des décisions. Ils étaient très impressionnés. Nous bâtissions notre crédibilité tout en prouvant que nous étions là pour continuer à aménager le Complexe La Grande.»

C'est dans un tel climat qu'on peut envisager la possibilité d'une entente. De leur côté, les journaux font pression afin que le litige fasse l'objet d'une entente hors cours. «Nous avons commencé tranquillement, progressivement, de façon timide, prudente, à explorer ce qui est devenu le chapitre 8 de la Convention de la Baie James et du Nord québécois, raconte Gilles Bacon. Ce chapitre traite de la création de la SOTRAC (Société des travaux de correction du Complexe La Grande), des obligations de la SEBJ en ce qui a trait à l'environnement, etc.»

Nous sommes à la fin de l'année 1973. Les autochtones vont-ils accepter de négocier? On ignore encore que les premiers mois de 1974 vont passer à l'Histoire!

Chapitre 15

Un compromis honorable et historique

À la fin de 1973, les Cris font face à un dilemme: doivent-ils renoncer à l'idée de faire cesser les travaux à la Baie James et entamer des négociations avec les Blancs?

Depuis le jour où le juge Malouf a ordonné l'arrêt de tous les travaux à la Baie James, soit le 15 novembre, les événements se sont bousculés.

D'abord le 22 novembre, la Cour d'appel ordonne la suspension de l'injonction interlocutoire prononcée par le juge Albert Malouf et la reprise des travaux.

Victorieux pendant sept jours, les Cris n'entendent pas fumer aujourd'hui le calumet de paix. Ils demandent à la Cour suprême du Canada de renverser la décision de la Cour d'appel. Mais cela n'arrive pas comme un tour de magie.

«La Cour suprême du Canada donnait très rarement la permission d'en appeler des décisions interlocutoires, explique Me James O'Reilly. La tâche était très difficile au départ. Normalement, ce genre de requête exige la présence de trois juges pendant environ une heure. Dans notre cas, la Cour suprême a assigné ses cinq juges séniors et deux journées entières furent nécessaires pour entendre notre requête, soit les 2 et 3 décembre.

«De plus, la Cour suprême réserva sa décision et ce n'est que le 21 décembre, dans un jugement de 3 à 2, qu'elle refusa la permission d'en appeler de la décision de la Cour d'appel du 22 novembre 1973. Cette décision de la Cour suprême du Canada fut déterminante: elle persuada les Cris pour la première fois qu'il fallait songer sérieusement aux négociations. D'autre part, négocier à ce moment allait à l'encontre des instructions données par les Cris de s'opposer au projet de la Baie James.»

Il faut donc absolument consulter tous les Cris, connaître leurs avis, leurs points de vue, leurs options. Cette consultation s'impose d'autant plus que les dirigeants indiens et leurs avocats n'ont pas encore eu l'opportunité d'aller expliquer sur place les effets du jugement Malouf, la suspension de cette injonction interlocutoire et le nouvel état des procédures judiciaires. Les chefs cris veulent aussi parler de la possibilité de négociations.

Une offre du gouvernement

Pendant ce temps, le gouvernement de Robert Bourassa propose de régler toute cette affaire de la Baie James avec les dirigeants de l'Association des Indiens du Québec. Cette offre est toutefois entourée par le plus grand des secrets. Aucune information ne filtre. Les journalistes n'en parlent pas car ils n'en connaissent absolument rien.

Les chefs des Cris, qui n'ont entendu parler de cette offre que quinze jours plus tard, demandent et obtiennent un entretien avec l'Association des Indiens du Québec. La rencontre a lieu le 10 décembre, en présence du ministre des Affaires indiennes, Jean Chrétien. Ce dernier réitère son opinion que le temps est venu de négocier et assure les Cris qu'il est convaincu que la province de Québec veut vraiment un règlement négocié du litige.

Mais l'offre ne plaît guère aux Cris. «Nous n'avons pas considéré comme acceptable cette proposition en onze points car il y manquait un certain nombre d'éléments fondamentaux concernant les terres ainsi que les droits de chasse, de pêche et de piégeage, précise Billy Diamond, chef du Grand conseil des Cris du Québec[1]. On nous avait donné à entendre que le projet pouvait être modifié mais, en ce qui nous concernait, notre préoccupation principale était de modifier le projet de LG 2 et de réduire les zones inondées lorsqu'elles constituaient l'habitat naturel des castors et autres animaux à fourrure. On ne mentionnait nulle part que l'on accorderait aux Cris une autonomie locale ou régionale, ce qui nous paraissait très important, surtout en matière d'éducation, de santé, de services sociaux, de police, de justice, de surveillance de la chasse, de logements, etc.

«Nous avons donc présenté nos objections au ministre Chrétien en lui disant que nous avions l'intention de consulter notre population puisqu'il est bien évident qu'elle devait prendre connaissance de la proposition.»

Des consultations d'une ampleur jamais vue ont lieu dans une bonne partie du territoire de la Baie James du 21 janvier au début de février 1974. «Nous avons repris contact avec les collectivités, explique Billy Diamond[2]. Nous nous sommes ainsi rendus à Poste-de-la-Baleine, Fort-George, Paint-Hills, Eastmain, Rupert House, Waswanipi, Nemiscau et Mistassini. Lors de ces réunions, nous avons lu l'offre qui avait été faite, nous l'avons traduite et nous en avons discuté avec les membres des bandes qui s'y opposaient fortement.»

James O'Reilly participe activement à toutes ces réunions. Chaque fois, il note soigneusement par écrit tout ce qui se dit. Il montre avec fierté aujourd'hui des dizaines de cahiers bourrés de remarques, d'avis, d'interrogations, de suggestions de la part des Cris. «Mon rôle consistait à expliquer aux communautés indiennes que je ne pensais pas qu'elles gagneraient à la Cour d'appel du Québec, dit-il. Les bandes ont finalement décidé de commencer les négociations tout en continuant les procédures judiciaires. Plusieurs idées, quant aux points possibles qui devaient être recherchés et surtout des modifications au projet de la Baie James, ont été élaborées lors de ces réunions.»

Robert Bourassa et John Ciaccia dévoilent le 25 janvier 1974 une proposition en 11 points et 100 millions de dollars présentée secrètement aux autochtones le 29 novembre précédent...

...que cinq porte-parole des Indiens et des Inuit rejettent le 4 février. De gauche à droite, Max Gros-Louis, Robert Kanatewat, Billy Diamond, Charlie Watt et Andrew Delisle. (Photo: Michel Gravel, La Presse).

Cent millions de dollars

Pendant que les chefs des Cris consultent leurs populations dans le Moyen Nord québécois, le Premier ministre Robert Bourassa surprend tout le monde le 25 janvier au cours d'une conférence de presse à Montréal. Il révèle que des offres ont été transmises aux représentants des Indiens et des Inuit dès le 20 novembre 1973, du moins dans leurs grandes lignes.

Faisant valoir «la nécessité de prendre en considération les besoins et les aspirations des autochtones et l'intention du gouvernement de respecter et de préserver leur héritage culturel et leur mode de vie[3]», Robert Bourassa expose une proposition en onze points, présentée deux mois auparavant aux autochtones:

—modifications au projet;
—protection de l'environnement;
—garanties de chasse, de pêche et de trappage;
—établissement de programmes sociaux et économiques;
—participation des autochtones au gouvernement de la région;
—exemptions fiscales;
—critères d'éligibilité;
—compensations monétaires comprenant le versement comptant de 40 millions de dollars et des redevances se chiffrant à 60 millions;
—création d'une société de développement autochtone;
—entente tripartite entre les Indiens et les Inuit, et les gouvernements du Québec et du Canada[4].

En agissant ainsi, Robert Bourassa tire publiquement sa première bouffée de calumet de paix «presque trois ans après l'annonce du projet de la Baie James[5]», fait remarquer le journaliste Claude Tessier. Le Premier ministre déclare qu'il attend la réponse des autochtones. «Nous devons assurer un développement qui profitera aux autochtones et aux non-autochtones[6]», dit-il.

Le dévoilement des offres de Québec suscite la surprise et le mécontentement chez les avocats représentant les autochtones. En rendant ces offres publiques unilatéralement, le gouvernement ne «fait pas grand confiance à l'honnêteté et à la bonne foi de la province[7]», déclare Me Max Bernard, l'un des représentants des Inuit. «M. Bourassa a joué pour la galerie», commente à son tour Me Robert Litvack, avocat des Inuit. Ces propositions sont «comme un bikini: elles dévoilent beaucoup, mais cachent l'essentiel», ajoute-t-il. Quant à James O'Reilly, il ne peut faire aucun commentaire au nom des Cris: il poursuit avec les chefs cris les consultations et ce n'est que le lendemain qu'il apprend par la radio le geste du Premier ministre.

Non aux millions de Bourassa

Au début de février 1974, les Indiens et les Inuit affirment, au cours d'une conférence de presse, qu'ils ont l'intention de poursuivre leur bataille pour faire reconnaître leurs droits devant les tribunaux et rejettent la «proposition de 100 millions de dollars» du gouvernement Bourassa[8].

Les deux groupes qualifient d'inacceptable la proposition du Premier ministre en invoquant plusieurs raisons: l'offre ne règle pas deux problèmes primordiaux, la propriété du sol et l'attribution de terrains de chasse et de pêche aux Inuit; elle exige des peuples du Nord une réponse trop rapide et pas suffisamment pesée à une question qui engage tout leur avenir; elle ne se contente pas de régler le sort de la Baie James mais porte sur un territoire beaucoup plus vaste. Les 100 millions de dollars, 40 millions en réalité, «plus des royautés pouvant atteindre 60 millions» répartis sur 10 ans, peuvent paraître considérables à première vue, mais si on les divise entre 12 000 personnes, ils deviennent bien moins impressionnants.

«De toute façon, ce n'est pas là l'intérêt premier des autochtones. Nous sommes intéressés à la terre, pas à l'argent», disent les Inuit.

Depuis déjà quelques mois, Robert Bourassa cherche à trouver une solution au problème autochtone. Le 19 novembre 1973, à peine quatre jours après que le juge Albert Malouf eut rendu publique sa décision, il nomme John Ciaccia comme représentant personnel et porte-parole officiel du gouvernement du Québec aux diverses négociations.

Traiter les Indiens comme des égaux

Nouveau député libéral dans Mont-Royal, John Ciaccia est né en Italie et il a 40 ans. Il est bien préparé pour cette nouvelle tâche. Juriste réputé, il a été sous-ministre adjoint au ministère des Affaires indiennes et du Nord canadien de 1971 à octobre 1973.

«J'étais fasciné par les problèmes des Indiens à travers le Canada, raconte-t-il. Comme avocat en pratique privée, avant de devenir sous-ministre, j'avais été engagé comme consultant dans différents dossiers sur les Indiens en Colombie-Britannique et en Alberta. J'avais résolu quelques problèmes assez difficiles.» Il lui a fallu un mois seulement après son arrivée à Ottawa pour régler une grève qui durait depuis plus de sept mois. Une tribu d'Alberta en était tellement satisfaite qu'elle en a fait son chef honoraire[9]!

Pendant qu'il œuvre dans la capitale canadienne, il affirme: «On traite les Indiens comme des égaux, on leur redonne la dignité qu'ils auraient toujours dû avoir et cela produit d'excellents résultats[10]».

Alors qu'il était au gouvernement fédéral, John Ciaccia a rencontré Robert Bourassa au sujet de la Baie James. «Mais à ce moment-là, Québec n'était pas disposé à reconnaître le droit des Indiens. Certains juristes prétendaient que les Indiens n'avaient pas de droits. Étant avocat de profession, j'étais d'avis contraire. J'étais convaincu qu'ils avaient des droits. Pour moi, c'était clair. Quand on pose comme prémisse que les Indiens n'ont pas de droits, la négociation devient difficile! J'avais dit au gouvernement provincial: *négociez, sinon vous aurez des problèmes.* À cette époque, le gouvernement pensait s'en tirer en donnant de l'argent. Les gens du gouvernement provincial ne comprenaient pas le pourquoi des objections des Indiens.

«Pour moi, la négociation d'une entente avec les autochtones allait beaucoup plus loin. Il ne suffisait pas de satisfaire le gouvernement pour qu'il puisse continuer le projet de la Baie James. J'y voyais une occasion fantastique pour trouver des solutions aux problèmes et aux revendications des Indiens. C'est l'approche que j'ai utilisée dans mes négociations. Les Indiens devaient pouvoir trouver des solutions eux-mêmes et pas seulement être assujettis à l'autorité d'un ministère du gouvernement fédéral. Les Indiens devaient pouvoir s'autodévelopper, avec les ressources humaines et financières nécessaires.

«Le gouvernement provincial m'a donné carte blanche quand je suis arrivé dans ce dossier en novembre 1973. Pour obtenir un règlement, j'ai fait une proposition en onze points. La question monétaire n'était que l'un des onze points. Ils étaient à la base des négociations. Ils ont été élaborés plus tard lorsqu'il a été question de chasse et de pêche, de terres, d'environnement. J'ai commencé à négocier directement avec les Cris et James O'Reilly. Mais l'Association des Indiens du Québec voulait négocier tous les droits pour tous les Indiens du Québec. J'ai dit: *Le problème est à la Baie James, pas à Caughnawaga où à Loretteville. Le problème immédiat, c'est la Baie James.*»

En plus d'obtenir l'aide administrative de la SEBJ, John Ciaccia réussit à mobiliser des représentants d'une douzaine de ministères. Parmi eux, il y a Gaston Moisan, du ministère du Tourisme, de la Chasse et de la Pêche qui voit là une occasion pour faire approuver des règlements qu'il souhaitait être mis en vigueur depuis de nombreuses années; Jean-Noël Poulin, sous-ministre adjoint des Terres et Forêts, qui deviendra le pilier dans les négociations concernant le régime des terres; Jacques Auger, jeune avocat au ministère de la Justice, qui fera beaucoup de recherches pour supporter les négociations; M. Jolicoeur, sous-ministre à l'Environnement, qui fera l'élaboration du premier régime d'environnement au Québec obligeant les promoteurs à procéder par des études d'impacts avant de commencer leurs travaux; Réal l'Heureux, président du Comité consultatif de l'environnement du Québec, et plusieurs autres.

Aux Cris de négocier pour les Cris

En avril 1974, les Cris demandent à l'Association des Indiens du Québec un rapport sur l'évolution des négociations. «Nous n'étions pas satisfaits de ce que faisait l'Association des Indiens du Québec car nous pensions que toute la question de la Baie James concernait les droits des Cris et leur mode de vie, raconte Billy Diamond. Or, on ne discutait pas des problèmes de chasse, des animaux, des modifications au projet, des territoires, etc. Nous avions l'impression que les autres Indiens du Québec essayaient d'utiliser le projet de la Baie James pour parvenir à un règlement global, pour tout le Québec. Les chefs cris ont décidé que ceci était injuste à l'égard des Cris, puisque ce serait essentiellement ceux-ci qui auraient à souffrir des décisions prises.

«En avril 1974, nous avons retiré à l'Association des Indiens du Québec son mandat et nous avons décidé de négocier nous-mêmes, car c'est aux Cris de négocier pour les Cris. Nous avons décidé de négocier pour obtenir les droits que notre peuple voulait, soit ses terres, la chasse, la pêche et le piégeage, ainsi que des modifications au projet.

«Nous nous sommes rapidement réorganisés. Nous avons constitué un comité spécial de négociations composé en majorité de Cris. Nous avons constitué en outre des sous-comités pour la question des terres, de la chasse, de la pêche et du piégeage, ainsi que pour les modifications au projet ou la procédure à suivre et, enfin, d'autres sous-comités divers. Nous avons compris que nous étions très bien placés pour négocier en matière d'éducation, de santé, de police et de justice, ainsi qu'en matière de développement économique, d'environnement.

«Sachant que nous devions continuer de travailler ensemble, nous avons décidé de rédiger un document stipulant notre position et intitulé: *«Our Land, Our Demand»*. Par la suite, nous avons rédigé un second document portant le même titre. Nous avions donc deux documents de travail pour lesquels nous avions consulté notre peuple.»

C'est aussi au mois d'avril que les Indiens et les Inuit font savoir qu'ils veulent 400 000 dollars de plus du gouvernement fédéral pour continuer leur bataille juridique contre le Québec[11].

Tout au long des dix premiers mois de 1974, les négociations se poursuivent. Les Indiens et les Inuit y prennent une part très active et passent une bonne partie de leur temps à Montréal.

Les Blancs dans le Moyen Nord

Il arrive aussi que les Blancs se déplacent et se rendent sur le terrain, au Moyen Nord québécois. «Un des facteurs qui nous permettront de signer une entente, c'est qu'on n'a jamais refusé de rencontrer les Indiens et qu'on est allés les voir sur place, explique Armand Couture. Il y a peu de gens des gouvernements ou d'ailleurs, qui étaient prêts à aller les rencontrer sur place, à leur parler, à débattre une question comme celle-là. Nous allions à Fort-George où toute la population était réunie dans la salle de l'école. Une réunion pouvait durer de trois à quatre heures. Elle était présidée par le chef du village.

«C'était peut-être risqué de nous aventurer dans les villages des Indiens pour leur dire que nous voulions ériger des barrages sur leurs rivières et leur expliquer de quelle façon nous avions l'intention de le faire, raconte Armand Couture. Habituellement, nous nous entendions avec le chef de la bande ou du village... nous lui faisions promettre d'être responsable de notre sécurité. Quand le chef disait *oui, c'est correct,* on y allait! Sinon, nous restions à Montréal. Nous étions prudents. Nous y allions de jour. On ne couchait pas à Fort-George afin de ne pas donner d'occasions à quelques personnes plus agressives que les autres... Nous ne voulions pas nous exposer inutilement à des incidents désagréables. Généralement, après une rencontre, nous rentrions à LG 2 et ensuite à Montréal par avion. Si la réunion se tenait en soirée, nous restions à coucher à LG 2. Nous n'avons jamais eu de problème. La seule fois où il y a eu quelque chose d'un peu corsé, c'est le jour où nous sommes allés à Fort-George avec le négociateur du gouvernement, John Ciaccia.»

Ce jour-là...

Comme d'habitude, Armand Couture avait demandé à Marcel Vigneault, chef de police de la Municipalité de la Baie James, de s'informer de l'atmosphère du village, avant de s'y rendre. Des agents de la Sûreté du Québec en poste à Fort-George jugeaient la situation. «Nous étions dans un avion du gouvernement, un F-27, raconte Armand Couture. Il y avait John Ciaccia et une demi-douzaine de ses collaborateurs. Nous volions juste au-dessus de Matagami quand le pilote a reçu une communication du chef Vigneault:

— Je vous recommande de ne pas aller à Fort-George. Il pourrait y avoir du trouble. Si vous y allez, ils ne vous laisseront pas repartir... il est question de kidnapping. Ils veulent garder monsieur Ciaccia!

— Bon, nous allons communiquer avec le chef Robert Kanatewat. S'il garantit que nous serons en sécurité à Fort-George, nous irons.

— Je vous conseille d'attendre à Matagami.

«L'avion a fait un cercle et nous sommes descendus à l'aéroport de Matagami. J'ai voulu communiquer par téléphone avec le chef de Fort-George. On m'a répondu:

— Il n'est pas là. Robert Kanatewat est à la pêche à 300 kilomètres d'ici.»

Peu avant minuit, John Ciaccia et Armand Couture reçoivent un appel téléphonique:

— C'est Robert Kanatewat...

— Oui, Robert. Peux-tu nous garantir que...

— Je vais vérifier et je vous rappelle.

— O.K.

Nouvel appel quelques minutes plus tard:

— Kanatewat...

— Oui...

— Vous pouvez venir. Il n'y a aucun danger.

— Bon, nous serons là demain, dans l'avant-midi.

— Très bien, monsieur Couture. On vous attend.

Le lendemain, tout le monde est là. «Mes collaborateurs étaient un peu nerveux, raconte John Ciaccia. La première fois que j'étais allé parler à Fort-George, j'étais avec Armand Couture et nous étions les seuls sur l'estrade. Nous faisions face aux Indiens. Ils criaient beaucoup... nous étions un peu craintifs, on ne savait pas ce qui allait se passer. Mais la seconde fois, c'était mieux. Sur l'estrade, chaque Blanc était doublé par un Indien. Les questions venaient les unes après les autres, très formelles. Tout était très bien organisé. Les jeunes radicaux n'y étaient pas. Kanatewat avait dû reprendre le contrôle du Conseil de bande.»

Finalement, aucune escarmouche ne s'est produite au cours de ces rencontres. Armand Couture se souvient toutefois qu'une Indienne s'était levée pour dire:

— Vous devez déplacer le barrage de LG 1. On n'en veut pas. Si vous le construisez, nous allons prendre nos fusils et nous allons tirer dedans!

En août 1974, un Grand conseil des Cris est formé. Le même mois, «à mesure que les renseignements recueillis permettaient de croire de plus en plus que les Cris pourraient arriver à un accord, les conseils des bandes ont reconnu qu'il était possible d'en arriver à un accord, raconte Billy Diamond. Nous avons donc fixé comme objectif d'obtenir des résultats pour notre peuple, avant l'ouverture de la chasse, en octobre 1974. C'est pour cette raison que nous avons conçu l'idée d'en venir à un accord de principe[12].»

Tout au long du printemps, de l'été et du début de l'automne de 1974, les négociations entre les Blancs et les Indiens se poursuivent toujours de façon discrète, prudente et nerveuse.

Une première entente est signée

Au début de novembre, un déblocage s'amorce. Et le jour même du premier anniversaire de la publication du jugement Malouf, le 15 novembre 1974, une entente de principe est signée par les Blancs, les Indiens et les Inuit.

La cérémonie se déroule en deux phases. Une première conférence de presse se tient au Holiday Inn de la Place Dupuis où Billy Diamond, au nom des Cris, et Charlie Watt, au nom des Inuit, exposent la genèse de cette entente de principe. Deux heures plus tard, à midi, une deuxième conférence de presse se déroule à la mezzanine de l'immeuble d'Hydro-Québec afin d'expliquer, cette fois, le volet politique de l'entente.

Il y a là Robert Bourassa, Gérard D. Lévesque, ministre des Affaires inter-gouvernementales du Québec, John Ciaccia, Judd Buchanan, ministre des Affaires indiennes du Canada et Jean Chrétien, du Conseil du trésor du Canada et ancien titulaire des Affaires indiennes, huit chefs Cris et six leaders Inuit, Robert A. Boyd, président de la Société d'énergie de la Baie James, Charles Boulva, président de la Société de développement de la Baie James et Yvon DeGuise, commissaire d'Hydro-Québec.

Tout ce monde signe le mini-traité bilingue, français et anglais, dont l'exemplaire relié est frappé de lettres dorées, mais en anglais seulement. Une fois son tour arrivé, Billy Diamond cherche vainement un stylo dans une de ses poches. Près de lui, il y a le ministre Jean Chrétien à qui il dit:

— Puis-je emprunter votre plume... même si nous vous avons emprunté de l'argent...?

Billy Diamond, va signer l'entente, mais il pose avec humour une condition spéciale:

— Nous allons signer à une autre condition, chuchote-t-il à John Ciaccia.

— Laquelle?

— Il faut faire une célébration...

— Comment cela se fait-il?

— Champagne!

En gros, les principaux points de l'accord comprennent[13]:

— un versement comptant de 75 millions de dollars aux autochtones, durant la première période de dix ans;

— un versement additionnel de 75 millions de dollars échelonné sur une plus vaste période, comme redevances des entreprises hydro-électriques de la province;

— une part des revenus que la province tirera des futurs développements autres qu'hydro-électriques;

— constitution d'une réserve de 2 000 milles carrés pour le peuple cri, et d'un territoire de 25 000 milles carrés réservé exclusivement à la chasse, à la pêche et au trappage;

— constitution d'une réserve de 3 250 milles carrés pour le peuple Inuit et d'un territoire de 35 000 milles carrés où les Inuit auront des droits exclusifs de trappage;

— déplacement, du mille 23 au mille 54, du premier barrage sur La Grande Rivière, à savoir LG 1, parce que les autochtones craignent que le premier emplacement détruise l'une de leurs meilleures régions de pêche;

— tout le plan de développement du territoire de la Baie James devra être discuté avec le peuple cri, et l'on devra en étudier les conséquences sur leur mode de vie;

— des négociations devront être entreprises pour établir des commissions scolaires, des services publics et des services de santé pour les Cris.

Tout le monde est content

Au cours de cette deuxième conférence de presse, tout le monde... ou presque, se frotte les mains d'aise. Le Premier ministre Robert Bourassa affirme que cette entente est

Conférence de presse le 15 novembre 1974 pour annoncer que les parties en arrivent à une entente de principe.

La tension est très forte chez la délégation autochtone au cours de la commission parlementaire des Richesses naturelles au début de novembre 1975.

la première du genre à intervenir au Canada et, en ce sens, elle est historique.

Jean Chrétien déclare que «c'est un progrès considérable, c'est un juste équilibre entre la préservation du mode de vie des Indiens et le développement. C'est une première en Amérique...»

John Ciaccia, de son côté, fait valoir le changement d'attitude à l'endroit des autochtones, quant à leur plus grande autonomie. «Alors que dans un passé encore récent, les autorités gouvernementales se montraient paternalistes envers les autochtones, aujourd'hui, elles leur reconnaissent le droit de participer aux décisions qui les touchent directement.»

Billy Diamond exprime l'opinion que bien des gens les désapprouveront d'avoir conclu cet accord de principe. «À leurs yeux, nous passerons pour des vendus mais il s'agit là d'une grande victoire pour nous. Nos gens continuent à s'opposer au projet, mais ils sont venus à la conclusion qu'ils devaient partager les ressources de ce territoire.»

Quant au président de l'Association des Inuit du Québec, Charlie Watt, il exprime l'espoir que d'autres Québécois comprendront et se rendront compte de leur valeur, de «l'apport culturel des autochtones qui enrichit la province de la même façon que la culture québécoise enrichit le Canada. Il faut que l'on cesse de penser au Grand Nord uniquement en termes de mégawatts et de minéraux.»

Tout le monde est content, heureux, soulagé. Le terrible point d'interrogation qui planait sur l'avenir du projet de la Baie James est désormais moins menaçant. Cette entente de principe contient l'essentiel de ce que sera l'entente finale. Ce sont surtout les détails qu'il faudra négocier maintenant. Les parties se donnent un an pour mettre au point les détails d'une entente qui, dans le langage imagé des Inuit, est perçue comme «un os». Il reste donc à mettre de la viande autour...

«Pendant les dix mois suivants, nous nous sommes occupés à obtenir des précisions sur les divers articles de l'entente, raconte Billy Diamond. Je dois souligner que, tout en étant en négociations, nous allions également devant les tribunaux et que ces procédures judiciaires n'ont pas été interrompues. Nous avons eu gain de cause devant la Cour supérieure de Montréal, mais nous avons été déboutés deux fois devant la Cour suprême du Canada et deux fois devant la Cour d'appel du Québec. C'est à partir de cela que nous avons pensé que la meilleure façon d'arriver à un accord et d'assurer l'avenir de notre peuple était d'obtenir une entente finale. L'échéancier a été fixé par les Cris au 1er novembre 1975. Nous étions en 1975 et le projet avait été annoncé en 1971 (...) Après quatre années, nos gens en avaient assez de cette dure bataille avec les sociétés de la Couronne et les gouvernements du Canada et du Québec. Il était temps d'obtenir quelque chose pour les Cris; on nous a donné le mandat d'obtenir tous les détails pour le 1er novembre 1975[14].»

Une épée de Damoclès demeure suspendue au-dessus de la tête du gouvernement, car si le 1er novembre 1975 l'entente finale n'est pas conclue, les Cris et les Inuit reprendront la guerre devant les tribunaux!

Oui aux travaux de la Baie James

Le projet de la Baie James connaît un nouveau rebondissement moins d'une semaine après la signature historique de l'entente de principe. En effet, la Cour d'appel du Québec annule, le 21 novembre 1974, la décision du juge Albert Malouf, de la Cour supérieure du Québec, qui, un an auparavant, avait accordé aux Indiens et aux Inuit une injonction interlocutoire ayant pour effet de suspendre les travaux d'aménagement de la Baie James. Les cinq juges de la Cour d'appel disent oui aux travaux[15].

Non seulement les juges Owen, Turgeon, Lajoie, Crête et Kaufman rejettent-ils à l'unanimité les conclusions de la preuve présentée par les représentants des populations autochtones de la Baie James, mais ils tiennent ces derniers responsables de tous les dépens, y compris les frais de pièces et d'experts.

Dans le texte intégral du jugement, le juge Turgeon justifie ainsi sa décision: «En résumé, les Indiens et les Inuit ont abandonné le mode de vie de leurs ancêtres et ont adopté celui des Blancs. Ces faits sont une réalité et je m'excuse de déplaire à ceux qui se plaisent à parler de la question qui nous intéresse avec émotivité et romantisme. Il est juste de signaler que les Indiens profitent de tous les avantages sociaux implantés par les lois du gouvernement fédéral et de la province de Québec. Ainsi, ils ont accès à l'assurance-maladie, au bien-être social, aux pensions de vieillesse, en plus de certains bénéfices réservés aux Indiens.

«Le droit indien, s'il existe, n'a jamais été défini d'une façon certaine. Il existe à ce sujet bien des théories fondées sur des doctrines qui varient selon leurs auteurs. Les uns soumettent que ce n'est pas le droit de chasser et de pêcher. D'autres voient un vague droit d'occupation, et même un droit personnel d'usufruit, usufruit d'une nature tout à fait spéciale qui n'est pas de la nature de l'usufruit du Code civil. (...) Quoi qu'il en soit, je crois que les Indiens et les Inuit ne peuvent recourir à l'injonction dans les circonstances. S'ils ont réellement des droits, ça ne peut être que ceux de réclamer des dommages que les travaux pourront leur causer.»

Plus loin, le juge Turgeon écrit qu'il est important de «noter au départ, que l'hydro-électricité est la seule ressource d'énergie primaire possédée par la province de Québec. Avec la crise du pétrole qui sévit actuellement dans le monde, cette ressource est devenue d'une importance capitale pour assurer l'avenir économique et le bien-être des citoyens.» Le juge Turgeon signale que l'intérêt des Québécois dans cette cause est représenté par les sociétés d'État, soit la SEBJ, la SDBJ et Hydro-Québec. D'autre part, il dit que les «inconvénients que les travaux pourraient causer aux Indiens et Inuit ont été fortement exagérés. Il n'y a pas de preuve positive que l'aménagement du territoire de la Baie James ne rendra pas les modifications écologiques bénéfiques dans l'ensemble. En résumé, sur le poids des inconvénients, la prépondérance de la preuve favorise nettement les sociétés responsables de l'aménagement de la Baie James.»

Les Indiens réagissent vivement à ce jugement. «C'est une véritable insulte!» clament-ils. Leur conseiller juridique, James O'Reilly, affirme aujourd'hui: «Cet extrait est singulièrement déplorable et réfuté par ce que les Indiens ont fait depuis. Ce jugement ne correspondait aucunement à la réalité, l'époque et ne reflétant pas la réalité depuis 1974. On n'a qu'à consulter les statistiques sur la chasse et le trappage. Il y a encore au moins 1 000 personnes qui chassent et qui trappent.»

Les Cris se sont vendus pour des miroirs!

Heureusement pour les autochtones, ce jugement de la Cour d'appel survient quelques jours après la signature de l'entente de principe. Cette entente les rend heureux, tandis que les Indiens du reste de la province sont plutôt amers. Au cours d'une conférence de presse à Montréal le 15 novembre, l'Association des Indiens du Québec dénonce cet accord et annonce sa ferme intention de le combattre par tous les moyens dont elle dispose.

Le président Andrew Delisle, de Caughnawaga, affirme que les Cris se sont *vendus.* «Comme certains de nos ancêtres, qui avaient comme excuse leurs premiers contacts avec l'homme blanc, les Indiens cris ont accepté des miroirs en échange de leur terre[16]», dit-il. Selon lui, outre les Cris de la Baie James, il y a quatre tribus qui peuvent affirmer leurs droits sur la Baie James: les Algonquins, les Montagnais, les Attikamek et les Naskapis. «Ceux-ci, dit-il, sont aguerris contre la fourberie de l'homme blanc, tandis que les Indiens du Nord acceptent plus facilement les miroirs offerts.»

Ces propos traduisent bien l'animosité et le mécontentement qui existent au sein de l'Association des Indiens du Québec écartée des négociations depuis quelques mois. À quelques reprises, cette Association viendra sur la scène publique pour dénoncer les négociations et faire valoir que «les Cris ne sont pas seuls» au Québec.

Tout cela n'empêche pas les parties de continuer à négocier en vue d'une entente finale. «À partir de l'entente de principe, nous avons négocié du 15 novembre 1974 au 11 novembre 1975, raconte Gilles Bacon, de la Société d'énergie de la Baie James. Nous avons étudié ce qui s'était fait au Canada et même en Amérique du Nord. Il y a une quinzaine de traités principaux au Canada; ils furent signés au début du siècle et couvrent l'Ontario, les provinces des Prairies, des parties du Territoire du Nord-Ouest et de la Colombie-Britannique. Mais la plus grande inspiration nous est venue de l'entente de l'Alaska, négociée par les États-Unis avec les aborigènes de l'Alaska, pour laisser passer un pipeline.

«À 75 000 personnes, les États-Unis ont concédé des compensations de 962 millions de dollars versés sur des périodes de 20 à 30 ans: 462 millions de dollars versés comptant et 500 millions en redevances. Cela représentait environ 13 000 $ par personne. L'entente de l'Alaska fut la base à partir de laquelle nous avons négocié. Du reste, c'était l'entente la plus récente. Elle nous a aidés, par exemple, à évaluer quelles sommes d'argent nous devrions accorder aux autochtones. Ça nous prenait des barèmes: combien donner? À quelles fins devaient servir ces sommes? Évidemment, la générosité est fonction de l'étendue du territoire et de son potentiel. Mais le principe était là. Il y a des dispositions dans l'entente finale de la Baie James qui ressemblent à celles de l'entente de l'Alaska, notamment en ce qui concerne le régime des terres. Il faut préciser que les Indiens aussi s'inspiraient en partie de ce document de base», précise Gilles Bacon.

Le sprint final

Pour aider les négociations, la SEBJ organise des visites du chantier de LG 2. «Les Indiens aimaient ça. Pour deux raisons. D'abord, ça les faisait sortir de chez eux. Puis, le fait d'être reçus par la SEBJ leur conférait une cer-

Après un suspense qui a duré jusqu'à la toute dernière minute, la Convention de la Baie James et du Nord québécois est signée par le ministre Gérard D. Lévesque sous les yeux de Robert Bourassa et du ministre des Affaires indiennes et du Nord canadien, Judd Buchanan...

... par Robert A. Boyd, président de la SEBJ...

... et par le chef des Cris, Billy Diamond.

taine importance», raconte Gilles Bacon. «Ils aimaient bien voir ce qui se construisait dans leur territoire, dit James O'Reilly. Ils étaient très impressionnés par ces travaux. Ils voulaient comprendre ce qui allait se passer.»

Le sprint final s'engage deux mois avant la date fatidique du 1er novembre 1975, jour où toutes les parties devront s'être mises d'accord sur une entente finale, sinon les Indiens reprendront leur guérilla judiciaire.

Pour mettre plus de pression, les autochtones arrivent en force à Montréal où ils s'installent au Holiday Inn, à l'ombre des sièges sociaux de la SEBJ et de la SDBJ, Place Dupuis.

«Nous étions une vingtaine de négociateurs autour d'une grande table dans une salle de l'hôtel Holiday Inn, raconte Gilles Bacon. De partout, les uns assis, d'autres debout, les chefs indiens et leurs principaux collaborateurs nous observaient. Ils ne parlaient pas un mot de français. La plupart ne parlaient pas anglais. Les négociations se déroulaient moitié en français, moitié en anglais parce que des fonctionnaires du Québec ne comprenaient pas la langue de Shakespeare, et d'autres d'Ottawa, celle de Molière! De sorte qu'il régnait parfois une confusion totale.

«De temps à autre, nous devions nous arrêter, faire une pause pour qu'un Indien, qui avait tout compris, explique aux autres ce qui venait de se passer. Les Indiens posaient des questions, et c'était à notre tour de ne rien comprendre! On en profitait pour aller prendre un café. C'était ainsi durant les derniers milles de la négociation. Et pourtant, il restait encore des points litigieux», dit Gilles Bacon.

Des Inuit contestent

Mais le temps, qui s'était jusqu'ici maintenu au beau fixe, commence à se gâter. Un groupe d'Inuit de Povungnituk conteste le bien-fondé de l'entente de principe signée en novembre 1974 et indique que les 750 Inuit de ce village de la côte est de la baie d'Hudson s'opposent à la signature de l'entente finale[17].

«Personne ne nous a jamais dit que nos terres et notre avenir faisaient l'objet de négociation», disent les quatre représentants de la population de ce village en précisant qu'ils ne veulent pas que les Inuit se retrouvent «dans une situation analogue à celle des Indiens, c'est-à-dire parqués dans des réserves et entretenus» par les deux niveaux de gouvernement.

Les craintes des Inuit portent notamment sur le prétendu contrôle que les gouvernements entendent leur laisser sur leur territoire. «On ne donne jamais rien pour rien, lancent-ils au cours d'une conférence de presse à Montréal. Il nous apparaît évident que si le gouvernement nous offre 150 millions de dollars, c'est pour acheter nos terres et non pas nous en laisser le contrôle.» En conséquence, cette population esquimaude de Povungnituk retire le mandat de négocier qu'elle avait confié à l'Association des Inuit du Québec.

Les habitants de deux autres villages inuit, Ivuyivik et Saglouc, s'ajoutent aux dissidents à la toute dernière minute.

L'opposition à la signature d'une entente finale augmente. L'Association des Indiens du Québec revient à la charge, une fois de plus, pour s'opposer à la conclusion d'une entente. L'Association et son chef Andrew Delisle reconnaissent les besoins et les exigences des Indiens cris, mais croient que l'entente ne doit pas être signée parce qu'elle signifie l'extinction du titre et des droits des autochtones et risque de créer un précédent qui desservirait les Indiens dans les négociations futures avec le gouvernement. Si une entente devait être signée, conclut l'Association des Indiens du Québec, elle devrait être basée sur le principe de la participation et du partage[18].

La date fatidique du 1er novembre arrive sans que les parties soient en mesure de signer l'entente finale. Elles conviennent alors de reporter l'échéance au 11 novembre à minuit, ce qui leur donne dix jours de plus pour discuter des nombreux points qui restent. «Le gouvernement s'était vu dans l'impossibilité de respecter la date limite puisqu'il fallait que sa commission spéciale des Ressources naturelles étudie le texte définitif, ce que faisaient déjà les Cris depuis trois semaines[19]», commente Billy Diamond.

Le 5 novembre 1975, le gouvernement du Québec convoque la Commission parlementaire des Richesses naturelles et des Terres et Forêts afin d'examiner tous les points de l'entente finale. Les représentants de toutes les parties se transportent donc dans la Vieille capitale où tout le monde participera ou assistera à l'examen final. Dès la première réunion, un mercredi matin, on sait qu'il faut faire vite. «Si vite, que les membres de ladite commission, du moins les représentants de l'Opposition, n'avaient même pas en main le document qu'ils étaient invités à étudier et à dénoncer, le cas échéant[20]», note le journaliste Roger Bellefeuille, du *Soleil.* «Si vite, que le ministre des Richesses naturelles, Jean Cournoyer, et le maître négociateur du gouvernement québécois, John Ciaccia, s'opposaient à entendre toute voix dissidente. Si vite, qu'une centaine de Cris sont parqués dans un grand hôtel de Montréal... presque la plume à la main, depuis quelques jours.

«Et pourtant, les membres de la Commission ont dû se pencher sur un projet tronqué: les Inuit n'ont pas encore terminé, à l'heure qu'il est, leurs propres négociations sur au moins 20 pour cent de l'entente qui les concerne. D'autant plus que 95 pour cent des Cris et des Inuit n'ont qu'une vague idée de ce qui se passe. La barrière linguistique est toujours là. Mis à part quelques avocats, certains représentants des trois sociétés d'État et quelques autochtones bien au fait de ce dossier, il y en a peu dans les deux camps qui saisissent toute la portée de cette manœuvre politique», conclut le journaliste Roger Bellefeuille.

Car c'est bien d'une manœuvre politique qu'il s'agit. «Robert Bourassa ne voulait pas risquer d'avoir de l'opposition une fois l'entente signée, explique John Ciaccia.

C'était une commission parlementaire spéciale. Cette entente venait d'être acceptée par toutes les communautés autochtones dans une proportion de 90 pour cent. Il y a eu trois communautés dissidentes sur 22.»

«Nous avons comparu devant cette commission pour faire remarquer au gouvernement du Québec que les négociations avaient assez duré et exprimer notre satisfaction des termes de l'accord, explique Billy Diamond. Si l'accord n'était pas signé d'ici le 11 novembre, avons-nous expliqué, nous n'aurions d'autre choix que de rentrer chez nous et de cesser pour de bon nos pourparlers avec le Québec et le Canada. Nous nous verrions dans l'obligation d'aller devant les tribunaux tout en sachant que nous avions déjà perdu ainsi quatre fois et réussi seulement une fois[21].»

Une convention historique

C'est au cours de cette Commission parlementaire que John Ciaccia explique la philosophie de l'entente finale qu'on appellera désormais *«La Convention de la Baie James et du Nord québécois»*.

«Après deux années de négociations intensives, complexes et difficiles, nous sommes sur le point d'en arriver à une convention qui fera époque, déclare John Ciaccia. Je ne crois pas qu'il soit exagéré de dire que le résultat, c'est-à-dire la convention en voie de préparation, constitue pour le Québec un événement historique tant pour les populations autochtones que pour le peuple tout entier. J'ajouterai même que l'Histoire le mentionnera sans doute comme un événement majeur pour l'Amérique du Nord, étant donné qu'on ne lui connaît aucun précédent comparable[22].

«Il s'agit d'une convention qui prévoit l'organisation rationnelle d'un territoire de 410 mi^2 (1 062 000 km^2), plus grand que l'Ontario, avec tout ce que cela comporte. Elle prévoit de plus le développement ordonné du territoire, tout en nous permettant de remplir nos obligations vis-à-vis des habitants de ce territoire. (...) Elle permet, enfin, une présence québécoise dans tous les territoires compris dans nos limites géographiques.

«Jusqu'à présent, les populations autochtones avaient vécu, du point de vue juridique, dans une sorte de situation vague, mal définie. Les limites du pouvoir fédéral n'avaient jamais été clairement précisées et il n'avait jamais été clairement établi non plus quelle était la juridiction réelle du Québec. Depuis 1912, ces vastes étendues faisaient bel et bien partie du Québec, mais nos droits sur ces territoires n'étaient pas suffisamment définis. La Convention supprimera à ce sujet toute incertitude et toute équivoque. La juridiction sera établie d'une manière précise et définitive. Auparavant, la présence du Québec dans ces régions nordiques restait incomplète. Aujourd'hui, nous complétons et nous réaffirmons cette présence.

«Le gouvernement du Québec a saisi l'occasion que lui offraient ces négociations pour réorganiser le territoire et y implanter les institutions et les structures qui confirmeront le rôle qu'il entend y jouer. Les collectivités autochtones disposeront de leurs administrations locales, à la manière des autres municipalités du Québec, tandis que des organismes régionaux exerceront des fonctions municipales dans les régions situées en dehors des collectivités établies depuis longtemps. Dans les districts peuplés d'autochtones et de non-autochtones, des représentants des Cris et de la Municipalité de la Baie James constitueront une administration conjointe qui portera le nom de Conseil de zone.

«Aux termes de la Convention, 21 nouvelles municipalités verront le jour et relèveront du ministère des Affaires municipales. Treize autres traiteront avec ce ministère par l'intermédiaire d'un corps administratif, soit l'administration régionale de Kativik, organisme inédit conçu pour répondre aux besoins de cette région.

«Nous créerons des commissions scolaires locales, des commissions chargées des services sociaux et de santé, des services de police et d'incendie, des tribunaux municipaux, des services publics, de voirie et d'hygiène. Toutes ces institutions dépendront des ministères correspondant du gouvernement du Québec.

«Les services comme les écoles et les hôpitaux relevant des autorités fédérales passeront sous la juridiction du Québec. Ce sera le gouvernement du Québec qui prendra à sa charge certains programmes fédéraux déjà établis.»

Trois catégories de terres

John Ciaccia rappelle ensuite que les besoins et les intérêts des autochtones sont étroitement liés à leurs terres qui sont au centre même de leur existence. Un régime de terres qui est équitable et qui satisfait à la fois les besoins des autochtones et ceux du Québec a été établi. La Convention prévoit à cet effet trois catégories de terres.

D'abord, la catégorie III qui touche la très grande partie du territoire du Nord québécois. D'une façon générale, il s'agit de terres sur lesquelles les populations autochtones ne reçoivent pas de privilèges ni de droits exclusifs. Cela ne veut pas dire qu'elles en sont écartées. Au contraire, les autochtones pourront y poursuivre, comme par le passé, à longueur d'année, leurs activités de chasse, de pêche et de trappage. À cette fin, certaines espèces d'animaux leur seront réservées. Mais, en général, les terres de la catégorie III seront accessibles à toute la population qui pourra les utiliser conformément aux lois et règlements du Québec régissant les terres publiques.

«Ce sont cependant les terres de la catégorie I et de la catégorie II qui revêtent une importance particulière pour la sauvegarde de la culture et de l'économie traditionnelle des populations de Cris et d'Inuit.

«Les terres de la catégorie I sont attribuées aux autochtones pour leur usage exclusif. Elles sont situées à l'intérieur et aux environs des zones où les populations autochtones vivent habituellement. «Les autochtones jouiront d'un statut particulier sur ces terres, déclare John Ciaccia. Il y a plus encore. Le Québec conservera le droit d'utiliser les terres de la catégorie I à des fins publiques. Les droits acquis, tant privés que publics, seront protégés. Si les activités publiques sur ces terres nuisent à l'usage qu'en font les autochtones, ces terres seront remplacées. Elles représentent une faible proportion du territoire. Environ 3250 milles carrés seront attribués aux Inuit et 2158 milles carrés aux Cris.

«L'autodétermination constitue l'une des caractéristiques les plus marquantes des terres de la catégorie I. Les questions d'intérêt local seront débattues et réglées par les populations sur place, comme elles le sont d'ailleurs dans toute municipalité du Québec. Les membres de chacune des collectivités formeront des sociétés légalement constituées qui seront administrées par un conseil.

Les populations autochtones devront permettre l'usage des terres de la catégorie I pour l'établissement de services publics comme les hôpitaux, la police et les écoles.

«De plus, il faudra le consentement des populations autochtones pour faire de l'exploitation minière sur ces terres. Les droits miniers et souterrains continueront cependant d'appartenir au Québec, à l'exception des droits déjà acquis par des tiers.

«Je veux faire ressortir deux points: à savoir que les populations autochtones recevront des terres dont ils pourront à toutes fins utiles, se considérer propriétaires, et que la présence du Québec sur ces terres sera aussi une réalité bien concrète.

«Les terres de la catégorie II sont celles ou les autochtones auront des droits exclusifs de chasse, de pêche et de trappage, sans toutefois en avoir un droit spécial d'occupation. Le gouvernement du Québec peut, en tout temps, désigner les terres de la catégorie II à des fins de mise en valeur, à la condition cependant de les remplacer. Il peut également, sans être tenu de dédommager les autochtones, imposer sur les terres de la catégorie II des servitudes à des fins publiques.

Une aide de 225 millions de dollars

«Par ailleurs, dans le but de les aider à répondre à leurs besoins dans le domaine économique, social et communautaire, les gouvernements du Québec et du Canada, au cours des 20 prochaines années, verseront la somme de 225 millions de dollars à 22 collectivités autochtones. Cette somme ne pourra être distribuée à des individus, mais devra être utilisée par les communautés.

«En dernier lieu, et c'est peut-être là l'aspect le plus important, la Convention leur offre un choix. Ils seront libres, en tant qu'individus, de choisir entre leurs occupations traditionnelles et de nouvelles occupations.»

Le député négociateur John Ciaccia indique enfin que le gouvernement et les sociétés d'État s'inquiètent grandement de la protection de l'environnement. «Cette question constituait l'une de nos principales préoccupations, dit-il. C'est pourquoi il y aura dans le Nord québécois un régime socio-écologique spécial dont le principe directeur sera le développement en harmonie avec la protection de l'environnement.»

Voilà la philogophie et les grandes lignes de la future Convention de la Baie James et du Nord québécois, un document de presque 1000 pages, une vraie brique! Mais cette convention n'est pas encore signée... Nous voici au 7 novembre 1975 et ce gros document doit être accepté entièrement au plus tard à minuit le 11 novembre.

220 heures... en 15 jours!

«La tension était très forte, raconte James O'Reilly. Pendant les trois dernières semaines, on travaillait sans arrêt. Je ne dormais que trois ou quatre heures par nuit. Je ne suis allé chez moi qu'une couple de fois car je voulais épargner les membres de ma famille.» Au siège social de la SEBJ, l'équipe de secrétaires, de traducteurs et de responsables de l'impression travaille à un rythme effréné. On fait chacun 220 heures... en 15 jours!

Arrivent les 7, 8, 9 novembre... Va-t-on enfin voir le bout du tunnel? Ce n'est pas certain. Les négociations se poursuivent dans une atmosphère fébrile, de vitesse mais aussi d'incertitude, de crainte. Jour et nuit, même en fin de semaine, les parties discutent. À l'approche de la date fatidique, la ronde des discussions se termine à 4 h du matin dans la nuit du 10 au 11 novembre. «La veille, nous n'étions pas sûrs de signer la Convention, raconte Gilles Bacon, de la SEBJ. Cela bloquait d'un peu partout. Le gouvernement provincial était inquiet au sujet des terres. Cela prenait des engagements gouvernementaux sur les sommes à verser aux autochtones. Il faut penser que le Québec décidait de l'avenir du tiers de son territoire.

«Quant au gouvernement fédéral, sa grosse crainte était l'impact de la Convention de la Baie James sur le reste du Canada. Il envisageait, à l'époque, de signer des traités un peu partout, notamment au Yukon et dans les Territoires du Nord-Ouest. De plus, les Indiens du Canada communiquaient avec les Cris du Québec. Ils voulaient renégocier leurs traités, ayant la certitude de s'être fait avoir. Les deux gouvernements provincial et fédéral étaient donc prudents.»

De son côté, le Premier ministre Robert Bourassa a des problèmes avec un des membres de son cabinet. Il téléphona en pleine nuit, à 2 h du matin, à John Ciaccia:

— On ne peut pas signer la Convention!

— Quoi? Mais c'est prévu pour demain, monsieur Bourassa.

— Je le sais... mais je ne peux obtenir l'unanimité au Conseil des ministres...

— Ah?

— En fait, il y a un ministre dissident.

— Bon!

— Et je ne veux aucune dissidence sur l'entente avec les autochtones.

— Écoutez... je pourrais peut-être expliquer davantage la Convention à ce ministre...

— Oui, excellente idée. Vous devez rencontrer Jérôme Choquette!

— Je fais l'impossible, rassure John Ciaccia.

Quelques heures plus tard, il est dans le bureau du ministre dissident pour lui expliquer la Convention et répondre à ses questions. La rencontre est fructueuse. Jérôme Choquette n'offre plus de résistance.

À la toute dernière minute

La signature de la Convention aura lieu dans l'auditorium du Complexe G, situé juste derrière l'Assemblée nationale à Québec. Durant tout l'après-midi du 11 novembre, des rumeurs circulent à l'effet que la signature est reportée à plus tard, que l'une ou l'autre des parties veut revenir sur sa décision. La cinquantaine de représentants des Indiens et des Inuit attendent dans le salon rouge de l'Assemblée nationale. Fatigués, certains s'allongent sur les canapés rouges. Comme les journalistes, ils attendent de savoir ce que décideront les «grands manitous[23]».

En soirée, le climat n'est guère plus encourageant. L'auditorium est pratiquement vide. Les représentants des parties ne se sont pas encore montrés le nez. Pourtant, dans quelques heures, il sera minuit. À 21 h, les journalistes apprennent que l'entente sera paraphée à 23 h 30. Les représentants des parties se présentent en effet à l'heure indiquée pendant que les journalistes reçoivent les documents. Dans trente minutes, tout le monde en est conscient, il sera minuit!

Les allocutions d'usage débutent. En présence de Robert Bourassa, des ministres Gérard D. Lévesque et Jean Cournoyer, représentant le gouvernement québécois, Roland Giroux, Robert Boyd et Charles Boulva, respectivement d'Hydro-Québec, de la Société d'énergie de la Baie James et de la Société de développement de la Baie James, de nombreux fonctionnaires, journalistes et environ 300 autochtones du Nouveau-Québec, Judd Buchanan, ministre des Affaires indiennes et du Nord canadien, décrit la Convention comme étant «la première entente du genre au Canada». Charlie Watt, président de la Northern Québec Inuit Association, évoque en ces termes l'état d'esprit de son peuple: «Au cours des trois années de négociation, mon peuple a dû faire face à une réalité. D'énormes développements ont surgi sur ses terres. C'est cet aspect qui se profile derrière les négociations. Même s'il n'a pas réalisé toutes ses ambitions, rempli tous ses désirs dans ce traité, il se devait de faire ce grand pas, important dans son histoire[24].»

De son côté, le chef du Grand conseil des Cris de la Baie james, Billy Diamond, affirme que «les Cris de la Baie James se sont d'abord opposés au projet croyant que leur mode de vie allait être mis en danger. Maintenant, nous sommes prêts à signer une entente. Nous avons soumis les termes de l'entente à nos gens, nous les avons consultés et nous croyons que l'entente protège notre mode de vie[25].»

Billy Diamond affirme aussi que cette entente reconnaît pour la première fois des droits aux Indiens et que ceux-ci pourront ainsi bâtir leur avenir. «Nos enfants auront le choix entre le mode de vie traditionnel et celui des autres Québécois.» De plus, les Cris pourront désormais participer aux décisions concernant leur avenir. «Nous entendons bâtir cette société de la bonne manière et nous espérons que nos enfants pourront en voir les résultats», dit-il.

Pendant que les aiguilles de l'horloge sont irrésistiblement attirées par le chiffre 12, minuit, comme s'il s'agissait d'un gros aimant, les représentants des sept parties en cause signent enfin la Convention de la Baie James et du Nord québécois. Il s'agit d'un impressionnant document de 200 000 mots. Il est minuit. L'ultimatum des Cris a été respecté de justesse!

Et ces millions de dollars?

«Ce qui est ressorti dans les journaux, à l'époque, c'est l'argent: 225 millions de dollars qui frappent et qui font peut-être le plus de mal à la population, explique Gilles Bacon. Mais la Convention de la Baie James, ce n'est pas seulement l'argent. C'est d'abord et avant tout l'organisation d'une société crie autonome dans un contexte provincial. L'entente leur permet d'accéder à autre chose parce que le territoire est trop pauvre pour faire vivre une population d'une telle importance. L'entente leur a donné les outils pour accéder à cette nouvelle autonomie. L'argent, c'est un outil comme le régime des terres, comme la chasse et la pêche, comme les revenus garantis aux trappeurs.»

Quand les médias d'information ont parlé des 225 millions de dollars, les réactions étaient assez négatives, on s'interrogeait. «*Pourquoi le gouvernement DONNE-t-il autant d'argent? Tous les Indiens vont être millionnaires... c'est beaucoup trop... c'est notre argent...*» Les journaux avaient pourtant bien expliqué les modalités de cette importante compensation monétaire. Les 225 millions de dollars n'arrivaient pas dans les tentes des Indiens et des Inuit comme une sorte de manne miraculeuse descendant sur la taïga.

Voici comment cette somme a été répartie. Le versement de la première tranche de 75 millions de dollars s'échelonne sur une période de dix ans, à raison de 20 millions de dollars le 31 mars 1976, 16 millions le 1er janvier 1977 et 14 millions le 1er janvier 1978. Ces versements sont suivis d'un paiement de 7 millions le 1er janvier 1979, et d'annuités de 3 millions de dollars par la suite, le dernier paiement venant à échéance le 1er janvier 1985. De cette première tranche, 42 250 000 de dollars sont payés par le Québec et 32 750 000 de dollars par le Canada.

Les 75 millions de dollars suivants sont payés par la Société d'énergie de la Baie James au fur et à mesure des mises en service des nouveaux aménagements hydro-électriques. Les versements sont effectués en fonction de la capacité génératrice des centrales construites dans le territoire. Les paiements commencent un an après la mise en service de chaque turbine-alternateur, à raison de 483 dollars/année pour chaque mégawatt de puissance installée. Le montant total est payable au plus tard le 31 décembre 1996.

Si la Société d'énergie de la Baie James ne met pas en service d'autres alternateurs d'ici la fin de 1986, outre le Complexe La Grande, le gouvernement du Québec acquittera la deuxième tranche de 75 millions de dollars en dix annuités égales, à compter du 31 décembre 1987.

Le gouvernement du Québec convient également de verser aux autochtones une certaine somme en considération du fait qu'ils renoncent aux revenus et avantages tirés de l'exploitation minière dans le territoire. Au lieu d'un pourcentage de redevances réparties sur les 50 prochaines années (tel que le proposait l'entente de principe), les autochtones acceptent un montant immédiat de 75 millions de dollars, en obligations de la Province de Québec, émises par cinq tranches de 15 millions de dollars du 1er novembre 1975 au 1er 1979, arrivant à échéance dans 20 ans et encaissables après 10 et 15 ans.

Tous ces fonds sont versés aux autochtones par l'entremise de sociétés constituées en vertu de lois provinciales existantes ou, au besoin, de lois spéciales. Les autochtones sont en majorité aux conseils des corporations autochtones qui contrôlent ces fonds. Les gouvernements du Québec et du Canada y sont également représentés pendant dix ans. Aucune somme n'est directement payée à des particuliers.

La Convention de la Baie James et du Nord québécois fut approuvée ensuite par des législations provinciales et fédérales et plusieurs lois furent adoptées pour y donner suite.

D'autres ententes suivent

Divers amendements ont depuis été apportés à la Convention, dont un autorise la signature d'une entente entre les représentants des Naskapis de la région de Caniapiscau, et ceux des deux gouvernements, de la SEBJ, de la SDBJ et d'Hydro-Québec. Les Naskapis ont préféré obtenir une entente tenant compte de leurs besoins particuliers. La Convention du Nord-Est québécois, conclue en janvier 1978, prévoit le versement d'indemnités de neuf millions de dollars et reconnaît aux Naskapis leurs droits sur des terres de différentes catégories.

En 1979, une nouvelle entente conduit à une action spectaculaire: le déménagement complet de Fort-George, situé sur une île au milieu de l'embouchure de La Grande Rivière...

... dans un nouveau village moderne créé de toutes pièces, Chisasibi, à quelques kilomètres plus au sud, sur la terre ferme.

Par ailleurs, le régime des terres a été modifié en 1978, à la signature d'une entente entre les Cris et la SEBJ, permettant à celle-ci de construire la centrale de LG 1 au kilomètre 37 (à 23 milles) de l'embouchure de La Grande Rivière, plutôt qu'au kilomètre 70 (44 milles) comme le prévoyait la Convention de 1975.

La centrale de LG 1 aura une puissance installée plus grande à son nouvel emplacement, mais elle entraînera des problèmes d'érosion de l'île sur laquelle se trouvait Fort-George, à l'embouchure de la rivière. En vertu de cette modification à l'entente, la SEBJ s'est engagée à verser 40 millions de dollars aux Cris tandis que le gouvernement fédéral y allait de 10 millions.

Un autre amendement, convenu en 1979, a permis à la SEBJ de hausser le lac Sakami à un niveau plus élevé, soit celui de la crue printanière, sans qu'il soit nécessaire pour cela de construire des digues très coûteuses.

Un amendement spectaculaire

Mais l'amendement le plus spectaculaire est sans doute celui du relogement de la population de Fort-George dans un nouveau village, Chisasibi. Sa construction, gérée par les Cris et exécutée en grande partie par eux, s'échelonne de 1979 à 1981.

Le déménagement, le grand dérangement, a lieu en 1981. Ce n'est pas une mince affaire car Fort-George compte notamment trois écoles, un hôpital, deux magasins généraux, une coopérative d'alimentation, une chapelle et 300 habitations. D'autant plus que ce village est situé sur l'île des Gouverneurs. Pour gagner le rivage vers le nouvel emplacement, situé à cinq kilomètres plus au sud, il faut utiliser un bac à caisson. Le déménagement prend fin le 18 août 1981. À première vue, Chisasibi (qui signifie en langue crie La Grande Rivière) ressemble à nos petites villes de banlieue. On y retrouve, autour d'un centre commercial, d'un hôpital, d'une école et d'un aréna, des maisons unifamiliales assez semblables aux bungalows bien connus[26].

Toutefois, il existe des différences notables car les habitations ont été adaptées au mode de vie des Cris et aux conditions du milieu. À preuve, le regroupement unique des maisons en grappes plus ou moins grandes, selon l'importance du clan familial qui désirait l'habiter. De plus, chaque habitant d'une «grappe» a eu son mot à dire dans le choix de ses voisins et a dû être accepté par chacun d'eux. Finalement, comme la propriété collective prime sur la propriété privée, l'espace entre les maisons n'est pas subdivisé et l'aménagement de l'espace intérieur de ces maisons est fonction du mode de vie traditionnel.

C'est aussi l'environnement

La Convention de la Baie James et du Nord québécois marque l'éveil du souci de l'environnement au Québec.

Si, en 10 ans, le territoire de la Baie James est devenu la région la plus étudiée et la mieux connue du Québec et du Canada, c'est d'abord parce que les premiers groupes d'environnementalistes et les autochtones ont fait pour la première fois cause commune pour exiger le respect de l'environnement et des droits des aborigènes. Voilà l'histoire de l'environnement à la Baie James. C'est presque l'histoire de l'environnement au Québec!

Chapitre 16

Un pas de géant

Lorsque la décision d'aménager les rivières de la Baie James a été annoncée en 1971, les préoccupations écologiques étaient nouvelles au Québec. Et ce lointain territoire était méconnu, ignoré. C'est à ce moment que les mouvements à vocation écologique, après avoir secoué les États-Unis, traversent la frontière. À l'échelle nationale, Environnement-Canada est créé tandis que les premiers groupes importants soucieux de la protection de l'environnement se forment au Québec.

«La pollution a d'abord commencé à inquiéter les vacanciers qui voyaient leurs plages préférées interdites aux baigneurs», racontent Marcel Chaput et Tony Le Sauteur dans un livre intitulé *Dossier pollution* et publié au printemps de 1971. «On a alors considéré la pollution comme un épouvantail à touristes. Puis vinrent les mordus de la chasse et de la pêche, ou tout simplement les amants de la nature. Ils ont commencé à voir ce qui ne se voyait pas auparavant: des poissons morts flottants sur les eaux.

«On passe alors de l'étape du tourisme à celle de la conservation des richesses naturelles que constituent la flore et la faune. Mais les richesses naturelles étant, dans l'esprit de plusieurs, renouvelables à l'infini, on a préféré penser à autre chose, ajoutent Chaput et Le Sauteur. Cependant, on a pris tout à coup conscience que la pollution est beaucoup plus qu'une affaire de tourisme et de conservation. Ont suivi l'étape de la santé publique, l'étape de la survie de l'humanité[1].»

À l'aube des années 70, quelques groupes populaires d'ardents protecteurs de l'environnement se forment au Québec. Ils prennent souche ici grâce surtout à des milieux anglophones. Le quotidien *The Gazette* et l'Université McGill deviennent les premiers défenseurs des autochtones et de l'environnement.

La Société pour vaincre la pollution (SVP) est créée en 1970. L'un des principaux membres, l'économiste Hélène Lajambe, raconte: «La SVP soulignait certains problèmes comme la pollution de l'air à Montréal-Est. D'autres, comme la pollution de l'eau, sautaient aux yeux puisque l'accès des plages était interdit. Les étudiants commençaient à s'intéresser à la protection de l'environnement mais il n'y avait aucun souci écologique dans les industries.

«La conscience écologique s'éveillait pourtant tout doucement. Il fallut beaucoup de rapports internationaux dénonçant les dommages écologiques et de nombreuses mesures de sensibilisation avant que la préoccupation de protéger l'environnement ne s'enracine dans l'opinion publique.»

Un coup de massue...

Dans la région de Québec, les défenseurs de l'environnement mènent et gagnent leur première bataille en 1973: le Conseil des ministres, à la suite des travaux d'une Commission parlementaire spéciale, demande à Hydro-Québec d'abandonner son projet de centrale à réserve pompée dont la construction est prévue dans la magnifique vallée de la rivière Jacques-Cartier à 45 kilomètres au nord de la Vieille Capitale.

C'est un coup de massue pour les ingénieurs et les administrateurs d'Hydro-Québec. Un projet contesté et surtout abandonné pour des raisons d'ordre écologique, cela ne s'était jamais vu.

«Durant les années 60, les grands ouvrages du Complexe Manicouagan-Outardes ont été construits et mis en service sans que les mots *environnement* et *écologie* ne soient prononcés, explique Pierre Dumas, alors jeune ingénieur à la tête de la division des Études spéciales et des Recherches à Hydro-Québec. Tout au plus des biologistes du Centre d'études nordiques de l'Université Laval avaient-ils proposé de dresser un inventaire de la région qui serait inondée par le réservoir Manicouagan, de façon à ce qu'une comparaison puisse être établie après la mise en eau. Cette offre fut déclinée. On ne voyait pas à ce moment-là l'intérêt d'une étude portant sur les poissons d'une région aussi éloignée[2]».

C'est dans ce contexte que l'aménagement hydro-électrique de la Baie James est annoncé. Si la pollution urbaine est dénoncée de toutes parts, le Nord, c'est l'inconnu, ou presque. Seuls les territoires nordiques de la Russie ont vraiment été étudiés par des scientifiques russes, mais leurs études sont difficilement transposables aux milieux nordiques québécois.

Ce manque de connaissances est à la source des inquiétudes des environnementalistes. Le territoire de la Baie James est une énigme. Évidemment, personne n'ignore sa grande fragilité écologique que les froids et la pauvreté des sols ne font qu'accentuer. Mais il faudrait en connaître davantage pour prévoir les conséquences des bouleversements que les gens du «Sud» s'apprêtent à y effectuer.

Qu'arrive-t-il quand on coupe des cours d'eau, quand on inonde de vastes superficies ou quand on détourne des rivières de leur cours naturel? «Malgré la création d'une trentaine de réservoirs au Québec, la documentation sur le sujet était à peu près inexistante. Comme on n'étudiait pas le milieu avant qu'il ne soit perturbé, on ne connaissait pas l'impact exact des aménagements hydro-électriques sur celui-ci», affirme Alain Soucy, alors directeur du centre de recherche sur l'eau de l'Université Laval (CENTREAU).

Plus de 50 mémoires sont présentés aux audiences publiques du Comité pour la défense de la Baie James en avril 1973 à Montréal. Le modérateur, à gauche, est le chanteur Gilles Vigneault. On dénonce le manque d'information et d'études sérieuses, l'atteinte à l'écologie et le coût exorbitant du projet que «l'Histoire condamnera». (Photo: La Presse)

Juillet 1973: des employés du premier campement de recherches écologiques offrent des truites au Premier ministre Robert Bourassa, en présence de Pierre Dumas, à gauche, premier chef du service de l'Environnement de la SEBJ. (Photo: Alain Rinfret, Hydro-Québec.)

L'alarme est déclenchée

Les groupes d'environnementalistes, qui comptent plusieurs scientifiques, s'opposent donc au projet d'aménager la Baie James dès son lancement. Ils essaient de sensibiliser la population au fait que le gouvernement, en mettant la charrue avant les bœufs, prend des risques énormes et injustifiés. L'inquiétude et la crainte se répandent. Les médias en font largement écho. Les contestataires exigent que le gouvernement provincial ou la Société de développement de la Baie James freine le projet jusqu'à ce que des études soient effectuées et que l'on puisse raisonnablement prévoir les conséquences des travaux sur l'environnement. Ils mettent de plus le doigt sur un autre problème: l'aménagement industriel de la taïga qui aura des effets catastrophiques sur les autochtones.

Dès les premiers mois de la construction de la route Matagami-LG 2 et Fort-George, les autochtones remarquent dans le ciel de la Baie James un trafic aérien intense et inhabituel. Ce sont les hélicoptères et les hydravions des équipes d'arpentage et de relevés des sols d'un bureau d'ingénieurs-conseils. Ayant eu vent des inquiétudes des autochtones, Paul Laurent, des Relations publiques d'Hydro-Québec, essaie de convaincre la direction d'amorcer des campagnes d'information et des tournées de consultation.

Mais en ce début des années 70, Hydro-Québec ne se sent pas concernée. À chacun ses oignons: Hydro-Québec construit des barrages, le ministère fédéral des Affaires indiennes s'occupe des autochtones et le ministère provincial du Tourisme, de la Chasse et de la Pêche, des poissons. Mais grâce aux insistances des contestataires, qui ont l'appui de la presse en général, les autorités provinciales commencent à bouger un peu.

Au milieu de l'année 1971, une réunion rassemble dans les bureaux d'Hydro-Québec à Montréal des représentants de cette société, de la SDBJ, ceux de plusieurs mouvements écologiques et, pour la première fois, quelques autochtones dont Max Gros-Louis et Robert Kanatewat.

«On nous a montré le film qui avait été présenté par le Parti libéral au Petit Colisée de Québec, lors de l'annonce du projet, raconte Hélène Lajambe. Il y avait des choses assez comiques... comme l'apparition de bisons. Les Indiens ont éclaté de rire. C'est dire le peu d'information dont disposaient les organismes promoteurs. Nous nous étions très vite rendu compte que personne ne savait de quoi il parlait. Les Indiens devaient faire face à une grande inconnue. Ils ont cru, à ce moment-là, qu'ils seraient informés et même que les autorités leur demanderaient leur avis, puisque c'était leur territoire.

Création d'un comité de défense

«Cette réunion a donné lieu à la création d'un Comité pour la défense de la Baie James qui regroupait les autochtones et divers particuliers et groupes préoccupés par la protection de l'environnement et le respect des droits des autochtones, ajoute Hélène Lajambe.

«Son but était de faire le point sur l'état des connaissances que nous avions sur le territoire et sur les impacts écologiques du projet. Nous avons tenu plusieurs rencontres et ateliers. Chaque fois, la conclusion était la même: manque de connaissances. Nous avions plusieurs personnes-ressources dans les universités. Hélas, il ressortait toujours qu'en ce qui concernait l'environnement de la Baie James, nous ne connaissions à peu près rien. L'aspect juridique était flou. Il nous semblait très irréaliste que le projet puisse aller de l'avant dans de telles conditions.»

Au début de 1972, le rapport Marsan, premier rapport environnemental sur la Baie James, préparé par un groupe de travail fédéral-provincial, est enfin prêt et rendu public[3]. Même si ses auteurs ne recommandent pas de retarder la réalisation du projet, leurs principales conclusions n'en rejoignent pas moins celles des contestataires.

Reconnaissant comme impact majeur du plan d'aménagement de la Baie James le choc culturel qu'il provoquerait chez les autochtones, le rapport souligne aussi la venue tardive de considérations environnementales et recommande qu'à l'avenir les études préliminaires de l'environnement soient lancées bien plus tôt qu'elles ne l'ont été.

Le rapport Marsan, comme nous l'avons signalé dans les chapitres précédents, formule une très importante recommandation qui ne tombera pas dans l'oreille de sourds: faire du territoire de la Baie James un immense laboratoire écologique qui fournira enfin des informations scientifiques sur le Moyen Nord québécois et sur les impacts des aménagements hydro-électriques.

Mais le Comité pour la défense de la Baie James juge ce rapport trop bref et trop optimiste. Il établit des contacts avec les organismes promoteurs et même avec le Premier ministre Robert Bourassa puisque «finalement, c'était un projet politique», note Hélène Lajambe. Mais les communications n'étaient pas bonnes. L'information ne passait tout simplement pas.

C'est à ce moment, au cours de l'été de 1972, que les Cris et les Inuit intentent, en Cour supérieure du Québec, une action pour que la loi créant la SDBJ soit déclarée inconstitutionnelle. On connaît la suite.

Pris au dépourvu, dès le départ, par cette nouvelle facette du défi à relever, les organismes promoteurs s'adaptent rapidement à la situation et ne tardent pas à passer à l'action. «Parce que nous (Hydro-Québec) avions perdu le projet de la vallée de la Jacques-Cartier, et que la Baie James naissait dans un climat de contestation, il y avait une nette volonté de s'occuper de ce problème de l'environnement, raconte Pierre Dumas. Quand la Société d'énergie de la Baie James s'est organisée, à l'automne de 1972, M. Robert Boyd a tout de suite prévu à l'organigramme un service de l'Environnement.»

Et ce service n'est pas un paravent car il bénéficie de l'appui de la haute direction de la SEBJ. En effet, il relève directement d'Armand Couture qui, étant membre du Comité de gérance, est l'une des personnes clés de l'entreprise.

Le 10 octobre 1972, le président de la SEBJ, Robert Boyd, demande au jeune ingénieur Pierre Dumas de prendre la responsabilité du service de l'Environnement. Mais, fait paradoxal, la demande d'injonction interlocutoire logée par les autochtones en retarde la création, à la SEBJ, toutes les énergies sont mobilisées pour présenter une défense au premier grand procès écologique au Québec.

L'entente biophysique

Quelques jours à peine avant la demande d'injonction, la Société de développement de la Baie James et Environnement-Canada signent un accord important désigné sous le nom d'Entente biophysique. Une vaste campagne de recherches et d'inventaires écologiques va en résulter. Cest la première réponse importante et positive aux recommandations du rapport Marsan. Cette entente, d'une durée de quatre ans à l'origine, sera amendée en 1976 et prolongée jusqu'au 31 mars 1979. Plus de 200 scientifiques, des fonctionnaires du Québec et d'Ottawa, des chercheurs de toutes les universités du Québec (sauf Bishop), la SEBJ, la SDBJ et de nombreux consultants vont y participer. Le coût total de la campagne: dix millions de dollars.

Des dizaines de milliers de données seront alors cartographiées à la main et ensuite informatisées. L'Entente biophysique aura produit 500 rapports et de 2 000 à 3 000 cartes originales. Plusieurs scientifiques affirment aujourd'hui que l'on connaît mieux l'écologie du territoire de la Baie James que celle de toutes les autres régions du Moyen Nord canadien.

Mais en novembre 1972, on n'en est encore qu'à la signature de l'entente... En décembre, le gouvernement du Québec adopte la Loi sur la qualité de l'environnement et met sur pied les Services de protection de l'environnement du Québec (SPEQ). La notion d'environnement est très limitée; elle touche surtout les éléments, c'est-à-dire l'eau, l'air et le sol. L'accent est mis sur la lutte contre la pollution, plutôt que sur la protection des espèces vivantes ou sur l'étude des grands écosystèmes.

«Toutes les questions que posait Mme Hélène Lajambe au nom du mouvement environnementaliste depuis 1971, raconte Pierre Dumas, ce sont des questions auxquelles Hydro-Québec répond maintenant. À la différence qu'aujourd'hui c'est le gouvernement qui les lui pose, tandis qu'à ce moment-là c'est au gouvernement qu'on les posait. Les environnementalistes avaient organisé des journées d'étude auxquelles même des experts étrangers avaient participé. Hydro-Québec, la SEBJ et la SDBJ ne pouvaient s'y présenter, car c'était une manifestation monstre, c'était un piège. C'était une occasion idéale de se faire mettre en boîte. De plus, ces audiences se déroulaient au moment où les poursuites étaient engagées, il y avait un risque que la cause soit devant les tribunaux. Hydro-Québec était très prudente.»

Aujourd'hui, Hélène Lajambe explique les conclusions principales de ces audiences que nombre d'articles de journaux avaient déjà exprimées: «Se lancer dans quelque chose d'aussi coûteux, d'aussi massif, et d'aussi destructeur sans avoir aucune idée de ce qui va se passer...»

Cette absence de connaissances et le mutisme dont l'entourent les organismes promoteurs, nourrissent l'inquiétude des environnementalistes. On évoque même les catastrophes écologiques provoquées par d'autres barrages à travers le monde. «Le barrage d'Assouan, sur le Nil, en Égypte, retient les limons fertiles et les canaux d'irrigation propagent le terrible parasite de la bilharziose jusqu'alors confiné aux seules eaux du Nil et contre lequel la science reste impuissante. Les sardineries font faillite (sic) et l'érosion menace les flancs du barrage. Remédier à la situation coûterait autant que le barrage lui-même[4]», écrit Hélène Lajambe dans sa thèse de maîtrise en économie.

«En Colombie-Britannique, nous avons l'exemple du barrage W.A.C. Bennett qui devait supprimer les inondations de la rivière de la Paix. Or, c'est précisément en les supprimant qu'il a provoqué l'agonie du delta de l'Athabasca, parc national, immense éponge maintenant en voie d'assèchement, qui faisait vivre le plus grand troupeau de bisons du monde, 1 300 Indiens, toute une population blanche et métisse, des animaux en très grand nombre et une flore très riche.»

Prévisions alarmistes ou farfelues

Dans ce contexte, toutes les craintes sont permises et donnent parfois lieu à des prévisions écologiques alarmistes ou farfelues. On craint la disparition de plusieurs espèces fauniques ou végétales, des changements climatiques qui retarderaient l'arrivée de l'été de plusieurs semaines, qui nuiraient aux récoltes de pommes de terre dans les Maritimes et qui refroidiraient même jusqu'à New York...

Les contestataires exigent des promoteurs et du gouvernement un minimum de connaissances scientifiques qui permettent d'éviter une éventuelle catastrophe. Peu de gens contestent le bien-fondé de ces revendications. «C'était sans aucun doute un problème que de laisser progresser les travaux à la Baie James, alors qu'on ne disposait pas des études environnementales appropriées, remarque Pierre Dumas. Ça a été une grave difficulté pour les jeunes qui travaillaient sur le terrain, au début, et pour un peu tout le monde. Il a fallu se rendre à l'évidence que les études concernant le projet avaient été entreprises sans tenir compte de l'environnement.

«Quand l'environnement est devenu un facteur déterminant, admet Pierre Dumas, on l'a intégré au processus. Il fallait oublier ce qui s'était passé avant. La décision de faire la Baie James était prise. C'était peut-être la seule décision possible à ce moment-là si on ne voulait pas attendre cinq ans. Et il n'y avait pas que l'aspect économique; il y avait aussi l'aspect énergétique. La décision était prise, il fallait aller de l'avant, faire de notre mieux à partir de là.»

Ces personnes jouent un rôle déterminant dans le développement des études écologiques à la Baie James. André Marsan livre le premier rapport environnemental en 1972.

Georges Gantcheff, directeur de l'Environnement et de l'Aménagement à la SDBJ.

Armand Couture, membre du Comité de gérance de la SEBJ et vice-président de Lavalin, en compagnie d'Alain Soucy, directeur de l'Environnement à la SEBJ.

«Le Comité pour la défense de la Baie James, on prenait ça un peu à la légère, car il s'y disait parfois des énormités. Mais j'ai toujours cru que c'était bon d'avoir un tel comité parce que, s'il n'y avait pas eu la pression de l'extérieur, les services de l'Environnement n'auraient pas eu beaucoup de pouvoir à l'intérieur», affirme Georges Gantcheff, directeur de l'Environnement et de l'Aménagement à la Société de développement de la Baie James. «Ce genre de groupes est très utile: ils rendent les populations conscientes de certains problèmes et ils forcent la main des gens au pouvoir, ajoute-t-il. Honnêtement, il faut dire que quand on a commencé, on ne savait pas grand-chose. Je sais même qu'au début, les plus jeunes sur le terrain ont eu des problèmes de conscience. Ils se disaient: *on travaille pour des gens qui détruisent l'environnement.*»

On se retrousse les manches

Au moment où les membres du Comité pour la défense de la Baie James se rendent au bureau du Premier ministre Robert Bourassa pour lui présenter leur rapport (rencontre à laquelle il interdira à la presse d'assister), on se retrousse les manches, littéralement, au service de l'Environnement de la SEBJ et on commence à relever un défi de taille: inventorier un territoire grand comme les deux tiers de la France!

«Avant tout, raconte Pierre Dumas, comme on connaissait très peu le territoire, il fallait organiser des équipes pour se rendre «en haut» et faire les premiers inventaires. C'était durant l'été de 1973. L'environnement était un nouveau concept. Auparavant, les biologistes travaillaient dans leurs laboratoires, dans des centres universitaires. Ils faisaient parfois des expéditions dans la nature, mais c'était des observations très ponctuelles. Il fallait maintenant ratisser un territoire immense.

«Nous avions embauché 35 jeunes qui sont entrés en service le 14 mai, tous des étudiants, certains finissants, mais qui avaient très peu d'expérience sur le terrain. Il y a eu une semaine intensive d'information et de formation à nos bureaux; ensuite, une semaine au laboratoire de l'Université de Montréal. Pendant les deux mois précédents, on avait travaillé à établir la marche à suivre et les méthodes de travail. On avait acheté pour un demi-million de dollars de matériel scientifique... Il n'était plus question du petit havresac et de la boussole. Ils devaient travailler en utilisant hélicoptère et hydravion, avec des moyens logistiques utilisés depuis longtemps en génie, mais nouveaux en environnement. Nous avions aussi demandé aux personnes déjà sur place de préparer un campement pour ces jeunes-là. Ils devaient arriver le 1er juin et être logés au campement d'exploration du lac Attila.

«Deux semaines avant le départ, Claude Pelchat, qui s'occupait d'exploration, nous avait dit: *Le campement ne sera jamais prêt à temps, pas avant le 15 ou le 20 juin.* Mais André Dumouchel, qui avait appartenu à la Marine canadienne et qui était un gars de décision, nous avait consultés avant de lui répondre:

— *Les gars montent le 1er juin! Organise-toi comme tu pourras, nos gars montent à la Baie James!*

— *C'est pas possible, on n'a pas de campement. Les tentes ne sont même pas arrivées.*

— *Tant pis, si vous n'avez pas de tentes, on va en monter!*

«Ils sont arrivés le 1er juin, ces petits jeunes qui sortaient du cégep ou de l'université. En les voyant arriver, le gros Frank Lamy, le chef cuisinier, a dit à Dumouchel:

— *Ici, c'est des vrais gars de chantier, qui ont fait la Bersimis, la Manic. Ça prend des gars de bois. Tes petits jeunes, je ne leur donne pas deux semaines...*

«Frank Lamy s'était trompé royalement. Pas un n'a flanché alors que bien des gars de chantier «jumpaient», raconte Pierre Dumas. On leur a fait creuser des rigoles, monter des tentes. Ils étaient évidemment déçus. Avec leurs beaux diplômes en biologie, ils se retrouvaient au pic et à la pelle. Ils se plaignaient à Dumouchel qui leur donnait une heure de plus de creusage de tranchées! Finalement, tout s'est bien organisé et ils ont pu dresser des inventaires excellents pendant tout l'été.»

Explorateurs-sardines...

Installés à huit dans des tentes de 16 pieds sur 8, et à quatre dans des modules de 8 pieds sur 10, les premiers explorateurs de l'environnement sont «pas mal cordés», selon Roger Lemire, l'un d'entre eux. Leur transport et leur ravitaillement sont assurés uniquement par la voie des airs et seule la radio, souvent défaillante, les garde en contact avec le reste du monde.

Pourtant, cet été-là, ils reçoivent la visite du Premier ministre Robert Bourassa. C'est le 14 juillet, jour de son anniversaire de naissance. Les environnementalistes lui font une belle réception, lui font visiter le laboratoire et lui offrent des truites de la Baie James.

Au cours de sa visite, il se penche notamment sur une collection d'insectes montée par celui qui est aujourd'hui le doyen en environnement à la Baie James, Jean-Louis Fréchette. Au moment où Robert Laurier, le chef de l'environnement au territoire, lui tend une magnifique libellule, et que les appareils-photo fixent cette scène pour la postérité, Robert Bourassa s'exclame: «Ils viendront dire, après, que je ne me suis jamais occupé d'environnement!»

Au siège social de la SEBJ, il se passe aussi des choses intéressantes. Les gens du service de l'Environnement accomplissent un tour de force en participant aux études d'optimisation du Complexe La Grande, c'est-à-dire à une première définition de la configuration générale du Complexe, en essayant d'en arriver à des décisions qui soient les plus avantageuses possible sur les plans environnemental, technique et économique. «Nous avons regardé toutes les possibilités de centrales et de détournements de rivières, nous avons proposé un rapport de validation et donné notre opinion, raconte Pierre Dumas. Nous nous sommes opposés énergiquement à certaines variantes du projet, et nous avons eu gain de cause.

«Ce rapport de validation constitue vraiment un point tournant. C'est le premier rapport dans lequel le service de l'Environnement de la SEBJ formulait des recommandations très claires quant à la planification des projets.

«Par la suite, l'environnement a eu beaucoup à voir dans l'ingénierie détaillée des campements et des routes. C'est devenu une composante majeure de toutes les décisions qui ont été prises à partir de ce moment.»

La résistance des ingénieurs

Si les contestataires de la première heure ont dû militer ardemment et déployer tous leurs efforts pour sensibiliser à la protection de l'environnement le gouvernement et les promoteurs des grands ouvrages hydro-électriques, les écologistes en poste à la SEBJ et à la SDBJ ont dû, à leur tour, mener leurs propres campagnes d'éducation et de persuasion auprès, d'abord, des ingénieurs concepteurs. Ceux-ci n'étaient pas habitués à tenir systématiquement compte de l'aspect environnemental dans leurs travaux. Jusque-là, les critères prépondérants avaient été d'ordre technique et économique.

«Au tout début, raconte Georges Gantcheff, les gens commençaient à se rendre compte que l'environnement devenait un élément de plus en plus important. Mais la plupart des ingénieurs et des constructeurs ne considéraient pas ça comme une contrainte. Il y avait des résistances. C'était beaucoup plus facile de convaincre les administrateurs que les concepteurs. Les grands patrons, après une démonstration logique, comprenaient et acceptaient. C'était beaucoup plus difficile de chambarder les habitudes de travail de plusieurs années chez un ingénieur; il résistait. Et les chefs de chantier encore plus, car ils avaient des échéanciers à respecter!»

«En 1973, il a fallu bâtir de toutes pièces une nouvelle tradition, explique Armand Couture. Quand on exigeait que les plans soient revus par le service de l'Environnement et que les dossiers de construction et d'ingénierie soient commentés par ce service, on allait à l'encontre des habitudes. On ne demandait pas que l'Environnement ait un pouvoir décisionnel, mais on voulait lui donner un rôle de conseiller. L'Environnement n'avait pas autorité sur la partie technique, mais l'inverse était aussi vrai. En cas de désaccord, c'était le Comité de gérance qui devait trancher... ce qui est arrivé une ou deux fois dans toute l'histoire de la Baie James!»

Le rôle d'Armand Couture est fréquemment souligné par les principaux responsables de l'environnement à la Baie James. «Il a donné un coup de main important, il a défendu le point de vue du service de l'Environnement au niveau de la haute direction de la SEBJ, explique Alain Soucy. Parce qu'il était reconnu comme un homme au jugement très sûr, il nous a acquis la crédibilité dont nous avions besoin au niveau supérieur. Il n'a pas toujours donné raison aux gens de l'Environnement... il était là pour voir à ce que nous fassions des choses sensées. Globalement, son rôle a été positif.»

Une date importante

La décision du juge Albert Malouf, le 15 novembre 1973, d'arrêter les travaux de la Baie James marque une date importante non seulement dans l'histoire du projet, mais aussi dans la prise de conscience de l'environnement. «Après le jugement Malouf, beaucoup de gens ont réellement compris qu'il *fallait* s'occuper de l'environnement», estime Georges Gantcheff.

La Société de développement de la Baie James s'en occupe concrètement. C'est elle qui est responsable de la première infrastructure importante à la Baie James, soit la route qui s'élance vers La Grande Rivière. Il y a là évidemment de quoi occuper les spécialistes en environnement. Arrivés sur le tard, ils font face à l'un des problèmes typiques qui se présentent dans le contexte des chantiers de construction.

«Quand je suis arrivé, raconte Georges Gantcheff, les jeux étaient presque faits. Nous avons essayé de sauver le site en bordure des chutes de la rivière de Rupert, mais nous n'avons pas réussi. Le temps d'essayer de convaincre l'entrepreneur et il avait tout massacré. Par contre, nous avons réussi à la rivière Broadback. Le campement a été construit plus loin du cours d'eau et on a laissé une lisière d'arbres entre les deux. Quand on passe aujourd'hui à la rivière Broadback, on s'aperçoit que c'est beaucoup mieux qu'ailleurs. La prise en considération de l'environnement ne faisait que commencer; il n'y avait ni loi ni règlement. Il y avait très peu de choses.»

Après cette réussite, l'équipe d'Environnement de la SDBJ essaie de rédiger son premier code de l'environnement, c'est-à-dire de définir avec précision les directives à donner aux constructeurs pour s'assurer que leurs travaux ne détériorent pas inutilement l'environnement. «Ce code était trop littéraire et les directives n'étaient pas assez précises», admet Georges Gantcheff.

«Au cours de ces premières années, nous étions perçus comme une «gang» de gars payés pour aller à la pêche, ou pour servir de guides... Nous avions beau expliquer ce que nous faisions, les gens ne comprenaient pas», raconte Normand Faubert, biologiste responsable des projets d'aménagement pour la protection des poissons dans tout le territoire de la Baie James.

Un budget de 250 millions

À la fin de l'année 1974, le service de l'Environnement présente son budget: rien de moins qu'une somme totale de 250 millions de dollars pour l'ensemble du projet. «Ce chiffre était constitué d'une tranche de 25 p. cent destinée aux diverses études (relevés, réseau de surveillance, etc.) et de 75 p. cent pour les travaux d'environnement reliés au déboisement, aux digues pour le parcours des eaux à canaliser, à la reconstitution d'écotones, aux travaux d'écoulement, aux

L'impressionnant campement du lac Hélène, au sud de LG 2, où les spécialistes de l'environnement ont longtemps travaillé.

De nombreuses fouilles permettent d'enventorier au moins 1000 sites archéologiques dans tout le territoire.

travaux hydrauliques, aux compensations, aux autochtones, au reboisement, etc.», précise Armand Couture.

En janvier 1975, le service de l'Environnement de la SEBJ va encore plus loin en soumettant au Comité de gérance cinq ou six directives qui devront guider les chefs de chantier dans l'établissement des campements et pendant les travaux de construction proprement dits.

Ces directives, approuvées par le Comité de gérance, réglementent l'alimentation en eau potable et son traitement, le traitement et l'évacuation des eaux usées et le rejet des déchets solides et des huiles usées. Les parcs à carburant doivent être établis en tenant compte de certaines mesures destinées à limiter les dégâts en cas de fuites. Les campements doivent être construits en évitant de raser toute la végétation qui se trouve sur l'emplacement. Et surtout, les carrières et sablières, extrêmement nombreuses, et qui sont autant d'occasions de détruire la très mince et très précieuse couche d'humus qui recouvre le sol, doivent, dans la mesure du possible, être situées à l'intérieur des zones qui seront inondées. Finalement, les directives précisent qu'un seul tracé doit être déboisé lors de la construction de routes, de façon à réduire au strict minimum la perte de végétation.

L'année 1975 marque un tournant dans l'histoire de l'environnement de la Baie James. Pierre Dumas quitte l'entreprise pour voler de ses propres ailes. Il est remplacé par Alain Soucy, dont le mandat à la direction du Centre de recherches sur l'eau de l'Université Laval (CENTREAU) se termine. «Je suis arrivé à la direction du service de l'Environnement en juillet 1975, dans un moment de crise, où l'image de l'environnement à la Baie James n'était pas bien jolie, raconte Alain Soucy. Il y avait beaucoup de critiques dans les journaux concernant l'aspect sanitaire. La construction se faisait rapidement, sans trop de précautions.»

Une démission fracassante

Le samedi 9 août 1975, coup de théâtre. Le journal *Le Devoir* publie une manchette qui va secouer le monde de l'environnement: «LE CHEF DE L'ENVIRONNEMENT À LA BAIE JAMES, PARALYSÉ, ABANDONNÉ.» Il s'agit de la démission d'Yvon Béland, responsable de l'environnement pour tous les chantiers et les campements de la Baie James. Motif de sa démission: la SEBJ l'a chargé de surveiller l'application des normes pour la protection de l'environnement mais lui refuse tout pouvoir réel pour les faire appliquer.

«Le plus drôle, c'est que la SEBJ a elle-même élaboré et formellement approuvé ces normes qu'elle refuse de faire appliquer; pour elle, ce n'est qu'une façade, une opération de relations publiques, déclare Yvon Béland.

«Quand j'étais inspecteur pour les Services de protection de l'environnement, je pouvais faire cesser des travaux si les règlements provinciaux n'étaient pas respectés. À la Baie James, au contraire, on se fiche complètement de tous les règlements et le responsable de l'environnement fera rire de lui s'il va protester auprès du chef de chantier.»

C'est maintenant sur le terrain que les environnementalistes doivent livrer des batailles quotidiennes. «Au début, raconte Pierre Pagé, alors adjoint technique du responsable de l'environnement du chantier des routes, on était à couteaux tirés et c'était encore plus difficile avec les gens de l'exploration. Il y avait énormément d'imprévus et chacun se débrouillait à sa manière. Les campements étaient montés rapidement et on tenait très peu compte des conditions sanitaires. À cause du manque de temps et du manque d'équipement, on faisait fi de nos directives.»

Gérard Tremblay, le premier inspecteur permanent des Services de la protection de l'environnement du Québec (SPEQ) à la Baie James, enchaîne: «Quand nous demandions par exemple à un chef de campement d'exploration de creuser une tranchée pour y enfouir les ordures, il nous répondait: Une tranchée? Je la fais avec quoi, cette tranchée? Tout avait été transporté par hélicoptère, il n'y avait donc pas de machinerie. Et surtout, les chefs de chantier avaient le mandat de construire, c'était difficile pour eux d'accepter les contraintes que nous leur suggérions et qui les dérangaient.»

«Tout le monde savait bien que la meilleure source d'eau potable, c'est une source souterraine, mais on n'avait pas le matériel sur place pour faire des forages, explique Elephterios Théophanidès. On puisait donc l'eau directement dans un lac voisin. Nous faisions des analyses bactériologiques et quand on s'apercevait qu'il y avait des problèmes de contamination, on leur demandait de faire attention. C'était la phase d'exploration. Les installations sanitaires ne pouvaient pas être parfaites.

«Même chose pour les eaux usées. Souvent, les gens se contentaient de puisards, de fosses à ciel ouvert. Vers la fin de 1975, on commençait à être mieux organisés, alors on faisait de bons systèmes, avec des fosses septiques ou, au besoin, des champs d'épuration. Mais n'oublions pas que bien souvent, il n'y avait pas plus d'une cinquantaine de personnes dans ces campements d'exploration.»

Pour ce qui est des risques de pollution engendrés par les réservoirs de carburant, c'était encore la même situation. «Il n'y avait pas de cuvette de protection pour les réservoirs de carburant parce qu'il n'y avait pas de route, donc pas de machinerie, ajoute Théophanidès. On allait sur place, on essayait de trouver une cuvette naturelle et d'y faire mettre les réservoirs. Au moins, si jamais il y avait une fuite, le carburant ne pourrait pas se répandre.»

Les situations d'urgence

Autre contrainte importante, c'est la vitesse, c'est la hâte. À la Baie James, tout doit être fait pour *hier*... «À un moment donné, des ouvriers ont dû faire une véritable course contre la montre pour transporter par avion 1,5 million de gallons de carburant, sur des pistes de glace, dans des conditions sibériennes. Dans ce cas-là, il est bien évident que l'entreposage des réservoirs ne répondait pas à toutes les normes provinciales concernant les dépôts d'essence permanents, raconte Jacques Guida, le premier chef des chantiers d'exploration. C'était des situations d'urgence[5].»

C'était également la belle époque pour les bancs d'emprunt. «On ouvrait des bancs d'emprunt où on voulait, malgré les directives de la SEBJ spécifiant qu'il fallait les ouvrir à telle distance du plan d'eau, raconte encore Elephtérios Théophanidès. Nous n'avions de compte à rendre à personne de l'extérieur de la SEBJ. On réglait nos comptes entre nous, les gens de l'Environnement et de la Construction. Le plus fort l'emportait!»

Les problèmes techniques ne sont pas les seuls obstacles à une application rigoureuse des directives environnementales. «Quand je suis arrivé à la Baie James, explique Gérald Tremblay, je trouvais aberrant que des gens aient un mandat sans avoir les pouvoirs de le remplir. Mais il ne faut pas oublier le contexte. Les préoccupations en environnement, c'était nouveau, récent. Et dans des chantiers de construction éloignés, c'était encore plus nouveau. Du jamais vu! On ne savait pas trop comment s'y prendre pour appliquer les directives. Devait-on avoir la permission de l'Environnement avant de faire quoi que ce soit? Ou léser le chef de chantier qui est maître après Dieu dans un chantier? Nous étions tous en phase exploratoire. Voilà pourquoi l'idée de la SEBJ de donner un rôle consultatif à son service de l'Environnement était excellente.»

C'était la philosophie de départ, dans les années 1974, 1975, 1976, concernant les relations entre les gens de l'Environnement, les concepteurs et les constructeurs. Elle n'a pas changé. «L'inspecteur n'a pas autorité sur les gens de chantier, c'est la même philosophie qu'au siège social, explique Armand Couture. Cependant, les gens des chantiers sont obligés de le consulter. Et lui-même doit faire des rapports au chef de chantier de même qu'à l'Environnement au siège social. Tout le monde n'était pas d'accord et M. Béland s'est fait le porte-parole des opposants à ce système. Il disait: *un inspecteur de l'Environnement doit avoir un pouvoir décisionnel au chantier*. Moi, je ne pouvais pas appuyer cette théorie parce que je considère qu'on ne peut pas remplacer nos techniciens en charge des travaux par des inspecteurs de l'Environnement. Ça n'a pas de sens. Il faut leur donner le pouvoir d'inspecter, de faire rapport, de s'opposer si quelque chose ne va pas. Je leur avais dit: *Bâtissez votre tradition. Vous ne la construirez pas en l'espace d'une année. Il va falloir que vous inspiriez confiance et que vos actions acquièrent de la crédibilité. Ça ne se fera pas en arrêtant les travaux mais en intervenant de la bonne façon et en faisant rapport au bon niveau d'autorité...* Les règlements n'ont jamais changé sur ce point», rappelle Armand Couture.

«Yvon Béland voulait avoir des résultats rapides, explique de son côté Pierre Pagé. La direction n'était pas prête à lui accorder ce qu'il voulait. C'était une question psychologique. On ne change pas les mentalités du jour au lendemain.»

L'élément catalyseur

Pendant que dans le territoire de la Baie James, une poignée d'hommes fait avancer la cause de l'environnement, d'autres font accélérer l'organisation de la protection de l'environnement partout au Québec. Ce sont les promoteurs du projet et les autochtones qui négocient une convention. «Si les contestataires du départ ont forcé quelque peu l'avènement de l'ère de l'environnement, l'élément catalyseur le plus important qui a permis de fermer la boucle entre les études écologiques et les intérêts humains fut sans contredit la Convention de la Baie James et du Nord québécois, et les longues négociations qui y ont mené[6]», affirme Pierre Dumas.

Dorénavant, tous les projets seront précédés d'études d'impact. Ces études comprendront une évaluation des répercussions probables d'un projet sur l'environnement et le milieu social, une analyse comparative des solutions de rechange et une description des mesures de correction nécessaires pour atténuer les conséquences néfastes des travaux.

Les premières interventions du service de l'Environnement de la SEBJ ont lieu au cours de l'année 1975. Le service travaille alors en étroite collaboration avec la direction de l'Ingénierie à la définition détaillée de l'avant-projet: toutes les variantes d'aménagement de chaque centrale, de chaque réservoir, les parcours de détournement des eaux, et l'emplacement des évacuateurs de crues font l'objet de décisions.

«C'est très difficile de prendre un projet au milieu et de l'optimiser en tenant compte de tous les aspects, explique Alain Soucy. On essayait de sortir le meilleur de ce projet-là. Il fallait rattraper le temps perdu. Nous devions travailler en nous basant sur la science en général, sur certaines expériences vécues ailleurs, sur des représentations de la réalité et formuler nos propres hypothèses puisque tout cela n'avait jamais été fait ailleurs. Il y a eu de bonnes discussions, assez chaudes! Car les ingénieurs n'étaient pas très sensibilisés à l'environnement.»

Parmi les premières interventions à l'étape de l'avant-projet, il faut souligner la limitation du débit des eaux de La Grande Rivière à Fort-George, de façon à diminuer les risques d'érosion de l'île; la modification du tracé de certaines routes, plus particulièrement autour des lacs et dans d'autres zones sensibles; le déplacement du chantier de LG 1 pour tenir compte des craintes des autochtones.

À l'étape de l'ingénierie, les interventions concernent notamment le déplacement de l'évacuateur de crues de LG 2 de façon à diminuer l'érosion et à éviter la sédimentation dans La Grande Rivière; le maintien des niveaux d'eau naturels du lac Sakami, malgré le débit d'eau additionnel causé par le détournement de la rivière Eastmain, pour éviter de modifier les rives du lac; la construction d'une station de pompage au lac Désaulniers dans le but de diminuer l'inondation que sa coupure allait provoquer.

Une étonnante découverte est faite en 1982: bouleversant leur mode de vie, des castors construisent des étages additionnels à leur hutte au fur et à mesure de la montée des eaux du réservoir de LG 2.

Des centaines de milliers de plants servent à stabiliser et à réaménager les sites endommagés lors des travaux de construction.

Si le service de l'Environnement a réellement un rôle de plus en plus important au siège social, aux étapes de la planification et de l'ingénierie, il n'en est pas tout à fait de même dans les chantiers à l'étape de la construction. «Après une année de fonctionnement du système de surveillance de la construction, on s'est rendu compte que les responsables de l'Environnement n'avaient pas assez de poids, explique Alain Soucy. Les chefs de chantier étaient bien intentionnés mais n'arrivaient pas à intervenir auprès des entrepreneurs. Après certaines discussions, il a été décidé d'inclure les directives d'environnement dans les clauses contractuelles des entrepreneurs. Non seulement des directives générales mais aussi ce qu'on appelle les clauses particulières. Ce fut la principale décision prise en 1977. On concrétisait dans l'action l'importance du service de l'Environnement. De plus, nos responsables aux chantiers prenaient du poil au menton et étaient de mieux en mieux acceptés par les gens des chantiers.»

«C'était tellement peu dans les mœurs au commencement, que les entrepreneurs lisaient les directives et ne savaient pas au juste de quoi il s'agissait, explique de son côté Georges Gantcheff. J'ai vu ce qu'ils ont fait à la fin des travaux au chantier d'EOL (Eastmain) et on peut dire que maintenant les gens savent réellement ce qu'ils ont à faire.»

Un chef de chantier approuve

Claude Pelchat, qui était chef de chantier à EOL à cette époque, approuve la plupart de ces directives. «Il y a des choses excellentes qui ne coûtent rien, comme de se limiter à un seul corridor quand on fait une route, au lieu de dix; de laisser une lisière d'arbres entre un lac et un banc d'emprunt; de trouver des bancs d'emprunt à l'emplacement des futurs réservoirs, quand c'est possible. En fait, prévenir plutôt que guérir. C'est contraignant, ce sont des obligations, mais ce sont aussi des choses naturelles qui ne coûtent presque rien et qui rapportent beaucoup. Mais il y a d'autres mesures qui coûtent une fortune et qui ne sont pas nécessaires.»

L'année 1977 marque donc une étape importante dans l'histoire de l'environnement à la Baie James. Et c'est cette année-là, à la suite d'enquêtes et d'audiences tenues deux ans plut tôt, que le Conseil consultatif de l'environnement du Québec rend public son rapport final qui conclut que «les principes et les mesures d'intervention de la SDBJ et de la SEBJ pour protéger le milieu naturel et prévenir la pollution n'ont pas toujours été suivis; qu'il y a un manque évident d'inspecteurs et que l'inefficacité de leur intervention est manifeste; que l'arrivée tardive des directives environnementales des sociétés SDBJ et SEBJ et l'insuffisance des effectifs de contrôle des SPEQ dans ce territoire n'ont pas été sans contribuer à certaines détériorations du milieu; et, enfin, quoique les services de l'Environnement de ces deux sociétés semblent vraiment désireux de protéger l'environnement et de prévenir la pollution, cela ne se traduit pas toujours dans les faits à cause de contraintes techniques, économiques et administratives que les autorités font valoir[7].»

Le Conseil consultatif de l'environnement reconnaît cependant «que la SEBJ a pris, depuis un certain temps, l'initiative de vouloir intégrer les considérations environnementales au début de l'élaboration de ses projets dans le territoire de la Baie James. Cette façon de procéder est très nouvelle à la Baie James et aurait intérêt à être pratiquée par d'autres. En effet, cela permet aux responsables du dossier de l'environnement d'intervenir à toutes les étapes de réalisation d'un projet pour souligner, par des recommandations, toute mesure ou toute correction visant à protéger la qualité du milieu ou à la mettre en valeur.»

La grande amélioration en 1977, c'est d'inclure les directives du service de l'Environnement de la SEBJ dans les contrats des entrepreneurs, accompagnées d'une mesure importante: la retenue de cinq pour cent de la valeur totale du contrat par la SEBJ tant et aussi longtemps que les travaux de réaménagement de leurs lieux de travail ne sont pas terminés.

Des travaux correcteurs

Les mesures préventives aux étapes de la planification, de l'ingénierie et de la construction ne peuvent pas éliminer tous les dommages sérieux faits à l'environnement. Il faut donc faire des travaux correcteurs qui redonnent au milieu la qualité et la productivité qu'il peut avoir perdues. Ces travaux correcteurs sont spectaculaires. «Les impacts environnementaux négatifs sont réduits au minimum à la Baie James plus que partout ailleurs dans le monde», ne craint pas de prétendre Roger Blais, un ingénieur géologue membre du Comité des experts en environnement.

«Il s'agit d'atténuer les répercussions des travaux sur le milieu biophysique et les activités traditionnelles des premiers occupants du territoire, par des mesures et des travaux orientés vers la productivité biologique des habitats et l'utilisation maximale des nouveaux milieux créés par le projet», explique Alain Soucy.

Les travaux correcteurs exécutés à la Baie James sont pour la plupart des innovations et sont donc réalisés à titre expérimental. C'est seulement après la mise en eau de LG 2 en octobre 1979 que l'on a pu commencer à en connaître l'efficacité.

La création des réservoirs signifie l'inondation de grandes superficies, donc la perte d'habitats terrestres, et la multiplication des milieux aquatiques. Pour favoriser l'utilisation de ces nouvelles nappes d'eau, on procède à un déboisement sélectif des réservoirs avant la mise en eau; on aménage aussi des rampes d'accès, des zones d'accostage, des corridors de navigation et des aires de pêche intensive.

Une grande quantité d'arbres déracinés naturellement après la mise en eau flottent à la surface du réservoir et constituent un danger pour la navigation en plus de nuire au frai le long des berges et dans les tributaires. Ils sont donc ramassés et brûlés sur place, au moyen d'incinérateurs sur barge.

Autre aspect négatif: les réservoirs, en submergeant les plans d'eau existants, font disparaître la plupart des frayères. On sait que les poissons se déplaceront vers les nouvelles zones côtières ou les nouvelles embouchures des tributaires. Il est donc essentiel que les endroits les plus productifs soient dégagés de tous les obstacles afin de devenir des zones de frai favorables. Il sont donc déboisés. «Le mouvement massif des géniteurs (doré, brochet, meunier) survenu au printemps de 1981 à l'embouchure des tributaires aménagés, et ce, aussi bien à LG 2 qu'à Opinaca, confirme l'importance de cette intervention et la pertinence des sites choisis», affirme Alain Soucy.

Une ingénieuse méthode

On prévoit cependant que les importantes fluctuations du niveau d'eau des réservoirs représenteront un danger pour les œufs de poisson, qui pourront être mis à sec par une baisse de niveau ou alors emportés à la dérive lors d'une hausse.

Les environnementalistes de la SEBJ ont donc mis au point une ingénieuse méthode visant à protéger ces œufs: l'endiguement de baies. Cela consiste à soustraire une petite portion d'un réservoir aux fortes fluctuations pour en faire une sorte d'alevinière qui assurera le peuplement des réservoirs. Cette baie artificielle est fermée par une petite digue munie d'un seuil déversoir permettant des fluctuations semblables à celles d'un lac naturel, et d'une passe migratoire qui permet aux poissons d'entrer dans la baie ou d'en sortir. Ainsi, la digue BA 02 à LG 2 a donné de bons résultats, selon Alain Soucy; la reproduction y a été bonne et a fourni un apport important d'alevins au réservoir.

Enfin, on ajoute des géniteurs à certains réservoirs en vue d'augmenter rapidement les stocks de poissons et de favoriser la pêche intensive pratiquée par les autochtones.

Les réservoirs causent également d'autres pertes importantes, comme celle de l'écotone, ce milieu intermédiaire entre la forêt et l'eau, constitué de petites plantes et d'herbacées, et qui sert de support à la petite faune, à la sauvagine (oies, canards de surface, canards plongeurs, canards de mer et petits oiseaux de rivage) et aux poissons. Le remède, c'est de déboiser les rives, d'y effectuer des coupes de rajeunissement et d'accélérer la reconstitution d'habitats riverains en y plantant des arbustes et en y ensemençant des herbacées. Les baies endiguées sont ainsi traitées, de même que les autres baies peu profondes, les embouchures et les rives des tributaires.

Par ailleurs, pour favoriser la faune terrestre et la sauvagine, plusieurs types d'interventions sont prévus comme l'ancrage de tourbières flottantes dans des sites protégés contre l'action érosive des vagues. Les tourbières sont d'excellents milieux de nidification pour la sauvagine.

Finalement, les travaux correcteurs ont aussi un but esthétique. Pour obtenir un plan d'eau visuellement acceptable, avant la mise en eau des réservoirs, on déboise à proximité des ouvrages principaux dans un rayon de 5 kilomètres. Cette opération assure un dégagement de 1,5 mètre au-dessous du niveau minimum d'été, saison durant laquelle les ouvrages seront le plus fréquentés[8]. Au réservoir Opinaca, ce type de déboisement a été effectué dans trois zones sur une superficie totale d'environ 2900 hectares.

Les zones de détournement

Quand on détourne des rivières de leur cours naturel, on provoque des inondations. De plus, comme ces rivières peuvent traverser des lacs sur leur parcours — c'est le cas de la rivière Eastmain qui passe désormais par les lacs Boyd et Sakami avant d'atteindre La Grande Rivière — le niveau de ces lacs s'en trouve rehaussé, ce qui submerge l'écotone.

Pour éviter d'inonder inutilement les vallées secondaires, on construit des digues qui limitent les eaux à un seul

Quelques-uns des écologistes de la SEBJ:

Robert Roy.

Pierre Pagé.

Denyse Therrien Bollulo.

Richard Martineau.

chenal. Pour diminuer le rehaussement du niveau d'un lac — par exemple le lac Sakami, dont l'écotone est très riche et très important pour les castors, les rats musqués et la sauvagine qui s'y trouvent en grand nombre et qui constituent une ressource essentielle pour les Cris de la région — on contrôle le débit d'eau détournée de façon à ce que le niveau du lac fluctue à peu près comme dans les conditions naturelles. Dans les zones inondées, l'accent est mis sur la reconstitution de l'écotone par des travaux de déboisement, de plantation et d'ensemencement.

En aval des points de coupure des rivières détournées, le débit est considérablement réduit. Ainsi, après leur dérivation, les rivières Eastmain et Opinaca n'avaient plus qu'un débit de 10 p. cent à l'embouchure. L'assèchement partiel de leur lit avait mis à nu une bonne partie des berges, et on a retrouvé dans l'eau une quantité importante de sédiments.

«Les nouvelles conditions étaient évidemment préjudiciables à l'équilibre écologique du milieu et d'importants travaux de correction s'imposaient, affirme Alain Soucy. Ainsi, trois des tronçons de rivière les plus actifs furent protégés par la construction de seuils dont le rôle est de ramener le niveau d'eau voisin de celui des conditions naturelles et d'arrêter le processus d'érosion des berges. Résultat: les berges exondées ont été réduites de 80 p. cent et les érosions ont diminué de 65 p. cent pour l'ensemble des rivières Eastmain et Opinaca.»

Ailleurs, on a fait des ensemencements aériens et planté des aulnes, des saules et des herbacées; après quelques semaines, 75 p. cent des berges traitées étaient recouvertes de végétation alors qu'après deux ans, seulement 25 p. cent des aires avaient été reboisées naturellement.

La transplantation de castors!

En général, la faune du territoire n'éprouve pas de sérieux problèmes à la suite de la mise en eau des réservoirs et de la coupure des rivières. Les ongulés, comme les orignaux et les caribous, se déplacent assez rapidement pour éviter la noyade et sont assez mobiles pour pouvoir, au besoin, changer de zone de mise bas et de broutage. C'est du moins ce que les études faites sur leurs déplacements tendent à prouver.

La sauvagine se tient surtout sur la côte de la baie James qu'elle préfère à La Grande Rivière dont les berges sont élevées, les rives uniformes et sans baies et le courant tumultueux. Il y va tout autrement pour les poissons et les castors. Nous avons déjà vu quels efforts sont faits pour protéger les poissons, leurs zones de frai et leurs habitats.

Quant aux castors, ils ont fait l'objet d'études et d'expérimentations. On sait que l'exploitation des animaux à fourrure, et plus particulièrement celle du castor, constitue la base des activités traditionnelles des autochtones du territoire de la Baie James. Aussi, pour limiter les pertes par noyade, la SOTRAC (Société des travaux de correction du Complexe La Grande) organise des programmes de trappage intensif dans les limites des futurs réservoirs.

«En concentrant l'activité des trappeurs à ces endroits, ce type d'aménagement permet aux populations de castors d'augmenter en périphérie des réservoirs, explique Denise T, Bollulo, ingénieur à la direction de l'Environnement de la SEBJ. Au réservoir Opinaca, cette activité qui s'est échelonnée sur deux saisons de trappage, a permis à une quinzaine de trappeurs de récupérer près de 260 castors.

«On a également fait la transplantation de castors! Cette opération a été effectuée à titre expérimental dans les limites du futur réservoir Opinaca et consistait à capturer les castors vivants et à les relâcher dans un milieu favorable à leur réinstallation. C'est ainsi que 201 castors ont été déplacés de leur habitat d'origine.

«La transplantation vise deux objectifs principaux, explique Denise T. Bollulo: sauver le plus grand nombre de castors occupant le futur site d'un réservoir et augmenter les populations de certains terrains de trappage[9].»

Une découverte surprenante

Mais en 1982 on a constaté un fait assez étonnant qui obligera peut-être à modifier le programme de trappage. «La baisse du niveau du réservoir de la centrale de LG 2, au cours de l'hiver, a permis aux Indiens du territoire de la Baie James et aux spécialistes de l'environnement de la SEBJ et de la SOTRAC de découvrir, à leur grand étonnement, un fait qui vient réfuter l'hypothèse qui voulait que les castors périssent noyés dans leur hutte recouverte par les eaux et les glaces des réservoirs en cours de remplissage», explique Serge Therrien, rédacteur au journal *en grande...* [10]

«Cependant il semble que les castors, bouleversant leur mode de vie naturel, ont quitté la chaleur de ces huttes pour y construire des étages additionnels au fur et à mesure de la montée des eaux! Résultat: le réservoir de LG 2 recèle maintenant un nombre impressionnant de curieuses huttes à castors qui s'allongent parfois sur sept à huit mètres le long des berges.»

Ce sont d'abord quelques trappeurs indiens qui ont aidé à percer le mystère. Ils auraient aperçu des castors sur la neige au cœur des périodes très froides des derniers hivers. Or, le castor passe habituellement l'hiver dans sa hutte, bien au chaud. Il ne sort de son abri que rarement, quand il va puiser dans la réserve de nourriture accumulée l'automne près de sa hutte.

«Ces observations étonnantes du comportement du castor ont donc été intégrées à un programme d'étude scientifique mené par une équipe conjointe de la SOTRAC et de la direction de l'Environnement de la SEBJ. Deux spécialistes dirigent les recherches: Réal Courcelles, de la SOTRAC, et René Nault, de la SEBJ. L'objectif de l'équipe est de vérifier l'hypothèse de départ voulant que les castors meurent noyés lors de la mise en eau», ajoute Serge Therrien.

«Toutes ces interventions et études, tous ces travaux de correction et aménagements écologiques constituent un effort remarquable et pour ainsi dire sans précédent, affirme Denise T. Bollulo. Les expériences faites au Complexe La Grande où les contraintes de l'environnement sont de mieux en mieux acceptées seront des guides précieux et fiables pour l'évaluation des répercussions et la définition des travaux correcteurs pour les futurs projets.

«De plus, en aval des sites de détournement, une intense surveillance, exercée par plusieurs scientifiques et groupes universitaires, permettra de suivre l'évolution de ces milieux, de mieux apprécier l'ampleur des modifications, d'identifier des mesures correctives et préventives et d'obtenir des informations complémentaires pour la conception de détournements quand on construira les futurs complexes hydro-électriques.»

C'est le temps de réparer

Malgré les efforts des entrepreneurs et de la SEBJ en cours de construction, les chantiers et les campements n'ont pu être établis sans détruire une superficie du couvert végétal évaluée à environ 6 000 hectares. Les emplacements touchés sont les carrières et les sablières, les routes de pénétration, les campements proprement dits et les abords des ouvrages et des routes permanentes. Les entrepreneurs et la SEBJ se partagent donc la responsabilité des travaux correcteurs à ces endroits.

«Dans un premier temps, il s'agit pour l'entrepreneur de remettre les lieux le plus propres possible et d'enlever tout ce qui est susceptible de nuire au retour de la nature», explique Pierre Pagé, responsable du service de l'Environnement à LG 2 en 1978[11]. Les entrepreneurs sont tenus, par contrat, de nettoyer et de niveler le terrain, d'adoucir les pentes fortes et d'ameublir le sol trop compacté pour que les végétaux puissent s'y réinstaller naturellement. Ensuite, ils doivent répandre sur le terrain la terre végétale qu'ils ont dû mettre de côté au début des travaux.

Car la couche de sol est très mince à la Baie James. Au cours des premières années du chantier de LG 2, on ne se rendait pas compte de cet état de choses et quand venait le temps de réaménager, on faisait venir de la terre noire du

«Sud» à des coûts exorbitants. On a vite compris qu'il faudrait montrer plus de prévoyance.

Car on restaure à la Baie James. La direction de l'Environnement plante des arbres et ensemence les surfaces dénudées. La reconstitution du couvert végétal prévient l'érosion des sols, restitue à certaines espèces animales une partie des habitats et améliore l'apparence du paysage.

C'est une opération d'envergure qui nécessitera la production de huit millions de plants et un budget total frisant les neuf millions de dollars. Le climat aride et le sol pauvre du territoire ne favorisent pas le reboisement naturel. Il faudrait une centaine d'années à la nature pour rhabiller un banc d'emprunt! «Nous voulons redonner à la nature ce qu'elle possédait avant la venue de l'homme», explique Michel Marceau, architecte paysagiste à la direction Environnement de la SEBJ [12].

Dans le cadre de son programme de réaménagement, la SEBJ a conclu avec la Ville de Montréal une entente par laquelle le Jardin botanique doit assurer la production d'un million de semis à raison de 200 000 par année, de 1980 à 1984. Comme il n'est pas question de semer des graines dans les sols pauvres et sec du Moyen Nord québécois, les plants et semis sont d'abord cultivés dans des serres un peu partout au Québec [13].

Le Jardin botanique, le ministère de l'Énergie et des Ressources ainsi que des entreprises privées produisent des dizaines de milliers de semis et plants annuellement. «C'est la première fois au Québec qu'une production de plants s'effectue aussi intensivement à des fins de reboisement», affirme Michel Marceau [14]. Pour la seule année 1983, on prévoyait avoir besoin de 2 100 000 plants dans les différents chantiers!

Les producteurs font pousser des plants d'aulne crispé, soit environ 70 pour cent des arbustes plantés dans le Complexe La Grande-Phase I, tandis que le pin gris, le saule, le bouleau glanduleux, le peuplier beaumier, le peuplier faux-tremble et l'épinette noire sont les autres espèces utilisées pour refaire une beauté à LG 2.

La plantation des semis et des boutures est effectuée manuellement par les «rhabilleurs» du territoire à raison de 600 à 2000 plants par jour, selon les conditions du sol, et la densité de plantation varie de 400 à 6500 plants à l'hectare.

Un réseau de surveillance

Dans le but d'évaluer scientifiquement les modifications du milieu qu'entraîne la création des grands réservoirs du Complexe La Grande, la SEBJ a mis sur pied un réseau de stations de surveillance écologique unique en son genre. Ces stations, établies à des endroits stratégiques dans le territoire, permettent d'obtenir une foule de données concernant l'évolution des nouveaux milieux et de vérifier l'efficacité des aménagements correctifs.

Les résultats de ce programme fourniront de précieuses données pour la gestion efficace des réservoirs et serviront à perfectionner les méthodes de prédiction d'impacts pour les projets futurs.

Grâce au réseau de surveillance écologique, on a pu suivre, pendant le remplissage du réservoir de LG 2, les changements biotiques et abiotiques de la zone mise en eau et de La Grande Rivière en aval de LG 2.

«Le réseau de surveillance donne suite à la principale recommandation du rapport Marsan en 1971. Nous avons réellement fait de la Baie James un laboratoire écologique, comme le rapport le recommandait», affirme Armand Couture.

Chapitre 17

La valse des milliards

Quand, le 30 avril 1971, le Premier ministre du Québec, Robert Bourassa, annonce, au cours d'une super rencontre réunissant des partisans libéraux au Petit Colisée de Québec, que son gouvernement a pris la décision ferme d'entreprendre la mise en valeur de la Baie James, il estime que le coût du projet sera de six milliards de dollars.

Avant comme après cette fulgurante annonce, les coûts n'ont cessé de varier. Avant le 30 avril, on parle vaguement d'un quelconque projet qui irait chercher deux ou tout au plus trois milliards de dollars. Il est question d'exploiter une, trois ou cinq rivières de la Baie James. Au choix!

Après, les mêmes hypothèses reviennent, sans plus de précision. Parfois, les prix gonflent au point de devenir alarmants, de faire peur. Ils sont constamment mis en doute par les adversaires du projet de la Baie James, notamment par le critique financier du Parti québécois, Jacques Parizeau. C'est le début de la valse des milliards. Elle va durer cinq ans!

«Pour l'exploitation des trois rivières Nottaway, Broadback et de Rupert, explique Jacques Parizeau, la première estimation a été rendue publique le 4 juin 1970, par M. Perreault, secrétaire du comité mixte (gouvernement et

Hydro-Québe). Il donne le chiffre de 1,5 milliard de dollars. Le 29 septembre, M. Bourassa le portait à 2 milliards. Le 26 octobre, M. Boyd, directeur d'Hydro-Québec, le portait à 2,5 milliards et, le 19 décembre, M. Giroux (président d'Hydro-Québec) le portait à 3 milliards. En avril 1971, poursuit Jacques Parizeau, les journaux font état de 4,2 milliards en incluant le coût des lignes de transport. En mai, à la Commission parlementaire des richesses naturelles, Hydro-Québec le ramène à 4,1 milliards[1].»

Dans un rapport intérimaire soumis à la Commission hydro-électrique de Québec en mai 1971 par la Direction générale du Génie d'Hydro-Québec, le directeur général Lionel Cahill écrit: «L'estimation préliminaire des coûts que nous avons obtenue est de l'ordre de 3,5 milliards de dollars pour l'installation de 5300 MW sur la rivière de Rupert, avec dérivation de la majeure partie des bassins versants de la Nottaway et de la Broadback. À ce montant, il faut ajouter environ 600 millions de dollars pour le transport de l'énergie jusqu'à Montréal au moyen de quatre lignes à 735 kW. Ces estimations ainsi que les coûts pourraient être diminués par suite des études d'optimisation en cours ou si l'état du terrain se révélait meilleur que prévu[2].»

Dans un autre rapport également déposé en mai 1971, mais cette fois par la firme d'ingénieurs-conseils Rousseau, Sauvé, Warren et Associés, il est question d'un investissement de 7 milliards de dollars pour construire à la fois les complexes NBR et La Grande. Cette somme comprend les lignes de transport d'énergie jusqu'à Montréal. Le premier complexe pourrait produire 6800 MW et le second, 7350 MW[3].

Comme on le constate, les écarts sont grands, suffisamment grands pour «faire grimper dans les rideaux» pas mal de monde, pour reprendre une expression favorite de Jacques Parizeau à l'époque. Enfin, et il ne manquait plus que cela, un autre rapport commandé à la firme d'ingénieurs-conseils ABBDL en arrive lui aussi à un coût global de sept milliards de dollars.

Grande surprise au début de juillet 1974: la SEBJ annonce que le coût du «nouveau» Complexe La Grande passe de 5,8 milliards à 11,9 milliards de dollars. Robert Boyd et Roland Giroux expliquent pourquoi lors des trois jours de la commission permanente des Richesses naturelles. (Photo: Alain Rinfret, Hydro-Québec).

«Pouvez-vous nous garantir que le coût, qui a pratiquement doublé en deux ans, ne dépassera pas le cap des 11,9 milliards de dollars?» demande Jacques-Yvan Morin, du Parti québécois (à gauche) appuyé par son collègue Lucien Lessard. Le PQ soutient que «le coût de base du nucléaire ne peut augmenter tandis que les coûts de la Baie James...» (Photo: Marcel Bourassa, Hydro-Québec)

Bourassa est tiraillé

Robert Bourassa est tiraillé par les conclusions de ces trois rapports et par l'estimation que lui fait son grand conseiller, Paul Desrochers. «J'ai maintenu que 8000 MW coûteraient 11 milliards de dollars. Ce fut l'une des rares fois où le Premier ministre et moi n'avons pas été d'accord sur ce projet», raconte aujourd'hui Paul Desrochers.

Pour en avoir le cœur net, Robert Bourassa multiplie les consultations. C'est une habitude chez lui. Il téléphone. Et c'est l'ingénieur Marc Benoît, président de la firme ABBDL qui, à l'occasion d'une longue marche avec le Premier ministre Bourassa le dimanche précédant l'annonce du projet au Petit Colisée, réussit à le convaincre que le projet peut être réalisé pour 7 milliards de dollars[4].

Ménageant la chèvre et le chou, et sans doute parce que le chiffre est énorme, Robert Bourassa coupe un milliard et annonce, le 30 avril 1971, que le coût du projet du siècle sera de 6 milliards de dollars. Il aura vu assez juste... à moins qu'Hydro-Québec se soit ajustée à son évaluation! Car la grande société d'État va établir quelque mois plus tard, soit en 1972, «une estimation *préliminaire*» selon laquelle il faudra investir 5,8 milliards de dollars pour tirer 8 300 MW des rivières du Complexe La Grande. Ce montant comprend 3,5 milliards de dollars, en coûts de base et 2,3 milliards pour tenir compte de l'inflation (4 p. cent) et de l'intérêt sur les emprunts durant la construction (8,5 p. cent).

Pendant deux bonnes années, tout le monde ou presque va vivre avec cette estimation préliminaire de 5,8 milliards de dollars. C'est évidemment beaucoup d'argent mais le projet de la Baie James semble dépasser en envergure tout ce qu'on a déjà vu au Québec.

Les adversaires du projet, surtout les députés du Parti québécois qui n'ont pas la langue dans leur poche, ne vont pas cesser pour autant de mettre en doute, d'attaquer et de harceler le gouvernement et, en particulier, le Premier ministre Bourassa.

Ne serait-il pas plus économique de choisir l'énergie nucléaire plutôt que l'énergie hydraulique, demandent-ils chaque fois qu'ils en ont l'occasion. Mais les réponses du gouvernement comme celles d'Hydro-Québec sont évasives. «Pour l'instant, fait-on valoir le 19 mai 1971, le nucléaire est moins fiable que l'hydraulique et le thermique. Le nucléaire, système en voie de développement, est beaucoup plus critique au point de vue du danger de radiation et de manipulation et moins fiable que l'hydraulique et le thermique[5]», affirme Lionel Boulet, directeur de l'Institut de recherche d'Hydro-Québec.(IREQ)

Hydro-Québec comme la Société d'énergie de la Baie James ainsi que la Société de développement de la Baie James, annoncent toujours leurs grandes nouvelles, bonnes ou mauvaises, au cours des traditionnelles séances de la Commission parlementaire des richesses naturelles qui se tiennent une ou deux fois par année.

On y traite de tout: les coûts, les mises en service, l'environnement, les relations de travail, les autochtones, le rapport d'activité, sans oublier ce qui touche plus directement le consommateur, la hausse des tarifs d'électricité.

Roland Giroux, le virtuose

Une telle commission parlementaire peut s'étendre sur un, deux ou parfois même trois jours, ce qui est toutefois assez rare. Les membres de l'Assemblée nationale ont le loisir de poser n'importe quelle question touchant les multiples facettes de ces sociétés d'État. «Des questions qui ne prennent toutefois personne par surprise puisque les spécialistes ont déjà les réponses dans leur manche», peut-on lire dans un numéro spécial d'*en grande...*, journal officiel de la SEBJ et portant sur une commission parlementaire. On ne prendra pas Hydro-Québec ni la SEBJ en défaut. Bien au contraire. Elles souhaitent même certaines questions pour pouvoir exposer clairement le point de vue de leur entreprise sur un sujet «chaud»[6].

Il y a la plupart du temps deux ou trois fois plus d'experts bien armés que de députés et de ministres. Et ces derniers ont bien souvent le souffle coupé devant l'avalanche de dossiers, de documents, de tableaux, etc. qu'on peut leur fournir. Ces séances sont longuement préparées par les directions des sociétés d'État en collaboration notamment avec les Relations publiques et l'Information de Gestion, qui ne ménagent aucun effort pour faire passer le ou les messages.

«Le virtuose par excellence lors de la comparution d'Hydro-Québec se trouve toujours derrière la barre, dans la partie réservée aux témoins. Devant les députés, Roland Giroux, président d'Hydro-Québec, fait un peu beaucoup figure de *parrain*, note en 1975 le journaliste Normand Girard dans le *Journal de Montréal.*

«Plus *politicien* et plus habile que la grande majorité d'entre eux, et surtout en pleine possession de tous les dossiers, sachant manier les statistiques et les faits à volonté, M. Giroux *contrôle* la situation.

«Ses yeux perçants camouflent une intelligence vive, bien servie par un sang-froid à nul autre pareil, et il ne dira que ce qu'il voudra bien dire, flairant les pièges de l'Opposition tel un *vieux renard.*

«Parfois une boutade le dépannera. Tantôt ce sera une réponse sous forme de question ou encore un *c'est vous qui le dites*, qu'un rictus mi-amusé, mi-sarcastique accompagne, sans oublier le ton bas et conciliant, empreint de bonhomie, qui appelle la crédibilité et désarme les adversaires.»

Un bond de 6 milliards de dollars

C'est précisément devant la Commission parlementaire des richesses naturelles qui siège dans un petit salon du célèbre édifice de l'Assemblée nationale les 3, 4 et 5 juillet 1974, qu'Hydro-Québec et la Société d'énergie de la Baie James annoncent que les coûts de construction du Complexe La Grande, dont la puissance installée est augmentée de 2040 MW, passent de 5,8 milliards à 11,9 milliards, soit une augmentation de 6 milliards de dollars! La stupéfaction est générale chez les membres de la Commission pendant que les journalistes se frottent les mains d'aise: la manchette des journaux du lendemain est assurée... et foudroyante.

Robert Boyd, président de la SEBJ, s'empresse aussitôt d'expliquer pourquoi le coût du projet a subi une hausse aussi vertigineuse. «Quatre facteurs principaux sont venus modifier l'évaluation de 1972[7]:

«Le taux d'inflation exceptionnellement élevé: de 1972 à 1974, il se situe à plus de 10 p. cent par année augmentant les coûts de base de 700 millions de dollars;

«Les études techniques, les relevés détaillés effectués sur le territoire ainsi que l'ingénierie détaillée d'une partie des ouvrages ont forcé, soit en raison de contraintes techniques, soit pour des raisons relatives à la protection de l'environnement, à modifier certains éléments des ouvrages hydroélectriques, comme les types de barrage, les emplacements des déversoirs, etc. Ces deux phénomènes conduisent à une augmentation de 17 p. cent, soit 700 millions de dollars;

«L'augmentation de la puissance du Complexe La Grande à la suite d'études d'optimisation est de 24 p. cent, elle passe de 8300 MW à 10 340 MW. Toutefois, certains ouvrages comme les routes ne sont pas affectés par cet accroissement de puissance et la majoration du coût se situe donc à 22 p. cent, soit 1,1 milliard de dollars. Nous voilà donc maintenant à 6 milliards pour un complexe hydroélectrique qui permettra de faire face à la demande des consommateurs durant la période de 1980 à 1985 plutôt que durant la période 1980 à 1984;

«Enfin, les facteurs de l'*inflation* et du *taux d'intérêt* viennent s'ajouter. Ces facteurs sont en fait les seuls qui puissent prêter à interprétation. En admettant qu'ils soient les mêmes que ceux utilisés en 1972 — soit 4 p. cent pour l'inflation et 8,5 p. cent pour l'intérêt — les coûts se situeraient alors à 9,9 milliards de dollars. D'autre part, si l'on retient des hypothèses moins optimistes, ces mêmes taux peuvent fort bien se situer à 7 p. cent pour l'inflation et à 10 p. cent pour l'intérêt. Nous aurons alors à faire face à des coûts de l'ordre de 11,9 milliards pour un Complexe La Grande optimisé, d'une puissance plus élevée et permettant de répondre à la demande pendant au moins une année de plus que prévu à l'origine», explique le président Robert Boyd.

«Pouvez-vous nous garantir...»

Il va sans dire que cette augmentation du coût de l'aménagement hydro-électrique de la Baie James fait l'objet de la plupart des débats de cette Commission parlementaire des richesses naturelles. D'autant plus qu'un autre document intitulé «Comparaison entre les coûts de l'énergie du complexe hydro-électrique de la Baie James et d'un projet nucléaire canadien équivalent», est déposé.

Selon cette étude, le coût de l'énergie livrée, produite à La Grande Rivière, s'élève à 20,99 mills le kWh tandis que celui de l'électricité, produite à partir d'un programme nucléaire canadien équivalent, se chiffre à 24,39 mills le kWh.

«La décision de choisir la Baie James plutôt que le nucléaire canadien représente pour les Québécois une épargne d'environ 250 millions de dollars par année, soit une épargne totale de 12 à 13 milliards, pour toute la durée du projet[8]», lance le ministre de l'Industrie et du Commerce, Guy Saint-Pierre.

Plus tard, le chef de l'Opposition, Jacques-Yvan Morin, demande: «Pouvez-vous nous garantir que le coût du Complexe La Grande, qui a pratiquement doublé en deux ans, ne dépassera pas le cap de 11,9 milliards de dollars?»

En ce qui concerne les coûts de base, répond en substance Robert A. Boyd, ils devraient demeurer les mêmes, soit environ 3,9 milliards de dollars. Toutefois, pour ce qui est des taux d'intérêt et de l'inflation, il est impossible de quitter le domaine des hypothèses et même les plus grands spécialistes de ces questions ne peuvent faire de prédiction définitive.

Jacques-Yvan Morin, député du PQ, n'est pas d'accord: «Les coûts de base du nucléaire ne peuvent augmenter, soutient-il. Ils ne peuvent que diminuer dans les années à venir, tandis que les coûts de la Baie James, on ne le dira jamais assez, ne peuvent qu'augmenter.» En conséquence, il suggère aux représentants d'Hydro-Québec d'étudier des programmes mixtes hydraulique-nucléaire «autres que la Baie James».

Un dîner fin Morin-Giroux

En réponse, le président d'Hydro-Québec, Roland Giroux, affirme que les coûts de l'énergie nucléaire peuvent augmenter. Il cite l'exemple de la centrale québécoise de Gentilly 2: «On a commencé à Gentilly 2 avec une évaluation de 221 millions de dollars. Quand on a signé le contrat, on était rendu à 300 millions. On en est maintenant à 385 millions et je peux parier un bon dîner à Monsieur Morin que, lorsque ce sera terminé, on aura payé 500 millions de dollars[9].»

Pendant trois jours de séances «à guichets fermés», le débat entre la dizaine de députés et de ministres et les dizaines d'experts d'Hydro-Québec et de la SEBJ se poursuivra ainsi, souvent avec inquiétude et sur un ton agressif mais aussi avec courtoisie et humour. Sans parler de la vague de chaleur de ce début de juillet. «Le matin ça va, l'après-midi le four se réchauffe et en soirée, c'est un véritable sauna», raconte le député péquiste Lucien Lessard[10].

Exactement un an plus tard, au début de juillet 1975, presque tout ce beau monde se retrouve encore au même endroit, pour analyser les affaires d'Hydro-Québec et de la SEBJ. Mais pas de surprise cette fois sur la Baie James. Robert Boyd assure que le coût total prévu est le même que celui de l'estimation budgétaire de mai 1974 en fonction d'un taux d'intérêt moyen de 10 p. cent et d'une inflation moyenne de 7 p. cent. Aux critiques de l'Opposition sur le bien-fondé des estimations présentées, Robert Boyd répond qu'en attendant le résultat d'études à long terme menées par la SEBJ, «les chiffres que nous avançons, il faut s'y fier. Ce sont des chiffres qui sont réalistes, ce sont des chiffres qui sortent de la trésorerie et qui sont vérifiés par nos vérificateurs externes[11].»

Mais, en 1976, le vent tourne dramatiquement. Cette fois, les dirigeants d'Hydro-Québec et de la SEBJ annoncent, au cours d'une Commission parlementaire des richesses naturelles qui a lieu les 24 et 25 août à Québec, que les coûts de construction du Complexe La Grande sont maintenant estimés à 16 milliards 153 millions de dollars, soit une augmentation de 4,2 milliards depuis la dernière estimation de juillet 1974.

La répartition de cette nouvelle estimation se fait comme suit: 10 milliards 956 millions pour le complexe hydro-électrique, 1 milliard 61 millions pour l'infrastructure principale et 4 milliards 136 millions pour le réseau de transport d'énergie.

«Cette nouvelle estimation a été faite de façon très détaillée et a nécessité près d'un an de travaux et d'analyses, affirme Robert A. Boyd. Elle tient compte des données techniques disponibles les plus récentes relativement à chacun des projets, de l'expérience acquise avec les contrats déjà adjugés aux entrepreneurs et des travaux présentement en cours dans les chantiers[12].

«L'inflation est le principal facteur de l'augmentation de 4,2 milliards. Au cours de la période d'une année et demie séparant notre estimation de 11,94 milliards et la nouvelle estimation de 16,15 milliards, l'inflation subie par l'industrie de la construction lourde au Québec a été de 31 p. cent. Il s'agit là d'un taux annuel de près de 20 p. cent que l'on jugeait encore incroyable l'an dernier. Pourtant, si on applique les taux d'inflation historique aux éléments qui composent les coûts du Complexe La Grande, l'inflation a eu un effet de 19 p. cent en 1974 et de 20,7 p. cent en 1975.

L'inflation: 2,3 milliards de dollars

«En ce qui concerne le taux d'inflation, notre prévision initiale, explique encore le président de la SEBJ, se situait à 9 p. cent pour les années 1974 et 1975. Le taux moyen équivalent applicable à toute la période de construction, soit de 1974 à 1985, était alors de 7 p. cent. Compte tenu de l'inflation exceptionelle des deux dernières années et des prévisions d'inflation révisées à la hausse pour les années futures, le nouveau taux moyen équivalent pour la période de 1974 à 1985 passe donc à 12 p. cent.

«Ce phénomène de l'inflation, tout à fait exceptionnel et imprévisible, explique une partie de l'écart total de 4,2 milliards de dollars, soit 2 milliards 388 millions, entre l'estimation de 1974 et la nouvelle prévision des coûts.

«De plus, les intérêts durant la construction ont augmenté de 569 millions, même si nous utilisons toujours le même taux d'intérêt de 10 p. cent, parce que les coûts de base et l'escalade ont augmenté. Enfin, l'augmentation du coût de base lui-même constitue le solde de cet écart total de 4,2 milliards et s'élève à 1 milliard 251 millions de dollars.»

Les composantes de cette augmentation du coût de base sont d'ordre écologique, social et technique. Des mesures de correction pour la protection de l'environnement et la convention avec les autochtones entraînent des déboursés supplémentaires de 245 millions. L'avancement des études d'ingénierie, les conditions de construction et la collecte de renseignements supplémentaires ont suscité des modifications techniques aux divers ouvrages, pour un montant de 740 millions.

Toujours parmi les facteurs ayant contribué à la hausse du coût de base, Robert Boyd mentionne l'application de nouvelles normes relatives à l'amélioration des conditions de travail dans les campements, l'instauration de mesures de sécurité additionnelles, la hausse considérable des coûts indirects des entrepreneurs et les modifications applicables aux travaux d'infrastructure et de transport d'énergie.

Durant ces deux journées de réunion à Québec, le président de la SEBJ a fort à faire pour justifier, au nom de la Commission hydro-électrique de Québec, l'énormité de cette hausse de coût. «Il le fit cependant avec maîtrise, en s'appuyant sur un dossier très complet et solide dont, pour les parlementaires, le toujours opiniâtre et savant Jacques-Yvan Morin et le bouillant Lucien Lessard, ne purent finalement trouver les défauts», note *Hydro-Presse*[13].

Il faudra attendre encore deux autres années avant de connaître une nouvelle prévision des coûts. Prenant une fois de plus la parole devant la Commission parlementaire de l'énergie (un nouveau nom pour la Commission parlementaire des richesses naturelles), le 27 septembre 1978, le président de la SEBJ et d'Hydro-Québec, Robert Boyd, annonce que le coût de la phase initiale du Complexe La Grande est désormais évalué à 15 milliards 129 millions de dollars; que la construction de la centrale de LG 1 est reportée à une phase ultérieure et que deux groupes turbo-alternateurs seront ajoutés à chacune des centrales de LG 3 et de LG 4[14].

Robert Boyd explique que c'est «l'analyse de l'évolution récente de la demande d'électricité au Québec qui nous a amenés à repenser certaines caractéristiques des centrales du Complexe La Grande.

«En effet, on a pu constater que le taux de croissance des besoins de puissance se maintenait, alors que celui des besoins d'énergie fléchissait légèrement. Des études ont démontré que, dans un tel contexte, il devenait avantageux d'augmenter la puissance du Complexe et d'en réduire le facteur d'utilisation.

«Nous avons donc décidé d'ajouter deux groupes turbo-alternateurs à chacune des centrales de LG 3 et de LG 4. De cette façon, la puissance combinée des centrales de LG 2, de LG 3 et de LG 4 sera de 10 269 MW, soit une puissance suffisante pour répondre à la demande jusqu'en 1985.

LG 1: plus tard

«Par ailleurs, ajoute Robert Boyd, la construction de la centrale de LG 1 est reportée à une phase ultérieure. À la suite d'une entente conclue avec les autochtones, il nous sera possible de la situer au kilomètre 37 et d'en tirer une puissance additionnelle de 230 MW.»

Le retrait de LG 1 a pour effet de diminuer le coût global du Complexe La Grande de 1 milliard 102 millions de dollars. Quant au suréquipement des centrales de LG 3 et de LG 4, il coûtera 437 millions de dollars qui s'ajoutent au grand total auquel il faut toutefois soustraire 359 millions en raison d'une réduction du coût entièrement imputable au réseau de transport d'énergie. Bref, cette gymnastique mathématique... nous conduit à une nouvelle estimation du coût total de la phase 1 du Complexe La Grande, soit 15,1 milliards de dollars, une différence de 1 milliard 24 millions avec le coût prévu en 1976 qui s'établissait à 16 milliards 153 millions de dollars.

On ne peut cependant affirmer qu'il s'agit là d'une véritable réduction des coûts des travaux de la Baie James. La SEBJ retire son projet de construire maintenant la centrale de LG 1 et le reporte à plus tard. Voilà pourquoi à compter de septembre 1978, on va désormais parler du Complexe La Grande-Phase 1, qui comprend LG 2, LG 3, LG 4, EOL et Caniapiscau.

La Phase 2, qui comprendra la centrale de LG 1 et possiblement d'autres centrales plus petites sur les rivières Eastmain et Laforge, sera entreprise plus tard, selon les besoins d'Hydro-Québec.

Enfin, au cours d'une conférence de presse tenue à Montréal le 2 juin 1981, le Président-directeur général de la SEBJ, Claude Laliberté, annonce une réduction de 552 millions de dollars, ramenant le coût total du Complexe La Grande-Phase 1, de 15 milliards (prévision de septembre 1978) à 14,6 milliards de dollars.

Cette réduction s'explique essentiellement par le faible taux de la demande dans le secteur de la construction et par l'amélioration de la productivité attribuable à une meilleure connaissance du milieu de la part des intervenants. Cette révision survient alors que 85 p. cent des dépenses sont engagées[15].

D'où vient tout cet argent?

Malgré ces variations incessantes dans les coûts des travaux de la Baie James, il reste que lorsque les travaux du Complexe La Grande-Phase 1 seront terminés en 1985, la Société d'énergie de la Baie James et Hydro-Québec (pour les lignes de transport) auront déboursé depuis 1972, rien de moins que 14 milliards 600 millions de dollars.

Cette somme astronomique pourrait faire le bonheur de beaucoup de monde et acheter bien des choses: par exemple, 275 000 maisons de prix moyen à Montréal ou encore, nourrir 4 500 000 familles urbaines canadiennes pendant une année.

Avez-vous une petite idée de ce que peut représenter un SEUL milliard de dollars? Une telle somme en coupures de 1 000 $ empilées les unes sur les autres forme une colonne de billets de plus de 700 pieds (233,5 mètres), soit la hauteur de l'édifice de la Place Ville Marie à Montréal[16].

Claude Tessier, un journaliste fort habile à jouer avec les chiffres et les images qu'ils peuvent représenter, estimait dans le journal *Le Soleil* en janvier 1973, que le coût de la Baie James, de 1972 à 1985, était de 7,61 $ la minute[17]! À ce moment-là, l'estimation totale du coût n'était que de 5,8 milliards de dollars. Imaginez le résultat maintenant que le projet est évalué à 14,6 milliards de dollars! Il y a 60 minutes dans une heure (vous pouvez vérifier!), 1440 minutes par jour, 525 600 minutes par année (sauf les années bissextiles). De 1972 à 1985 inclusivement, il y aura donc 7 884 000 minutes. Faites un bref calcul: le projet du siècle coûte 18,51 $ la minute!

Un milliard de dollars, c'est un million multiplié 1000 fois... Il en faudra plus de 14 pour payer les travaux de la Baie James. D'où vient donc tout cet argent? «Tous les fonds dont la Société d'énergie de la Baie James a besoin proviennent d'Hydro-Québec», explique Edmond Lemieux qui, jusqu'au mois de juin 1981, était vice-président des Finances à Hydro-Québec. Grand et unique bailleur de fonds de la SEBJ, Hydro-Québec a deux sources de financement: les profits qu'elle retire de ses ventes d'électricité et les emprunts.

En dix ans, les emprunts d'Hydro-Québec ont fait des bonds spectaculaires, passant de 335 millions de dollars en 1971 à 2 milliards 156 millions en 1980. Ses investissements sont du même ordre: 389 millions en 1971 et 2 milliards 589 millions en 1980.

Au cours de la période de 1971-1975, la moyenne annuelle des emprunts s'est élevée à 582 millions de dollars; par ailleurs, les investissements ont été de 624 millions. Pendant la deuxième moitié de la décennie (1976-1980), la moyenne des emprunts a grimpé à 1,6 milliard et celle des investissements à 2,3 milliards de dollars.

Durant la dernière décennie, les travaux du projet de la Baie James ont graduellement obligé Hydro-Québec à faire des investissements sans précédent. «En fait, durant les cinq dernières années, le projet de la Baie James a accaparé 70 p. cent des investissements d'Hydro-Québec», explique Georges Lafond, vice-président des Finances à Hydro-Québec.

Une bonne partie des sommes empruntées au cours de ces dix années provient des États-Unis et du Canada, mais aussi d'autres sources importantes. «Qui aurait pu prévoir qu'en 1974, 35 p. cent des besoins d'emprunt auraient pu être comblés avec des fonds en provenance du Moyen-Orient», se demande Georges Lafond[18]. «Nous avons emprunté en effet 250 millions de dollars au Moyen-Orient, précise Edmond Lemieux, mais nous n'avons jamais identifié le prêteur.»

Les chercheurs d'or

«Le financement du projet de la Baie James (par le truchement des emprunts d'Hydro-Québec) a d'abord été réa-

Les «chercheurs d'or» d'Hydro-Québec, responsable du financement des travaux de la Baie James: Roland Giroux.

Edmond Lemieux

Robert A. Boyd

Georges Lafond.

lisé par Roland Giroux, affirme aujourd'hui Paul Dozois, qui fut ministre des Finances du Québec et membre de la Commission hydro-électrique de Québec pendant 9 ans.

«Monsieur Giroux a une expérience considérable dans le domaine de la finance. Il est connu d'un océan à l'autre au Canada, et des frontières du Mexique jusqu'au Pôle Nord! Il pouvait facilement téléphoner au président de la Bank of America... et tous deux s'appelaient par leur prénom.

«Edmond Lemieux et Georges Lafond sont aussi des gars formidables, souligne Paul Dozois. Ils connaissent bien les ramifications du monde financier, ils connaissent tout le monde. Ces trois hommes ont formé une équipe assez exceptionnelle. Ils connaissaient les marchés financiers beaucoup mieux que moi, même si j'avais été ministre des Finances.»

Roland Giroux, Edmond Lemieux, Georges Lafond et Robert Boyd ont donc été, à un moment ou l'autre durant la dernière décennie, les grands «chercheurs d'or» d'Hydro-Québec. (L'expression est d'Edmond Lemieux).

En devenant président de cette grande société d'État en juin 1969, Roland Giroux apportait une vaste et riche expérience de quarante années passées dans les milieux financiers québécois, rue Saint-Jacques, à Montréal. «Roland Giroux a des milliers d'amis, tous plus importants les uns que les autres, et on devine qu'il est aussi à l'aise avec les gens de Wall Street, dans un *boardroom* prestigieux de Toronto qu'à une réunion du Cabinet à Québec[19].»

«Lors de ma nomination à la présidence d'Hydro-Québec[20], dit en souriant Robert Boyd, on me demandait souvent comment un ingénieur comme moi pourrait assurer la succession d'un financier comme monsieur Giroux. Je répondais alors que, depuis la venue de monsieur Giroux à la Commission hydro-électrique de Québec, j'avais toujours essayé d'apprendre les subtilités du monde de la finance auprès de lui. J'avais un bon professeur et je crois avoir bien appris», confie-t-il à *Hydro-Presse* au début de

1978, de retour d'un voyage à Londres où il a signé une convention de crédit de 1 250 000 000 dollars.

Et comment travaillent ces chercheurs d'or? Comment, de façon pratique, négocient-ils les emprunts d'Hydro-Québec? «Au Canada, une émission d'obligations pour le public se fait rapidement[21], explique Edmond Lemieux. D'après les marchés, on connaît les inventaires des courtiers et la demande d'obligations. On sait donc où l'on va. Vers 11 h, tous les matins, je reçois les cotes pour toutes sortes d'obligations sur les marchés canadien et américain: des obligations de Québec, d'Hydro-Québec, des autres provinces...

«On suit donc ça au jour le jour afin de profiter du meilleur moment. Autrefois, on faisait les émissions en fonction de nos besoins; aujourd'hui, nos besoins étant constants et considérables, c'est plutôt le problème de se présenter sur le marché au moment propice qui nous importe, qu'on ait de l'argent en banque ou non.»

Edmond Lemieux explique que la veille d'une émission ou le matin même, les gérants du syndicat canadien de courtiers sont invités à se rendre au siège social d'Hydro-Québec pour discuter des clauses d'une émission: montant, taux, conditions... Et très tôt le lendemain, ces mêmes personnes reviennent avec leurs impressions du marché. «On en parle et on s'entend. Généralement, la transaction est réglé en moins de 24 heures», ajoute Edmond Lemieux.

Aux États-Unis maintenant...

La façon d'emprunter aux États-Unis est différente. «Si je communique avec nos agents d'affaires à New York, le lundi, le lendemain on est là-bas. On prend l'avion à 8 h 30 de Montréal et à 11 h on est en train de discuter avec les cinq gérants de notre syndicat d'affaires et de mettre à jour le prospectus[22], raconte Edmond Lemieux. Ce prospectus est une présentation très complète d'Hydro-Québec où l'on décrit l'entreprise et ses états financiers.

«Cette phase de discussion et de vérification dure généralement du mardi au jeudi et, le vendredi, on signe ce fameux prospectus. Un commis va ensuite enregistrer la transaction à Washington et au bout d'environ deux semaines, la Securities and Exchange Commission nous autorise à offrir les obligations. Pendant ces deux semaines, chacun des courtiers aura communiqué avec des acheteurs éventuels.

«Après ce délai, on fait une nouvelle réunion pour fixer le prix de l'émission. C'est à ce moment-là que durant une journée, on négocie véritablement! Quand le prix est fixé à la fin des dernières négociations, on se serre la main... c'est une transaction!

«Le prospectus révisé est alors expédié à Washington pour enregistrement. Après cette étape, les ventes se font vraiment. Le gars t'appelle et te dit: *O.K. j'en prends pour x millions*. La parole d'un courtier au téléphone, à ce moment-là, ça vaut un chèque certifié! Un gars qui reviendrait sur sa parole ne vaudrait pas cher dans le monde des grosses affaires.» Une dizaine de jours après, Hydro-Québec touche l'argent.

Certains emprunts se font parfois dans des circonstances imprévues et étonnantes. «Un jour, en 1976, j'ai reçu un appel téléphonique d'un homme que je connaissais, raconte Edmond Lemieux. Il travaillait pour une compagnie d'assurance aux États-Unis. Il me disait que cette compagnie avait 50 millions de dollars à placer. Il avait choisi de nous faire cette offre parce qu'il savait qu'Hydro-Québec pouvait réagir rapidement. J'ai répondu: *oui*. Et la transaction s'est réalisée trois jours après l'élection du Parti québécois en novembre 1976!

«Je me souviens d'une autre expérience intéressante au début de l'année 1975[23]. Nous en étions à la veille d'une émission de 150 millions et nous devions être à New York le mercredi. Mardi matin, les gérants nous informent qu'ils n'avaient des commandes que pour 25 millions alors qu'ils devaient acheter une émission de 150 millions le lendemain.

Il y a quatre possibilités, nous ont dit les courtiers... *retarder l'émission...* J'ai dit: Non, la réputation d'Hydro-Québec en aurait souffert! *...émettre la moitié des obligations pour sept ans et l'autre pour trente ans*. J'ai dit: Laissez faire, des sept ans, j'en veux pas! *...réduire l'émission à 100 millions...* J'ai dit: Non! Mais continuons à discuter! *...dans ce cas, plutôt que de les faire à 10% avec un escompte pour arriver à un rendement de 10,15%, passons à 10½%*. J'ai dit: Jamais de la vie! On veut bien aller jusqu'à 10,25%, c'est tout! Et arrangez-vous! Je vous verrai demain!»

«C'était le mardi midi et je n'avais évidemment pas eu le temps de soumettre mes décisions à la Commission hydro-électrique ou à Québec... Je prenais ça sur moi! Le lendemain matin, on part pour New York. À notre arrivée, avant même la première réunion, les courtiers nous ont dit: *ça va bien, on peut même monter jusqu'à 175 millions!* La situation était changée du tout au tout! Du coup, après avoir avisé monsieur Roland Giroux, je leur demande: *montez à 200 millions!* Dix minutes après, ils étaient tous d'accord. On avait nos 200 millions alors que quelques heures plus tôt, on ne pouvait vendre que 25 millions des obligations d'Hydro-Québec.»

Edmond Lemieux a d'ailleurs exercé ses talents bien avant l'arrivée du grand projet de la Baie James. «Au moment de la Manic, se rappelle-t-il, j'avais négocié un emprunt à bord d'un avion. J'avais négocié avec un représentant d'une compagnie américaine. Et j'avais obtenu un taux très avantageux.»

Un milliard sans douleur!

Au début de l'année 1976, Hydro-Québec réalise un tour de force: elle emprunte sans bruit et sans douleur un milliard de dollars. «Pendant que les Québécois faisaient leur shopping du temps des fêtes (décembre 1975), les hauts fonctionnaires du ministère des Finances du Québec, le sous-ministre Pierre Goyette, le président d'Hydro-Qué-

Voici une des méthodes classiques utilisées par Hydro-Québec et la SEBJ pour informer les investisseurs et répondre à leurs questions: des lunchs intimes au Hilton de Dorval. Cette fois, en compagnie de Roland Giroux, président d'Hydro-Québec et de Raymond Garneau, ministre des Finances.

Tous ces messieurs sérieux et attentifs sont d'importants financiers américains écoutant des informations sur la Baie James et les autres travaux d'Hydro-Québec. (Photo: Alain Rinfret, Hydro-Québec).

bec, Roland Giroux, accompagné par Edmond Lemieux et Georges Lafond, faisaient du lèche-vitrines sur les marchés financiers[24].»

Edmond Lemieux raconte, en effet, qu'au mois de décembre 1975, les compagnies d'assurances et les caisses de retraite aux États-Unis avaient beaucoup d'argent à investir à la suite d'une baisse considérable dans la demande d'hypothèques, due au marasme dans lequel se retrouvait la construction résidentielle. «Devant cette situation, ces organismes restaient avec des fonds à placer et ils ont pensé que c'était le moment opportun pour effectuer un «placement privé». Les gérants de notre syndicat financier à New York ont établi les premiers contacts avec deux acheteurs qui ont alors indiqué qu'ils étaient prêts à acheter pour plus de 200 millions de dollars...[25]»

De son côté, Claude Tessier, du *Soleil*, explique: «Emprunter un milliard de dollars d'une traite, c'est une opération audacieuse! Tout l'art consiste à profiter du moment le plus propice pour effectuer l'emprunt. C'est une question de *timing*. Ce choix repose sur l'état du marché des obligations, sur l'ambiance des milieux financiers, sur les liquidités des institutions prêteuses, sur l'évaluation des futurs taux d'intérêt, etc. Il faut surtout évaluer la congestion des emprunteurs sur le marché. On peut risquer de tous se retrouver sur le même plancher en même temps[26].»

«Au moment où la Sohio Oil venait d'emprunter 1,7 milliard, Hydro-Québec se trouvait néanmoins sur le marché financier en même temps que l'American Telephone & Telegraph qui cherchait elle aussi à emprunter un milliard.

«Au moment des négociations, explique Edmond Lemieux, chacun des acheteurs principaux a envoyé des gens ici pour se renseigner sur l'entreprise et ont réussi à les convaincre qu'ils pourraient faire un bon placement. Ces gens ont l'habitude d'analyser des états financiers et de poser tout un tas de questions, parfois gênantes, pour s'assurer de la sûreté du placement. On nous questionne sur la philosophie de l'entreprise, la compétence du personnel, la façon de nommer les commissaires, l'économie de la province, la politique de Québec, etc.»

«À la mi-janvier 1976, les responsables de l'emprunt québécois ont réussi le grand coup: un emprunt privé d'un milliard de dollars. Moins de trente jours plus tard, le 18 février, Hydro-Québec encaissait un chèque de 855 millions. Les 130 millions qui restaient ont été versés en juin et le reste avant la fin de l'année, raconte Claude Tessier.

«Le *timing* a été bon, le travail des courtiers efficace. Il s'agit des courtiers de la First Boston Corporation, la Bache Halsey Stuart Inc., A.E. Ames and Co., la Salomon Brothers, Merryll Lynch, Pierce Fenner, etc.

«Pas moins de trente six institutions financières se sont unies pour souscrire un milliard, somme qui doit être remboursée sur vingt ans, avec un taux d'intérêt de 10 ¹/₄ p. cent. Parmi les bailleurs de fonds, se trouvaient La Prudentielle d'Amérique et la Métropolitaine.»

Edmond Lemieux explique la modestie des auteurs de ce «coup de maître d'Hydro-Québec», selon l'expression des journaux à l'époque: «Nous avons simplement été opportunistes dans notre décision et dans les négociations qui ont suivi. Le reste tient à la bonne réputation d'Hydro-Québec sur les marchés étrangers et à nos bons résultats financiers[27].

«Il est vrai cependant que nous étions alors en compétition avec l'Ontario Hydro qui, je le savais, cherchait aussi à faire une très grosse transaction. Notre tactique a donc été d'être plus rapides. Passant après nous, l'Ontario Hydro n'a pu finalement obtenir que six cent cinquante millions, et ce, avec beaucoup de difficultés; alors que nous-mêmes, nous nous sommes payé le luxe de refuser une offre et nous aurions pu aller chercher plus d'un milliard de dollars. Je dois dire que nous prévoyions initialement ne pouvoir obtenir que 500 millions; nos espérances ont été largement dépassées!»

L'année 1976 va se terminer en beauté puisque Hydro-Québec a 1 080 000 000 de dollars en liquidités, somme fabuleuse que nous avons placée à des taux d'intérêt dépassant les coûts du loyer de l'argent», ajoute Edmond Lemieux. En plus de faire fructifier l'argent qu'elle emprunte, Hydro-Québec se donne un coussin confortable car elle sait bien que les grandes années de la construction du Complexe La Grande arrivent: 1977, 1978, 1979... et plus que jamais, on aura besoin d'argent.

Avec l'élite bancaire

Les chercheurs d'or d'Hydro-Québec réussissent un autre coup magistral au début de 1978. Dès 10 h30, le matin du 26 janvier, à Londres, Robert Boyd, signe la plus importante convention de crédit jamais accordée à une entreprise privée, publique ou parapublique. En vertu de cette convention, cinquante et une banques, représentant onze pays différents, unies dans un consortium international, mettent à la disposition d'Hydro-Québec un montant d'un milliard 250 millions de dollars américains[28].

«C'était la première fois qu'Hydro-Québec faisait ce genre d'emprunt, explique Jean-Louis Fleury, rédacteur à *Hydro-Presse*[29]; la première fois qu'elle concluait ce type de marché et la première fois qu'elle travaillait en étroite collaboration avec un groupe de sept banques canadiennes. Hydro-Québec avait jusqu'alors toujours emprunté à termes et à taux fixes. Ici, ce n'est pas le cas.

«La convention a deux volets: pour une somme de 750 millions, il s'agit d'un emprunt bancaire à moyen terme avec remboursement commençant après la quatrième année. Le taux dans ce cas est flottant et sera équivalent au taux interbanque de l'eurodollar sur le marché de Londres (LIBOR) majoré de 0,75 p. cent, et ceci pour des périodes de trois ou six mois, à la convenance d'Hydro-Québec.

«Le montant additionnel de 500 millions est, selon Georges Lafond, une «marge de crédit ouvert» dans laquelle Hydro-Québec pourra puiser selon ses besoins, au cours de la période de huit ans et demi de la convention: l'utiliser complètement ou en partie, la rembourser, la réutiliser, etc. Les taux d'intérêts seront calculés de la même manière que pour l'emprunt de base, mais ils seront établis avec encore plus de souplesse, pour des périodes de un, deux, trois ou six mois.»

Georges Lafond, alors trésorier d'Hydro-Québec, est fier de la solidité du consortium formé de sept banques canadiennes, de vingt-deux des plus importantes banques de Hollande, des États-Unis, du Japon, de la Belgique, de la France, de l'Allemagne et de la Suisse ainsi que vingt-deux autres banques et institutions d'autres pays, dont l'Angleterre, la Suède et des pays du Moyen-Orient. Au total, onze pays différents sont représentés dans ce consortium.

«Nous sommes sensibles à la qualité de ce consortium[30], précise Georges Lafond. En fait, à la lecture du *tombstone*, cette page frontispice de la convention où figure la liste des organismes prêteurs, un spécialiste verrait tout de suite que nous nous trouvons là sans aucun doute en présence de l'élite du monde de la haute finance.»

Cette convention a été soigneusement préparée. Deux documents ont été rédigés: un «mémoire d'information», l'équivalent d'un prospectus en langage financier, et le contrat lui-même, vingt-sept pages, plus quinze pages d'annexes dont, affirme encore Georges Lafond, «chaque paragraphe a été longuement négocié, chaque mot soigneusement pesé[31]».

Le meilleur argument

Certes, Hydro-Québec a, depuis plusieurs années, une excellente réputation sur les marchés financiers du pays de l'Oncle Sam comme dans plusieurs pays européens et même au Japon. Et loin de s'asseoir sur leurs lauriers, les cadres supérieurs de la vice-présidence des Finances ne négligent rien pour l'étendre davantage. Son atout principal, depuis six ou sept ans, c'est la Baie James.

«Nous organisons plusieurs voyages chaque année à la Baie James explique Georges Lafond. Nous invitons tous ceux qui nous sont recommandés par les banquiers qui vendent nos obligations, ceux qui pourraient en acheter. Nous les accueillons d'abord dans un hôtel près de l'aéroport de Dorval. Le soir, nous leur offrons un bon petit souper suivi d'une courte séance d'information, incluant questions et réponses. Et le lendemain, c'est la visite aux chantiers de la Baie James pour une ou deux journées.

«D'ailleurs, dès 1973, nous avons commencé à amener des investisseurs à la Baie James, raconte Edmond Lemieux. Je me souviens du premier voyage. Il y avait quarante investisseurs américains. On est arrivés en Boeing 737 sur une piste de gravier à LG 2. Le but de ces premiers voyages était de montrer que l'aménagement de ce territoire ne présentait pas tellement de problèmes écologiques et qu'il y avait peu d'autochtones. Ces visites ont contribué à rassurer les gens sur qui nous comptions pour emprunter de l'argent.»

Le nouveau trésorier d'Hydro-Québec partage l'avis de ses prédécesseurs. Selon Pierre Bolduc, «les visites à la Baie James sont nos meilleurs arguments pour la vente de nos obligations. Le projet en voie de réalisation est toujours impressionnant. Deux autres facteurs importants, c'est que les grands travaux de la Baie James sont en avance sur leur calendrier et que la prévision globale des coûts du Complexe La Grande, en 1976, soit 16 milliards 153 millions de dollars, n'a pas été dépassée. Bien au contraire, il y a eu une première diminution d'un milliard en 1978 et une seconde diminution de 552 millions en 1981.»

Mais Hydro-Québec, en collaboration avec les Relations publiques de la SEBJ, ne fait pas que recevoir des investisseurs, des experts et des journalistes à Montréal et à la Baie James. Ses cadres supérieurs se déplacent. Ils vont partout diffuser l'information. «Nous effectuons une tournée canadienne tous les 2 ou 3 ans, explique Georges Lafond. Nous essayons de rafraîchir la mémoire des gens sur ce qu'est Hydro-Québec, où nous en sommes rendus, quels sont les défis, comment nous prévoyons les relever.»

Aux États-Unis, il y a deux grandes catégories d'investisseurs: ceux du secteur public et ceux du secteur privé. «Nous avons des rencontres avec les gens du secteur public, nous leur rendons visite, nous leur donnons des conférences, dit Georges Lafond. Nous leur donnons la chance de poser des questions et de calmer ainsi leurs appréhensions. Ça leur donne aussi l'occasion de rencontrer certains gestionnaires d'Hydro-Québec. Les investisseurs peuvent porter un jugement de valeur sur l'administration d'Hydro-Québec.

«Le marché privé, celui des grandes institutions, des grandes compagnies d'assurances et de certains fonds de retraite, exige une analyse beaucoup plus approfondie, une évaluation plus méticuleuse de l'entreprise et de ses projets. Nous devons faire un autre type de démarches, surtout des rencontres individuelles avec ces institutions, dit Georges Lafond. Enfin, pour le monde en général, nous faisons connaître notre situation par nos rapports annuels, par les prospectus, et par une brochure, le «Profil financier d'Hydro-Québec depuis les dix dernières années». Nous établissons souvent des comparaisons avec les autres entreprises qui empruntent sur les mêmes marchés.

«En Europe, nous publions nos états financiers et nous comptons beaucoup sur nos syndicats de courtiers. D'ailleurs en Europe, c'est une question de contacts et de relations personnelles, notamment en Suisse et en Allemagne. C'est basé sur la confiance qu'on peut inspirer aux gérants de portefeuilles, aux fiduciaires et aux banquiers. C'est à partir de cette confiance qu'on peut espérer emprunter là-bas.»

Toutes ces démarches prennent leur signification lorsqu'on constate qu'après avoir financé les travaux de la Baie James pendant trois années crucial, Hydro-Québec a franchi en 1980 un cap important de son histoire: elle accède au club des emprunteurs de 2 milliards de dollars et plus!

Le quatrième emprunteur au monde

En seulement cinq ans, Hydro-Québec passe de la catégorie des emprunteurs ordinaires à celle des grands emprunteurs à l'échelle internationale. En effet, de 1976 à 1980, c'est l'une des entreprises qui ont connu une très forte croissance de leurs immobilisations et de leurs programmes d'emprunts.

Il n'est donc pas étonnant de lire des manchettes de ce genre dans les pages financières de mars 1981: *Hydro-Québec: le 4e plus gros emprunteur au monde*[32]. Selon une étude de la firme new-yorkaise Salomon Brothers, qui passe en revue les institutions qui ont émis des titres sur les marchés internationaux, Hydro-Québec s'est classée au quatrième rang après avoir emprunté 1 milliard 250 millions en dollars américains et en eurodollars.

Elle n'est dépassée que par deux organismes supranationaux, la Banque Mondiale, avec des emprunts de 3,2 milliards et qui, à toutes fins utiles, voit ses titres garantis par l'ensemble des économies occidentales, et la Banque d'investissement européen, avec 2,6 milliards, de même que par la Suède qui a dû exceptionnellement emprunter 2,4 milliards pour renflouer sa balance des paiements. Hydro-Québec dépasse de la sorte des emprunteurs aussi prestigieux que Citicorp, le Danemark, Ford, General Motors, ou Électricité de France.

La valse des millions, des milliards de dollars, est désormais irréversible. Les importants programmes d'investissement d'Hydro-Québec exigent sans cesse plus d'argent. Les chiffres de 1981 le confirment. Au cours de cette année, elle a emprunté la somme totale de 2 milliards 265 millions de dollars, dépassant ainsi de 50 millions son objectif.

Plusieurs marchés financiers ont contribué à ce succès[33], explique-t-on dans *Information-Cadre*, publication mensuelle des Relations internes d'Hydro-Québec. Les emprunts au Canada totalisent 680 millions de dollars, soit 30 p. cent du programme. Aux États-Unis, trois émissions publiques pour un montant total de 650 millions de dollars américains ont rapporté 806 millions de dollars canadiens, c'est-à-dire 36 p. cent du total. Quant au solde de 779 millions, ou 34 p. cent de l'ensemble, il a été financé sur les marchés européens, de la façon suivante:

Alexander C. Tomlinson.

Edward Townsend.

Ed. Waters.

Les financiers de New York ont toujours cru à la rentabilité de l'hydro-électricité. Alexander C. Tomlinson, de First Boston (à gauche, en haut) affirme: «Le projet peut être financé car la demande énergétique est forte.» Edward Townsend (à droite) de First Boston, déclare: «Nous, les banquiers, on se sent modestes dans un ouvrage de cette envergure, quand on remarque ce que les ingénieurs réalisent.» Ed. Waters, de Kidder & Peabody (ci-contre): «Wall Street ne comprenait pas les ramifications du projet de la Baie James. L'expérience a grandi la réputation d'Hydro-Québec.» (Photos: La Presse; d'après *La Baie James, projet du siècle, La Presse,* octobre 1979).

	(en millions)		
Marché	**En devises**	**Équivalent $canadiens**	
Euro $ U.S.	250	300	13%
Franc suisse	400	255	11%
Mark allemand	150	79	4%
Livre sterling	40	95	4%
Écu (unité monétaire du Marché commun européen)	40	50	2%

Deux nouveaux marchés ont été explorés en 1981, le marché de la livre sterling et le marché de l'Écu. Dans ces deux marchés, Hydro-Québec à été un des premiers emprunteurs, et dans les deux cas, l'accueil réservé à ses titres a été excellent. Cela permettra à Hydro-Québec d'élargir ses sources de financement.

Au Canada, la plus grande partie des obligations ont été offertes au marché public en quatre émissions distinctes. Seulement 150 millions de dollars ont trouvé preneur à la Caisse de dépôt et de placement du Québec; le montant correspondant avait été de 400 millions en 1980. Le Alberta Heritage Saving Trust Fund a consenti un prêt de 75 millions à un taux privilégié.

La réussite de ce programme confirme la confiance manifestée par les milieux financiers à travers le monde envers la santé économique d'Hydro-Québec et envers les ressources hydro-électriques du Québec. Quant à la diversification des sources de financement, elle constitue l'un des objectifs principaux de la politique financière de l'entreprise.

Des méga-assurances

Dès le début de ses opérations, la Société d'énergie de la Baie James confie à des experts le mandat de déterminer les assurances qu'elle doit souscrire pour se protéger.

«Quand je suis arrivé à la SEBJ, en novembre 1973, raconte Marc Darby, le premier coordonnateur des assurances et maintenant chef du service Gestion des risques et assurances, il y avait déjà un groupe de Bechtel qui travaillait à cette tâche. La première étape avait consisté à mettre sur pied un Comité des assurances dont le mandat était de recommander le ou les cabinets de courtiers qui offraient les meilleurs services.»

C'est là, pour la SEBJ, une nouvelle occasion d'innover. Le Comité des assurances décide, en effet, de recourir non pas à un cabinet mais à un consortium formé spécifiquement pour répondre à ses besoins. Il est composé de quatre maisons distinctes: Dupuis, Parizeau, Tremblay inc.; Gérard Parizeau ltée; Assurance Tanguay inc.; et Stewart Smith Canada ltée.

Le Comité des assurances et le consortium voient à[34]: l'évaluation des risques de dommages éventuels selon la progression des travaux de construction; la rédaction de propositions de textes de polices d'assurance *Risques de chantiers* et de *Responsabilité civile* adaptée au projet; la souscription ainsi que le renouvellement des diverses polices d'assurance nécessaires à la protection contre les risques naissants et au fur et à mesure qu'ils deviennent réels.

Vers la fin de 1973, la rédaction des textes de polices *Risques de chantiers* et *Responsabilité civile*, ainsi que de multiples négociations avec de nombreux assureurs, se précisent de plus en plus. Mais un coup de théâtre vient perturber un calendrier des travaux très rigide. C'est le saccage de LG 2 le 21 mars 1974. Le service Gestion de risques et assurances doit, en toute hâte, instaurer des mécanismes permettant d'évaluer les dommages physiques assurés, en plus de compiler les dommages causés par l'interruption des activités au chantier, ces derniers n'étant pas assurés (réclamation des entrepreneurs, coût pour l'accélération ultérieure des travaux afin de rencontrer les échéances originales, etc.).

La SEBJ a éventuellement recouvré des assureurs, quelque 1 250 000 dollars. Au moment du saccage, elle détenait une simple police d'incendie où le montant des valeurs assurées variait de mois en mois... au fur et à mesure que l'entreprise acquérait des biens. Un mois avant le saccage, la SEBJ avait déclaré des valeurs d'environ 15 millions de dollars.

Malgré ces activités fébriles et imprévues, les négociations avec les différents assureurs pour la souscription de deux polices principales se poursuivent de façon à ce qu'elles prennent effet le 1er mai 1974.

Un programme novateur

«C'était un programme avant-gardiste, affirme Marc Darby. À ma connaissance, c'était le premier programme d'assurances du genre au Canada et peut-être en Amérique. Ce qui en faisait sa particularité, c'est qu'en plus de couvrir tous les risques conventionnels tels qu'incendie, foudre, effondrement, tremblement de terre, lavage des batardeaux et des barrages, les deux principales polices assuraient aussi tous les ingénieurs, entrepreneurs et fournisseurs liés par contrat à la SEBJ et présents aux chantiers.»

La souscription des deux polices coïncide avec le début de la construction. De ce fait, la limite des polices doit se situer au niveau de la perte maximale possible au cours des deux ou trois années suivantes, quitte à effectuer une révision plus tard.

La police *Risques de chantiers*, d'une limite de 150 millions de dollars, avec franchise d'un million, comprend une protection contre l'erreur ou l'omission des ingénieurs et architectes. La police *Responsabilité civile* a une limite de 25 millions avec franchise de 100 mille dollars.

Le 1er juillet 1977, la SEBJ souscrit une nouvelle police *Responsabilité civile* qui remplace celle en vigueur depuis 1974. Certains assureurs désirent se retirer de la souscription. La franchise de cette nouvelle police passe de 100 mille dollars à un million, comme celle de la police *Risques de chantiers*.

Il est évident que toutes ces protections coûtent des gros sous; il faut payer des primes. La SEBJ prévoit payer une somme approximative de 60 milions de dollars pour la période de 1977 à 1986.

Ce programme de protection demeure en vigueur jusqu'en 1981, alors qu'une révision profonde des principes de financement des risques est entreprise.

L'évolution de l'entreprise, devenue filiale à part entière d'Hydro-Québec, mène à des concepts de gestion différents de ce qu'ils sont jusqu'ici. De plus, le parachèvement de la première centrale du Complexe La Grande, soit LG 2, et le transfert de propriété de celle-ci à Hydro-Québec pour fins d'exploitation, apporte un nouveau facteur.

Compte tenu de la forme de gestion de l'entreprise, des mesures strictes de sécurité, du suivi de l'évolution des travaux qui a permis de devancer les échéances et compte tenu aussi de l'absence de sinistres majeurs, il est décidé: d'abandonner la souscription de l'assurance erreur ou omission; d'assumer des franchises absolues plus substantielles;
de rechercher des limites plus élevées permettant de faire face à une perte maximale possible.

L'expérience acquise avec les ingénieurs-conseils, lesquels n'ont peu ou pas commis d'erreurs, permet d'éliminer une couverture qui coûtait cher et où les risques réels étaient minimes.

D'une part, les sinistres encourus antérieurement (à l'exclusion des sinistres impliquant les véhicules-automobiles), compte tenu de l'ampleur des travaux, ne sont pas de nature inquiétante. Jusqu'au 1er juillet 1981, on avait enregistré 535 cas de sinistres isolés qui ont amené des déboursés de 4,5 millions, soit une moyenne d'environ 8400 $ par incident.

D'autre part, en tenant compte de l'expérience acquise, la SEBJ vise maintenant à se protéger contre les véritables catastrophes susceptibles de se produire, catastrophes amenant des pertes que ni l'entreprise ni Hydro-Québec ne seraient en mesure d'assumer.

Après discussions avec divers assureurs, sur le plan mondial, on en arrive à rédiger un programme d'assurances d'un milliard de dollars qui sera souscrit en tranches de 300 et de 700 millions de dollars respectivement. C'est un programme *Risques de chantiers* unique en son genre. Du même coup, la SEBJ augmente son montant d'auto-assurance de 10 millions de dollars sur les biens assurés.

Cette façon de procéder, ajoutée à l'abandon de l'assurance erreur et omission, vaut à la SEBJ une diminution importante de primes. En fait, si elle avait prolongé durant les cinq prochaines années l'entente en vigueur en 1981, les primes se seraient élevées à 30,4 millions de dollars. Selon ce nouveau programme d'assurances, elles coûteront 7,8 millions, soit une économie de 22,6 millions de dollars.

Le nouveau programme d'assurances implique que l'entreprise assume un risque de pertes plus élevé durant les cinq prochaines années. Mais c'est un risque calculé que la SEBJ est prête à assumer puisque «l'histoire du Complexe La Grande a déjà fait la preuve de la fiabilité des ouvrages, de la qualité de la construction et de la valeur des mesures de sécurité[35]».

Les retombées économiques

Chaque fois que la SEBJ, filiale d'Hydro-Québec, dépense 100 $ pour aménager le Complexe La Grande-Phase 1, il reste 76 $ au Québec. Voilà la première conclusion d'une étude sur les retombées économiques du projet de la Baie James réalisée en 1981 par Hydro-Québec[36].

Par ailleurs, cette étude indique que «la charge totale de travail demandée à l'économie québécoise pour la mise en service du Complexe La Grande est de 188 550 personnes-années réparties sur les treize années de construction du projet. L'estimation de ces emplois comprend la main-d'œuvre de construction, les effectifs en ingénierie et en gérance requis pour la conception, la supervision et la construction du Complexe ainsi que la main-d'œuvre des industriels qui fabriquent en usine et assemblent les biens et services produits au Québec.

«En d'autres termes, cela signifie que le projet La Grande-Phase 1, sollicite auprès de l'économie du Québec environ 23 personnes-années pour chaque tranche de million de dollars dépensés. La masse salariale totale avant impôts versée à la main-d'œuvre est de l'ordre de 4,2 milliards de dollars (en dollars en 1979...)

«Les revenus fiscaux prélevés par les deux gouvernements sont évalués à 1,4 milliard en dollars de 1979, répartis sur l'ensemble de la période. Cinquante-six p. cent de ces revenus sont alloués au gouvernement du Québec. La ventilation des revenus du gouvernement du Québec se présente comme suit: 462 millions de dollars en impôts sur les salaires, 299 millions en parafiscalité (Régime des rentes du Québec, etc.) et 28 millions en taxes indirectes.»

L'impact du projet de la Baie James se répartit comme suit: environ 60 p. cent dans le secteur de la construction, 20 p. cent dans le secteur des services et 15 p. cent dans les industries manufacturières.

Dans ce dernier groupe, selon l'étude d'Hydro-Québec, «les industries de la fabrication d'équipement de transport (incluant les turbines), de produits métalliques, de produits électriques, et les industries des produits minéraux non métalliques, de la première transformation des métaux et du meuble, participent à 80 p. cent de l'activité de ce secteur. Au secteur tertiaire, les services extérieurs des entreprises (dont le génie conseil) détiennent près de la moitié de l'activité de ce secteur, suivis du transport aérien et du commerce de gros.

«Enfin, la concentration de l'emploi dans le secteur de la construction, affecte principalement les métiers de manoeuvre (24%), d'opérateur d'équipement lourd (19%), de conducteur de camion (18%) et de menuisier (8%).»

Chapitre 18

Un défi personnel

De 1971 à 1983, 100 000 personnes ont consacré une partie de leur existence aux travaux de la Baie James. Dans ces lieux isolés, des hommes résolus, ou n'ayant bien souvent pas le choix, ne répugnent pas à travailler comme des forcenés.

Leur motivation? L'argent, bien sûr, puisque les salaires sont élevés, mais aussi d'autres raisons plus nobles comme ce désir de construire quelque chose de grand, ce goût de vivre une expérience peu commune, cette volonté de devenir autonome en achetant le commerce ou la ferme dont on a toujours rêvé.

On n'arrive pas à la Baie James sur le pouce. On ne s'y arrête pas en passant non plus. Pour y accéder, il faut prendre un avion de la SEBJ ou un vol commercial reliant Montréal à LG 2, et avoir un emploi qui nous y attende.

Les voyages de départ se ressemblent tous. Dans l'avion qui vient à peine de décoller, les travailleurs fument beaucoup et parlent peu. Le regard des rares femmes est vague, perdu. Plusieurs travailleurs ont le nez collé au hublot. Ils jettent un dernier coup d'œil sur la civilisation, le sud, les banlieues cossues du nord de Montréal ou celles de Québec telles Sainte-Foy et Sillery. D'autres sont déjà plongés dans la page 7 du *Journal de Montréal* ou dans la section des sports. Quelques cadres ou hommes d'affaires lisent *Le Devoir* ou *The Gazette* comme s'ils allaient à

Toronto ou à New York. Parfois, les rires et les étonnements de quelques enfants viennent rompre cet étrange silence. Ce sont les enfants des familles des employés cadres. Les hôtes et hôtesses offrent du café et des petits déjeuners.

Les départs de Val-d'Or ou de Bagotville, ces petites villes assises au pied du Nord, sont peut-être un peu moins pénibles. L'avion grimpe rapidement dans le ciel laissant peu de temps aux regards pour s'arrêter sur ces villes qui fuient sous les ailes de l'avion. Routes, bâtiments et champs cultivés disparaissent peu à peu. Parfois, l'avion semble immobile. En bas, il n'y a rien à voir. La région est inhabitée. Des centaines et des centaines de kilomètres de forêt rabougrie et de cours d'eau séparent les villes et les villages québécois de La Grande Rivière et de ses campements.

Il est toujours étonnant d'entendre certains voyageurs commander un double cognac ou un double scotch à dix heures du matin.

— Deux «50», s'il vous plaît, mademoiselle!

— Désolée, il n'y a pas de bière dans les Convair...

C'est encore un nouveau qui va mettre les pieds pour la première fois au pays de la taïga. Un certain sentiment d'exil, la nostalgie peut-être, va s'emparer de lui comme de plusieurs autres voyageurs.

Il ne sait trop ce qui l'attend. Des chiffres dansent dans sa tête. La réalité, dont il parlait un peu abstraitement hier soir au souper avec toute sa petite famille, se concrétise maintenant: LG 2, 960 km de Montréal à vol d'oiseau; LG 3, 900 km; LG 4, 925 km; Caniapiscau, 1 075 km; EOL, 825 km. La distance par la route n'existe pas, sauf pour les camionneurs. Le voyageur ressent déjà la coupure géographique et l'étrangeté de la situation.

Mais de quoi aura donc l'air ce campement auquel il est affecté? Comment peut-on y loger et nourrir jusqu'à 6 000 personnes (LG 2 en 1978) rassemblées en plein cœur de cette forêt qui n'en finit pas et qui s'appelle taïga, un nom déjà exotique?

L'avion amorce sa descente. Dans quelques minutes, l'arrivant aura un avant-goût de ce campement en voyant l'aérogare qui ne ressemble pas du tout à celle qu'il vient de quitter.

Les premiers pas à la Baie James

En fait, où est-elle cette aérogare? Mais dans cette boîte rectangulaire et métallique qui arbore le nom de son chantier. Elle constitue un exemple typique du style architectural de la Baie James: un bâtiment préfabriqué, dépourvu de quelque fantaisie que ce soit, sauf dans les chantiers plus récents où il a été peint d'une couleur vive. Même colorée, l'aérogare n'a pas grande allure, ce qui n'est pas fait pour réjouir.

Le paysage tout autour n'est pas gai non plus: en hiver, c'est un film en noir et blanc, épinettes et neige; en été, c'est noir et beige, épinettes et poussière. On raconte que certains nouveaux n'ont connu que cela, l'aéroport et son environnement, car ils ont décidé en les voyant de prendre le prochain avion pour retourner là d'où ils étaient partis.

L'aérogare permet aussi de faire connaissance avec l'autorité, avec la réglementation, avec la hiérarchie sociale et de ressentir pour la première fois qu'on s'est immiscé dans un territoire privé qui a ses lois propres et auxquelles il faut se soumettre.

En effet, les travailleurs font la queue avant de présenter leurs papiers aux préposés du Centre de vérification. Après avoir vérifié si tout est en règle, ces derniers envoient chaque travailleur se faire photographier de façon à lui remettre immédiatement sa carte de chantier; elle diffère des autres cartes puisqu'en y jetant un simple coup d'œil, on saura si son propriétaire habite au village, au campement ou s'il est un visiteur. La couleur de fond de la photographie est en effet différente pour chaque catégorie.

Cette formalité accomplie, les travailleurs montrent pour la première fois leur carte au gardien de sécurité qui contrôle les sorties. Ils sont ensuite accueillis par un représentant de leur employeur, dans la majorité des cas, un entrepreneur en construction. Puis, c'est le trajet en autobus scolaire, de l'aéroport au campement. Le long de la route, quelques épinettes et, parfois, des lignes aériennes, celles qui transportent l'électricité entre les chantiers et surtout vers le «sud». À LG 4, un campement indien, le seul à être installé si près de l'emplacement des travaux, apporte un cachet d'exotisme.

Le nouvel arrivant vient de connaître un aspect important de la vie à la Baie James: déracinés, isolés, se sentant à l'étranger, les travailleurs ont déjà trouvé une nouvelle appartenance, leur compagnie. Ce regroupement sera souvent fondamental et durable.

Enfin, voici le campement où tous les travailleurs passent leur temps libre, tous les jours pendant deux mois. C'est là qu'ils dorment, dans des modules préfabriqués de 12 chambres, chacune étant occupée par deux travailleurs. Chaque unité d'habitation comprend aussi une salle de toilette, de même qu'un salon. Ces dortoirs sont généralement disposés autour des lieux publics: immense cafétéria, centre communautaire, centre d'accueil, buanderie, centre local de santé, centre récréatif, centre culturel servant aux pratiques religieuses et aux réunions sociales, centre d'information des Relations publiques de la SEBJ, casse-croûte, restaurant, taverne, bar-salon et centre social féminin.

S'organiser pour ne pas craquer

Tous les bâtiments n'ont qu'un étage, sauf le centre administratif de LG 2, un gratte-ciel de... deux étages! Jusqu'en 1981, il n'y avait pas beaucoup de végétation dans les campements: les rues et les alentours des constructions préfabriquées sont recouverts de sable et de gravier. L'été, avec le vent et le passage des véhicules automobiles, la poussière qui s'élève fait penser au décor d'un film western. Il faut souligner que ce genre de construction et cet environnement nu et froid sont inévitables dans un campement temporaire. Là, la propriété privée n'existe pas.

Dans l'avion en partance pour la Baie James, les sourires sont aussi rares que les femmes!

L'éloignement, la solitude, la promiscuité, c'est en plein le genre de vie qu'on mène au Complexe La Grande!

Le nouvel employé est directement conduit au Centre d'accueil où on lui remet la clé de sa chambre et sa literie. Il fait la queue pour la deuxième, mais certes pas la dernière fois au campement! Il peut ensuite s'installer dans son nouveau chez-soi, une chambre qu'il partage avec un autre travailleur. Enfin, selon la compagnie qui l'a embauché, il pourra peut-être bénéficier d'une visite guidée du campement. C'est un geste simple, mais combien nécessaire! En effet, le nouveau venu a de quoi s'y perdre dans cette agglomération géométrique de bâtiments tous semblables. D'ailleurs les Centres d'accueil distribuent habituellement des cartes ou des plans du campement de façon à éviter aux nouveaux de s'égarer ou de cogner à la mauvaise porte. Dans les campements les plus récents, les bâtiments communautaires peints de couleurs vives arborent d'immenses lettres: CAFÉTÉRIA, TAVERNE, ACCUEIL, etc., identifiant du même coup leur raison d'être.

Il faudra ensuite apprendre le fonctionnement de cette grosse machine: les horaires d'abord, puisqu'il y a un horaire pour chaque chose. Puis viendront les règlements. À première vue, il y en a beaucoup! Puis, si possible, il faudra réussir à faire un lieu de vie décent de ce campement qui, si bien aménagé soit-il, n'en demeure pas moins un campement de travail. En fait, il s'agit de s'organiser pour ne pas craquer.

Mais le travailleur a besoin d'une forte dose de vitalité et d'énergie, car l'horaire de travail chargé — un minimum de 60 heures —, l'absence des êtres chers, l'inquiétude, l'éloignement d'une société dans laquelle on a toujours vécu, la soumission aux horaires et aux règles, le manque de liberté de mouvement à l'extérieur du campement, le manque d'intimité lié à la promiscuité constante, tout cela finit par être difficile à supporter et par user les nerfs des plus résistants. C'est ce qu'il faut absolument combattre.

Une journée dans la vie d'un travailleur

La journée commence tôt à la Baie James: lever vers 5h, 5h30, toilette en commun dans la salle d'ablutions du dortoir, puis petit déjeuner à la cafétéria, généralement entre 5h et 7h. C'est ensuite le départ vers le chantier où les travailleurs sont conduits par autobus scolaire. Entre 6h et 7h, le parc de stationnement de la cafétéria est rempli de ces autobus et il y a beaucoup de va-et-vient. Enfin, à 7h, c'est le calme plat. Tout le monde a quitté le campement, à l'exception des employés de bureaux, des cuisines et de l'entretien. Les rues sont vides.

L'action s'est déplacée vers le chantier où la majorité de la population travaille de 7h à 17h30, ne s'interrompant que pendant une demi-heure pour manger les sandwiches pris le matin à la cafétéria. Entre 17h30 et 18h, même scénario qu'au début de la journée mais à l'inverse. Les gros autobus jaunes arrivent à la cafétéria que le flot humain envahit. Rapidement, des queues se forment, tout le monde ne pouvant être servi en même temps. Cette période s'étend de 17h à 19 h le soir, soit un horaire identique à celui du petit déjeuner.

Des groupes se forment, souvent par compagnie ou par métier, quelquefois par lieu d'origine comme ces gars de Paspébiac qui était bien 150 à LG 4 à l'été de 1981.

Quelques tables réunissent aussi des jeunes gens, garçons et filles, d'où fusent des rires. Il y a encore plusieurs solitaires, en vêtements de travail, qui ont l'air écrasés par leur longue journée et qui ne semblent vouloir qu'une chose, la paix. Quelques couples, ici et là, prennent leur repas en tête à tête, au milieu de la foule.

« Il y a des loisirs, il y a même beaucoup de choix; mais quand tu viens de finir de travailler, il est 5h30... tu vas souper à la course. Tu sors de table, tu prends une douche, il est rendu 7h. Le lendemain, tu te lèves à 5h, 5h30. Il te reste une dizaine d'heures sur lesquelles tu peux jouer. Les services de loisirs offrent des sports, mais ça prend du monde qui ont ça dans leurs habitudes de vie. Tu prends les bonshommes de 40 ou 50 ans, quand ils ont fini leur ouvrage, ils n'ont pas envie d'aller jouer au badminton ou d'aller à la piscine du village.»

C'est Pierre Olscamp qui parle ainsi. C'est un jeune homme dans la vingtaine qui est débosseleur pour Les Entreprises de construction du Québec. Il travaille 12 mois par année au chantier de LG 4, ce que peu de travailleurs font, puisque la majeure partie du travail de chantier est effectuée l'été. En parlant des loisirs, il touche un des problèmes importants de la vie de chantier. Pourtant, la SEBJ a «mis le paquet»: on trouve dans chaque chantier une variété d'activités sportives et socio-culturelles que la plupart des municipalités de moyenne importance au Québec ne peuvent se payer. Certaines installations, comme le centre sportif ou la piste de ski alpin, ont coûté une fortune. Et tout y est gratuit ou presque pour les travailleurs. Ils n'ont même pas besoin de prendre l'autobus pour s'y rendre: tout cela est à cinq minutes de marche!

Après le souper, certains passent prendre le journal du matin, arrivé par avion, ou acheter des cigarettes à l'économat, l'équivalent du magasin général ou du dépanneur du coin! On peut y déguster un Coca-Cola ou faire un brin de causette. D'autres vont jaser et boire à la taverne ou au bar-salon ou encore dans leur chambre puisque maintenant, après l'avoir demandé pendant des années, il est possible d'acheter de la bière dans chacun des chantiers. Et comme le fait remarquer Jean-Marc Côté, qui s'occupe des loisirs des chantiers depuis toujours, «la bière, c'est dans la mentalité. Quand on parle d'occupation du temps libre, de rencontres, c'est toujours présent, là-bas comme en ville.» Un grand nombre de travailleurs ont la télé, une chaîne de stéréo, un magnétophone et même un lecteur de vidéocassettes dans leur chambre. C'est là qu'ils se détendent le soir.

Pourquoi la Baie James?

Il y a plusieurs types de travailleurs dans les chantiers. Certains exécutent des travaux physiquement éprouvants; d'autres passent leurs journées à l'extérieur ou dans un bureau et il y a des cadres ou des simples employés. Les motifs qui poussent chacun à s'exiler ne sont pas tous les mêmes et déterminent en grande partie leur état d'âme. L'opérateur de machinerie lourde qui a une famille à faire vivre et qui serait à coup sûr en chômage, et la secrétaire jouissant de privilèges de cadre et qui est venue à la Baie James par esprit d'aventure, par curiosité ou pour faire l'expérience d'une activité qui sort de l'ordinaire, ne vivent pas leur séjour jamésien de la même façon.

D'autres ne souhaitent qu'une chose: amasser rapidement un magot; ils savent qu'ils n'en ont pas pour très longtemps. À l'autre extrême, on retrouve les «pro», les «gars de chantier» qui, pour diverses raisons surtout d'ordre économique, ont fait de la vie de chantier leur véritable, leur unique mode de vie.

Selon Jean-Paul Fontaine, on trouve aussi à la Baie James des gens «qui, pour un problème de famille, ont préféré se tenir loin plutôt que de faire face à la séparation ou au divorce». D'autres voient dans les longues heures de travail une sorte de cure de désintoxication. Enfin, pour de nombreux professionnels, surtout les jeunes, c'est «une occasion unique de mettre leurs connaissances à profit, de relever un défi, explique Paul Caron. C'est parfois le seul endroit où ils peuvent exercer vraiment leur spécialité, faire face à des problèmes intéressants, et acquérir une expérience précieuse.»

Malgré la diversité des raisons qui les ont amenés à la Baie James, les résidents des chantiers ont quantité de points en commun. Ils partagent surtout des conditions de vie tellement exceptionnelles, tellement marginales, qu'un très fort sentiment de solidarité se crée entre eux et qu'ils finissent par s'identifier à leur nouvelle communauté.

Si tu savais comme on s'ennuie...

«Le plus difficile, c'est la solitude, la privation des êtres chers ou carrément, pour les célibataires, la privation de femmes», affirme Jean-Paul Fontaine, qui a côtoyé, observé et interviewé les travailleurs de LG 2 pendant six ans, notamment pour la revue *en grande...* de la SEBJ.

Le sentiment qui constitue la toile de fond de la vie au chantier pour à peu près tout le monde, c'est bel et bien cet ennui, ce manque de quelque chose: femme, enfant, famille, amis, tout l'enracinement social. Mais c'est aussi ce que l'on appelle la «civilisation» et la «réalité», même physique. Les chantiers ne sont pas mal organisés mais ils sont drôlement isolés et éloignés.

De plus, le milieu lui-même est quelque peu artificiel. Il n'est pas né spontanément, mais il a été créé de toutes pièces en regroupant des individus déracinés; la famille n'y existe pas. «C'est un milieu étranger, où on n'a aucune appartenance; ce n'est pas normal, pas fait pour y vivre, on devient trop tendu, il faut absolument en sortir», explique Me Jean Bernier, directeur des Ressources humaines de la SEBJ de 1974 à 1979, et maintenant secrétaire général d'Hydro-Québec.

Le père Éric Bouleau, ce curé d'origine française que tout le monde à LG 4 appelle Éric, est bien placé pour entendre parler des problèmes personnels des travailleurs: «Ça prend un gars qui ne fait rien, qui est disponible comme moi! Ici, il n'y a ni psychologue, ni psychiatre, donc il n'y a pas de problèmes de cet ordre. Pourtant, on peut discerner les époques de déprime qui reviennent régulièrement: par exemple, quand toutes les familles partent pour le chalet l'été; ou à la rentrée des classes, quand les hommes se sentent impuissants, à cause de la distance, à régler les problèmes et à prendre les décisions. Et puis, ils pensent à leur femme. Certains ne les voient que cinq fois, pendant dix jours, dans une année. Ils se disent qu'elles ne doivent pas s'embêter tout le temps, ces petites veuves de la Baie James... Cette idée-là, ça tourne dans le sonar.»

Dans un chantier, il y a 12 hommes pour une femme et la majorité ont l'impression que les femmes n'existent pas, pas pour eux en tout cas. «C'est là qu'il est le problème, c'est le manque de femmes, explique un travailleur désirant garder l'anonymat. Maintenant, on peut parler d'une revendication qui a été faite et qu'on peut qualifier de sérieuse, c'est qu'il y ait... un bordel ici, et qu'il soit contrôlé. Ça a été demandé souvent. Évidemment, c'est pas dit aussi clairement, mais au fond, ça revient à ça.

«Le problème pour les gars qui sont désœuvrés le soir et le dimanche, c'est qu'ils s'ennuient des femmes dans un très, très grand nombre de cas. On ne peut pas le permettre tout simplement parce que la loi du Québec l'interdit. D'ailleurs, ce n'est pas certain que ça réglerait le problème. En tout cas, ça en créerait peut-être d'autres, par exemple des problèmes de confiance de la part des conjoints qui demeurent en province. Ça ne rassurerait ni les épouses ni les amies de cœur.»

En attendant, comme le note le journaliste Philippe Meyer dans son livre intitulé *Québec*[1], «on peut voir un magasin général avec des stocks de revues *qui aident le poignet*»... des *Playboy, Penthouse, Encore* et autres revues spécialisées du genre qui se vendent comme de petits pains chauds. Les pages centrales de ces magazines — souvent des posters géants en couleur — ornent bon nombre de murs des chambres de ces messieurs mais aussi de ces dames (comme l'a noté un jour une religieuse européenne venue étudier les conditions de vie à la Baie James!)

Il faut changer le mal de place

Guy Lamothe, qui a participé à la construction de la route Matagami-LG 2 et qui a aussi vécu à LG 3, décrit avec humour, à moins que ce ne soit avec réalisme, le besoin périodique de revenir à notre «civilisation»: «La pollution, l'asphalte et le béton armé, il faut que tu voies ça de temps en temps. Il faut que tu changes le mal de place.»

Les travailleurs sont également bien conscients des activités culturelles et sociales dont ils sont privés et de la période d'attente qu'il faut traverser avant de les retrouver. «En bas, quand vous voulez aller dans un centre commercial, vous partez, vous y allez, vous en avez la possibilité.

— Comment va la petite famille?
— T'inquiète pas, on sort dans six semaines...
— Je t'embrasse, mon amour!
— Comme ça, papa est mort cette nuit?

Dans les immenses cantines, on peut se servir à souhait et sans frais. Mais ça ne remplace pas l'accueil à la maison familiale.

Mais ici, à la Baie James, ce sera dans deux mois, explique Albert Léveillée, à l'emploi du traiteur Crawley et McCracken depuis trois ans. Même chose pour le cinéma: si on voit à un moment donné qu'un bon film passe à Montréal — parce qu'on reçoit les journaux ou qu'on en entend parler à Radio-Canada ou à CKAC — on aimerait partir tout de suite et aller le voir. Ce qui est évidemment impossible ici.»

Robert Hardy, qui pourtant fréquente la Baie James depuis 10 ans, soit depuis la construction de la route Matagami-LG 2, a d'autres sortes de préoccupations. «Ce qui est dur, dit-il, c'est de voir que tout se déroule en bas, c'est de ne pas y être, de ne pas se sentir à jour; quand je descends à Montréal, je me réhabilite... Juste un exemple: quand je fais le plein d'essence à Montréal, c'est toujours de plus en plus cher. C'est une notion que nous perdons presque complètement ici...»

Il y a jusqu'au paysage et au climat dont on s'ennuie. «En ce moment, on sait que c'est l'été (juillet 1981) et on ne l'a pas. On sait qu'il fait 30, 32 degrés presque partout au Québec et ici, il a neigé le 20 juin. Cela affecte le moral de penser au temps qu'il fait en bas et de ne pas pouvoir en profiter» raconte Patricia Legault qui, curieusement, habite la Baie James depuis cinq ans.

Mais la vie à la Baie James a des charmes souvent insoupçonnés! Le rédacteur Serge Therrien, qui a vécu quelques années au pays de la taïga, l'a réalisé une fois revenu à Montréal. Il a trouvé la différence entre le chantier et la ville: «Certains diront que ce sont les longs chapelets de voitures qu'égrène la ville surmenée aux heures de pointe ou encore le va-et-vient des voitures de métro qui régurgitent un flot interminable de passagers. D'autres, plus romantiques, s'attarderont à décrire plus vertement les pelouses, les fleurs, les arbustes qui isolent les maisons, toutes aussi différentes les unes que les autres, le béton des rues quadrillées, quoi d'autre encore? Non, là n'est pas la différence. La vraie différence, c'est lorsqu'il pleut. Assis à mon bureau du sixième étage, je n'entends plus la pluie tomber sur le toit[2]!»

Une autre forme de stress

On dit officiellement des chantiers de la Baie James qu'ils sont éloignés *et* isolés, c'est-à-dire que non seulement ils sont situés très loin de la partie habitée du territoire québécois, mais qu'ils sont en plus difficiles d'accès. Étant donné ces conditions particulières, il semble déjà miraculeux qu'on y retrouve autant de services et d'activités.

Mais il y a tout de même des lacunes, puisqu'il n'a jamais été question de faire de ces chantiers des communautés normales. «L'éloignement apporte, par exemple, quelques petits désagréments. Le bricoleur qui, un beau matin, a envie de réparer une chaise ou un magnétophone, trouve rarement les pièces sur place, raconte Jean-Paul Fontaine, grand bricoleur devant l'Éternel. Cet éloignement va aussi se manifester quand il y a de la maladie dans la famille. Il y a, bien sûr, un hôpital et un médecin dans chacun des chantiers, mais les services qu'ils peuvent offrir sont tout de même limités. On éprouve alors de l'inquiétude, on se demande ce qui se passerait dans un cas grave qu'on ne pourrait traiter à l'hôpital.»

Éloignement et isolement sont synonymes d'une dépendance accrue à l'égard des moyens de communication et de transport ainsi que d'inquiétude devant leurs éventuelles défaillances. Jean-Paul Fontaine ajoute qu'une autre inquiétude plane comme une épée de Damoclès au-dessus de la tête des travailleurs: «En cas de maladie subite ou d'accident grave, les avions ne pourront peut-être pas se poser à cause du mauvais temps...

«Un beau matin, on apprend que le beau-père, le père ou la mère est décédée. Il faut vite s'organiser pour tâcher de sortir et d'y aller; ça peut évidemment se produire n'importe quand, à un moment où, justement, il n'y a pas de vol du reste de la journée, ou encore lorsqu'il n'y en a pas le lendemain, explique-t-il. L'aspect éloignement n'est donc pas négligeable. Il y a toutes sortes de petits ennuis quotidiens qui sont rattachés à ça.»

Francine Dion, commis à «l'hôtel de ville» du village de LG 4, Keyano, explique: «On n'a peut-être pas le stress de la ville, mais on en a un autre, celui de l'inquiétude de savoir si le courrier va se rendre... et beaucoup d'autres contrariétés et frustrations.» Ses compagnes de travail réunies en table ronde à LG 4, un soir de juin 1981, sont du même avis: «Que Radio-Canada soit touchée par une grève comme c'est arrivé, et on n'a plus de nouvelles à la télévision car il n'y a qu'un poste ici. Les journaux arrivent par Convair... on les a avec de la chance, premier arrivé, premier servi. On est vraiment isolées ici. Ça, c'est dur pour les nerfs...*»

L'éloignement et l'isolement empêchent aussi les travailleurs de recevoir la visite de leur femme ou de leur famille, du moins officiellement. Les chantiers sont vraiment coupés du monde extérieur: seuls les travailleurs, les visiteurs officiels et les invités des cadres y sont admis. Personne ne peut aller flâner dans un campement aux frais de la SEBJ.

«Vous savez, le grand isolement qu'on subit ici, on le ramène avec nous en bas. On s'imagine que la vie s'arrête derrière nous, mais ça continue. Ça fait des trous... dans notre vie. On va revoir un camarade, on apprend qu'il est mort depuis trois mois. C'est terrible», confie Pauline Kovacs au journal *en grande*[3]...

Le chantier, une prison?

Les chantiers ont souvent été comparés à des prisons et il existe en effet certains traits communs aux deux. On y entre pour un temps déterminé et peu importe l'envie qu'on ait d'en sortir, il faut y rester jusqu'au bout, non pas qu'on soit emprisonné, mais parce qu'on s'y est engagé.

On y vit en vase clos, coupé du monde extérieur. Bien souvent, le vocabulaire propre aux chantiers et aux prisons

* Depuis février 1981, la programmation de CKAC est diffusée à travers les chantiers par micro-ondes et depuis juin 1982, grâce aux communications par satellites canadiens, chaque chantier peut capter les émissions du réseau TVA!

se recoupe: autant en prison on entend parler d'«en dedans» et d'«en dehors», autant à la Baie James on parle d'«en haut» et d'«en bas». Socialement, on a affaire à un nombre limité d'individus, que l'on rencontre constamment, partout. Physiquement, la liberté de mouvement est très limitée: le campement et le chantier. Ce que l'on possède en propre, ce sont ses effets personnels.

On n'a ni maison, ni terrain, ni véhicule. Tout cela contribue à créer un certain sentiment de dépendance et d'étouffement bien particulier. Souvent, les hommes et les femmes de la Baie James parlent d'une perte du sens de la réalité. Francine Dion pense que «les gens qui s'enlisent ici se coupent du monde extérieur. Ils oublient les guerres et toute la réalité politique et sociale du reste du monde.» Pour elle, le stress créé par cette vie en milieu fermé est aussi pénible que celui de la ville.

Robert Hardy, conseiller en prévention industrielle à LG 4, est d'avis qu'il faut un jour couper avec la Baie James, sous peine de ne plus pouvoir retourner en ville: «Il faut se réveiller. À un moment donné, si tu ne changes pas ta vie, tu te retrouves dans cinq ou dix ans plus tard et tu n'es même plus capable de te réadapter.»

Il n'est pas le seul à penser ainsi. Cette crainte de perdre le contact avec le réel est partagée par plusieurs. La nécessité de sortir, un jour, fait partie des principes fondamentaux de la vie des résidents de la Baie James.

En communauté 24 heures sur 24

La Baie James, c'est un lieu éminemment social et exigeant, où le travailleur se trouve 24 heures sur 24, en contact avec d'autres êtres humains. Dès son lever, il retrouve la personne avec qui il partage sa chambre. Il prend ensuite son petit déjeuner en compagnie de centaines de personnes avec qui, par le moyen du transport en commun, il se rend jusqu'à son lieu de travail et d'où il revient le soir dans les mêmes conditions. Puis il prend son souper à la cafétéria parmi la foule des travailleurs et retourne au dortoir où il fait sa toilette au milieu de ses compagnons pour revenir enfin au lieu le plus privé qu'il possède, sa chambre, qui n'est en fait que semi-privée.

Ce serait extraordinaire d'avoir sa chambre à soi, explique Rémi Brown qui travaille à la Baie James depuis 1976. Si un type veut lire le soir, il lit, c'est le moment de relaxer. S'il veut se coucher à 9 h, il se couche à 9h et s'il veut se coucher à minuit, il le fait. Mais ici, s'il se couche et que l'autre à côté regarde une partie de hockey, il ne se repose pas, et vice versa. Tu as besoin d'être seul. Si tu veux aller jaser avec un compagnon, tu y vas. Après, tu retournes dans ta chambre, tu es seul, tu as un moment de réflexion... Mais là, on n'a pas de vie privée.»

Depuis quelques années, l'occupation simple se pratique en saison hors de pointe. La SEBJ, qui offre le logement gratuit aux résidents, a toujours soutenu que le système des chambres simples pour tous aurait été prohibitif.

Selon Paul Mainville, un client des dortoirs de la Baie James depuis 1974, le manque d'intimité n'est pas le seul problème: «Ce n'est pas si pire quand tu frappes un bon gars. Mais c'est tout un tiraillage si tu as un gars qui boit, qui arrive toujours soûl, ou qui est malpropre.»

Comme l'explique Robert Hardy, c'est également au niveau de la communauté que la vie privée n'existe pas: «Ici, on est 2 000 et on se connaît tous. C'est comme un petit village. À Montréal, tu ne connais même pas ton voisin de balcon tandis qu'ici, tu connais tout le monde. Tu ne peux rien faire sans que tous le sachent. C'est une situation difficile à accepter. À Montréal, chacun fait sa vie comme il l'entend. Ce n'est pas possible à la Baie James.»

Pour les femmes, qui sont très remarquées en raison de leur petit nombre, c'est encore pire. «Ici, on nous regarde vivre, les hommes nous regardent vivre, nous les femmes. Au moindre mouvement, il y a des commentaires qui se font. À Montréal, on se perd dans la foule, personne ne se soucie de nous. Le côté le plus difficile, c'est qu'ici on perd son indépendance», explique Yvette Goulet, secrétaire du chef de chantier de LG 4.

Elle va même jusqu'à dire qu'il n'est pas possible de s'isoler dans un chantier. «La vie est très tolérable, du moment que vous participez... Si vous voulez vous isoler, c'est comme partout ailleurs, on s'ennuie. Les gens qui s'isolent s'en vont ou font une dépression. C'est impensable de rester ici en s'isolant... il faut beaucoup d'entregent dans un chantier pour être heureux.»

Pourtant, cette vie communautaire si pénible soit-elle parfois, est probablement l'un des meilleurs remèdes à la solitude dont on souffre tant. «La vie communautaire a aussi ses avantages: tu te fais de nouvelles connaissances. Quand tu vas manger, par exemple, ce n'est pas comme dans un restaurant où tu ne connais personne, tu rencontres beaucoup de gens», raconte Paul Caron. Plusieurs travailleurs considèrent qu'il est moins ennuyant de vivre à deux puisqu'ils peuvent bavarder tranquillement le soir. Comme quoi l'art de vivre à la Baie James a plus d'une dimension!

Une réglementation en douce

La réglementation, qui touche jusqu'aux aspects les plus privés de la vie des travailleurs, a fait couler beaucoup d'encre pendant les premières années du projet de la Baie James au cours desquelles, selon l'expression consacrée, les travailleurs étaient soumis à un «régime policier».

Le contrôle constant de l'identité, au moyen de la carte de chantier, était l'une des contraintes les plus exaspérantes pour les travailleurs. «À LG 2, tu partais pour aller manger et il fallait que tu aies ta carte pour pouvoir entrer à la cafétéria. Tu allais à la banque, tu devais la présenter pour pouvoir toucher ton chèque. Si tu la perdais, ce qui m'est arrivé en 1977, tu risquais de manquer ton avion. Aujourd'hui, tu ne t'en sers presque plus. Je pense qu'il y en a à peu près un sur dix qui la porte sur lui», affirme Rémi Brown.

Le bon ordre était assuré par des agents de sécurité, des policiers municipaux et des agents de la Sûreté du Québec. Les agents de sécurité — les petits bonshommes verts — étaient détestés au début à cause de leur zèle exagéré, de leur rudesse et de leur manque de respect. «De nombreux gardes

S'il y a foule en ce dimanche après-midi de juin 1977 à LG 2, c'est que les célèbres Chevaliers O'Keefe démontrent leur savoir-faire.

Toutes les histoires de pêche ne sont pas aussi longues... n'empêche qu'elles sont souvent miraculeuses dans le Moyen Nord québécois.

de sécurité passaient leur temps à nous demander notre carte, dit Rémi Brown. Si quelqu'un faisait jouer sa radio trop fort dans sa chambre, ils ne frappaient pas à la porte — ils n'étaient pas assez polis pour ça — ils ouvraient la porte et ils entraient: *Baisse ton radio!* Il y avait un abus. Aujourd'hui, tu demandes à un policier s'il s'en va à l'autre bout du campement, et si oui, il va te dire de monter. Tu n'aurais pas fait ça à LG 2 en 1976 ou en 1977. Les policiers se prenaient pour d'autres.»

Ce sont les mêmes agents de sécurité qui, avec les matrones, veillaient à ce que le règlement interdisant la présence d'hommes dans les dortoirs féminins et vice versa, soit respecté. C'était une époque de crainte et de jeux de cache-cache avec les «petits bonshommes verts». Aujourd'hui, c'est complètement différent, même si officiellement le règlement n'a pas changé. La règle, maintenant, c'est que les visites, et même la cohabitation sont tolérées tant qu'il n'y a pas de plaintes, tant qu'elles ne dérangent pas les voisins. Il semble que les voisins soient très tolérants car de nombreux couples se sont organisé un chez-eux dans une chambre.

Comme le dit Edwidge Allard, concierge à LG 4: «Dans les dortoirs, il y a des couples qui s'organisent pour vivre ensemble. Je pensais que ça allait provoquer des animosités, mais non, ça ne dérange pas.» Évidemment, «les premières fois que tu rencontres un homme dans les douches, ça fait bizarre, mais on s'habitue», dit Patricia Legault.

L'un des règlements les plus contestés concernait la possession et la consommation de bière. Depuis l'ouverture des chantiers, il était possible de consommer d'abord de la bière en fût et, depuis 1978, de la bière en cannettes dans les tavernes. Mais il était défendu d'en garder ou d'en consommer «chez soi», dans sa chambre. Ce n'est que le 27 octobre 1980 — certains doivent certainement s'en souvenir... — que le règlement est enfin aboli et que la SEBJ ouvre des centres de distribution de bière. Il était plus que temps. Tout le monde savait à quel point cette restriction frustrait les travailleurs, d'autant plus que pour ceux qui avaient connu la Manic, c'était un retour en arrière.

Pourquoi avoir tant attendu?

En 1979, la SEBJ accède à ce désir des travailleurs de pouvoir se procurer l'alcool de façon légale. Dans chaque chantier, un bar-salon accessible autant aux hommes qu'aux femmes est ouvert. L'alcool y est servi comme dans n'importe quel bar. Ces bars-salons permettent en outre aux travailleurs d'écouter de la musique et de se détendre dans un lieu mixte, ce qui, jusque-là, n'était possible qu'aux femmes et aux cadres. Ces deux groupes avaient, en effet, leurs clubs privés dans chaque campement et les travailleurs n'y avaient accès que sur invitation. Cette situation était vivement dénoncée par les travailleurs.

L'année suivante, il leur est possible d'acheter de la bière et de la boire dans leur chambre. Pourquoi avoir tant attendu. Selon Me Jean Bernier, on craignait beaucoup que les conditions de vie difficiles, l'horaire chargé, la grisaille et l'ennui entraînent une consommation excessive d'alcool qui causerait des problèmes dans les dortoirs. On ne voulait pas non plus favoriser l'isolement dans les chambres, ni laisser les dortoirs se transformer en tavernes, alors qu'ils devaient être essentiellement des lieux de repos. Enfin, la SEBJ craignait pour la sécurité et voulait surtout éviter les risques d'incendies.

Que s'est-il produit après la levée de cette interdiction? D'abord, le marché noir et les profiteurs ont disparu. Et les campements sont devenus plus calmes. Rémi Brown explique: «Avant, quand un gars avait envie de prendre une bière, il allait à la taverne. Là, il rencontrait un ami qui l'invitait à en prendre une avec lui, puis un autre... Il commençait à être réchauffé et il avait laissé là un 25 $ ou 30 $. Maintenant, avec sa caisse dans sa chambre, il prend une bière ou deux en regardant la télé. Quand il est fatigué, il ferme sa télé et se couche. S'il était à la taverne, il en prendrait 10, 12 et le lendemain il aurait un gros mal de tête.»

Le dernier règlement qui touche de près la vie des travailleurs est celui qui régit le logement. Plusieurs travailleurs ont exprimé leur frustration lors de l'étude du psychologue industriel Claude Parant menée en 1978: «Ce qui me dérange le plus, c'est le fait d'être obligé de changer de chambre chaque fois que je pars, de me trouver une autre place quand j'en avais une et que j'étais bien dedans... quand tu reviens d'en bas, pis que tu sais où tu vas rester et avec qui, c'est 90 pour cent de ton bien-être.»

Les possibilités du choix du compagnon, du retour dans la même chambre et même parfois l'occupation simple d'une chambre varient d'un chantier à l'autre, mais surtout d'une saison à l'autre. En période de pointe, il est vrai qu'il n'y a pas beaucoup de choix; mais en hiver, par exemple, la situation est bien meilleure.

À l'été 1981, la direction du chantier de LG 4 a essayé de satisfaire les anciens travailleurs et de leur redonner leur chambre à leur retour de vacances. Cette mesure a fait naître des «équipes volantes» formées de nouveaux, qui déménageaient constamment, et qui devaient quitter leur chambre aussitôt que son ancien occupant arrivait.

Cependant l'atmosphère dans les chantiers du Complexe La Grande-Phase 1 est beaucoup plus détendue. La société a évolué, le milieu de la construction s'est assaini quelque peu et, avec le temps et l'expérience, on s'est aperçu qu'il n'était pas nécessaire d'imposer des règlements sévères à la population des chantiers. Après le saccage de LG 2 en 1974, la SEBJ craignait que des problèmes de comportement ne surgissent et que se produisent des explosions de violence provoquées par la tension nerveuse due à l'éloignement et à l'isolement.

Aujourd'hui, on ne se plaint plus d'être épié et soumis à des règlements trop sévères mais on souffre de vivre constamment dans ce cadre, tout en sachant que la vie communautaire impose de telles contraintes.

Collège, armée, prison?

«Le plus difficile, c'est de dépendre constamment de l'employeur et de constater son omniprésence. L'employé, travailleur ou cadre, tout ce qu'il a, il le doit à l'employeur. C'est la voiture de l'employeur, la cuisine de l'employeur, les loisirs de l'employeur, la roulotte de l'employeur, il est tout le temps présent. L'employé doit constamment fonctionner selon les règles de l'employeur, il ne peut pas se retrouver chez lui avec ses propres règles. Il ne peut jamais dire: ce soir, je prends ma voiture et je m'en vais à telle place. Évidemment, où est-ce que tu peux aller? Tu vis dans un cercle fermé et tu es toujours dans les règles et même sous la surveillance de l'employeur. Tu es totalement dépendant.» C'est là l'opinion personnelle de Paul Caron, adjoint au directeur des Ressources humaines de la SEBJ. C'est également une opinion fort répandue parmi la population des chantiers.

S'appuyant sur son expérience de six années à LG 2, Jean-Paul Fontaine abonde dans le même sens et explique: «C'est sûr qu'on trouve ça agaçant, contrariant et insupportable, mais on ne peut pas avoir tout cuit dans la bouche et ne pas avoir à supporter une espèce d'omniprésence de l'autorité... Si l'on accepte de tout avoir rôti dans la bouche, alors il faut accepter aussi de voir la main qui donne toutes ces choses-là. Et cette main-là, c'est la main de l'autorité, de l'administration qui adopte des règlements. Disons qu'en chantier c'est un peu comme un collège, et qu'il n'y a rien qui ressemble plus à un collège qu'une armée.»

Mais cette vie facile alors que tout est organisé, prévu et planifié, laisse peu de place à l'initiative personnelle et entraîne bien souvent l'apathie et la soumission.

Dans une lettre publiée dans la revue *Communauté Chrétienne* et adressée à leurs coéquipiers de Montréal, deux équipiers de la Mission Ouvrière Saint-Pierre et Saint-Paul (l'un est prêtre et tous deux travaillent comme journaliers à l'un des chantiers de la Baie James depuis 1977), décrivent cette situation: «On devient esclave de l'argent, esclave du travail! Tout fait de toi un consommateur: tu consommes de la radio, de la télévision, du cinéma, du sport. Peu de choses incitent à l'initiave, à la responsabilité, à la créativité... Est-il possible de vivre longtemps dans ce genre de société (la vie de chantier) et de rester conscient? Dire qu'il faut réagir est facile, mais réagir l'est moins. Ici tout est donné: le repas gratuit, les loisirs gratuits et organisés pour toi, on te fait ton lit, on te nettoie ta chambre! Tout recevoir, je crois que c'est la pire humiliation, car il n'y a plus de réaction... Tout est tellement programmé, jusque dans les loisirs[4].»

Selon le Père Éric Bouleau, c'est ça le grand péché de la Baie James, l'infantilisme, la dépendance qui se crée face à l'autorité. C'est le régime de vie lui-même qui en est responsable, ça devient un véritable piège pour qui n'a pas un but précis à atteindre. On y glisse sans trop s'en rendre compte, après un certain temps, que le Père Éric évalue à environ cinq ans.

Paul Mainville, lui, est conscient de la dépendance dans laquelle il se trouve: «Je constate une chose: quand je descends en bas, au bout de dix jours, je commence à me promener comme un ours en cage parce qu'il n'y a pas assez d'activité. J'ai hâte de revenir parce qu'ici il y a un régime, ce n'est pas croyable, c'est quasiment de l'esclavage, c'est automatique, on n'est plus que des robots.»

Chapitre 19

Ni l'enfer ni le paradis

L'une des expériences les plus marquantes des Jamésiens est celle de la fraternité. Leur isolement, leur marginalité et leurs conditions de vie les unissent très étroitement. Aussi différents qu'ils soient les uns des autres, ils ont plus de points en commun que la plupart de leurs concitoyens.

Edwidge Allard est concierge à LG 4. Elle et son mari vont dans les chantiers depuis dix ans, du Mont-Wright jusqu'à la Baie James, et ils se sont vraiment adaptés à ce genre de vie. «Nous autres, on avait une grosse famille; on travaillait tous les deux dans un foyer de vieillards et on a rencontré un monsieur qui avait fait des chantiers toute sa vie. Il nous a dit qu'on pouvait y gagner beaucoup d'argent. Évidemment, il nous en fallait pour les enfants. C'est comme ça que notre expérience a commencé. Et on n'a jamais regretté. J'aime beaucoup l'atmosphère des chantiers, c'est chaleureux, on se tient tous ensemble. Si je rencontre quelqu'un dehors, je lui dis boujour, même si je ne le connais pas. Je pense que tous ont un peu cette attitude. On a failli acheter un commerce, à un moment donné, puis à la dernière minute, mon mari a dit: *qu'est-ce que tu dirais de ça, retourner aux chantiers?* Ça faisait six mois qu'on en était sortis, mais on n'était pas capables de rester en ville. Le côté humain des chantiers nous manquait trop. On est allés à Eastmain, puis à LG 4 et on espère aller au Poste-de-la-Baleine après LG 4.»

Patricia Legault elle aussi est retournée à Montréal après un séjour à la Baie James. Même employeur, la SEBJ, même genre de travail, mais une atmosphère bien différente: «Quand je suis retournée au siège social, j'ai trouvé l'adaption extrêmement difficile. Tu as beau être dans un grand bureau — j'avais à peu près 80 personnes autour de moi — tu te sens toute seule dans ton coin. Dans un chantier, tu arrives dans un bureau et tu es acceptée tout de suite. C'est parce que les gens disent: elle est ici pour la même chose que nous, on vit la même vie, les mêmes expériences, le même isolement.»

«On sent qu'on existe ici. Tout le monde nous connaît et nous salue. C'est chaleureux. À Montréal, on est perdus dans la foule», enchaîne Yvette Goulet.

Francine Dion se souvient d'un événement survenu à Montréal avant qu'elle ne commence à travailler à la Baie James: «J'habitais à Laval et ma soeur travaillait à Caniapiscau. À son premier congé, nous sommes allées dans un bar, ça faisait deux mois qu'on ne s'était pas vues. En entrant, elle rencontre quelqu'un qu'elle connaissait. Elle ne parlait qu'à lui. J'étais quasiment jalouse. Je lui ai demandé ce qu'elle lui trouvait, à cet étranger. Elle m'a dit: *Ce n'est pas un étranger, c'est quelqu'un qui vit au même chantier que moi.* Je ne comprenais pas quand elle me disait que c'était une relation spéciale. Maintenant que je suis au chantier, je comprends.»

Rémi Brown raconte un retour de vacances: «Moi, je remarque qu'à chaque fois que je reviens à la Baie James, quand j'entre à la cuisine, il y a des mains qui se lèvent un peu partout. J'entends: *bonjour, as-tu passé de belles vacances? Comment ça va?* Ça fait chaud au cœur, vous ne verriez jamais ça à Montréal. Ici, les gens ont plus l'esprit de famille. Ils savent qu'ils ont besoin les uns des autres.»

Selon Lucien Desjardins, alors conseiller en relations du travail à l'Association des employeurs de la Baie James, «dans la vie de chantier, il y a quelque chose qu'on ne trouve pas en ville: l'amitié est beaucoup plus forte. Tu te fais un ami, c'est vraiment un ami. Il travaille avec toi, tu échanges des idées avec lui, tu le vois souvent, tu établis des liens que tu as de la misère à établir en ville.»

Sous les projecteurs

Le petit monde de la Baie James a encore un autre trait particulier: il vit sous les projecteurs des caméras et des appareils-photos. Il reçoit la visite de journalistes, de psychologues et de sociologues qui mènent des enquêtes à son sujet. Une équipe de relationnistes de la SEBJ voit d'ailleurs à donner une image favorable de la situation.

Nulle autre communauté québécoise n'aura fait autant parler d'elle par des films, des articles, des conférences. En général, la population ouvrière des chantiers n'apprécie guère d'être ainsi examinée à la loupe. Que ce soit par des journalistes qui exagèrent les bons et souvent les mauvais côtés de leur vie, ou par la SEBJ elle-même. Selon le père Éric Bouleau, «la fausse représentation, ça use les gars petit à petit: on met de l'argent là où ça paraît bien. Nous, on sait très bien que ce sont des flashes publicitaires. Ainsi, le gazon. Ce gazon-là, ça va servir un gros trente secondes. On va tirer des cartes postales et ça, ça va être la Baie James. Onze cent mille dollars pour un gazon quand on manque de dortoirs et qu'on n'a pas de véhicules pour aller à la pêche! Même chose pour la piste de ski. Ça *flashe*, ça fait bien dans les dépliants sur les chantiers, mais le ski, c'est une minorité qui le pratique, les enfants surtout, et cela a coûté très cher.»

À LG 4, Pierre Olscamp, un jeune travailleur très sensible aux faussetés véhiculées par les médias, en donne quelques exemples. «Chaque fois qu'on voit des images de la Baie James à la télévision, c'est toujours de la propagande. Je trouve qu'ils ne parlent jamais du vrai travailleur, jamais.

«Et quand c'est possible, les travailleurs réagissent très mal à cette propagande. Par exemple, au mois de juin, des cinéastes de Montréal sont venus tourner un film. Ils ont

La fraternité est l'une des expériences les plus marquantes des milliers de Jamésiens.

Le petit monde de la Baie James vit sous les projecteurs des caméras et des appareils-photos. On l'examine à la loupe.

fait une scène au bar. Comme par hasard, il y avait trois femmes toutes seules, chose qui ne se voit jamais à cet endroit. Là, on a commencé à voir entrer les cinéastes, puis le gars des Relations publiques. Ça a gueulé un petit peu, puis de plus en plus fort. Laissez-moi vous dire que les filles se sont fait enguirlander. Puis les cinéastes et l'agent des Relations publiques. Les gars leur disaient: *pourquoi vous allez encore montrer des affaires tout arrangées d'avance, des faussetés?* Ça s'est envenimé, il y a même eu des menaces.

«J'étais à Eastmain dans le temps de la fermeture. Je me souviens que chaque samedi matin, de 6h à 7h, il y avait des gens des Relations publiques qui participaient à une émission de radio, par téléphone. Tout ce qu'on a entendu pendant cinq mois, c'était: *À LG 4, aujourd'hui, j'ai fait du ski avec ma blonde, et puis après, nous sommes allés au curling pour jouer une bonne partie*. À la fin, j'avais envie de téléphoner à Radio-Canada pour leur chanter un paquet de bêtises», conclut Pierre Olscamp.

Sans doute, pour certains, la Baie James est le lieu idéal pour les sports de plein air ou les activités sociales, mais pas pour tout le monde, pas pour le «vrai travailleur», celui dont les médias ne parlent pas assez, selon ces témoignages.

Chacun sa Baie James...

Aux deux extrêmes: l'ennui et l'épanouissement. Au départ, vivre à la Baie James n'est ni drôle ni facile pour personne. Ce n'est pas le paradis, mais pas l'enfer non plus. Peut-être le purgatoire.

Si quelques personnes refusent d'aller plus loin qu'à l'aéroport, d'autres sont à la Baie James depuis le début et ont bien l'intention d'y rester jusqu'à la fin. Pour certains, c'est un camp de concentration avec des conditions inhumaines, pour d'autres c'est un havre de paix, loin du bruit et de la pollution, un endroit où les relations humaines sont plus chaleureuses, plus étroites et plus enrichissantes que partout ailleurs.

On s'ennuie au point de faire une dépression ou bien on trouve une occasion unique de s'épanouir dans des activités auxquelles on n'aurait jamais pensé participer. C'est la solitude insupportable ou bien une vie sociale très riche.

Tout cela dépend de ce qu'on a laissé derrière soi, des motivations qu'on a en venant à la Baie James, de la durée du séjour, du soutien qu'on y reçoit, mais aussi du travail qu'on fait, de sa personnalité, de ses habitudes de vie et même de son âge.

Un grand nombre de travailleurs sont «montés» aux chantiers parce qu'il n'y avait pas de travail pour eux «en bas», et qu'ils ont une famille à faire vivre. Ils n'avaient souvent pas d'autres choix. C'est avec une certaine agressivité qu'ils l'affirment: «Les journalistes écrivent que ceux qui ne sont pas contents d'être à la Baie James n'ont qu'à s'en aller. C'est facile à écrire. C'est vrai qu'on n'est pas en prison, mais il n'y a pas d'ouvrage en bas. Pensez pas que ceux qui sont ici sont tous des innocents. Il y a des pères de famille qui doivent faire vivre leurs enfants, ils sont pris pour rester», s'exclame un travailleur de LG 4, lui-même père de famille et qui préfère taire son nom.

Selon Paul Mainville, «99,5 pour cent des gars sont ici pour faire de l'argent et parce qu'il n'y a pas d'ouvrage en bas. L'argent demeure donc la principale raison de cet exil.» Mais on le sait, à la Baie James comme ailleurs, il faut le gagner, cet argent. «La paie, c'est pareil comme en bas, sauf qu'on fait plus d'heures. Mais depuis une couple d'années, on ne fait presque plus d'heures supplémentaires. Avant ça, on pouvait facilement faire sept jours», dit encore ce travailleur.

Tout est là, donc, le travail, les heures supplémentaires, la paie. Il ne reste plus de temps ni d'énergie pour faire autre chose, sauf pour s'ennuyer de ceux pour qui on est là. «Tu prends des bonshommes de 40 ou 50 ans, quand ils ont fini leur ouvrage, ils n'ont pas envie d'aller jouer au badminton ni d'aller à la piscine à Keyano. Qu'est-ce qui reste à ces gars-là? Ils vont dans leurs chambres et ils pensent à ceux qu'ils ont laissés en bas», confirme Pierre Olscamp.

Pour ces travailleurs, les campements sont des «dortoirs», selon l'expression de Rosaire Martel, permanent syndical de la CSN à LG 4 depuis 1979; ils ont des copains, ils font un bon salaire, et ils pensent au jour où ils en sortiront.

Un piège... ou la piqûre!

La vie aux chantiers recèle des pièges: la facilité, l'habitude, l'inadaptation sociale. Bon nombre de travailleurs, montés pour un certain temps, s'y font prendre. Ils reviennent de deux mois en deux mois, puis d'année en année, sans pour autant cesser de se plaindre et de décrier la Baie James. Ils se disent qu'après tout ça fait partie de la tradition, du tempérament québécois.

La facilité: on s'y fait, c'est indéniable, plus d'argent qu'en bas, beaucoup plus rapidement. Comme le dit le père Éric, «c'est facile de s'encourager et de reprendre du service dès qu'on a besoin d'argent. Il suffit d'avoir un but. Je me souviens de deux électriciens qui travaillaient au chantier. Tous les jeudis soir, ils venaient ici, à la Christothèque, avec leur bière. Ils faisaient leurs comptes. Ils voulaient s'acheter une terre dans le nord de Montréal, et ils m'ont dit: *Éric, crois-nous, crois-nous pas, quand la dernière cenne est payée, on fait pas un jour de plus.* Formidable! Je me souviens encore du soir où ils payaient le dernier compte, celui du paysagiste. Ils m'ont dit: *Salut, Éric, lundi on part.* Chapeau! C'est dur de faire ça. Avec ce que tu gagnes ici, si tu t'achètes une maison d'appartements, tu penses à la deuxième. C'est facile de dire: je mets tout de côté, je ne dépense rien, ici.»

L'habitude de l'inadaptation sociale: petit à petit, on s'habitue à la vie de chantier et on perd l'habitude de travailler, de fonctionner en ville. «On finit par bien s'arranger, ici comme en ville. Ça fait tant d'années que tu travailles ici, ça va bien, tu es bien traité, tu as ton confort, ta petite vie. Les travailleurs ne disent pas ouvertement qu'ils aiment travailler à la Baie James, mais dans le fond... Beaucoup disent qu'ils n'aiment pas y travailler, qu'ils sont écœurés... mais l'année suivante, tu rappelles les gars puis ils te disent: *Oui j'ai assez hâte de monter.* Ou bien, ce sont eux qui rappellent: *quand est-ce qu'on commence à travailler?* Est-ce par un manque d'ouvrage? se demande Robert Hardy. Peut-être, mais il est possible qu'ils aiment ça.»

On a aussi pris l'habitude de «faire des heures», c'est même devenu un besoin. «C'est presque une maladie de travailler dans les chantiers éloignés. On se dit, bon, c'est ma dernière année. Mais il y a toujours une année suivante. Aux vacances, je dis à ma femme que c'est la dernière fois. Quand les vacances finissent, le matin je me lève et je regarde passer les avions. C'est pas explicable. Ma femme me dit: *tu as hâte de partir.* Je réponds non, mais elle sait bien que c'est vrai. J'ai une famille adorable, mais aller travailler 40 heures par semaine à Montréal, je ne vivrais pas, je trouverais que ma journée n'est pas assez occupée. Si on fait 60, 70, 75 heures par semaine, tant mieux! On dirait que c'est un besoin de faire des heures: une semaine de 40 heures, c'est pas normal. C'est peut-être moi qui ne suis pas normal», confie Rémi Brown, à la Baie James depuis 1976.

Le père Éric pense que «si un gars passe cinq ans à la Baie James, après il ne sait plus quoi faire en ville. Même avec 40 heures par semaine, c'est une vie de fainéant. Il ne sait plus quoi faire de ses loisirs. Il faut qu'il choisisse et il ne sait plus choisir.»

Les chantiers, une tradition

«Il faut comprendre que les chantiers, c'est une manière de vivre. C'est de même que t'as appris à t'en tirer, c'est le chantier qui est ton gagne-pain. C'est comme ça depuis le temps de la colonisation en Abitibi. Les gars allaient bûcher dans le bois, ils s'en allaient aux chantiers. Aujourd'hui, ça s'est bien amélioré, ça a évolué, mais c'est la même chose, au fond, le même scénario.

«Aujourd'hui, c'est plus raffiné, il n'y a plus de poux. C'est devenu une grosse affaire. C'est une belle réalisation

À la Baie James, production et reproduction... vont de pair! Au village Les Mélèzes, à Eastmain, 15 des 42 familles attendent la venue de la cigogne au début de 1978.

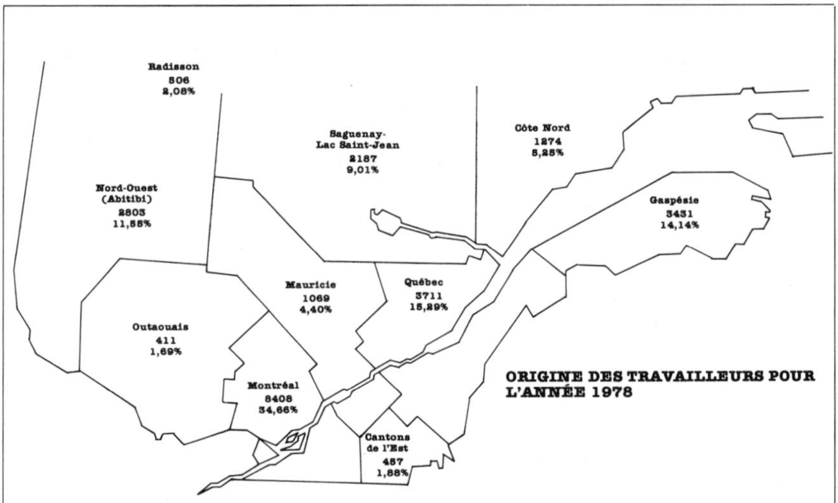

1978 est l'une des années de pointe avec plus de 18 000 travailleurs dans les chantiers et 829 au siège social de la SEBJ qui verse 90 millions de dollars en salaires et avantages sociaux.

québécoise. Moi, je suis fier de travailler ici. Surtout quand je vais en bas et que je vois mes amis en chômage», affirme Pierre Olscamp.

Le père Éric, cet observateur infatigable, établit lui aussi un rapport avec les anciens chantiers. Il va même plus loin: «Il y a des gens qui font des chantiers depuis 15, 20 ans. Ils ne peuvent pas vivre en ville. Ils sont les héritiers des premiers Français qui sont venus, les explorateurs et les coureurs des bois. Après, ils sont partis avec la ruée vers l'or, puis ils ont été bûcherons. Ils sont toujours à l'extérieur. Ils ne peuvent pas vivre chez eux. Ils ont développé un goût pour la grande nature, pour la solitude et l'éloignement.»

Jean-Paul Fontaine a déjà rencontré à LG 2 un véritable gars de chantier. «C'est un homme qui a plus de cinquante ans. Il n'est pas question pour lui de retourner en ville. Il va finir sa vie active dans les chantiers, en dépit des objurgations de sa femme et en dépit du fait que ses enfants volent maintenant de leurs propres ailes. Il m'a raconté qu'un jour il s'était trouvé un emploi dans son patelin, La Tuque, ce qui n'est quand même pas la grande ville. Il s'était présenté à l'usine locale, mais quand il s'est rendu compte qu'il y avait une barrière et que l'usine était entourée d'une clôture, il est reparti sans aller plus loin. Il est retourné chez lui, il a téléphoné à son nouveau patron pour lui dire qu'il ne pouvait pas se présenter, qu'il n'y retournerait pas. Alors lui, le plus urbain qu'il peut supporter, c'est La Tuque. Et pendant ses moments de loisirs seulement, pas pour y travailler. C'est un homme qui est dans l'arpentage et qui a, durant toute sa carrière, passé son temps à courir les forêts du Québec et du Nouveau-Québec. Il va finir sa carrière dans les grands chantiers.»

Une vie de rêve!

Certains reviennent aux chantiers non par amour mais parce qu'ils se permettent une vie de rêve... six mois par année. Jean-Paul Fontaine explique: «Les travailleurs gagnent le double de ce qu'ils auraient en ville. Ça c'est la motivation de base, bien entendu. Ils prennent goût au mode de vie qui leur permet d'avoir plus d'argent. Les gars de la construction peuvent travailler moins de douze mois par année tout en faisant beaucoup d'argent. La construction se fait en grande partie durant l'été à la Baie James. Or, après quelques saisons, ils comprennent le fonctionnement et ils s'arrangent pour travailler pour des entrepreneurs qui font des travaux de surface.

«Pour ces travaux-là, les digues et les barrages, on met le paquet quand il fait beau. Lorsque le mauvais temps prend, il n'y a pas de mauvaise surprise, on est capable de suivre le programme. Par conséquent, la possibilité de faire du temps supplémentaire le soir et le dimanche est réelle. Les gars travaillent quelques mois, ensuite, ils sont mis à pied. Ils ont leur 40 000 dollars en poche parce qu'ils ont travaillé presque tous les dimanches. Ils ont aussi droit aux prestations d'assurance-chômage et le fait d'avoir à subir une diminution de revenu signifie un remboursement d'impôts. De sorte que s'ils n'ont pas d'obligations qui les forcent à rester en ville, ils partent vers le sud pendant les mois d'hiver. Ils vont dépenser leur argent. Puis, ils recommencent l'année suivante. On s'y fait!»

Un chez-soi?

Les chantiers de la Baie James, par leur ampleur, leur dynamisme et leur durée, en sont venus à constituer une nouvelle partie du patrimoine québécois. Il y a à peine dix ou douze ans, seulement quelques personnes connaissaient ce territoire. Aujourd'hui, ce sont des milliers et des milliers d'hommes et de femmes qui y ont vécu pendant des périodes plus ou moins longues. Quelques jours, quelques mois, quelques années, selon qu'on s'en est fait une existence.

Car, aussi extraordinaire que cela puisse paraître, c'est vraiment devenu le chez-soi de plusieurs travailleurs québécois. Ils y ont acquis le sentiment d'une nouvelle appartenance. C'est une épopée unique dans l'histoire du Québec que d'avoir vécu un certains temps dans le Moyen Nord québécois, dans la taïga fraîchement colonisée et qui reprendra bientôt son aspect originel.

D'autres parties du territoire de la Baie James seront probablement développées d'ici l'an 2000. Mais la première Baie James restera gravée dans nos mémoires. Ce ne sera jamais plus pareil, car le Moyen Nord québécois est désormais ouvert.

Les 100 000 hommes et femmes qui ont travaillé à la Baie James vont garder longtemps le souvenir d'une force de travail incroyable, d'une solidarité exceptionnelle, le souvenir aussi des amitiés, des amours, des fêtes, des drames, enfin de toutes les manifestations d'une collectivité généreuse.

La Baie James!

Laval, 1er octobre 1980 — 31 mars 1983

Notes

Pourquoi la Baie James?

1. Rapport d'activité 1982, Société d'énergie de la Baie James, p. 6.
2. Loi du développement de la région de la Baie James, 1971, ch. 34.
3. D'un rêve à la réalité, Le Complexe La Grande-Phase 1, Société d'énergie de la Baie James, Montréal, 50 p., 1983, p. 27. Pour établir notre texte de présentation, nous avons largement puisé dans cette brochure rédigée après de longues recherches par plusieurs rédacteurs de la direction des Relations publiques de la SEBJ.
4. D'un rêve à la réalité, *op. cit.*, p. 29.
5. *Ibid.*
6. *Ibid.*
7. *Ibid.*
8. *Ibid.*
9. *Ibid.*, p. 31.
10. Robert Girouard, Le Complexe La Grande, Société d'énergie de la Baie James, 56 pages, 1979, p. 15.
11. D'un rêve à la réalité, *op. cit*, p. 31.
12. *Ibid.*
13. *Ibid.*, p. 31,33.
14. *Ibid.*, p. 35.
15. *Ibid.*
16. Robert Girouard, *op. cit.*, p. 21.
17. D'un rêve à la réalité, *op. cit.*, p. 35.
18. *Ibid.*, p. 7.
19. Nous estimons que 100 000 Québécois différents auront travaillé à Baie James de 1972 à 1985. C'est un chiffre minimum. L'Association des employeurs de la Baie James (AEBJ) a établi que 142 691 personnes sont allées travailler à la Baie James de janvier 1974 à la fin de décembre 1982. Ces chiffres incluent les travailleurs qui ont pu se rendre plus d'une fois dans les chantiers au cours d'une année, le monde de la construction étant mouvant, c'est bien connu. Ces chiffres n'incluent pas l'année 1973 ni 1984 ni 1985. De plus, il faut ajouter le personnel de la SEBJ et de la SDBJ de 1972 à 1985, soit plusieurs autres milliers de personnes.

Chapitre 1

1. André Bastien, *Entre-nous* (Hydro-Québec), 8 août 1966.
2. *Ibid.*
3. *Ibid.*
4. Alain Novel, *Hydro-Presse* (Hydro-Québec), mi-mars 1971.
5. *Ibid.*
6. Louise Lamarre, *Hydro-Presse,* mi-février 1971.
7. Alain Novel, *Hydro-Presse,* fin mars 1971.
8. Charles Boisvert, *Hydro-Presse,* mi-novembre 1971.

Chapitre 2

1. Claude Tessier, *Le Soleil,* le 14 août 1972.
2. *Ibid.*
3. *Ibid.*
4. *Ibid.*, le 8 août 1972.
5. *Ibid.*
6. *Ibid.*, le 14 août 1972.
7. Jean-Jacques Lamoureux, *Hydro-Presse,* fin de septembre 1973.
8. *Ibid.*
9. *Ibid.*
10. *Ibid.*
11. *Ibid.*
12. *Ibid.*
13. *Ibid.*
14. Jean-Paul Bruttin, *Hydro-Presse,* mi-avril 1973.
15. *Ibid.*
16. Jean-Paul Fontaine, *en grande...,* avril 1975 (publié par la SEBJ).
17. Roger Lacasse, *en grande...,* n° 9, mi-mai 1977.
18. *Ibid.*
19. *Ibid.*
20. Georgio d'Ambrosii, de la firme Lalonde, Valois, Lamarre, Valois et Associés Inc. a quitté la Baie James à l'automne de 1981 pour relever un autre défi en Argentine. Depuis lors, les activités d'exploration, de relevés et d'arpentage sont regroupées au sein du service du Développement du territoire dont les bureaux sont à Radisson.
21. Raymond Chouinard, *en grande...,* n° 22, décembre 1980.
22. *Ibid.*
23. Gilles Boulay, *en grande...,* n° 17, début d'octobre 1976.

Chapitre 3

1. Clarence Hogue, André Bolduc et Daniel Larouche, *Québec, un siècle d'électricité,* 381 pages, Libre Expression, p. 222.
2. *Entre-nous,* no 15, 28 août 1967, p. 2.
3. Éric Gourdeau, *Le processus décisionnel dans la conception et la réalisation du développement nordique au Canada, un cas d'espèce: la Baie James.* Étude préparée pour le Conseil des sciences du Canada, avec la collaboration de Pierre Dansereau, Louis-Edmond Hamelin et Guy Rocher. Québec, décembre 1974, p. 17 et 18.
4. François Cloutier, *L'enjeu-Mémoires politiques 1970-1976,* Stanké, 171 pages, p. 25.
5. Gilles Lesage, dans une série de trois articles publiés dans *La Presse,* fin de juillet 1973, *Paul Desrochers, l'homme fort du régime Bourassa.*

6. En nous accordant une interview, Paul Desrochers nous a remis un texte dactylographié de huit pages, qu'il avait envoyé en 1979 au journaliste Pierre Vennat, de *La Presse* et des copies à toutes les personnes concernées. Les citations proviennent à la fois de ce texte et de l'interview.
7. Pierre Gravel et Pierre Vennat dans *La Baie James, projet du siècle. La Presse.* C'est une brochure de 101 pages reproduisant intégralement les textes et les photos d'un cahier spécial de 24 pages publié par *La Presse* le 20 octobre 1979 sous le même titre. Douze journalistes et quatre photographes y ont contribué. p. 7.
8. Pierre L. O'Neill, *Le Devoir,* 17 décembre 1969.
9. Gilbert Athot, *Le Soleil,* 7 janvier 1970.
10. Pierre Godin, *Daniel Johnson, 1964-1969,* Les Éditions de l'Homme, 403 pages, Montréal 1980, p. 148.
11. Pierre Vennat, *op. cit.,* p. 8.
12. *Op. cit.,* p. 9.
13. Guy Pinard, *La Baie James, projet du siècle,* op. cit., p. 27.

Chapitre 4

1. *La Presse,* 20 octobre 1979.
2. *Ibid.*
3. Gilles Daoust, *La Presse,* 1er mai 1971.
4. *La Presse,* 20 octobre 1979.
5. Gilles Daoust, *op. cit.*
6. *Hydro-Presse,* mi-mai 1971, p. 5.
7. Claude Ryan, *Le Devoir,* 3 mai 1971.
8. *Le Soleil,* 4 mai 1971.
9. *Hydro-Presse,* fin mai 1971.
10. *Ibid.*
11. *Ibid.*
12. Pierre Gravel, *Journal Les Affaires,* 5 novembre 1979.
13. *Le Devoir,* 23 juin 1971.
14. *Le Soleil,* 25 juin 1971.
15. *Ibid.*
16. *Le Devoir,* 2 juillet 1971.
17. René Lévesque, *Journal de Québec,* 5 juillet 1971.
18. *La Presse,*9 juillet 1971.
19. Claude Masson, *La Presse,* 9 juillet 1971.
20. *Ibid.*
21. Claude Ryan, *Le Devoir,* 8 juillet 1971.
22. *Le Devoir,* 8 juillet 1971.
23. Claude Ryan, *op. cit.*

Chapitre 5

1. Claude Masson, *La Presse,* 10 juillet 1971.
2. Pierre L. O'Neill, *Le Devoir,* 12 juillet, 1971.
3. *Ibid.*
4. *Le Devoir,* 12 juillet 1971.
5. Roger Leroux dans «La Baie James: projet du siècle», *La Presse, op. cit.,* p. 15.
6. Normand Girard, *Le Soleil,* 14 juillet 1971.
7. *Le Devoir,* 14 juillet 1971.
8. Claude Masson, *La Presse,* 14 juillet 1971.

9. *Ibid.*
10. Normand Girard, *op. cit.*
11. Claude Masson, *op. cit.*
12. Gilles Lesage, *Le Devoir,* 15 juillet 1971.
13. Claude Masson, *La Presse,* 15 juillet 1971.
14. Teddy Chevalot, *La Presse,* 15 juillet 1971.
15. *Le Soleil,* 15 juillet 1971.
16. Claude Masson, *La Presse,* 24 juillet 1971.
17. Uriel Poitras, *L'Action-Québec,* 29 juillet 1971.
18. Paul Longpré, *Le Devoir,* 16 août 1971.
19. Albert Tremblay, *Le McLean,* mai 1972.
20. *Ibid.*
21. Pierre Nadeau a quitté Pétrofina lorsque le gouvernement canadien en a pris le contrôle le 11 mai 1981 pour mettre sur pied Pétro-Canada. En mars 1983, il était consultant en administration et administrateur extérieur, selon ses propres termes, de nombreuses compagnies, notamment la Banque Royale du Canada, Dupont Canada Inc, Panelfold du Canada, Norvinca Inc., la Prévoyance, etc. Au début de 1983, il a accepté la présidence de la campagne de financement du Parti libéral du Québec avec un objectif de deux millions de dollars.
22. Robert bourassa, *Le Journal de Québec,* 8 septembre 1971.
23. Claude Beauchamp, *La Presse,* 7 septembre 1971.
24. *Le Soleil,* 15 septembre 1971.
25. Daniel Dubeau, *Hydro-Presse,* mi-septembre 1971.
26. Jean-Paul Soulié, *La Presse,* 12 octobre 1971.
27. *La Presse,* 26 octobre 1971.
28. Guy Herzlich, *Le Monde,* 4 et 5 octobre 1971.
29. Jacques Keable, *Québec-Presse,* 12 décembre 1971.

Chapitre 6

1. Claude Tessier, *Le Soleil,* 7 décembre 1971.
2. *Ibid.*
3. La Presse Canadienne, *Le Soleil,* 22 décembre 1971.
4. Normand Girard, *Le Soleil,* 8 décembre 1971.
5. Claude Ryan, *Le Devoir,* 10 décembre 1971.
6. Jacques Parizeau, *Québec-Presse,* semaine du 12 au 18 décembre 1971.
7. Jacques Guay, *Journal de Québec,* 11 décembre 1971.
8. *Le Soleil,* 31 janvier 1972.
9. Jean-Paul Gagné, *La Soleil,* 22 janvier 1972.
10. *Ibid.,* 12 février 1972.
11. Jacques Keable, *Québec-Presse,* 6 février 1972.
12. Gilles Lesage, *Le Devoir,* 2 février 1972.
13. Paul Longpré, *La Presse,* 7 mars 1972.
14. Claude Masson, *La Presse,* 8 mars 1972.
15. Claude Tessier, *Le Soleil,* 15 mars 1972.
16. *Ibid.*
17. Claude Tessier et Jean-Paul Gagné, *Le Soleil,* 17 mai 1972.
18. Gilles Lesage, *Le Devoir,* 17 mai 1972.
19. *Ibid.*
20. Claude Tessier et Jean-Paul Gagné, *Le Soleil,* 17 mai 1972.
21. *Ibid.*
22. *Ibid.,* 19 mai 1972.

Chapitre 7

1. Claude Lemelin, *Le Devoir,* 20 mai 1972.
2. *Ibid.*
3. *Ibid.*
4. Claude Tessier, *Le Soleil,* 24 mai 1972
5. *Ibid.*
6. Claude Beauchamp, *La Presse,* 26 mai 1972.
7. *Hydro-Presse,* mi-juin 1972.
8. *Ibid.*
9. *Ibid.*
10. Claude Tessier, *Le Soleil,* 2 juin 1972.
11. Jacques Guay, *Le MacLean,* mai 1972.
12. Lise Lachance, *Le Soleil,* 24 juin 1972.
13. *Hydro-Presse,* mi-juin 1972.
14. *Le Soleil,* 2 septembre 1972.
15. Claude Tessier, *Le Soleil,* 29 septembre 1972.
16. *Hydro-Presse,* mi-août 1972.
17. Roger Leroux et Jean-Guy Duguay, *La Presse,* 20 octobre 1979.
18. Daniel Dubeau, *Hydro-Presse,* mi-octobre 1972.
19. René Lévesque, *Journal de Québec,* 26 septembre 1972.
20. Michel Lord, *La Presse,* 17 octobre 1972.
21. *La Presse,* 15 novembre 1974.
22. *Le Soleil,* 14 novembre 1974.
23. Jean-Louis Fleury, *Hydro-Presse,* mi-janvier 1975.
24. *Ibid.*
25. *Ibid.*
26. *Ibid.*
27. *Les Affaires,* 10 janvier 1981.
28. René Paré, *Le Devoir,* fin octobre 1975.
29. Au cours de l'automne 1981, M. Boyd a accordé deux intervieuws, l'une à l'auteur, l'autre à Jean Dussault de Radio-Canada. Mais comme il venait de démissionner, le Président-directeur général d'Hydro-Québec n'a pas voulu remuer des cendres trop chaudes. Nous empruntons quelques propos à sa conférence prononcée lors du déjeuner de la Chambre de commerce, le 27 octobre 1975. Au cours de son mandat, M. Boyd est d'ailleurs revenu plusieurs fois sur la politisation du projet.
30. *Hydro-Presse,* mi-novembre 1975.
31. Louise Lamarre, *Forces,* Spécial Baie James, numéro 48, 3e trimestre 1979, p. 20 et 21.

Chapitre 8

1. *Route d'accès à la Baie James,* dossier interne regroupant huit publications et communications de la firme Desjardins, Sauriol et Associés, Laval. réf. 1, p. 1.
2. Éric Gourdeau, avec la collaboration de Pierre Dansereau, Louis-Edmond Hamelin et Guy Rocher: *Le processus décisionnel dans la conception et la réalisation du développement nordique du Canada. Un cas d'espèce: la Baie James.* Étude réalisée pour le compte du Conseil des sciences du Canada. Québec, décembre 1974. Multigraphié. p. 13.
3. Laby, Daniel-Étienne: *Baie James, route d'accès.* Publication de Desjardins, Sauriol et Associés, Laval, 93 pages. p. 25.
4. Maurice Laliberté et Ligouri-M. Lefebvre, *Route d'accès à la Baie James, op. cit.,* réf. 6, p. 5.

5. J.-C. Therrien, *op. cit.* réf. 1, p. 13.
6. Maurice Laliberté et Liguori-M. Lefebvre, *op. cit.*, réf. 6, p. 7.
7. *Ibid.*
8. Maurice Janard, *La Presse,* le 20 octobre 1979.
9. Maurice Laliberté et Liguori-M. Lefebvre, *op. cit.*, réf. 6, p. 13.
10. Marcel Dubois, *L'ingénieur,* n° 335, janvier-février 1980, p. 15.
11. Richard Doin, *en grande...,* n° 2, début février 1978, p. 4.
12. *Ibid.*
13. *Ibid.*
14. Marcel Dubois, *L'ingénieur,* n° 335, janvier-février 1980, p. 16.
15. Gilles Boulay, *en grande...,* n° 4, début mars 1977, p. 12.
16. Maurice Laliberté et Liguori-M. Lefebvre, *op. cit.*, réf. 6, p. 16.
17. Liguori-M. Lefebvre et René Gingras, *L'ingénieur*, n° 335, janvier-février, 1980, p. 11.
18. J.-C. Therrien, *Route d'accès à la Baie James, op. cit.*, réf. p. 15.
19. Pierre Caron, *en grande...,* n° 12, 15 novembre 1974, p. 9.

Chapitre 9

1. Pierre Vennat, *La Presse,* 20 octobre 1979.
2. *Hydro-Presse,* mi-août 1973.
3. *Ibid.*
4. Robert Bourassa, *La Baie James,* Éditions du Jour, 1973, p. 129.
5. *en grande...,* n° 4, 29 mars 1974.
6. *en grande...,* n° 1, 14 décembre 1973.
7. *en grande...,* n° 3, 20 février 1974.
8 *LG 2 d'hier à aujourd'hui,* Société d'énergie de la Baie James, 1979, p. 32.
9. *Ibid.*
10. *Ibid.* Toute cette affaire, qu'on a appelée « le procès de la Baie James », fait l'objet des chapitres 14 et 15.

Chapitre 10

1. Jean-Louis Fleury, *Hydro-Presse,* fin juin 1974.
2. *en grande...,* n° 5, 26 avril 1974.
3. Jean-Louis Fleury, *Hydro-Presse*, fin juin 1974.
4. *Ibid.*
5. Jean-Louis Fleury, *Hydro-Presse,* fin juin 1974.
6. *Ibid.*
7. François Aubin, *en grande...,* n° 3, 20 février 1974, p. 12, 13.
8. *en grande...,* n° 3, 20 février 1974, p. 15.
9. Roger Lacasse, *en grande...,* n° 22, décembre 1978.
10. Ian Lemco, *L'Ingénieur,* n° 335, janvier-février 1980, p. 24.
11. Patrick d'Esparbes, *Hydro-Presse,* n° 19, fin octobre 1975, p. 10, 11.
12. Robert A. Boyd, *en grande...,* n° 13, 15 décembre 1974, p. 3.

Notes: Chapitre 11

1. *Rapport de la Commission d'enquête sur l'exercice de la liberté syndicale dans l'industrie de la construction,* Éditeur officiel du Québec, p. 32.

2. Témoignage d'André Guitard devant la commission Cliche, *Le Soleil,* 16 octobre 1974.
3. *Ibid.*
4. Gilles Boivin, *Le Soleil,* 16 octobre 1974.
5. *Ibid.*
6. Témoignage d'André Guitard, *op. cit.*
7. *Historique et commentaires du chef de chantier LG 2,* Laurent Hamel, SEBJ et Hydro-Québec, 1974.
8. *Ibid.*
9. Témoignage d'André Guitard, *op. cit.*
10. *Ibid.*
11. *Ibid.*
12. Témoignage de Ronald Lavergne à la commission Cliche, *Le Soleil,* 19 octobre 1974.
13. *Ibid.*
14. Gilles Boivin, *Le Soleil,* 19 octobre 1974.
15. D'après le témoignage d'Edmond Savoie, cité à la page 26 du *Rapport de la commission Cliche.*
16. *Ibid.*
17. *Ibid.,* p. 27.
18. *Rapport de la commission d'enquête, op. cit.,* p. 64.
19. *Ibid.*
20. *Ibid.,* p. 65.
21. *Ibid.*
22. *Ibid.*
23. *Ibid.*
24. Gilles Boivin, *Le Soleil,* 19 octobre 1974.
25. Témoignage de Ronald Lavergne, *op. cit.*
26. D'après un témoin à l'enquête du commissaire des incendies, Cyrille Delage, *Montréal-Matin,* 28 mars 1974.
27. *Montréal-Matin,* 28 mars 1974.
28. Chronologie des événements établis par la CSN, *La Presse,* 26 avril 1974.
29. *en grande...,* n° 6, 20 mai 1974, page 2-A d'un cahier spécial, «Le conflit de LG 2».
30. Huguette Laprise, *La Presse,* 23 mars 1974.
31. *Ibid.*
32. *Ibid.*
33. *Ibid.*
34. *Ibid.*
35. *en grande...,* n° 5, 26 avril 1974, p. 2.
36. *Le Devoir,* 23 mars 1974.
37. Marcel Pépin, *La Presse,* 23 mars 1974.
38. *Ibid.*
39. *Ibid.*
40. *Québec, un siècle d'électricité, op. cit.,* p. 327, 328.
41. Gisèle Tremblay dans *Robert Cliche,* Les Quinze, p. 112.
42. Jacques Guay, *Le Jour,* 28 mars 1974.
43. Lise Lachance, *Le Soleil,* 2 avril 1974.
44. *en grande...,* n° 6, 20 mai 1974, p. 4.
45. *Le Devoir,* 26 août 1974.
46. Stewart Nebbs, *The Montreal Star,* 24 août 1974.
47. *Rapport de la commission d'enquête, op. cit.,* p. 5.
48. *Ibid.*
49. *Ibid., p. 267*
50. *Ibid.,* p. 68, 69.

51. Gilles Francœur, *Le Devoir,* 7 novembre 1974.
52. *Ibid.*
53. Pierre Vennat dans «La Baie James, projet du siècle», *La Presse, op. cit.*, p. 56.
54. *Québec, un siècle d'électricité, op. cit.*, p. 322.
55. *Ibid.*
56. Pierre Vennat, *op. cit.*, p. 57.
57. *Ibid.*
58. *Québec, un siècle d'électricité, op. cit.*, p. 322.
59. Gilles Francœur, *Le Devoir,* 7 novembre 1974.
60. *Ibid.*
61. *Québec, un siècle d'électricité, op. cit.*, p. 323.
62. Pierre Vennat, *op. cit.*
63. Pierre Vennat, *op. cit.*, p. 57.
64. Gilles Francœur, *op. cit.*
65. *Québec, un siècle d'électricité, op. cit.*
66. *Ibid.*
67. *Ibid*
68. *Rapports de la commission d'enquête, op. cit.*, p. 83, 84.
69. Pierre Vennat, *op. cit.*
70. Pierre Vennat, *op. cit.*, p. 56.
71. Raymond Saint-Pierre, *Les années Bourassa,* Éditions Héritage, p. 96-97.
72. Les cinq conflits majeurs après le saccage de LG 2 en 1974 sont: grève de 90 policiers de la Municipalité de la Baie James, du 14 février au 26 mars 1975, soit 31 jours; grève de 3 000 travailleurs de la construction du 20 août au 15 septembre 1976, soit 20 jours; grève de 180 gardiens de la Municipalité de la Baie James du 29 juillet au 23 décembre 1978, soit 103 jours; grève de 700 inspecteurs du 17 mai au 15 août 1979, soit 70 jours; grève de 1 100 employés de cuisine et de cafétéria du 11 août au 15 septembre 1980, soit 30 jours.
73. *Rapport confidentiel au Conseil d'administration de la SEBJ concernant l'action intentée en Cour supérieure*, par Jean Bernier, Laurent Hamel, Marc Darby et Me André E. Gadbois. Ce rapport a été déposé dès le début de la Commission permanente de l'énergie et des ressources le 30 mars 1983.
74. Nicole Deschênes, *CKAC nouvelles*, 17 h 45, 24 janvier 1979.
75. *Le Quotidien*, Chicoutimi, 13 février 1979.
76. Gérald Leblanc, *La Presse*, 21 février 1979.
77. Jean-Claude Picard, *Le Devoir*, 21 février 1979.
78. Gérald Leblanc, *op. cit.*
79. Jean-Claude Picard, *op. cit.*
80. *Ibid.*
81. *Ibid.*
82. Gérald Leblanc, *op. cit.*
83. *en grande...*, n° 5, mi-mars 1979, p. 28.
84. Jean-Claude Leclerc, *Le Devoir*, mi-mars 1979.
85. Vincent Prince, *La Presse*, mi-mars 1979.
86. Jean-Jacques Gagné, *Métro Matin*, 16 mars 1979.
87. *CKAC*, 16 h 45, 14 mars 1979; *CFTM*, Les nouvelles TVA, 22 h 30, 14 mars 1979.
88. Michel Girard, *La Presse,* 17 mars 1983.
89. *La Presse*, 18 mars 1983.
90. Jean-Pierre Jolivet, président, Commission permanente de l'Énergie et des Ressources, *Journal des débats,* Assemblée nationale du Québec, n° 5, 31 mars 1983, p. B-231.
91. Gilles Lesage, *Le Devoir*, 23 avril 1983, p. 15.
92. Témoignage de Claude Laliberté, *Journal des débats*, n° 5, 31 mars 1983, p. B-255.
93. *en grande...*, n° 4, avril 1983, p. 3.
94. *Ibid.*

Chapitre 12

1. Claudette Tougas, «*La Baie James, projet du siècle,*» cahier spécial de *La Presse,* 20 octobre 1979, p. 16.
2. Raynald Brière, *Hydro-Presse*, mi-novembre 1976, p. 9.
3. Jean-Pierre Léonard, *L'ingénieur*, no 35, janvier-février 1980, p. 17.
4. Gérald Leblanc, *Le Devoir,* 27 avril 1974, pp. 1 et 6.
5. *en grande...*, n° 1, janvier 1975, p. 6.
6. Raynald Brière, *Hydro-Presse,* mi-novembre 1976, p. 9.
7. *Ibid.*
8. Richard Doin, *en grande...*, no 3, mi-février 1978, p. 6.

Chapitre 13

1. Jean-Paul Fontaine, *en grande...*, n° 4 avril 1975, p. 12.
2. *en grande...*, n° 5, mi-mars 1977, p. 3.
3. Gilles Boulay, *en grande...*, n° 4, début mars 1977, p. 11.
4. André Lachance, *en grande...*, n° 9, mi-mai 1977, p. 5.
5. *Ibid.*
6. Gilles Boulay, *en grande...*, n° 10, début juin 1977, p. 19.
7. *Ibid.*
8. *Ibid.*, n° 13, mi-juillet 1977, p. 19.
9. Raymond Chouinard, *en grande...*, n° 2, début février 1979, p. 18.
10. *Ibid.*, p. 16.
11. Richard Doin, *en grande...*, n° 7, mi-avril 1979, p. 22.
12. Raymond Chouinard, *en grande...*, n° 5, mi-mars 1979, p. 20.
13. *Ibid.*, n° 15, mi-août 1979, p. 8.
14. *Ibid.*, n° 22, décembre 1979, p. 4.
15. *Ibid.*, p. 5.
16. André Lachance, *en grande...*, n° 4, début mars 1977, p. 14.
17. Richard Delorme, *en grande...*, n° 7, mi-avril 1978, p. 15.
18. Gilles Boulay, *en grande...*, n° 19, mi-octobre 1978, p. 5.
19. Roger Lacasse, *en grande...*, n° 21, mi-novembre 1977, p. 16.
20. Raymond Chouinard, *en grande...*, n° 19, mi-octobre 1980, p. 10.

Chapitre 14

1. Le texte intégral du jugement du juge Albert Malouf a été publié aux Éditions du Jour sous le titre *La Baie James indienne,* 1973, 211 pages. Avec une présentation du journaliste André Gagnon. Réf. p. 199.
2. *Ibid.*
3. *La Presse,* 15 et 17 novembre 1973.
4. *Hydro-Presse,* mi-novembre 1973.
5. *Ibid.*
6. *Winnipeg Free Press,* 16 novembre 1973.
7. *La Baie James indienne, op. cit.*, p. 13.
8. Jean-Paul Gagné, *Le Soleil,* 15 novembre 1973.
9. Claude Tessier, *Le Soleil,* 15 novembre 1973.
10. Gérald Leblanc, *Le Devoir,* 15 novembre 1973.
11. Gilbert Athot, *Le Soleil,* 15 novembre 1973.
12. *Le Soleil,* 15 novembre 1973.
13. Pierre Ouimet, *La Presse,* 17 novembre 1973.
14. *Hydro-Presse,* décembre 1973.

15. *Le Soleil,* 23 novembre 1973.
16. *Ibid.*
17. *La Baie James indienne, op. cit.* p. 15.
18. James Stewart, *The Montreal Star,* 4 mai 1971.
19. Danielle L'Heureux, Les oubliés de la Baie James, *Le McLean,* novembre 1971.
20. *La Baie James indienne, op. cit.,* p. 155.
21. *Le Soleil,* 4 mai 1971.
22. James Stewart, *op. cit.*
23. *Ibid.*
24. Danielle L'Heureux, *op. cit.*
25. Boyce Richardson, *Baie James: sans mobile légitime,* 165 pages, L'étincelle. Montréal 1972. p. 51 à 55.
26. *The New Auchimau,* A Study of Patron-Client Relations Among the Waswanipi Cree, rapport de recherches d'Ignatius La Rusic pour le compte du ministère de l'Expansion économique régionale, 1968.
27. Philosophie de la Convention, par John Ciaccia, page XII, dans la *Convention de la Baie James et du Nord québécois, et les conventions complémentaires 1, 2, 3, 4, 5 et 6.* Éditeur officiel du Québec. 640 pages.
28. Éric Gourdeau et Raymond-Marie Gagnon, Les Indiens cris et le développement du territoire de la Baie James, *Forces, spécial Baie James,* numéro 48, p. 66.
29. *La Baie James indienne, op. cit.,* p. 45.
30. *Ibid.,* p. 31.
31. *Montréal-Matin,* 30 juillet 1971.
32. *Études préliminaires des impacts écologiques du projet de développement de la Baie James, province de Québec.* Rapport du groupe de travail fédéral-provincial, 20 décembre 1971. 75 pages plus annexes.
33. *Le Devoir,* 3 février 1972.
34. *Le Soleil,* 9 février 1972.
35. Boyce Richardson, *op. cit.*, p. 78 et 79; *The Montreal Star*, 24 février 1972, Angry Crees bum hundreds on Bay James ecology reports.
36. *Ibid,* p. 79.
37. André Dionne, *Le Soleil,* 25 mars 1972.
38. *Québec, un siècle d'électricité,* Clarence Hogue, André Bolduc et Daniel Larouche, Libre Expression, Montréal, 1979, 381 pages. p. 328, 329.
39. Max Gros-Louis, *Le Soleil,* 15 mai 1972.
40. *Ibid.*
41. *Le Soleil,* 27 octobre 1972.
42. *Ibid.*
43. *La Baie James indienne, op. cit.*, p. 14 et 15.
44. *Québec, un siècle d'électricité, op. cit.,* p. 329, 330.
45. *Ibid,* p. 330.
46. *Ibid.*

Chapitre 15

1. Témoignage de Billy Diamond devant le comité permanent des Affaires indiennes et du développement du Nord canadien à la Chambre des communes le mardi 25 janvier 1977. *Procès verbaux et témoignages,* fascicule n° 6, Chambre de communes, Ottawa, p. 7.
2. *Ibid.*
3. François Barbeau, *Le Devoir,* 26 janvier 1974.
4. *Ibid.*
5. Claude Tessier, *Le Soleil,* 26 janvier 1974.

6. *Ibid.*
7. Gilles Gariepy, *La Presse,* 26 janvier 1974.
8. Yves Leclerc, *La Presse,* 6 février 1974.
9. Gilles Lesage, *La Presse,* qui cite Ingrid Saumart, *La Presse,* 12 octobre 1973.
10. Ingrid Saumart, *La Presse,* 12 octobre 1973.
11. *Le Soleil,* 30 avril 1974.
12. Témoignage de Billy Diamond, *op. cit.*, p. 9.
13. *Journal de Montréal* et *Montréal-Matin,* 16 novembre 1974.
14. Témoignage de Billy Diamond, *op. cit.*, p. 10 et 11.
15. *Hydro-Presse,* décembre 1974, p. 3 et 13.
16. Evelyn Dumas, *Le Jour,* 30 novembre 1974.
17. Gilles Boivin, *Le Soleil,* 21 mars 1975.
18. Pierre O'Neill, *Le Devoir,* 18 octobre 1975.
19. Témoignage de Billy Diamond, *op. cit.*, p. 11.
20. Roger Bellefeuille, *Le Soleil,* 8 novembre 1975.
21. Témoignage de Billy Diamond, *op. cit.*, p. 12.
22. Le texte intégral du discours de John Ciaccia est publié en introduction dans la *Convention de la Baie James et du Nord québécois, op. cit.*
23. Huguette Laprise, *La Presse,* 15 novembre 1975.
24. *Ibid.*
25. *en grande...*, édition spéciale «Signature de l'entente», No 11, novembre 1975, p. 6.
26. D'après un article de Jean-Paul Fontaine, *en grande...*, No 7, mi-avril 1982, p. 5 et 6.

Chapitre 16

1. Marcel Chaput, Tony Le Sauteur, *Dossier Pollution,* Éditions du Jour, 264 pages, 1971, p. 22, 23.
2. Pierre Dumas, *Forces,* Spécial Baie James, No 48, 3e trimestre 1979, p. 76: «La maîtrise d'une nouvelle dimension: l'environnement.»
3. *Études préliminaires des impacts écologiques du projet de développement de la Baie James.* Rapport du groupe de travail fédéral-provincial, 20 décembre 1971, 75 pages et huit planches.
4. Hélène Lajambe, *Coût et externalité de l'aménagement hydro-électrique de la Baie James,* thèse présentée à l'Université McGill en 1977.
5. *Le Devoir,* 13 août 1975.
6. Pierre Dumas, *op. cit.*, p. 85.
7. Conseil consultatif de l'environnement. *Audiences sur les impacts environnementaux du développement de la Baie James,* 1977, Gouvernement du Québec, Tome 1, p. 121.
8. Denise T. Bollulo, *Les aménagements correctifs d'environnement au Complexe La Grande,* exposé à la journée SEBJ, 5 août 1980, aux Floralies internationales de Montréal.
9. *Ibid.*
10. Serge Therrien, *en grande...*, «Surprenante découverte à LG 2: les castors déjouent les plans de l'homme», No 20, début de novembre 1982, p. 3 à 7.; «Le déplacement des castors en 1978: un succès ou un échec?», No 21, mi-novembre 1982, p. 11 à 13.
11. Richard Delorme, *en grande...*, No 21, mi-novembre 1978, p. 20 et 21.
12. Pierre Olivier Houde, *en grande...*, No 7, mi-avril 1980, p. 6 à 9.
13. *Ibid.*
14. *Ibid.*

Chapitre 17

1. Jacques Parizeau, *Le Devoir,* 9 février 1972.
2. Lionel Cahill, *Baie James, rapport intérimaire,* Direction générale Génie, Hydro-Québec, 25 p. mai 1971, p. 3 et 4.
3. *Aménagement éventuel des forces hydrauliques du versant de la Baie James,* par Rousseau, Sauvé, Warren & Associés, mai 1971, p. 5 et 10.
4. Pierre O'Neill et Jacques Benjamin, *Les mandarins du pouvoir,* 285 p., Éditions Québec-Amérique, 1978, p. 153.
5. Lionel Boulet, *Hydro-Presse*, n° 10, fin mai 1971, p. 3.
6. *en grande...,* juillet 1974, Spécial commission parlementaire, p. 3.
7. *Ibid.*
8. Charles Boisvert et Jean-Louis Fleury, *Hydro-Presse,* n° 13, juillet 1974.
9. *Ibid.*
10. *en grande...,* juillet 1974, p. 3.
11. *Hydro-Presse,* n° 13, juillet 1975, p. 3.
12. *en grande...,* n° 15, début septembre 1976, cahier spécial Commission parlementaire des richesses naturelles, p. 2 et 3.
13. *Hydro-Presse,* n° 15, mi-septembre 1976, p. 1.
14. Roger Lacasse, *en grande...,* n° 18, début octobre 1978, p. 13.
15. *en grande...,* n° 10, début juin 1981, p. 3.
16. Claude Tessier, *Le Soleil,* 30 avril 1976.
17. Claude Tessier, *Le Soleil,* 13 janvier 1973.
18. Dossier du mois, *Information-Cadres,* Hydro-Québec, n° 3, mars 1981, p. 12.
19. Maurice Chartrand, *Des hommes qui bâtissent le Québec,* Les Éditions de l'Homme et Éditions Commerce, 1970, p. 100.
20. Jean-Louis Fleury, *Hydro-Presse,* n° 3, mi-février 1978, p. 4.
21. Jean-Louis Fleury, *Hydro-Presse,* mi-août 1976, p. 11.
22. *Ibid.*
23. *Ibid.*
24. Claude Tessier, *Le Soleil,* 30 avril 1976.
25. Jean-Louis Fleury, *Hydro-Presse,* mi-août 1976, p. 11.
26. Claude Tessier, *Le Soleil,* 30 avril 1976.
27. Jean-Louis Fleury, *Hydro-Presse,* mi-août 1976, p. 11.
28. *Ibid.,* n° 3, mi-février 1978, p. 1.
29. *Ibid.,* p. 4.
30. *Ibid.,* p. 3.
31. *Ibid.,* p.1.
32. Alain Dubuc, *La Presse,* 5 mars 1981.
33. Informations-Cadres, vol. 3, n° 12, décembre 1981, p. 4 et 5.
34. *BIC, Bulletin Information-Cadres,* SEBJ, vol. 2, n° 1, mars 1982, p. 8 à 12.
35. *Ibid.*
36. Lyne Grondin, Robert Trempe, Richard Roy: «Les retombées économiques québécoises de l'aménagement hydro-électrique La Grande-Phase 1» (mandat SEBJ), 1973-1985. Dossier de la vice-présidence des Finances, Hydro-Québec, 7 juillet 1981.

Chapitre 18

1. Philippe Meyer, *Québec,* collection Petite planète, Éditions du Seuil, 1980, Paris, 190 pages, p. 155.
2. Serge Therrien, *en grande...,* n° 18, début d'octobre 1981, p. 2.
3. André Lachance, *en grande...,* n° 15, mi-août 1977, p. 16.
4. *Communauté Chrétienne,* vol. 19, n° 110, 1980.

Bibliographie

Les entrevues

Une partie très importante et souvent inédite de ce livre repose sur 189 entrevues accordées par 162 personnes à l'auteur et à ses recherchistes avant et pendant la rédaction. L'auteur remercie chaleureusement toutes ces personnes qui ont fouillé leur mémoire pendant de longues heures. Ces témoins de la Baie James, dont les métiers, professions et titres au moment des rencontres sont révélés au fur et à mesure des chapitres, se regroupent comme suit: explorateurs, gestionnaires, pionniers, présidents, directeurs, cadres, ex-premier ministre, ex-ministres, ex-conseillers auprès de Premiers ministres, ingénieurs, concepteurs, planificateurs, environnementalistes, représentants ouvriers, travailleurs et travailleuses à la Baie James, procureur des autochtones, négociateurs. Certaines personnes ont accordé plus d'une entrevue. Le chiffre au bout de leur nom indique le nombre.

Allard, Edwridge
Alwin, Claudette
Arsenault, Pierre
Atié, Nadim
Audet, Marcel 3
Bacon, Gilles
Barbe, Georges
Baril, François
Béland, Gilles
Bénard, Marcel
Benoit, Lisette
Bergevin, Gérald
Bergevin, Hélène
Bernier, Jean
Berrouard, Daniel
Bertrand, Lucie
Blais, Roger
Boissy, José
Bolduc, Pierre
Boucher, Réjean
Bouleau, Éric
Boulva, Charles
Bourassa, Robert
Boyd, Robert A.
Brown, Rémi
Ciaccia, John
Carignan, Serge
Caron, Marcel
Caron, Paul 2
Côté, Gilles-Marie
Côté, Jean-Marc
Couture, Armand
D'Albagie, Michèle
Dallaserra, Fiore
D'Ambrosii, Georgio
Darby, Marc
DeGuise, Yvon
Deschênes, Denys
Descôteaux, Marcel
Desjardins, Lucien
Desjardins, Roch
Desroches, Nancy
Desrochers, Paul
Dion, Francine
Dozois, Paul
Dubé, Serge
Dubois, Marcel
Dumas, Pierre
Durocher, Jacques 2
Eecken Van der, Elizabeth
Faubert, Normand
Febvre, Claire B.
Fontaine, Denise
Fontaine, Jean-Paul 4
Forest, Clément
Gagnon, Philippe
Gantcheff, Georges
Gauthier, Gaston
Gauthier, René
Gauvin, Yves
Giroux, Paul-Émile
Giroux, Roland
Goulet, Yvette
Goyette, Gaston
Guérette, Bertrand
Hamel, Laurent 3
Hamel, Nicole
Hardy, Robert
Henley, Frank
Jérôme, Pierre
Johnson, Richard
Jones, Frank
Labelle, Jean
Lacasse, Bob
Lacroix, Rachel
Ladouceur, Jean-Guy
Lafond, Georges 2
Lajambe, Hélène

Laliberté, Claude
Lamonde, Réal
Lamothe, Guy
Landry, Gérard
Langevin, Guy
Langis, Jules
Langlois, André
Lantagne, Pierre-Paul
Larocque, Guy 2
Larose, Luc
Larouche, Guy
Latourelle, Cécile
Laurin, Denis
Lavoie, Réjean
Legault, Patricia
Lemieux, Edmond A.
Lemire, Roger
Léveillé, Albert
Lord, Jean
Mainville, Paul
Martel, Henri-Paul
Martel, Rosaire
Martin, Peter
McGrath, Zoël
Monette, Yves
Morin, Fernand 2
Morin, Raymond
Morneau, Gérald
Nadeau, Pierre
Neveu, Berthe
Nobert, Marie
Normandin, Roger
Olscamp, Pierre
O'Reilly, James 3
Otis, Jean-Charles
Ouimet, Jean-Guy
Ouimet, Jocelyne
Pagé, Pierre
Pelchat, Claude 2
Pelletier, Gérald
Perron, Danielle
Philibert, Sylvio
Pilon, Jacques
Plouffe, Normand
Roiseux, Jules
Rousseau, Antoine
Rousseau, Yvonne 2
Roy, André
Roy, Réal
Sader, Wassim
Savard, Fernand
Soucy, Alain
Soucy, Louisette
Saint-Pierre, Guy
Theophanides, Elephtérios
Therrien, Camille
Therrien, Rollande
Thomas, Réjean
Tremblay, Gérald
Tremblay, Renauld
Trioreau, Marc
Turgeon, Jean-Guy
Villemagne, Claude
Warren, Roger
Zambon, Alfred

Note: à la fin de juin 1981, trois tables rondes eurent lieu à LG 4. Elles regroupaient une vingtaine de travailleurs et de travailleuses de différents milieux, de différents niveaux. Ces personnes ont expliqué leur point de vue et raconté leur expérience sur les conditions de vie et de travail à la Baie James. Quelques personnes ont préféré ne pas dévoiler leur identité.

L'exploration

Aubin, François, «La tournée des campements d'exploration», *en grande...*, no 10, octobre 1975, p.1 et pp. 7-10.

Bastien, André, «Étude à la Baie James: un pays, des hommes, un projet», *Entre Nous* (Hydro-Québec), no 14, 8 août 1966.

Bastien, André, «Profession: pionnier...», *Forces* (Spécial Baie James), no 48, 1979, pp. 58-65.

Boulay, Gilles, «L'exploration, un rôle ingrat mais nécessaire», *en grande...*, no 5, mi-mars 1978, pp. 3-5.

Caron, Pierre, «Le chantier Exploration réduit son activité», *en grande...*, no 3, début mars 1976, p. 1 et pp. 8-9.

Caron, Pierre, «Les défricheurs du complexe», *en grande...*, no 3, mars 1975, p. 1 et pp. 9-12.

Doin, Richard, «Alpha NBR 11- J'ai rencontré des pionniers heureux», *en grande...*, no 6, début avril 1978, p. 1 et pp. 3-5.

en grande..., «L'exploration bat son plein à LG 3», no 4, 29 mars 1974, pp. 10-11.

en grande..., «10 ans d'exploration», cahier spécial de 8 pages, no 17, début octobre 1976.

Fontaine, Jean-Paul, «Le Hercules «Énergie», le bon géant des campements d'exploration», *en grande...*, no 4, avril 1975, pp. 11-14.

Girouard, Robert, «LG 3: démolition du campement d'exploration», *en grande...*, no 21, décembre 1976, p. 1 et pp. 10-11.

Lacasse, Roger, «Ça n'arrivera jamais plus», et «Un homme de décision qui vise l'efficacité» (Interview avec Jacques Guida, premier chef du chantier Exploration), *en grande...*, no 9, mi-mai 1977, pp. 8-9.

Novel, Alain, «Les recherches s'intensifient à la Baie James», *Entre Nous*, (Hydro-Québec), 28 août 1967.

Pelletier, Bernard, «Pour les pionniers du Complexe NBR, le temps des tentes est fini», *en grande...*, no 6, début avril 1979, pp. 18-20.

Politique

Assemblée nationale, Débats de la Commission permanente des Richesses naturelles et des Terres et Forêts: 17, 20 mai 1971; 11, 16, 18, 25 mai et 1er juin 1972; 10-12 avril 1973; 3 et 17 mai 1974; 3-5 juillet 1974; 17 décembre 1974; 3-4 juillet 1975; 10-11 août 1976; 24-25 août 1976; 15 février 1977; 13-14 septembre 1977.

Assemblée nationale, *Débats de la Commission permanente de l'Énergie*, 27-28 septembre 1978.

Bellier, J., «Barrage de Manicouagan V», *Annales de l'Institut technique du bâtiment et des travaux publics*, no 216, décembre 1965, Paris, 14 p.

Bercier, Rhéal et Desjardins, Marcel, «La petite histoire de la Baie James», série de 4 articles publiés les 25, 26, 27 et 28 juin 1975 dans *La Presse*: «Un projet collectif susceptible de relever le moral des Québécois»; «Les «décideurs» ont fait peu de cas de la réalité *particulière du Nord*»; «D'abord écartée, l'Hydro-Québec a fini par se tailler une bonne place»; «Une décision basée sur la rentabilité politique et non pas économique».

Bourassa, Robert, *La Baie James*, Éditions du jour, 1973, 139 p.

Bourassa, Robert, avec la collaboration de Guy Brassard, *Deux fois la Baie James*, La Presse, 1981, 157 p.

Chartrand, Maurice, «Dossier sur le Complexe La Grande», *Commerce*, octobre 1974, pp. 73 à 86.

Chartrand, Maurice, «Robert A. Boyd, ingénieur, président de la Société d'énergie de la Baie James», *Commerce*, octobre 1974, pp. 68 à 74.

Desrochers, Paul, Ma Baie James, *Finance*, 29 octobre 1979. Cet article portant la mention «Exclusif à Finance» est un document que Paul Desrochers envoya le 28 août 1979 au journaliste Pierre Vennat, à *La Presse*, ainsi qu'à toutes les personnes qui y sont mentionnées. Ce même document fut remis à Roger Lacasse au cours d'une interview réalisée avec Paul Desrochers le 7 mai 1981 à Montréal.

Forces, *Spécial Baie James*, no 48, 3e trimestre 1979, 129 p.

Godin, Pierre, *Daniel Johnson, tome 1, 1946-1964, La passion du pouvoir; tome 2, 1964-1968, La difficile recherche de l'égalité*, Les Éditions de l'Homme, 1980, 456 p. et 403 p.

Gourdeau, Éric, avec la collaboration de Pierre Dansereau, Louis-Edmond Hamelin et Guy Rocher, «Le processus décisionnel dans la conception et la réalisation du développement nordique au Canada. Un cas d'espèce: la Baie James», étude réalisée pour le compte du Conseil des sciences du Canada, Québec, 1974, multigraphié.

Gravel, Pierre, et Vennat, Pierre, *Robert Bourassa: «Il ne sera pas dit que nous vivrons pauvrement sur une terre aussi riche»*, cahier spécial La Baie James: projet du siècle, *La Presse*, 20 octobre 1979.

Gravel, Pierre, et Vennat, Pierre, «Sept mois après la crise d'octobre: un projet qu'il fallait lancer en 71!», *ibid.*

Hogue, Clarence, avec la collaboration d'André Bolduc et de Daniel Larouche, *Québec, un siècle d'électricité*, Libre Expression, 1979, 415 p. En particulier le chapitre 21, «Un projet réhabilité: la Baie James», pp. 353-386.

Houde, Pierre-Olivier, «Robert Bourassa... dix ans après», *en grande...*, no 4, début mars 1981, p. 29.

Hydro-Québec, «Robert A. Boyd: une carrière au service de l'entreprise et du Québec», *Informations-Cadres* (mensuel interne), octobre 1981, pp. 8-20.

Lacasse, Roger, «Interview avec le ministre Guy Joron: le nouveau mandat de la SEBJ, gérer les grands travaux d'Hydro-Québec», *en grande...*, no 10, début juin 1978, pp. 7-9.

Lacasse, Roger, «M. Robert Bourassa aux travailleurs: vous faites du beau travail», *en grande...*, no 17, mi-septembre 1979, pp. 7-9.

Lajambe, Hélène, *Coûts et externalités de l'aménagement hydro-électrique de la Baie James*, thèse de maîtrise, département d'économique, Université McGill, novembre 1977.

La Presse, *Une certaine révolution tranquille, 1960-1975*, par 19 journalistes de ce quotidien. En particulier, le chapitre intitulé: «L'Hydro: grandeur et... déchéance?», Pierre-Paul Gagné, pp. 161-180.

La Presse, *La Baie James, projet du siècle*, cahier spécial publié le 20 octobre 1979, 24 p.; publié sous le même titre, sous forme de plaquette, 101 p., fin de 1979.

La revue Commerce et les Éditions de l'Homme, *Des hommes qui bâtissent le Québec*, 1970, 170 p. En particulier, «Robert Bourassa, premier ministre du Québec», interview réalisée par Pierre Shooner; «Roland Giroux, président, Hydro-Québec», texte de Maurice Chartrand.

Lefebvre, Guy, «Portraits de Robert A. Boyd», *en grande...*, no 17, mi-septembre 1981, pp. 10-11.

Le Parti libéral du Québec, *Les 1000 premiers jours du gouvernement Bourassa*, Éditions du Jour, 1973, 364 p.

Leroux, Roger, «Un défi qui n'a frappé que lentement l'imagination populaire...», cahier spécial La Baie James: projet du siècle, *La Presse*, 20 octobre 1979.

Leroux, Roger, «Le contrôle des travaux: une bataille de titans qu'Hydro a remportée», *ibid.*

Leroux, Roger, et Duguay, Jean-Guy, «L'affaire Bechtel: le vrai rôle que jouèrent les Américains», *ibid.*

Lesage, Gilles, «Paul Desrochers, l'homme fort du régime Bourassa», série de 3 articles publiés dans *La Presse*, fin juillet 1973: «Inséparable et infatigable compagnon et ami...»; «Serviteur ou «cerveau» du régime?»; «Un rôle maintenant contesté».

Mathieu, Gaston, «M. Jean-Claude Lessard — Prochain chantier: La Baie James, *Entre Nous* (Hydro-Québec), 28 août 1967, pp. 1-2.

O'Neill, Pierre et Benjamin, Jacques, *Les mandarins du pouvoir*, Éditions Québec/Amérique, 1978, 285 p.

Pinard, Guy, «Pour Robert Bourassa, un pari devenu un «success story...», cahier spécial La Baie James: projet du siècle, *La Presse*, 20 octobre 1979.

Pinard, Guy, «Le PQ s'y opposait mais «seuls les fous...», *ibid.*

Racine, Gilles, «Les étapes inédites de l'ascension de Robert Bourassa, articles parus dans *La Presse* du 12 au 19 septembre 1970.

Rayon-Jay, Jean-Claude, *Le dossier Baie James*, Leméac, 1973, 187 p.

Rethi, Lili, et Jacobus, William, *Manic 5, The Building of the Daniel Johnson Dam*, préface de Robert Bourassa, Doubleday & Company, Garden City, New York, 1971, 165 p.

Saint-Pierre, *Les années Bourassa*, Éditions Héritage, 1977, 295 p.

Smith, Philip, *Brinco, The Story of Churchill Falls*, McClelland and Stewart, Toronto, 1975, 392 p.

Tessier, Claude, «La Baie James, cinq ans après», une série de cinq articles publiés du 26 au 30 avril 1976 dans *Le Soleil.*

Tremblay, Albert, «La Baie James, j'y crois» — Pierre Nadeau (président de la Société de développement de la Baie James), Le *MacLean*, mai 1972.

La route vers la Baie James

Bouchard, Serge, *Nous autres les gars de truck: essai sur la culture et l'idéologie des camionneurs longue-distance dans le Nord-Ouest québécois*. Thèse de doctorat sur les chauffeurs de «vans». Université McGill, 1981.

Caron, Pierre, «24 heures sur la route de la Baie James; Petite histoire d'une grande route», *en grande...*, no 12, 15 novembre 1974, pp. 9-12.

Demers, J. Robert, *Rapport sur l'accessibilité des richesses du Nord-Ouest québécois*. Pour la ville de Matagami, octobre 1969.

Desjardins, Sauriol et Associés, *Route d'accès à la Baie James*, Ville de Laval. Aucune date. Regroupement de onze communications présentées à des congrès entre octobre 1972 et février 1978, par les spécialistes de cette firme et de la Société de développement de la Baie James.

Desjardins, Sauriol et Associés, *Baie James, route d'accès*, album grand format réalisé par Daniel Étienne Laby. 92 p.

L'ingénieur, *Ouverture du territoire de la Baie James*, janvier-février 1980, série d'articles sur la route d'accès au territoire, les chemins d'hiver et les ponts de glace, la conception circulaire du Radisson temporaire, l'innovation en génie mécanique à l'école de Radisson, les télécommunications, l'environnement et le développement du territoire, la prospection d'uranium par forages percutants, la géologie des gites de fer au lac Albanel. 52 p.

Normand, Gilles, «Serge Bouchard: deux ans avec les routiers de la Baie James», *La Presse*, 21 mars 1981. p. E3.

Normand, Gilles, «Un métier très exigeant mais dont ils ne peuvent se passer», *La Presse*, 21 mars 1981, p. E4.

Rodrigues, Pedro, «Ceux qui travaillent entre Matagami et Fort-George», *Perspectives*, 15 décembre 1973, no 50.

Société de développement de la Baie James, Étude de transport, & Lea, Benoit & Associés Limitée, «Prévisions de la demande de transport des personnes», 1972, Vol. 1, Montréal, S.D.B.J., 66 p.

Société de développement de la Baie James, Étude de transport, & Lea, Benoit & Associés Limitée, «Prévisions de la demande de transport des marchandises et répartition intermodale», Préliminaire, Vol. 2. 1973, Montréal, SDBJ, 88 p.

Le saccage de LG 2

Documents déposés lors des séances de la commission Cliche: «Lettre de Robert A. Boyd à Jean Cournoyer, 14 décembre 1972; «Lettre d'André Desjardins à Jean Cournoyer», 3 janvier 1974; Hamel, Laurent: «Historique et commentaires du chef de chantier de LG 2», 1974.

Éditeur officiel du Québec, Rapport de la Commission d'enquête sur l'exercice de la liberté syndicale dans l'industrie de la construction», par les commissaires Robert Cliche, président, Brian Mulroney et Guy Chevrette, 2e trimestre 1975, 355 p.

En grande..., *Le conflit à LG 2*, cahier spécial, no 5, 26 avril 1974, pp. 1a à 4a.

Le mémorial du Québec, *Quand le bâtiment va, tout va*, Tome VIII (1966-1976), Montréal, 1979, pp. 286-291.

Transcription de témoignages devant la commission Cliche:
André Guitard, 15 octobre 1974
Jacques Durocher, 6 novembre 1974
Robert A. Boyd, 6 et 7 novembre 1974
Roland Giroux, 12 février 1975
Yvon DeGuise, 13 février 1975
Charles Boulva, 13 février 1975
Pierre Nadeau, 13 février 1975

Paul Desrochers, 27 et 28 février 1975
Louis Laberge, 4 mars 1975
Robert A. Boyd, 4 mars 1975
Jean Cournoyer, 6 mars 1975

Tremblay, Gisèle, «Quand le juge Cliche s'en va-t-en guerre», chapitre dans *Robert Cliche*, ouvrage collectif, Quinze, 2e trimestre 1980, 188 p., pp. 111-130. Ce texte, paru dans *Le MacLean* d'avril 1975, a été revu et corrigé par l'auteur.

Vennat, Pierre, «On ne fera jamais complètement la lumière sur le saccage à LG 2», cahier spécial La Baie James; projet du siècle, *La Presse*, 20 octobre 1979.

Vennat, Pierre, «Une paix qu'on n'a pu signer...», *ibid.*

Les autochtones

Affaires indiennes et du nord canadien, Étude de la mise en œuvre, par le gouvernement fédéral, de la Convention de la Baie James et du Nord québécois, février 1982, 137 p.

Bauer, George W., «James Bay: The Last Massacre of Indians Rights», *Saturday Night*, January 1973.

Bauer, George W., *Cree Way*, North/Nord, septembre/octobre 1977.

Bélanger, Colette, «Une bénédiction pour le chef Sam», *en grande...*, no 17, mi-septembre 1980, p. 7; «De l'Île des Sœurs à Chisasibi», *Ibid.*, pp. 8-9.

Cardinal-Darveau, Jacqueline, «Les cultures esquimaude et indienne: un acquis pour la civilisation», interview avec Éric Gourdeau, *Forces*, no 41-42, 1978.

Chouinard, Raymond, «Les Rabbitskin, trappeurs à Caniapis-cau», *en grande...*, no 8, début mai 1979, pp. 18-19.

Chouinard, Raymond, «Si l'autre Baie James m'était contée; Maurice Hallée: l'homme du nord; La fin de cinq années d'exploration», *en grande...*, no 22, décembre 1980, pp. 4-6.

Contant, Alain, «Fort-George: 177 ans d'histoire», *en grande...*, no 17, mi-septembre 1980, pp. 4-6.

Delorme, Richard, «La Convention de Chisasibi est ratifiée», *en grande...*, no 8, début mai 1978, p. 3.

Doin, Richard, *Avec SOTRAC* (Société des travaux de correction du Complexe La Grande) «Le dialogue précède l'action», *en grande...*, no 1, janvier 1978, pp. 12-13.

Éditeur officiel du Québec, *La Convention de la Baie James et du Nord québécois et les conventions complémentaires 1, 2, 3, 4, 5 et 6*, Québec, 1980, 640 p.

en grande..., *Spécial-Signature de l'entente*, no 11, novembre 1975, 8 p.

Fleury, Jean-Marc, «Les Indiens cris sont d'ores et déjà contraints d'assumer eux-mêmes un développement venu du sud», *Québec-Science*, août 1976.

Gauquelin, Michel, «La Baie James, pour le meilleur et le pire», *Québec-Science*, septembre et octobre 1978.

Gourdeau, Éric, et Gagnon, Raymond-Maire, «Les Indiens Cris et le développement du territoire de la Baie James», *Forces* (Spécial Baie James), no 48, 1979, pp. 66-75.

Grand Council of the Crees (of Quebec) *Statement to Standing Committee on Indian Affairs and Northern Development*, présenté par le Grand Chef Billy Diamond, 26 mars 1981, Val-d'Or, 88 p.

Hamilton, Janice, «Chef des Cris: un lourd travail» (sur Billy Diamond), *Le Nouvelliste*, 14 septembre 1978.

Henry, Robert, «Qui «manipule» les Indiens de la Baie James?» *Le Québec Industriel*, février 1973.

Horwood, Harold, «L'enjeu de la Baie James», *Sélection du Reader's Digest*, décembre 1975.

Horwood, Harold, «The Battle for James Bay», *Reader's Digest*, décembre 1975.

Houde, Pierre Olivier, «Relogés de Fort-George à Chisasibi, les Cris ont décidé de leur propre avenir», *en grande...*, no 14, début août 1979, pp. 10-11.

Hydro-Presse, «Cris et Inuit consentent à «partager» la Baie James», no 21, fin novembre 1975, pp. 1 et 10.

Hydro-Presse, «L'entente conclue avec les Cris et Inuit permet l'intégration du Nord québécois à la vie du Québec — Me Jean Boulanger», propos recueillis par Jean-Louis Fleury, décembre 1975, pp. 5-6.

Johnson, Brian, D., «Fires of Thunder — Quebec's «Project of the Century» roars over the lands and lives of the Cree», avec des photos couleur de Ottmar Bierwagen, *Equinox*, Camden (Ontario), janvier-février 1983.

Lafrenière, Marc, «La Convention de la Baie James et du Nord québécois: plus que des miroirs?» *North/nord* septembre-octobre 1977.

Laprise, Huguette, «La Baie James a failli être développée à bout de fusil», cahier spécial La Baie James: projet du siècle, *La Presse*, 20 octobre 1979.

Laprise, Huguette, Les aborigènes, les nouveaux riches du Grand Nord, *ibid.*

Laprise, Huguette, «... et si le Québec se sépare?», *ibid.*

Lemire, Jean-François, «Une journée dans la vie des Cris», *en grande...*, no 18, début octobre 1980, p. 1 et pp. 15-18.

Malouf, Albert, *La Baie James indienne*, texte intégral du jugement rendu public le 15 novembre 1973. Présentation d'André Gagnon. Éditions du Jour, Montréal, décembre 1973, 210 p.

Recherches amérindiennes au Québec, *La Baie James des Amériendiens*, nos 4 et 5, décembre 1971.

Recherches amérindiennes au Québec, *Dossier Baie James — extrait du jugement prononcé par le juge Albert Malouf*, nos 3-4, 1973.

Recherches amérindiennes au Québec, *Les Indiens de la Baie James*, no 2, 1976.

Richardson, Boyce, *Baie James: sans mobile légitime*, L'étincelle, mai 1972, traduit par Jean-Pierre Fournier, 165 p.

Richardson, Boyce, *Strangers devour the Land*, MacMillan of Canada, 1976.

Richardson, Boyce, «Le dernier des Cris», *Le MacLean*, novembre 1975.

Rural development branch of the départment of forestry and rural development, *Developmental Change Among the Cree Indians of Quebec*, Ottawa, 1968.

Sarrazin, Guy, « Une entente avec les Naskapi», *en grande...*, no 2, début février 1978, p. 3.

Savard, Rémi, «Destins d'Amérique: les autochtones et nous», l'hexagone, 1979, 186 p.

Stacey, Joe, «Le dilemme des Indiens», *Le Devoir*, 28 août 1981 et *La Presse*, 19 août 1981 sous le titre «L'accord de la Baie James n'est pas un modèle».

Therrien, Serge, «Les nouveaux emplois des Cris», *en grande...*, no 4, début mars 1980, pp. 10-11.

Turner, Louise, «The James Bay Indians», *North/Nord*, mars-avril 1976.

Ward, Fred, «The Changing World of Canada's Crees», *National Geographic*, Washington, avril 1975.

Environnement

Chaput, Marcel et LeSauteur, Tony, *Dossier Pollution*, Éditions du Jour, 1971, 264 p.

Conseil consultatif de l'environnement, «Audiences sur les impacts environnementaux du développement de la Baie James», 1977, Gouvernement du Québec, tome 1, Rapport, 171 p., Tome 2, 2 annexes, 507 p.

Dion, Denis, «Environnement: sérieux efforts», cahier spécial La Baie James: projet du siècle, *La Presse*, 20 octobre 1979.

Dumesnil, Thérèse, *Pierre Dansereau, l'écologiste aux pieds nus*, Nouvelle Optique, 1981, 215 p.

Dumas, Pierre, «La maîtrise d'une nouvelle dimension: l'environnement», *Forces* (Spécial Baie James), no 48, 1979, pp. 76-85.

Eau du Québec, *Dossier SEBJ*, Thème 1: «L'aménagement de LG 2 et son milieu naturel»; Thème 2: «Surveillance du remplissage du réservoir de LG 2»; Thème 3: «Travaux correctifs d'environnement à LG 2», *Association québécoise des techniques de l'eau*, Vol. 13, no 1, mars 1980.

en grande..., Dossier environnement, cahier spécial, direction des Relations publiques de la SEBJ, février 1975, 20p.

Francoeur, Louis-Gilles, «La Baie James, un pays-laboratoire. Jamais au Québec n'avait-on poussé aussi loin la recherche et les aménagements en protection du milieu», *Le Devoir*, 5 janvier 1983, p.2

Guimont, Pierre et Laverdière, Camille, «Physiographie et paysages entre Matagami et Radisson», *Société de développement de la Baie James*, version abrégée de rapports de synthèse, octobre 1979, 31 p.

Hydro-Québec, *Mesure corrective Complexe Grande Baleine*, document d'information, novembre 1980, 57 p.

Laliberté, Marcel, *Bilan du programme de recherche archéologique à la Baie James, 1972-1976, Direction générale du Patrimoine, ministère des Affaires culturelles du Québec*, mai 1976, 88 p.

L'ingénieur, *La protection de l'environnement au Complexe La Grande*, mai/juin 1978, 59 p.

Parcs Canada, ministère des Affaires indiennes et du Nord, *Les rivières sauvages: Baie James et baie d'Hudson*, Ottawa, 1977, 60 p.

Rapport du groupe de travail fédéral-provincial, *Études préliminaires du projet de développement de la Baie James*, 20 décembre 1971, 75 p. et 8 planches.

Société de développement de la Baie James et Société d'énergie de la Baie James, *Développement hydro-électrique de la Baie James: description de l'environnement*, juin 1974, deuxième édition, 205 p. plus une bibliographie thématique de 26 pages. (Ce volume résume les connaissances de l'environnement humain, physique et biologique du territoire de la Baie James au moment de sa publication.)

Société de développement de la Baie James — Environnement Canada, *Étude sur l'environnement, territoire de la Baie James, rapport synthèse 1972-1979*, 225 p. plus une bibliographie de 77 pages. (Il s'agit du rapport synthèse sur les études et inventaires effectués au cours des années financières entre 1972 et 1979 dans le cadre de l'Entente sur les études biophysiques entre la Société de développement de la Baie James et Environnement Canada).

Société d'énergie de la Baie James, *La protection de l'environnement au Complexe La Grande*, 1976, 27 p.

Société d'énergie de la Baie James, *Présent sans laisser de traces: la SEBJ et la protection de l'environnement*, Direction des Relations publiques, 1981, 19 p.

Société d'énergie de la Baie James, *Dossier environnement*, Direction des Relations publiques, avril 1980. (Synthèse préparée à l'occasion des Floralies internationales de 1980 à Montréal.)

Société d'énergie de la Baie James, service de l'Environnement, *Connaissance du milieu des territoires de la Baie James et du Nouveau-Québec*, 1978, 252 p. et une bibliographie de 11 p. (Cet ouvrage remplace celui publié par la SEBJ en 1974 et intitulé «*Description de l'environnement*». Il fait état des connaissances acquises depuis 1974.)

Société pour vaincre la pollution, *La Baie James: c'est grave, grave, grave*, Éditions Québécoises, 1972, 128 p.

Sotrac, *Transplantation des castors en 1978, région d'Eastmain*, juin 1979, 75 p., 9 cartes, dessins, photos et bibliographie.

Ouzilleau, Jacques, «La formation des tourbières peut prendre des milliers d'années; Des îles flottantes dans les réservoirs», *en grande...*, no 7, mi-mai 1979, pp. 6-7.

Finance, économie, assurances

Bastien, André, «Baie James: le rapport préliminaire sera déposé en avril» (au sujet du coût des trois variantes possibles des rivières Nottaway, Broadback et de Rupert), *Entre-Nous* (Hydro-Québec), 13 mars 1967.

Bercier, Rhéal, «Les financiers newyorkais: «Une merveille du monde... et une bonne décision politique», *La Presse*, 20 octobre 1979, p. 11.

Darby, Marc, «La Baie James: un risque en or?» Entrevue publiée dans *Regards*, revue publiée par l'Association des courtiers d'assurances de la province de Québec, mars-avril 1977.

Fleury, Jean-Louis, «Les retombées économiques du projet de la Baie James», une entrevue avec Laurent Hamel, *Forces* (Spécial Baie James), no 48, 1979, pp. 86-91.

Hydro-Québec, Vice-présidence Finances, *Les retombées économiques québécoises de l'aménagement hydro-électrique de La Grande, Phase 1, mandat SEBJ, 1973-1985*, étude réalisée par Lyne Grondin et Robert Trempe, avec la collaboration de Richard Roy, dossier no 606-000/423-81, 7 juillet 1981, 17 p.

Lafond, Georges, *Hydro-Québec and the James Bay Project: the Financing Strategy*, texte d'une conférence prononcée en Californie en septembre 1981, Hydro-Québec, Montréal, 10 p. et 11 tableaux.

Leroux, Roger, «Une réalisation cruciale de nature à donner confiance aux prêteurs...», *La Presse*, 20 octobre 1979, p. 10

Société de développement de la Baie James & Major & Martin Inc., «L'impact économique et fiscal sur l'économie canadienne résultant de l'aménagement hydro-électrique du Complexe La Grande», Montréal, 1972, 66 p.

Société de développement de la Baie James & Salisbury, Richard F. & Al, *Le développement de la Baie James: l'impact socio-économique du projet hydro-électrique*, 1972, Montréal, Université McGill, 187 p.

Sores Inc., *Étude de développement de la Baie James. La situation socio-économique du territoire.* Rapport intérimaire, 1972, Montréal, 63 p.

Vivre et travailler à la Baie James

April, Jacqueline, «Bâtir un milieu humain, éloigné et temporaire», *North-Nord*, (Affaires indiennes et du Nord), Ottawa, novembre-décembre 1977, pp. 8-15.

Brunet, Gilbert, «Les «veuves» de la Baie James s'ennuient!» *Montréal-Matin*, 31 juillet 1977.

Caron, Marcel, «La pastorale à la Baie James: objectifs et défis», *Communauté Chrétienne*, Vol. 19, no 110, 1980.

Carron, Alain-Marie, photos de Peter Christopher, «Liberté, égalité, électricité», *Géo*, no 13, mars 1980.

Dutrisac, Claire, «Les services médicaux, infirmiers et sociaux à la Baie James», série de 4 articles publiés les 4, 6, 7 et 8 juillet 1980 dans *La Presse*: «Un complexe hospitalier où ça roule bien»; «Un champ d'action exceptionnel pour la médecine du travail»; «L'aspect humain d'un beau métier»; «Des problèmes complexes pour les travailleuses sociales».

en grande..., *Les hommes et les femmes de LG 3*, cahier spécial publié dans le numéro 11, mi-juin 1982, Relations publiques de la SEBJ. Textes de Gilles Boulay, Nancy Desroches et Jeanne Morazain.

Fabiani, Christiane. «À 1000 milles de tout centre hospitalier, la clinique médicale de la Baie James», *Le médecin de Québec*, mars 1975.

Laprise, Huguette, «L'Eldorado de l'ouvrier québécois», cahier spécial La Baie James: projet du siècle, *La Presse*, 20 octobre 1979.

Laprise, Huguette, «Des objectifs d'embauche difficiles à réaliser», *ibid.*

Le magazine Ovo, *Les travailleurs de la Baie James*, no 33, 1979, 50 p.

Les équipiers de la mission Saint-Pierre et Saint-Paul, «Sur un chantier: expériences et questions», *Communauté Chrétienne*, Vol. 19, no 110, 1980.

Hébert, Gérard, «The James Bay Project», 6e chapitre de *Mega Projects—The collective Bargaining Dimension,* publié par *Canadian Construction Association*, 1981, 595 p. (6e chapitre, pp. 467 à 555).

Meyer, Philippe, *Québec*, Petite Planète, no 60, Seuil, 1980, 190 p. Lire en particulier le chapitre «À beau mentir qui vient de loin», pp. 144 à 161.

Niedlispacher, Pierre, «This is Radisson designed for the North — James Bay New Town!», *North-Nord, op. cit.*, pp. 16-19.

Parant, Claude, *Rapport d'une étude effectuée sur les conditions de vie des travailleurs de la construction en milieu éloigné, présenté à la Commission d'enquête sur l'exercice de la liberté syndicale* (Cliche), avril 1975, 38 p.

Parant, Claude, *Rapport d'une étude effectuée auprès des travailleurs assujettis au décret relatif à la construction et employés dans les chantiers de la Baie James, présenté à Hydro-Québec et à la SEBJ*, Montréal, avril 1978, 113 p. Suivi des résultats d'un sondage pour connaître les opinions des travailleurs concernant leurs conditions de vie.

Provost, Gilles, «Retour à la Baie James», série de quatre articles publiés dans *Le Devoir* les 8, 9, 10 et 11 septembre 1975: «Un bagne, un pensionnat et une machine à sous»; «Pour les syndicats ouvriers, une longue pente à remonter»; «LG 2, c'est à peine le vestibule du projet du siècle»; «Un milieu naturel pauvre, austère, fragile».

Roberge, Huguette, «Vivre à la Baie James», série de cinq articles publiés dans *La Presse* les 26, 28, 29, 30 et 31 juillet 1980: «Comment motiver un travailleur à faire $ 40 000 et plus par an»; «C'est quoi ton problème?»; «Être femme au Complexe La Grande»; «Pour les étudiants, le job d'été rêvé; Louise Tremblay, concierge.»

Sarrazin, Guy, «M. Boyd à Québec: Les conditions de vie aux chantiers sont parmi les meilleures au monde», *en grande...*, no 17 mi-septembre 1977, p. 3.

Sarrazin, Guy, «Mémoire de la SEBJ sur les conditions de vie», *en grande...*, no 7, mi-avril 1978, p. 1 et pp. 4-7.

Société d'énergie de la Baie James, *Présentation générale relative aux ressources humaines de la SEBJ et aux conditions de vie dans les chantiers du Complexe La Grande*, direction des Ressources humaines, novembre 1979, 110 p. et 4 annexes.

Tougas, Claudette, «Sept cents femmes qui s'intègrent à un univers de 14 000 hommes», cahier spécial La Baie James: projet du siècle, *La Presse*, 20 octobre 1979.

Vennat, Pierre, «Des conditions de vie déficientes? Les ouvriers en font peu de cas...», cahier spécial La Baie James: projet du siècle, *La Presse*, 20 octobre 1979.

Vennat, Pierre, «Vincent Desranleau: le goût des chantiers», *ibid.*

Vennat, Pierre, «Laurent Hamel: un ingénieur nomade», *ibid.*

Autres documents

Boyd, Robert A., «L'aménagement hydro-électrique du versant québécois de la baie James», *Forces*, nos 34-35, 1er et 2ème trimestre 1979, pp. 32-39.

Boyd, Robert A., «D'un projet contesté à une réalisation incontestable», *Forces* (Spécial Baie James), no 48, 3e trimestre 1979, pp. 4-17.

Deshaies, Guy, «Le plus important pont aérien du Québec — La journée de travail d'un Convair de la SEBJ», *Le Devoir*, 1er août 1977.

Dion, Denis, «Transport d'énergie: première mondiale», cahier spécial La Baie James: projet du siècle, *La Presse*, 20 octobre 1979.

Forces, *Spécial Churchill Falls*, numéro 57-58, 1981-1982, 96 p. Document d'information sur les aspects importants des relations économiques Québec-Terre-Neuve concernant l'aménagement et l'exploitation des chutes Churchill, au Labrador terre-neuvien, par Hydro-Qubéec.

Hydro-Presse, *Le complexe Manicouagan-Outardes de 1958 à 1978*, édition spéciale, octobre 1978, 12 p.

Hydro-Québec, *Plan de développement d'Hydro-Québec, 1983-1985, Horizon 1992*, Montréal, 1982, 192 p.

Jannard, Maurice, «Et les richesses naturelles?» Cahier spécial La Baie James: projet du siècle, *La Presse*, 20 octobre 1979.

Jannard, Maurice, «Le tourisme fleurit!», *ibid.*

Jannard, Maurice, «La ville de Radisson mourra», *ibid.*

Kéroack, Fernand, «Quand le monde entier visite la Baie James», *Forces* (Spécial Baie James), no 48, 1979, pp. 97-100.

Lacasse, Roger, avec la collaboration de Richard Delorme et Odette LeBel, «La réalisation de LG 2», *en grande...*, no 20, début novembre 1979, 68 p.

La documentation québécoise, *Le Complexe La Grande*, 12 diapositives couleur avec texte de Robert Girouard, Éditeur officiel du québec, 1980, bilingue.

La documentation Québécoise, *La centrale de LG 2*, 12 diapositives couleur avec texte de Robert Girouard, Éditeur officiel du Québec, 1980, bilingue.

Lamontagne, Roland, *La baie James dans l'histoire du Canada*, Beauchemin, 1974, 115 p.

Lamontagne, Roland, «Aspect historique de la baie James: une tradition de recherche scientifique et technique, de l'époque de la Nouvelle-France jusqu'au XXe siècle, *Forces* (Spécial Baie James), no 48, 1979, pp. 40-57.

Laverdière, Camille et Guimont, Pierre, «De l'origine du néorégionyme Jamésie», *Cahier de géographie du Québec*, Vol. 25, no 66, décembre 1981, pp. 433-440.

Le Canard, journal de LG 3, *Il était une fois une île*, numéro spécial, 12 avril 1981, Relations publiques de la SEBJ, 24 p. *La petite histoire de LG 3*, textes de Michel Turgeon, Serge Therrien, Michel Cayer et Serge Lamoureux, photos de Éric Van der Eecken.

Le mémorial du Québec, *La grande aventure de l'électricité*, Tome VII, Montréal, 1979, pp. 172-195.

L'ingénieur, *Le Complexe La Grande*, mars/avril 1978, sept articles signés par huit ingénieurs décrivant les aménagements hydro-électriques de ce complexe, 49 p.

Ministère des Communications du Québec, *La Baie James*, rétrospecvive, document de presse, janvier 1977 à décembre 1977.

Municipalité 76, «Municipalité de la Baie James», numéro spécial, novembre 1976, *Affaires municipales du Québec*, 46 p.

Novel, Alain, «Survol de la Baie James», *Forces*, numéro 14, 1971, pp. 13-19.

Picher, Claude, «L'homme contre l'eau: la plus grande bataille de l'histoire du Québec», cahier spécial La Baie James: projet du siècle, *La Presse*, 20 octobre 1979.

Roberge, Yves, «Une «informatique au pas de course»... pour gérer un projet de 15 $ milliards», *Informatique et Bureautique*, septembre 1980, pp. 11-15.

Société d'énergie de la Baie James, *Revues de presse* de 1974 à 1977 (archives de la SEBJ).

Société d'énergie de la Baie James, *LG 2 d'hier à aujourd'hui*, album souvenir, Relations publiques, octobre 1979, 110 p. Avec la liste des principales entreprises ayant exécuté un contrat pour le compte de la SEBJ à LG 2.

Société d'énergie de la Baie James, *La Grande 3, d'hier à aujourd'hui*, album souvenir, Relations publiques, 2e trimestre 1982, 108 p. Avec la liste des principales entreprises ayant exécuté un contrat pour le compte de la SEBJ à LG 3.

Société d'énergie de la Baie James, *Dossier d'information*, 2e édition 1982, document interne des Relations publiques. Ce document d'information de Odette LeBel colligе des données sur la structure de l'entreprise et ses entités, et sur divers aspects des projets d'aménagements hydro-électriques; les questions énergétiques font l'objet d'un chapitre complet.

Société d'énergie de la Baie James, *Le Complexe La Grande*, brochures corporatives publiées par les Relations publiques de la SEBJ en 1973, 1975, 1976, 1978 et 1979; *D'un défi à l'autre, la SEBJ et ses mandats*, 1981, 56 p., *D'un rêve à la réalité, Le Complexe La Grande-Phase I,* 1983, 50 p.

Société d'énergie de la Baie James, Rapports d'activité 1974, 1975, 1976, 1977, 1978, 1979, 1980 et 1981.

Société d'énergie de la Baie James, *La Baie James d'hier à aujourd'hui*, Relations publiques, septembre 1978, 30 p. Ce document rappelle les grands moments de l'histoire de la SEBJ et donne un bref aperçu de l'état d'avancement des travaux du Complexe La Grande au 31 juillet 1978. Il présente aussi les principales caractéristiques du Complexe La Grande, Phase 1.

Société d'énergie de la Baie James, *en grande...*, journal interne publié depuis décembre 1973. On y trouve de nombreux articles sur les débuts des travaux puis leur évolution de façon très détaillée, la vie et les travaux au siège social de la SEBJ à Montréal, des centaines de reportages humains sur les hommes et les femmes de la Baie James, des dossiers sur l'exploration, l'environnement, les coûts, les commissions parlementaires des Richesses naturelles, etc.

Tessier, Claude, «Les hydrauliciens chez les Amérindiens», série de 7 articles publiés dans *Le Soleil* du 7 au 17 août 1972.

Littérature

Boucher, Denis, *Pionnier de la Baie James*, Éditions Paulines, 1973, 139 p.

Noël, Michel, *Carnet de voyage: Le Vieux-Comptoir de la baie James,* Leméac, 1982, 194 p.

Vacher, André, *La Louve de Kaniapiskau*, Les Éditions La Presse, 1980, 183 p.

Watson, Patrick, *En ondes dans cinq secondes*, traduit de l'anglais par Laurier Lapierre, Collection des deux Solitudes, Pierre Tisseyre, 1978, 303 p.

Index

Remerciements

À l'exemple des travaux du Complexe La Grande-Phase 1, ce livre est le fruit d'une collaboration précieuse et spontanée d'un grand nombre de personnes ainsi que d'un appui important de la Société d'énergie de la Baie James, filiale d'Hydro-Québec. Tous mes remerciements vont d'abord aux personnes qui ont été interviewiées, la plupart durant de longues heures. Les noms de ces «témoins» de la Baie James sont indiqués au fil du récit et la liste complète fait partie de la bibliographie. Mes remerciements s'adressent également à Johanne Villemure, recherchiste et rédactrice. Pendant 13 mois, elle a multiplié les recherches et rédigé les premières ébauches de plusieurs chapitres. Michèle Saint-Jacques, étudiante en ingénierie à l'Université de Montréal, a déblayé le terrain pendant quatre mois pour commencer le chapitre sur l'environnement, un sujet qui aurait pu faire un livre important à lui seul.

Plusieurs personnes ont lu et commenté les premières ébauches du manuscrit. Richard Doin, chef du service des Publications aux Relations publiques de la SEBJ, qui a vécu dans trois chantiers de la Baie James de 1977 à 1980, a patiemment revu et annoté notre travail, l'enrichissant de nombreuses observations; Laurent Hamel, chef du chantier de LG 2 de 1973 à 1978, actuellement vice-président exécutif Équipement d'Hydro-Québec, et le notaire Georges Gauvreau, l'un des dirigeants de la Commission hydro-électrique de Québec puis d'Hydro-Québec pendant 21 ans, ont fait des suggestions fort utiles. Gilles Bacon, Denyse Therrien-Bollulo, Armand Couture, Alain Soucy, de la SEBJ, ont fait de même pour les chapitres relevant de leur domaine respectif, ainsi que Me James O'Reilly, principal procureur et porte-parole des autochtones. Enfin le personnel des Services linguistiques de la SEBJ, en revoyant les textes, a ajouté à la qualité de l'ouvrage.

Je suis reconnaissant envers François Aubin, directeur des Relations publiques de la SEBJ, pour son appui indéfectible, ses conseils judicieux, sa compréhension des problèmes qui assaillent un auteur. Avec Richard Doin et Gilles Morin, chef de l'Information, il a aidé le capitaine à traverser des mers parfois agitées.

En me libérant durant plus d'un an, puis en m'aidant à mener à terme un projet dont les travaux de recherche et de rédaction ont triplé, la Société d'énergie de la Baie James a permis que de nombreuses facettes du plus grand chantier de construction du monde soient racontées.

Merci à André Bastien, mon éditeur, premier journaliste à réaliser et publier des reportages étoffés sur la Baie James au début de l'été 1966; merci à Michelle Gélinas, chef de la production chez Libre Expression, à Lorraine Dauphinais pour la révision finale, à mon épouse Hélène qui m'a encouragé et aidé de multiples façons.

Et comment oublier ces paroles encourageantes de mon fils Martin qui, à deux ans et demi, me voyant suer, peiner et bûcher sur ma machine à écrire, se faisait un plaisir de lancer: «Tu t'amuses, mon petit papa?»

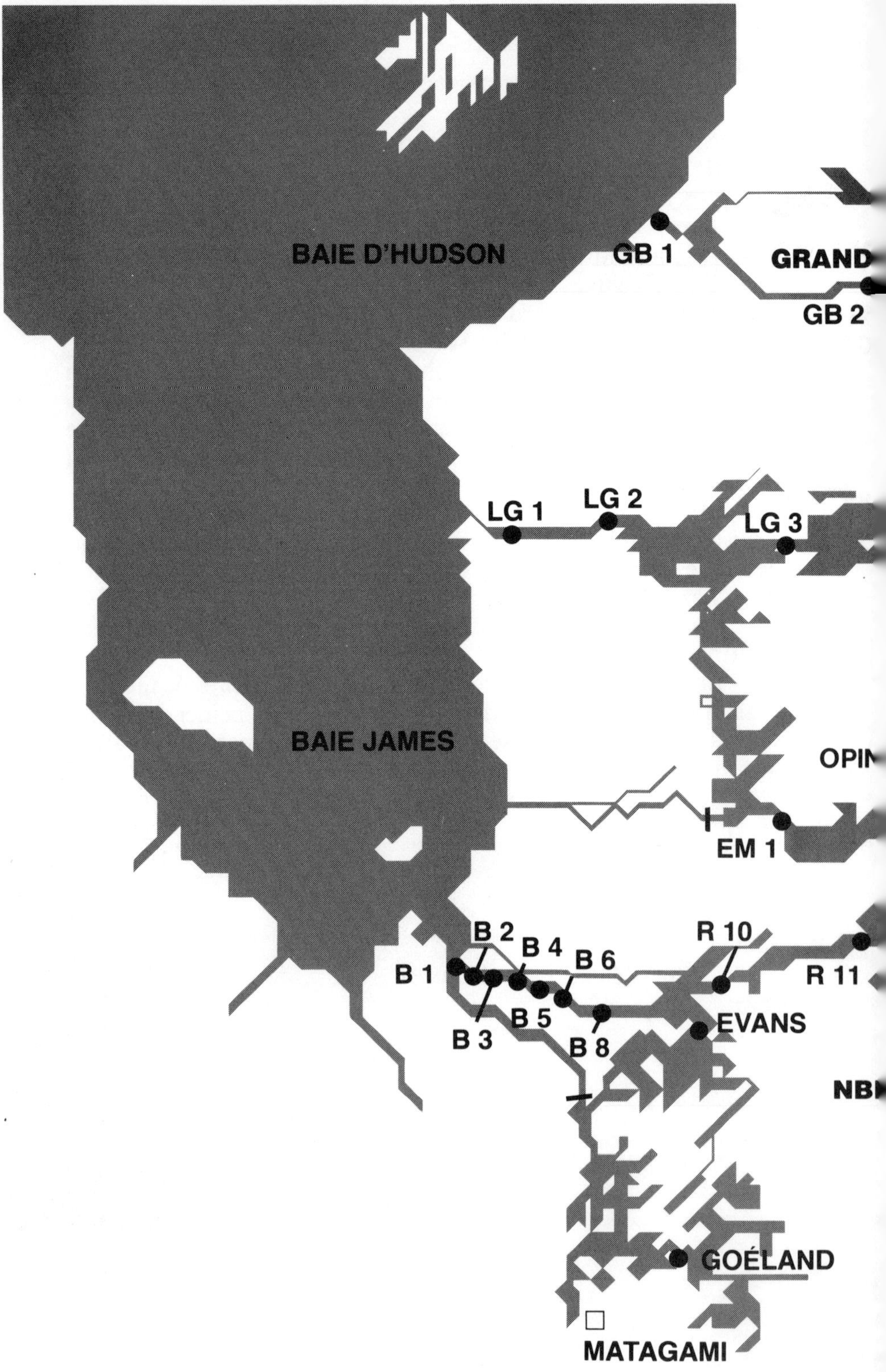
BAIE D'HUDSON
GB 1
GRAND
GB 2
LG 1
LG 2
LG 3
BAIE JAMES
OPI
EM 1
B 2
B 4
B 6
R 10
B 1
R 11
B 5
EVANS
B 3
B 8
NB
GOÉLAND
MATAGAMI

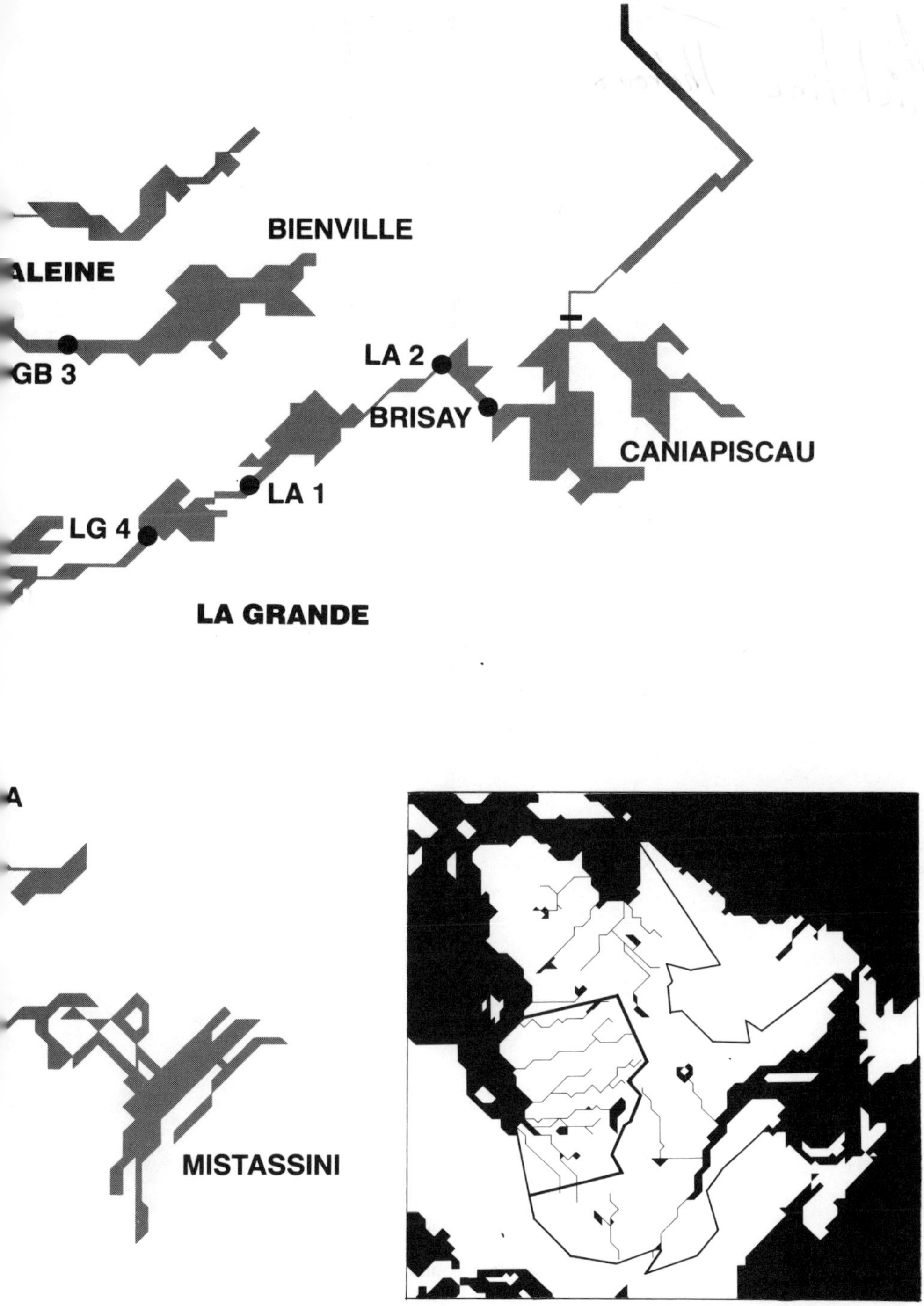
BIENVILLE
ALEINE
GB 3
LA 2
BRISAY
CANIAPISCAU
LA 1
LG 4
LA GRANDE
A
MISTASSINI

Micheline Théroux

Achevé d'imprimer
en mai mil neuf cent quatre-vingt-trois
sur les presses de l'Imprimerie Gagné Ltée
Louiseville - Montréal.
Imprimé au Canada